海洋遥感与海洋大数据丛书

海洋大数据分析预报技术

石绥祥　徐凌宇　杨锦坤
郝增周　徐　青　张友权　著

科学出版社
北京

内 容 简 介

本书从大数据和人工智能的角度，系统、全面介绍海洋预测预报与挖掘分析技术。全书分为三个部分：第一部分（第 1～3 章）是数据部分，对海洋大数据的特征、资源分析、处理评估、平台架构、存储管理、分析处理等进行阐述；第二部分（第 4～5 章）是方法部分，介绍基于机器学习的海洋大数据典型挖掘分析方法，包括回归方法、聚类方法、关联方法、分类方法及可视分析方法，并给出典型的深度学习预测方法；第三部分（第 6～10 章）是应用部分，展示利用海洋大数据处理方法对各类海洋数据进行分析预报的成果，包括对海表温度、海面高度、海洋三维温盐、台风路径和赤潮发生概率的分析预报。

本书可供海洋信息、海洋大数据、海洋遥感及海洋环境安全保障等相关领域研究人员、技术人员、管理人员，以及科研院所、高等院校相关专业的师生阅读参考。

审图号：GS 京（2024）1055 号

图书在版编目（CIP）数据

海洋大数据分析预报技术 / 石绥祥等著. -- 北京 ：科学出版社, 2024. 6.
（海洋遥感与海洋大数据丛书）. -- ISBN 978-7-03-078738-5

Ⅰ. P7

中国国家版本馆 CIP 数据核字第 2024J45Y73 号

责任编辑：杜 权 刘 畅/责任校对：高 嵘
责任印制：彭 超/封面设计：苏 波

科 学 出 版 社 出版
北京东黄城根北街 16 号
邮政编码：100717
http://www.sciencep.com
武汉精一佳印刷有限公司印刷
科学出版社发行 各地新华书店经销
*
开本：787×1092 1/16
2024 年 6 月第 一 版 印张：19 1/4
2024 年 6 月第一次印刷 字数：460 000

定价：288.00 元

（如有印装质量问题，我社负责调换）

《海洋大数据分析预报技术》编委会

“海洋遥感与海洋大数据”丛书序

在生物学家眼中，海洋是生命的摇篮，五彩缤纷的生物多样性天然展览厅；在地质学家心里，海洋是资源宝库，蕴藏着地球村人类持续生存的希望；在气象学家看来，海洋是风雨调节器，云卷云舒一年又一年；在物理学家脑中，海洋是运动载体，风、浪、流汹涌澎湃；在旅游家脚下，海洋是风景优美无边的旅游胜地；而在遥感学家看来，人类可以具有如齐天大圣孙悟空之能，腾云驾雾感知一望无际的海洋，让海洋透明、一目了然；在信息学家看来，海洋是五花八门、瞬息万变、铺天盖地的大数据源。有人分析世界上现存的大数据中环境类大数据占 70%，而海洋环境大数据量占到了其中的 70%以上，与海洋约占地球表面积的 71%基本吻合。随着卫星传感网络等高新技术日益发展，天-空-海和海面-水中-海底立体观测所获取的数据逐年呈指数级增长，大数据在 21 世纪将掀起惊涛骇浪的海洋信息技术革命。

我国海洋科技工作者遵循习近平总书记“关心海洋，认识海洋，经略海洋”的海洋强国战略思想，独立自主地进行了水色、动力和监视三大系列海洋遥感卫星的研发。随着一系列海洋卫星成功上天和业务化运行，海洋卫星在数量上已与气象卫星齐头并进，卫星海洋遥感观测组网基本完成。海洋大数据是以大数据驱动智能的新兴海洋信息科学工程，来自卫星遥感和立体观测网源源不断的海量大数据，在网络和云计算技术支持下进行快速处理、智能处理和智慧应用。

在海洋信息迅猛发展的大背景下，“海洋遥感与海洋大数据”丛书应运而生。丛书总结和提炼“十三五”国家重点研发计划项目和近几年来国家自然科学基金等项目的研究成果，内容涵盖两大部分。第一部分为海洋遥感科学与技术，包括《海洋遥感动力学》《海洋微波遥感监测技术》《海洋高度计的数据反演与定标检验：从一维到二维》《北极海洋遥感监测技术》《海洋激光雷达探测技术》《中国系列海洋卫星及其应用》；第二部分为海洋大数据处理科学与技术，包括《海洋大数据治理：理论、方法与实践》《海洋大数据分析预报技术》《海洋环境安全保障大数据处理及应用》《海洋遥感大数据信息生成及应用》《海洋环境再分析技术》《海洋盐度卫星资料评估与应用》。

海洋是当今国际上政治、经济、外交和军事博弈的重要舞台，博弈无非是对海洋环境认知、海洋资源开发和海洋权益维护能力的竞争。在这场错综复杂的三大能力的竞争中，哪个国家掌握了高科技制高点，哪个国家就掌握了主动权。本套丛书可谓海洋信息技术革命惊涛骇浪下的一串闪闪发亮的水滴珍珠链，著者集众贤之能、承实践之上，总结经验、理出体会、挥笔习书，言海洋遥感与大数据之理论、摆实践之范例，是值得一读的佳作。更欣慰的是，通过丛书的出版，看到了一大批年轻的海洋遥感与信息学家的崛起和成长。

“百尺竿头，更进一步”。殷切期盼从事海洋遥感与海洋大数据的科技工作者再接再厉，发海洋遥感之威，推海洋大数据之浪，为“透明海洋和智慧海洋”做出更大贡献。

中国工程院院士

2022年12月18日

前　言

海洋大数据蕴含着难以估量的巨大价值，能够为气候、生态、灾害等领域提供可靠的科学依据，为人类感知、预测物理世界提供前所未有的丰富信息。随着我国“空、天、地、海、潜”海洋立体监测技术的发展和“数据海洋”建设的全面深入，海洋信息化已经逐步从“数据海洋”向“智慧海洋”发展，海洋数据从数量、增长速度、种类扩展三方面发生了飞跃式发展；同时，海洋数据蕴含的价值也越来越高。如何充分挖掘海洋数据价值，为海洋科技发展提供更多的支撑与动力，利用先进的技术与方法开发应用海洋大数据成为当务之急。

随着大数据时代的到来，需要对海洋观测及模拟的海量数据进行快速、及时地分析和处理，从而在较短的时间内获得准确、实时的预报数据。传统的数值模式和统计模型在海洋环境预报研究中已得到长足发展，但仍存在瓶颈问题，如何利用智能大数据技术，结合海洋预报应用特点，提高海洋环境大数据的分析效率，提升预报模式的时效性和准确性，已经成为海洋大数据领域的关键问题之一。

海洋环境大数据预报是指从各类海洋数据中，通过关联挖掘、模式识别、深度学习等智能分析方法，挖掘分析与预报相关的多要素之间的关联关系，构建预测预报数据模型，进而将实时资料代入数据模型中，实现对海洋要素和海洋现象的认知与预测预报。与传统统计方法相比，海洋环境大数据分析预报技术能够将此前忽略的诸多因素挖掘出来，使以往不可见的重要因素和信息变得可见，从现有的数据中挖掘海洋环境数据本身存在的规律，有效弥补数值预报和统计预报方法的不确定性因素，为人类在海洋预报中对水文气象知识理解及可解释性方面发挥作用。将大数据技术应用于海洋环境预报领域，能够为海洋预报相关领域提供新的研究思路，提升海洋环境数据的预报水平，为相关政策的实施提供依据，具有重要的学术意义和应用价值。

如今大数据方法发展十分迅速，递归神经网络、卷积神经网络、图神经网络、生成对抗网络等多类算法逐渐出现在大众视野，展现了出色的学习能力，为社交网络、商业金融、公共服务、医疗诊断等众多领域提供了全新的研究思路，本书旨在将近年的研究成果介绍给广大读者，将“数据驱动”的大数据方法在海洋环境预报中全面推广，为海洋科学探索提供新途径。

本书基于国家重点研发计划项目“海洋大数据分析预报技术研发”（2016YFC1401900）的研究成果，以及作者团队多年从事海洋大数据分析预报的成果积累，系统全面地介绍海洋大数据的分析挖掘与预测预报技术。全书可分成三部分，共 10 章。

第一部分（第 1～3 章）是数据部分，从大数据引入海洋大数据，对海洋大数据的特征、资源分析、处理评估、平台架构、存储管理、分析处理等进行全方面阐述。读者对海洋大数据先有一定程度的了解与掌握，才能更加深入地对海洋大数据有更进一步的分析探索。

第二部分（第 4～5 章）是方法部分，首先介绍基于机器学习的海洋大数据的典型挖掘分析方法，包括回归方法、聚类方法、关联方法、分类方法及可视分析方法，接着给出典型的深度学习预测方法。先描述传统机器学习预测方法，包括 BP 神经网络和 RBF 神经网络，进而介绍典型深度学习预测方法，最后介绍 LSTM 模型、基于注意力机制的神经网络模型、CNN 模型等。通过这些模型方法对海洋大数据所包含的信息进行深度挖掘与分析，以及预测预报。

第三部分（第 6～10 章）是应用部分，是利用海洋大数据分析方法对各类海洋数据进行预报的成果展示，包括对海表温度、海面高度、海洋三维温盐、台风路径和赤潮发生概率的分析预报。采取回归、聚类、主成分分析及时间序列分析等方法对各类海洋数据进行统计预报、数值预报和大数据预报。在此基础上，对海洋大数据进行多尺度时空特征和规律研究、环境要素关联关系分析及多源多要素动态分析建模。最后，利用深度神经网络模型对海洋大数据进行建模与分析预报，得到最终预报结果并将其可视化，同时对结果进行评估对比，以便进一步探索实用化的预测预报方法。

本书由石绥祥负责理论体系构建和核心技术、典型应用规划；由徐凌宇、刘静静、耿秀琳负责统稿。各章的具体写作分工如下。

第 1 章：石绥祥，徐凌宇，余洁，徐龙飞，汪婷婷，石佳豪，王蕾，张高唯。

第 2 章：杨锦坤，董明媚，刘玉龙，苗庆生，韦广昊，韩春花。

第 3 章：乔百友，梁建峰，韩璐遥，宋晓。

第 4 章：贺琪，冯源，乔百友，李汶龙，曹万万，张津源，张兰，徐忠伟，田苗苗，李首城。

第 5 章：徐凌宇，李卓麟，耿秀琳，余璇，何晓玉，王蕾，张高唯，刘静静，孙永佼。

第 6 章：郝增周，王国松，叶枫，黄海清，王天愚。

第 7 章：王国松，石绥祥。

第 8 章：吴新荣，石绥祥，冯源，韩明旭。

第 9 章：徐青，王充，黄超明，宁珏。

第 10 章：张友权，李雪丁，李星，张健，杨翼，李荣茂，徐丽丽。

本书从数据和人工智能的角度进行海洋预测预报与挖掘分析，具有系统性、专业性和普适性。希望读者在阅读本书的方法内容后，对海洋大数据及其预报有一定程度的了解，并且能采用更加先进的模型方法对海洋大数据进行预测预报探索。由于作者水平有限，书中难免存在疏漏之处，敬请各位读者批评指正。

作　者

2023 年 10 月 15 日

目　录

第1章 概　述

1.1 大数据与海洋大数据

1.1.1 大数据概述

随着物联网、云计算和移动互联网等新型技术的迅猛发展，当今社会进入了大数据时代。大数据具有典型的“4V”特征[1]，分别是海量的数据规模（volume）、多样的数据类型（variety）、快速的数据流动（velocity）和巨大的数据价值（value）。

大数据是一门重要的、广泛的数据科学，最近已经发展成为研究和实践中最热门的领域之一。它丰富的数据体量需要科研者一个点再一个点地去分析，一个问题又一个问题地去解决。数据科学是关于数据的科学，从事数据科学的研究者需要关注数据的科学价值，大数据的研究主要是将其作为一种研究方法或一种发现新知识的工具。重视数据模式和数据驱动，以及数据挖掘等人工智能方法，是大数据领域中的关键理念，同时数据密集型科研第四范式的提出，强调了重要的数据科学理念，启发研究者更多关注数据间的相关关系，挖掘数据中更深层的信息，目前各国科技界都在努力推动探索数据密集型计算的创新方法。

目前大数据领域已取得大量研究成果，例如：“城市大数据”在城市研究、规划业务方面得到了广泛应用，利用大数据进行深入、准确的规划逐步成为规划领域的共识；气象大数据云平台实现了深度数据挖掘分析和数据开放共享服务，提升了气象数据开放应用的能力。大数据预测是基于大数据和预测模型去预测未来某件事情的概率，让分析由“面向已经发生的过去”转向“面向即将发生的未来”。大数据预测的逻辑基础是，每一种非常规的变化事前一定有征兆，每一件事情都有迹可循，如果找到了征兆与变化之间的规律，就可以进行预测。大数据预测无法确定某件事情必然会发生，它更多是给出一个事件会发生的概率，实验的不断反复、大数据的日渐积累让人类不断发现各种规律，从而能够在各行各业中发挥出作用。当前大数据预测技术已被应用到能源工程、生物医疗、商业金融、轨道交通、社交网络、公共服务等众多领域。

1.1.2 海洋大数据概述

海洋覆盖了地球约71%的表面积，涵盖极地到赤道气候区，是地球系统的关键组成部分，为丰富的海洋生物提供了栖息地，蕴藏着巨大的社会和经济效益[2]，是各国战略利益竞争的制高点[3]。发生在海洋中的许多自然现象和过程往往由多个海洋要素相互影响。信息技术的快速发展，带动着海洋资料的快速积累，从而进入海洋大数据时代，海洋大数据是当前时代背景下大数据技术在海洋领域的科学实践，也是同时拥有时间与空间属性的数据，即多维度数据。尤其随着观测技术的进一步发展，数据维度的采集分辨率与频率都越来越高，而“高价值”是海洋大数据的核心，包括数据本身的价值及蕴含其中的价值，是世界各国科研领域、企业及政府部门所珍视的“金矿”[4]。

在海洋领域，海洋大数据所蕴含的巨大价值，能够为气候、生态、灾害等领域[5-6]提供可靠的科学依据，为人类感知、预测物理世界提供前所未有的丰富信息。海洋大数据具有潜在的物理意义和关联性，需要通过各种方法来挖掘，揭示其中隐匿的信息。大数据与人工智能方法在一定程度上能够补充、辅助传统的数值预报技术，在传统海洋预报薄弱的环节中，对于某些预测预报问题，经典数学模型和传统海洋理论不容易进行精确的描述，特别是针对人类尚未掌握的区域海洋和气候机理。随着海洋大数据时代的到来，数据驱动的人工智能技术反而成为这些领域的长项，如何利用智能大数据技术，结合海洋预报应用特点，提高海洋环境大数据的分析效率，提升预报模式的实效性和准确性，挖掘特定区域的深层特征，已经成为海洋大数据领域的关键问题之一。

通过将海洋理论和海洋大数据、人工智能方法、深度学习方法结合，与传统海洋理论、数值预报相互补充且相互协同，能够发挥出大数据预测预报的效果和价值。

1.2 海洋大数据特征

在大数据时代的背景下，海洋大数据作为科学大数据的重要组成部分，也正在从单一的自然科学向自然与社会科学的充分融合方向过渡[7]。近年来，科学家对海洋进行了多种手段的观测和调查，形成了庞大且完整的海洋监测体系。目前，常用的观测设备与技术有近海测绘、海岛监视、水下探测、海洋渔业作业、海洋浮标监测、海洋科考、油气平台环境监测、卫星遥感监测、航空遥感等[8]。由于这些观测技术的多种多样和设备的快速发展，获取到的海洋大数据表现出与其他大数据不一样的特征，如时空相关性、实时性、多尺度性、敏感性、异构性等。本节根据这些特性将海洋大数据特征从观测手段和存储模态的角度分为多源性和多模态两种特性。

1.2.1 多源性

海洋大数据是通过多种监测手段和观测体系等多源感知与探测方式获得的，根据海洋数据获取手段的不同，可以将海洋大数据分为实测数据、遥感数据、模式数据。

实测数据获取的手段主要有船基观测、定点观测和移动观测等。其中船基观测的数据主要包括海洋气象、物理海洋、海洋化学、海洋生物、海底地貌等海洋参数的采集。定点观测平台是位于沿海、岛岸等地的海上建筑物上用来提供实时数据资料的海洋观测站，典型的定点观测平台有海洋气象站、基雷达站、离岸的锚类浮标、潜标、海床基和海底观测网等，可分别用来观测海浪、海表面流场、风速、风向、气温、相对湿度、气压和降水等水文气象数据，还可配置生物捕集器等开展海洋生态环境观测。移动观测具有自主导航能力，可以在海洋中自由移动，灵活性高、覆盖面广，包括水面上或水下的移动观测平台，有海洋浮标、调查船、潜水器及各类海洋观测阵列。自治式水下潜器 Argo 浮标能够获取海面到水下 2000 m 水深之间的海温、海流流速、方向、盐度等海洋参数。

遥感数据获取的方式主要有卫星遥感与航空遥感。按照观测的海洋要素和搭载遥感载荷的不同，海洋卫星主要分为海洋水色卫星、海洋动力环境卫星和海洋监视监测卫星三类[9]。卫星遥感能够及时连续地获取多项海洋要素，并且能够针对大范围海域进行高频检测。航空遥感分为人机航空遥感和无人机航空遥感[10]，适用于重点区域的高精度检测，具有灵活性强、空间分别率高等优点。

模式数据常用于实际观测资料较少、无法满足研究需求的情况。模式数据以现实海洋为基本物理背景，以高性能计算机为载体，按照物理规律建立数学模型，从而对海洋要素进行模拟，可参数化、定量化地描述海洋的具体状况[11]。近年来随着计算机的发展，实测数据种类增加且质量优化，模式数据越来越贴近真实海洋数据，得以较好应用于基础研究。目前常用的数值模拟产品有普林斯顿海洋模式（Princeton ocean model，POM）、混合坐标海洋模式（HYbrid coordinate ocean model，HYCOM）、区域海洋模型系统（regional ocean model system，ROMS）等。

1.2.2 多模态

由于海洋大数据的来源广泛，类型和应用场所各不相同，所对应海洋数据往往具有多种模态数据，存储技术、存储格式、存储规模等也各不相同。目前，海洋大数据存储的格式主要有：层次型数据格式（hierarchical data format，HDF）、网络通用数据格式（network common data form，NetCDF）、美国国家海洋数据中心（National Oceanographic Data Center，NODC）格式、ASCII 格式、Binary 格式、JPEG 和 JPEG2000 格式。本小节介绍 HDF 和 NetCDF。

HDF 是由美国国家高级计算应用中心推出的一种新型数据格式，主要用于记录科学数据。HDF 是一种超文本文件格式，能够综合管理 2D、3D、矢量、属性、文本等多种信息，帮助科学家摆脱不同数据格式之间烦琐的转换，将更多的时间和精力用于数据分析。HDF 能够存储不同种类的科学数据集（scientific data set，SDS），包括图像、多维数组、指针及文本数据[12]。HDF 文件结构包括一个文件号（file ID）、至少一个数据描述符（data descriptor）、没有或多个数据内容（data element）。

NetCDF 是由美国大学大气研究协会在 Unidata 项目中开发的一种面向数组型数据的描述和编码标准，已被国内外许多行业和组织采用。NetCDF 具有自描述性、平台无关性、易用性、高可用性等特性，并能表达大量数组数据的格式，因此在地球物理、环境模拟、海洋、大气科学等领域得到了广泛的应用。NetCDF 可简单视为一种存取接口，任何使用 NetCDF 存取格式的档案就可称为 NetCDF 档案；提供 C、Foutran、C ++ 、Perl 或其他语言 I/O 的链接库。NetCDF 接口是一种多维的数据分布系统，由这个接口所产生的档案，具有多维的数据格式。NetCDF 文件结构主要由维度（dimensions）、变量（variables）、属性（attributes）、数据（data）4 个部分组成，其中属性又分为适用于整个文件的全局属性和适用于特定变量的局部属性。目前 NetCDF 中常用的数据源为交叉定标多平台海表面风场（cross calibrated multi-platform ocean surface wind velocity，CCMP）资料，它是由美国航空航天局物理海洋学数据分布存档中心（Physical Oceangraphy Distributed Active Archive Center，PODAAC）发布的一种高分辨率（时间、空间）的多卫星融合资料。CCMP 资料属于多模态融合的网格风矢量数据，是目前全球尺度时空分辨率最精细的长时序海表面风场数据之一，在国内外得到广泛应用。

1.2.3 3B 挑战

近年来，随着科学技术的日益发展，互联网、物联网、社交网络等信息技术日新月异，无处不在的信息感知系统和信息采集平台提供了丰富的信息获取渠道，数据正在以过去无法想象的速度增长，海量数据的时代已然到来。大数据为人们实际决策提供了支持，给人们带来了很多的便利。但与此同时，对大数据的研究也存在三个挑战，即数据质量差（bad quality）、数据碎片化（broken）及数据的隐藏背景（background），简称 3B 挑战。

（1）数据质量差。在海洋研究过程中，数据的质量一直是人们所关注的重点。随着遥感技术的成熟，通过遥感卫星间接监测海洋要素得到广泛应用，但多种因素包括遥感卫星监测设备类型，反演算法精度，以及监测过程中的海表面风、大气环境、云层、区域地理环境，直接或间接地影响遥感卫星监测数据的质量和精度。尤其在一些水汽特别丰富的区域（如热带），云层覆盖时间长，严重影响采集到的数据质量。数据质量是数据的核心，如果数据质量得不到保证，数据将变得毫无意义。

（2）数据碎片化。在海洋研究过程中，除需要大量可靠的数据以外，更需要关注数据的完整性。在利用数学建模等手段解决某一海洋问题时，需要获取数据与数据之间的相关性信息，而如果有缺失数据的存在就会导致数据分析不可靠。缺失数据的情况在工业界很常见，其主要原因在于采集设备的故障或存储数据失败等。因而在解决相关的问题前，需要全方面考虑数据的完整性，以免斥巨资构建模型后发现并不能解决所关心的问题。

（3）数据的隐藏背景。在海洋研究过程中，除了需要对数据本身所体现出来的特征进行分析，还需要关注数据与数据之间的背景相关性。数据与数据之间往往存在一定的相关性，而这种相关性是隐藏在数据表面特征之下的。例如，从对赤潮数据的研究中可以发现，在海表面温度大于 32 ℃的情况下，赤潮一定不会发生。人们通过专业领域的知识，在原有数据上“贴标签”，这在数据分析中将起到至关重要的作用。

1.2.4 小样本贫信息

海洋大数据反映了海洋环境要素空间分布和时间变化的重要信息，海洋科学研究和海洋环境特征及其演变规律的揭示必须依赖海洋资料的获取和利用。然而，鉴于调查成本、观测手段和方法技术的制约，现有的海洋观测资料严重不足，已有资料大多稀疏、零散，难以满足科学研究的需要，这就是海洋大数据的小样本贫信息特征，具体可以分为以下几个特征。

（1）海洋大数据采集中面临的复杂环境信息。首先，由于海洋采集设备长期处于高盐、高湿的环境中，其内部通常要受到介质的腐蚀及流体的冲刷腐蚀，还需要承受洋流、风浪等外荷载的作用，在内部与外部的共同作用下，海洋数据采集设备所采集的数据充满着不确定性；其次，海洋环境恶劣，影响仪器设备的因素很多，数据采集难度很大，要获得较多的数据成本较高，要取得大规模数据更难。

（2）海洋大数据缺失造成的样本贫乏。由于海洋地区缺少固定的观测站点，资料密度和时效均大大低于陆地，虽有部分船舶资料和浮标资料可以利用，但这些资料大多稀疏、零散、缺测严重，难以有效地应用于海洋科学研究和海洋环境数值预报。资料获取困难、数据质量低和信息提取难已成为制约海洋和大气科学研究的瓶颈。

海洋大数据缺失造成的样本贫乏表现为两个方面。其一，海洋数据在时间、空间都十分稀疏零散。例如，对国内的海洋监测站点而言，观测点主要集中于上海、浙江沿岸，而在福建、江苏等地则较为稀疏，这也导致很难准确获取当地海域的信息。其二，海洋数据往往存在时间间断等问题。当仪器设备发生故障时，仪器就会丢失这段时间的数据信息，导致数据特征的丢失。

（3）海洋大数据的高波动性及不稳定性。受限于水文站点数量稀缺、数据长度问题等，海洋数据存在高波动性及不稳定性。一般情况下多次测量值呈现标准正态分布。在这种情况下，数据的不确定性较小，数据的分布也较为稳定。但在实际的测量过程中，受成本、设备等因素的影响，往往无法进行多次测量，所采集到的数据往往是不稳定的，具有高不确定性。而当进行信息融合时，就会因为这些高不确定数据导致信息的丢失。多渠道监测数据受多种因素影响，存在不一致和冲突，在其中混入高不确定数据，必然会造成信息损失，影响数据的质量。

1.2.5 高不确定性

不确定表示对未来活动或事件发生的可能性、发生的时间、发生的后果等事先无法精确预测，即持一种怀疑的态度。在数字海洋中，由于海洋本身的广阔性，无法获得海洋上任意区域的真实信息；又由于海洋观测手段的局限性，已经获得的海洋实时信息、历史信息中也存在许多的不确知性。海洋大数据的高不确定性具体分为以下几类。

（1）海洋分布式监测中的随机信息。由于客观条件不充分，或偶然因素的干扰，人们已经明确的几种结果在观测中出现偶然性，在某次试验中不能预知哪一个结果发生，这种试验称为随机试验。由随机试验获得的信息就是随机信息。

（2）遥感图像等处理中面临的模糊信息。由于事物的复杂性，其界限不分明，其概念不能给出确定的描述，不能给出确定的评定标准，它向人们提供的信息称为模糊信息。现实世界中存在大量的模糊现象，如不同种类土壤类型的边界问题就是典型的模糊现象，再如森林和草原的过渡带中森林和草原的边界划分问题，污染水域与未污染水域的边界划分问题等都属于模糊性问题，需要借助模糊数学进行相应的研究。

（3）海域空白形成的灰色信息。灰色概念是外延确定而内涵不确定的概念。灰性为不同于模糊性的另一类不确定性，它是部分已知、部分未知的。信道上各种噪声的干扰及接收系统能力的限制使人类只能获得事物的部分信息或信息量的大致范围，而不能获得全部信息或确切信息。这种部分已知、部分未知的信息称为灰色信息。

（4）由数据获取技术局限性形成的不确知信息。部分数据既无随机性又无模糊性，客观上是一种确定性事物，但因决策者主观上对事物认识不清，从而提供了一种不完整信息。事物向人们提供的信息是客观存在的，人们难以给出精确的量化纯属主观原因，这样产生的宿信息称为不确知信息。面对大量的多渠道监测数据，消除不确知性，提高多渠道监测数据的精度和信度已成为数据处理的主要研究内容之一。

参 考 文 献

[1] 孟小峰, 慈祥. 大数据管理: 概念、技术与挑战[J]. 计算机研究与发展, 2013, 50(1): 146-169.

[2] 郑立伟, 郑旭峰, 高树基. 命运共同体: 海洋与气候[J]. 前沿科学, 2021, 15(4): 14-19.

[3] 姜晓轶, 潘德炉. 谈谈我国智慧海洋发展的建议[J]. 海洋信息, 2018, 33(1): 1-6.

[4] LIU Y, QIU M, LIU C, et al. Big data challenges in ocean observation: A survey[J]. Personal and Ubiquitous Computing, 2017, 21(1): 55-65.

[5] ZANNA L, BOLTON T. Deep learning of unresolved turbulent ocean processes in climate models[J]. Deep Learning for the Earth Science: A Comprehensive Approach to Remote Sensing, Climate Science and Geosciences, 2021: 298-306.

[6] LEE S Y, YOON H J. A study on the Ferry Sewol disaster cause and marine disaster prevention informatization with big data: In terms of ICT administrative spatial informatization and maritime disaster prevention system development[J]. The Journal of the Korea Institute of Electronic Communication Sciences, 2016, 11(6): 567-580.

[7] 郭华东, 王力哲, 陈方, 等. 科学大数据与数字地球[J]. 科学通报: 2014, 59(12): 1047-1054.

[8] 刘帅, 陈戈, 刘颖洁, 等. 海洋大数据应用技术分析与趋势研究[J]. 中国海洋大学学报(自然科学版), 2020, 50(1): 154-164.

[9] 林明森, 张有广, 袁欣哲. 海洋遥感卫星发展历程与趋势展望[J]. 海洋学报, 2015, 37(1): 1-10.

[10] 徐京萍, 赵建华. 遥感技术在海域使用动态监测中的应用[J]. 卫星应用, 2016(6): 35-39.

[11] 侯雪燕, 洪阳, 张建民, 等. 海洋大数据: 内涵、应用及平台建设[J]. 海洋通报, 2017, 36(4): 361-369.

[12] 沈立伟. 多源多格式 SST 数据转换及融合技术[D]. 上海: 上海大学, 2008.

第2章　海洋大数据资源

海洋数据具有类型多样、获取手段多样、空间特征强、尺度丰富、数据量大和动态更新频繁等特点，在利用海洋大数据进行分析预报时，应根据先验知识，尽可能地多渠道收集数据，并对数据进行加工处理以满足需要。在实际应用中，收集历史专项调查数据，业务化实时观/监测数据，国际业务化观测数据等海洋环境实测数据，海洋水色、动力环境等卫星遥感数据，海洋数值预报产品、海洋再分析（ocean reanalysis，ORA）产品等海洋环境信息产品等，以及专题数据和网络大数据等多源多模态的海洋数据，并在此基础上进行数据的标准处理和质量评估，构建面向海洋大数据分析预报的数据资源池。

2.1　面向分析预报的海洋大数据

按照数据的产生方式，将面向分析预报的海洋大数据分为海洋实测数据、海洋遥感数据、海洋数值预报产品、再分析产品、专题数据和网络大数据。

2.1.1　海洋实测数据

海洋实测数据指通过船只、定点或移动观测平台直接测量获取的海洋环境数据，包括海洋水文、海洋气象、海洋生物、海洋化学、海洋地质和海洋地球物理等多个学科，一般通过专项调查、业务化海洋观测系统（海洋站、浮标、雷达、志愿船）、国际交换合作等渠道获取，观测时间最早可追溯到1662年，观测频率最高达分钟级。图2.1为海洋实测数据获取示意图。

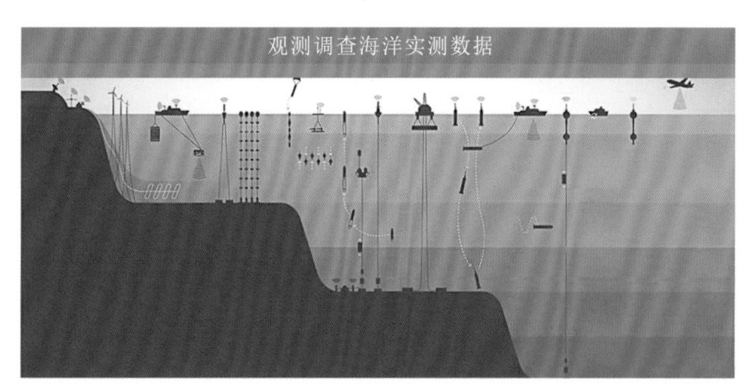

图2.1　海洋实测数据获取示意图

1. 海洋站数据

海洋站是指以掌握、描述海洋状况为目的，对海洋水文、海洋气象等要素进行长期、定点、连续观察测量活动的场所。观测要素主要包括海表温度、盐度、潮位、海冰、波浪、风速、风向、气温、气压、降水、能见度等海洋水文气象要素，观测频率可达分钟级。

2. 浮标数据

浮标是搭载各类传感器的标体，它能够长期、连续、自动地采集和发送定点海洋环境观测资料，是现代海洋环境立体观测系统的重要组成部分。观测要素包括海表温度、海表盐度、风速、风向、海面气温、海面气压、湿度、波浪、表层海流等海洋水文气象要素，以及浊度、叶绿素浓度和溶解氧等海洋化学要素。观测频率有每二十分钟一次、每半小时一次和每一小时一次等，最高为每分钟一次。

3. 志愿船数据

志愿船指作为世界气象组织（World Meteorological Organization，WMO）和政府间海洋学委员会（Intergovernmental Oceanographic Commission，IOC）成员，是履行国际船舶航行气象观测义务的船只。我国志愿船观测始于 1968 年，累计 492 艘，类型涉及科学考察船、商船、海警船、海监船、救生船、渔政船、渔运船等，可分为近海志愿船和远洋志愿船，常规观测要素包括气温、气压、风速和风向，观测频率主要为每小时观测一次和每分钟观测一次。

4. 岸基雷达数据

岸基雷达观测系统是安装在沿岸、岛屿、平台及移动观测车上，利用电磁波与海洋表面相互作用的基本原理，获取表面流（场）、波浪、风和海冰等海洋环境信息的雷达观测系统，具有覆盖范围大、探测精度高、造价适度、实时性好、不受恶劣天气及被测海况影响等优点，可全天候、连续、大面积监测海洋表面波浪定向分布、海洋表面流速流向、风速风向等海洋状态参数[1]。

5. 标准断面数据

标准海洋断面调查是指在我国近海定期开展的以海洋水文、气象和化学等为主要调查内容的业务化海洋观测活动。我国断面观测计划于 1960 年 1 月起实施，目前，自然资源部共有 15 条业务化观测断面，共 119 站，每年分季度进行 4 个航次的观测，基本覆盖我国近海海域。调查要素主要是水文气象和水质要素，包括水温、盐度、气温、气压、风速、风向、相对湿度、露点、海浪、水色、透明度、海发光、海况、溶解氧、磷酸盐、硅酸盐、pH、亚硝酸盐氮、硝酸盐氮、氨氮、总碱度等。

6. 海洋专项调查数据

海洋调查是采用各类设备仪器对海洋的物理学、气象学、生物、化学、地质学、地貌学及其他海洋状况进行调查研究的手段。海洋调查经历了单船调查、多船联合调查、无人值守全天候连续观测及海洋遥感大面积同步观测等多个阶段，数据类型涵盖海洋水文、海洋气象、海洋生物、海洋化学、海洋地质、海洋地球物理等各类海洋环境数据。

7. Argo 数据

地转海洋学实时观测阵列（Array for Real-time Geostrophic Oceanographic，Argo）计划于 1998 年由联合国政府间海洋学委员会倡导发起，计划在全球大洋中布放 3000 个 Argo 剖面浮标，并借助卫星定位和通信系统，快速、准确、大范围地获取全球海洋上层（0～2000 m）的海表温度、盐度剖面资料。2007 年，全球 Argo 计划实施完成，每年可提供多达 10 万个以上的海表温度、盐度剖面资料，大大有助于了解大尺度海洋的实时变化，提高海洋与气候预报的精度，有效防御全球日益严重的气候灾害给人类带来的威胁[2]。Argo 数据主要为温盐资料，时间范围是 1997 年至今，空间分布为全球，数据每日更新。

8. 全球温盐剖面计划数据

全球温盐剖面计划（Global Temperature Salinity Profile Project，GTSPP）是国际海洋学数据和信息交换（International Oceanographic Data and Information Exchange，IODE）委员会与 IOC/WMO 综合性全球海洋服务系统（Integrated Glogal Ocean Services System，IGOSS）委员会联合开展的一项计划。该计划于 1989 年启动，1990 年 11 月进入运行阶段。GTSPP 的短期目标是满足热带海洋和全球大气（Tropical Ocean-Global Atmosphere，TOGA）实验计划和世界海洋环流实验（World Ocean Circulation Experiment，WOCE）计划对温盐资料的需要，长期目标是开发并实施端对端的全球温盐资料管理系统，建立和维护一个高质量的温盐数据源，并保持不断更新，使用户能方便快捷地得到全球温盐数据。GTSPP 资料主要为温盐数据，时间范围是 1990 年至今，空间范围为全球大洋，实时数据每周 3～4 次更新，延时数据每月更新。

9. 世界海洋数据集

世界海洋数据集（World Ocean Database，WOD）是由美国国家海洋大气局/国家环境信息中心（National Oceanic and Atmospheric Administration/National Centers for Environmental Information，NOAA/NCEI）制作，数据来源于 348 个全球或区域海洋观测/资料收集计划，观测仪器有台站、温盐深（conductivity-temperature-depth，CTD）仪、机械式温深仪（mechanical bathythermograph，MBT）、投弃式温深仪（expendable bathythermograph，XBT）、海表面记录仪、生物深海测温器、锚系浮标、Argo 浮标、漂流浮标、海洋波动记录仪及水下滑翔机共 11 种。WOD 观测要素多达 27 种，以温度和盐度要素为主，最早观测时间为 1772 年，每 3～4 月在线更新一次。

10. 资料浮标协调小组数据

资料浮标协调小组（Data Buoy Cooperation Panel，DBCP）是 WMO 和 IOC 的一个官方联合组织/实体机构，成立于 1985 年，由 WMO-IOC 的海洋学和海洋气象联合技术委员会（The Joint WMO/IOC Technical Commission for Oceanography and Marine Meteorology，JCOMM）及全球海洋观测系统（global ocean observing system，GOOS）的数据浮标部分

组成。DBCP 的主要目标是维护和协调全球浮标网络的各个部分，该网络由超过 1250 个漂流浮标和 400 个锚系浮标组成，提供诸如海表温度、海表流速、气温、风速、风向等要素的观测数据，最早观测时间为 1972 年，每月在线更新一次。

11. 美国国家数据浮标中心数据

美国国家数据浮标中心（National Data Buoy Center，NDBC）隶属于美国国家海洋与大气管理局（National Oceanic and Atmospheric Administration，NOAA）下设的国家气象局，它业务化运行、维护并发布美国远海站点和遍布美国海岸线（包括阿拉斯加、夏威夷、五大湖）的锚系浮标和漂流浮标数据，以及澳大利亚、加拿大、英国、印度、日本等国家的锚系浮标数据和包括海洋站、石油平台等在内的其他观测平台资料。NDBC 发布数据的观测要素包括气压、风速、风向、气温、波浪谱、海流、温盐等，资料时间范围为 1972 年至今，覆盖全球海域，主要为锚系浮标数据。

12. 国际综合海洋大气数据集

国际综合海洋大气数据集（International Comprehensive Ocean Atmosphere Data Set，ICOADS）由 IOC 和 WMO 的技术委员会联合发起。ICOADS 是收集量最大的海洋表面数据集，包括来自船只（商业、海军、研究）的测量或观测数据、系泊浮标和漂浮浮标数据、海岸站点数据及其他海洋台站数据等[3]，观测要素包含全球气压、气温、湿球温度、露点、能见度、云量、云状、风天气现象、海表温度、波浪和涌浪等。数据集最早观测时间为 1662 年，每月在线更新一次。

13. 全球海平面观测系统数据

全球海平面观测系统（global sea level observing system，GLOSS）是由 IOC 发起的国际计划，目的是建立全球和区域的高质量的海平面观测网，用于气候、海洋和海平面研究。GLOSS 包含全球 500 多个水位观测站逐时、逐日、逐月的水位观测资料，以及全球 1240 个水位观测站的月平均和年平均水位观测资料。GLOSS 数据的最早观测时间为 1890 年，月更新或年更新。

2.1.2 海洋遥感数据

遥感是一种从远处感知（探测和认知）地球表面目标的过程，而遥感技术指的是利用传感器为工具，以电磁波为传递信息的媒介，对远距离的目标进行大范围、同步观测和研究。海洋遥感是测量海面发射或反射的电磁波，并通过科学算法反演出能够准确反映大气和海洋状态的各种参量。卫星海洋遥感是快速、高效获取全球海洋环境、资源等信息的高新技术手段，具有全天时、全天候、大范围、长时序观测的独特优势，广泛应用于海洋生态与资源监测调查、海洋灾害监测、海洋权益维护、海洋环境预报与安全保障等领域。海洋卫星从功能上一般可以分为海洋水色卫星、海洋动力环境卫星和海洋监视监测卫星三类：海洋水色卫星主要用于探测与海洋生态环境相关的叶绿素浓度、悬浮泥沙含量、海水透明度、有色可溶有机物等要素信息；海洋动力环境卫星主要用于探测与海上安全、海洋资源开发、海洋防灾减灾等相关的海温、风场、海浪和盐度等要素信息；海洋监视监测卫星主要用于全天候获知高精度海洋目标、内波等要素信息。此外，海洋卫星也可获得浅海水下地形、海冰、海水污染及海流等有价值的信息。

1. 海洋水色遥感产品

海洋水色数据是通过海洋卫星搭载的传感器对海洋表面的水色进行探测，反演出海洋水体中的叶绿素浓度、泥沙含量及有色可溶性有机物浓度。目前海洋水色数据主要通过传感器散射敏感通道的反射率资料和离水辐亮度资料获取，国外拥有海洋水色卫星的国家和地区有美国、欧洲、日本、韩国和印度。我国先后成功发射了 HY-1A 卫星和 HY-1B 卫星，其中 HY-1A 卫星为试验型业务卫星；HY-1B 卫星在 HY-1A 卫星基础上研制而成，其技术指标和性能均优于 HY-1A 卫星。

海洋水色遥感产品的研发起始于 1997 年，NASA、欧洲航空局（European Space Agency，ESA）等机构对外提供的产品分辨率包括 4 km 和 9 km。

叶绿素浓度遥感产品数据主要来源于 NASA、ESA 等机构提供的遥感数据产品，月融合，数据分辨率为 9 km。

有色可溶性有机物吸收系数主要来源于 NASA 提供的 MODIS/Aqua，VIIRS 传感器 L3m 级的遥感反射率等产品，月融合，数据分辨率为 8 km。

海水透明度数据主要来源于 NASA 提供的 MODIS/Aqua，VIIRS 传感器 L3m 级的遥感反射率等产品，日融合，数据分辨率为 8 km。

2. 海洋动力遥感产品

海洋动力环境要素主要包括海表温度、海面风场、海面高度等。

海表温度是人们最早获得的海洋信息遥感产品，获取方法有热红外辐射测量和被动微波辐射测量，热红外辐射探测技术的空间分辨率达 1 km，被动微波辐射探测技术的空间分辨率达 25 km，数据主要收集于 NASA、ESA 等机构提供的遥感数据产品，日融合，数据分辨率为 25 km，二者融合后分辨率为 10 km，数据集最早观测时间为 1994 年。

海面风场通过微波散射计测量海面后向散射信息，再利用复杂的数学模型反演获知，卫星微波散射计的测量起始于 20 世纪 70 年代，主要通过微波散射计、微波辐射计、高度计、合成孔径雷达（synthetic aperture radar，SAR）获取，数据主要收集于 NASA、ESA 等机构提供的遥感数据产品，日融合，数据分辨率为 25 km，数据集最早观测时间为 2010 年。

海面高度是利用雷达高度计，通过向海面垂直发射尖脉冲，并接收返回脉冲的信号，根据雷达发射和接收脉冲的时间间隔确定卫星到海面的距离或测距，从而测量全球海面高度分布和变化，数据主要收集于 NASA、ESA 等机构提供的遥感数据产品，日融合，数据分辨率为 25 km，数据集最早观测时间为 2010 年。

2.1.3 海洋数值预报产品

海洋数值预报是采用海洋动力数值模式作为预报框架的核心组成部分，将近实时、高质量的观测输入场通过资料同化融入模式中，提供对过去海洋状态最大可能的精确描述及海洋预报的初始场，从而预测未来全球范围的多时空尺度海洋状况[4]。现阶段以美国和欧洲国家为代表的海洋大国都已发展了全球或区域业务化海洋预报系统，比较有代表性的预报系统有美国海军的全球海洋预报系统（GOFSv3.0）、美国国家环境预报中心的实时海洋预报系统（real time ocean forecast system，RTOFS）、欧洲中期天气预报中心（European Center for Mediumrange Weather Forecasts，ECMWF）的全球预报系统、英国基于欧洲海洋核心模型（the nucleus for European modelling of the ocean，NEMO）构建的海洋预报同化模型（forecast ocean assimilation model，FOAM）、法国的墨卡托（Mercator）全球海洋预报系统、澳大利亚海洋预报模式（ocean forecasting Australia model，OFAM）、日本气象厅气象研究所海洋模型（Meteorological Research Institute Community ocean model，MRICOM）等。

1. 美国 RTOFS

RTOFS 是 NOAA 基于混合坐标海洋模型（HYCOM）开发的第一个涡识别（分辨率为 1/12°）海洋预报系统，采用美国海军 NCODA-3DVAR 同化方法构建初始场，于 2011 年 10 月 25 日投入运行。2020 年，模型升级至 2.0 版，首次将高分辨率海洋数据同化能力引入预测系统，提供长达 8 天的全球洋流、盐度、温度和海冰状况的预测。RTOFS 大西洋区域预报系统分辨率为 1/12°，从 2005 年开始业务化运行。

2. ECMWF 全球预报系统

ECMWF 的全球预报系统基于 NEMOV3.0 模式发展，水平网格采用全球版本 ORCA（三极点）网格。目前使用 NEMOVAR 数据同化系统，采用 3DVAR-FGAT 方法，同化窗口为 5 天。NEMOVAR 同化的数据包括温度、盐度、沿轨卫星高度和海冰密集度。2013 年该系统进行了 4 个方面的改进：提高海洋分辨率；改进海浪-海洋耦合；耦合起始时间从第 0 天开始；改进耦合数据同化系统。

3. 法国 Metocean 全球海洋预报系统

法国 Metocean 中心的全球海洋预报系统从以往的全球 2° 分辨率发展到目前的 1/12°，有 PSY3 和 PSY4 两套海洋分析和预报系统业务化运行，预报时效为 7 天，可提供全球海表温度、盐度、海流、海面高度等的分析和预报，同时也能提供南极圈冰厚、海冰密集度和漂移轨迹等预报产品。两套系统均基于 NEMOV3.1 海洋模型，并使用弹性-黏性-塑性流变学配方（LIM2_EVP）的海冰模型。PSY3 系统采用 ORCA025 水平网格，PSY4 系统采用 1/12° 的 ORCA12 网格，二者均为 50 层的垂向分层。系统中 SAM2 同化系统同化高度计数据、卫星海面温度、现场温度和盐度垂直剖面，通过具有预测误差的三维多变量模态分解的降序卡尔曼滤波（Kalmen filter，KF）器进行同化，使预报系统有很大改进，包括观测误差的自适应调节和海冰密集度的同化。此外，3DVAR 方案提供对温度和盐度的缓慢变化的大规模偏差的校正。大气场采用 ECMWF3h 采样，以重现昼夜循环，动量和热湍流表面通量由 Core 块体公式计算。

4. 英国 FOAM 系统

英国 FOAM 系统在英国气象局业务化运行，可以预报未来 7 天的海流、海温、盐度、海冰密集度、厚度和冰速等要素。该系统以 NEMO 海洋模型作为其动力核心，整个系统考虑了海冰的影响，与 CICE 海冰模式耦合。2013 年 1 月 17 日后，FOAM 系统进行了大规模的业务升级，从 V11 升级到 V12，水平网格采用 1/4° 三极点 ORCA 网格（ORCA025），垂直分层由 50 层升级为 75 层，基于 DRAKKAR75 层设置构建。接近海表面的垂向分辨率达到了 1 m。在 FOAM 新一代系统中已用新发展的三维变分同化方案 NEMOVAR 取代了旧版 OCNASM 分析订正同化方案，NEMOVAR 同化系统将过去两天的船舶、浮标和卫星测得的海表温度、三颗卫星高度计（Jason-1、Jason-2 和 Envisat）测得的海表面高度数据进行同化，以确保流场海洋状态数据的准确性。海表面边界条件由直接强迫变为 Core 块体公式进行计算，海冰模式由 LIM2 变为 CICE。

5. 日本 MRICOM

日本气象厅于 1995 年开始发展业务化海洋资料同化系统（ocean data assimilation system，ODAS），其目的主要是监测和预报恩索（El Niño and Southern Oscillation，ENSO），2003 年 6 月该系统进行了升级改造。2008 年 3 月日本气象厅气象研究所研发的 MRICOM 替换了原有的 ODAS。MRICOM 是 σ-z 坐标的全球海洋模式，其水平分辨率在低纬地区（6° S～6° N）为 0.3°、中高纬地区为 1°。基于三维变分方法搭建变分同化 MOVE 系统，为预报提供初始场。该预报系统垂直 50 层，最大水深为 5000 m。其同化数据不仅包含全球远程通信系统（global telecommunication system，GTS）中台站报和船舶报等实测数据，还包含卫星观测的海表温度、高度及 Argo 浮标数据。系统每 5 天同化 1 次，预报时效为 30 天。

6. 中国国家海洋环境预报中心全球海洋预报系统

国家海洋环境预报中心（National Marine Environmental Forecasting Center，NMEFC）2013 年研发并建立了我国首个涵盖全球大洋的数值预报系统，该全球海洋预报系统由海洋动力数值模式和同化系统两个部分组成。其中海洋动力数值模式采用美国地球流体动力学实验室开发的 MOM4 全球海洋模式，水平分辨率为全球 1/4° ×1/4°，达到全球 1/4° 涡相容水平分辨率，在赤道区域实现分辨中尺度过程。系统垂向分为 50 层，在 225 m 以上分辨率为 10 m，可探测最大水深为 5500 m。

7. 全球预报系统

全球预报系统（global forecasting system，GFS）是美国国家环境预报中心（National Centers for Environmental Prediction，NCEP）制作的一个天气预报模型，包括大气数据同化系统（global data assimilation system，GDAS）及大气和海浪预报模型。2020 年 GFS 发布 16.0 版，该版本预报模型基于有限体积立方球体（FV3）动力核，垂向分为 127 层，空间分辨率为 13 km，预报变量主要有各气压层温度、相对湿度、经向和纬度向风速、位势高度等，预报时效 16 天，其中前 5 天生成每小时预报结果，第 6～16 天生成每 3 h 的预报结果。

2.1.4 再分析产品

海洋再分析基于海洋动力模型，利用数据同化技术，将多源海洋观测资料通过数学手段和物理条件约束，与数值模式的格点数据相结合，最终获得充分反映海洋多时空尺度连续变化特征和多要素物理关联性的产品。再分析数据是现代气候变化研究中十分重要的数据源，通过再分析可以重建长期历史观测数据，解决观测资料时空分布不均的问题。再分析产品目前已在大气-海洋-陆地相互作用、气候监测和季节预报、气候变率和变化、全球水循环和能量平衡等主动研究领域得到了广泛应用[5]。

1. 全球简单海洋资料同化系统再分析产品

全球简单海洋资料同化（simple ocean data assimilation，SODA）系统是美国马里兰大学于 20 世纪 90 年代初开始开发的。SODA 是较早开始的全球海洋再分析资料研究计划，该计划得到了美国国家科学基金（National Science Foundation，NSF）委员会的支持，其目的是为气候研究提供一套与大气再分析产品相匹配的海洋再分析产品。SODA 系统的同化方法采用随机连续估计理论和质量控制的方法，包括临近点检验法、“预报值－观测值”差值检验、卡尔曼滤波、四维变分（four-dimensional variational，4DVAR）等。随着同化系统的不断开发与升级，SODA 系统先后发布了多个版本的数据集产品，SODA3.4.2 是使用较广泛的产品，该数据产品覆盖的空间范围为 0.25° W～359.75° E，75.25° S～89.25° N，水平分辨率为 0.5° ×0.5°，垂直方向划分为不等距的 50 层，数据变量包括温度、盐度、密度、海流速度（经向、纬向、垂向）、海表面高度、混合层深度、海表面风应力（经向、纬向）、海表净热通量、盐通量、海底压和海冰（厚度、密集度）等十几个变量，在月平均数据基础上还增加了 5 天平均数据，更有利于海洋要素的精细化分析。

2. 海洋环流和气候评估再分析产品

海洋环流和气候评估（estimating the circulation and climate of the ocean，ECCO）再分析计划作为世界大洋环流实验计划的组成部分，得到了美国国家海洋合作项目（National Oceanographic Partnership Program，NOPP）资助，并由 NSF、NASA 和海军研究署（Office of Naval Research，ONR）联合提供支持。该计划始于 1998 年，基于美国麻省理工学院通用环流模式（Massachusetts Institute of Technology general circulation model，MITgcm），旨在将大洋环流模式与各种海洋观测数据相结合，以得到对时空变化海洋状态的定量描述。

ECCO 再分析计划于 2016 年发布了最新版本的全球再分析数据产品 ECCO-V4。ECCO-V4 所用的同化方法为 4DVAR，同时配合一个偏差校正方案，所同化的观测资料也进一步丰富和完善，包括目前可获得的所有常规观测资料和卫星遥感资料。对应的模式使用覆盖两极的（lat lon cap，LLC）网格，模式水平分辨率进一步提高到平均 12 km 左右，输出变量后重新插值到 1° ×1° 的标准网格用于共享，垂直方向上的分辨率为不等间距的 50 层。ECCO-V4 产品的时间跨度为 1992～2015 年，时间分辨率为日平均，包含温度、盐度、纬向海流速度、经向海流速度和海表面高度 5 个变量。

3. ECMWF 全球海洋再分析计划再分析产品

ECMWF 的全球海洋再分析计划发布一系列再分析数据产品。2016 年发布了最新的产品 ORAP5，同化方案采用 NEMOVAR3D-var，同化的观测数据与 ORA-S4 大致相同，增加的海冰格点数据来源于海表温度和海冰分析系统（operational SST and seaice analysis system，OSTIA）。产品的水平分辨率为 1/4°×1/4°，垂直方向分为 75 层，垂向分辨率从表层的约 1 m 渐变为底层的约 200 m。该产品的时间跨度为 1979 年 1 月～2012 年 12 月，时间分辨率为 5 天，包括盐度、温度、纬向海流速度、经向海流速度和海表面高度 5 个变量。

4. 混合坐标海洋模式再分析产品

混合坐标海洋模式再分析产品是美国海军研究实验室利用海军耦合海洋资料同化（navy coupled ocean data assimilation，NCODA）系统将 HYCOM 模式和多源观测数据结合的产物。该产品采用多变量最优插值（multivariate optimal interpolation，MVOI）同化方法同化了卫星高度计反演的海面高度异常（sea level anomaly，SLA）、卫星遥感海表温度（sea surface temperature，SST）、Argo 浮标和锚系浮标观测的温度和盐度的垂直剖面资料。公布的再分析产品时间跨度为 1992～2012 年，时间分辨率为 1 天，纬度范围是 80.48°S～80.48°N，空间水平分辨率为 1/12°，垂直方向为不等距的 40 层。可提供免费下载的产品包含温度、盐度、纬向海流速度、经向海流速度和海表面高度 5 个变量。

5. 美国国家环境预报中心产品

美国国家环境预报中心（NCEP）和美国国家大气研究中心（National Center for Atmospheric Research，NCAR）对自 1948 年以来地面、船舶、无线电探空、探空气球、飞机、卫星等全球气象观测资料进行同化处理后，研制了全球气象资料数据库。NCEP 资料时间序列长、涵盖内容广，常被海洋学界用来研究大气对海洋的长期影响；NCEP 资料（如海面风场、海面温度场、蒸发降水场和辐射通量场等）常用来作为海洋模式的驱动场资料。该数据集包含“等压面资料”“地面资料”“通量资料”3 类共 32 种要素场。等压面资料包含 1000 hPa、925 hPa、850 hPa、700 hPa、600 hPa、500 hPa、400 hPa、300 hPa、250 hPa、200 hPa、150 hPa、100 hPa、70 hPa、50 hPa、30 hPa、20 hPa、10 hPa 等压面资料，共 17 层。地面资料包含温度、湿度、蒸发、降水、海平面气压、经纬向风速、水深和海陆分布等。通量资料包含向下长波辐射通量、向下短波辐射通量、总云量、向上长波辐射通量、向上短波辐射通量等。该数据集的数据时间范围为 1950 年至今，空间范围为全球，时间分辨率为 6 h，空间分辨率为 2.5°×2.5°。

6. 中国海洋再分析产品

中国海洋再分析（China ocean reanalysis，CORA）为国家海洋信息中心再分析产品，采用多重网格三维变分海洋数据同化方法，同化的海洋观测资料包括现场温盐观测、卫星遥感海面高度异常和海表温度资料，2018 年发布了全球和西北太平洋区域海洋再分析 CORAV1.0 版，2021 年度发布了全球高分辨率冰-海耦合再分析产品（CORAV2.0），为国内率先研发的含潮再分析产品，原始产品要素包括海洋海面高（含潮汐）、三维温度、盐度、海流（含潮流）、海冰密集度、海冰厚度和海冰速度，水平分辨率为 1/12°，垂向 50 层，时间范围为 1989～2020 年，时间分辨率为 3 h。

7. 最优插值海表温度产品

最优插值海表温度（optimum interpolation sea surface temperature，OISST）由 NOAA 发布，是融合现场观测（船舶、浮标等）、多卫星观测数据及模式分析产品的海表温融合产品，是国际上应用最为广泛且精度较高的海表温度融合产品之一，采用基于实测数据修正遥感数据的大尺度偏差及最优插值算法融合各类数据源信息得到，数据时间范围为 1981 年至今，空间范围为全球，时间分辨率为每周和每天，空间分辨率为 0.25°×0.25°。

8. 延伸重构海表温数据

延伸重构海表温（extended reconstructed sea surface temperature，ERSST）数据由 NOAA 发布，其计算的原始数据来源于国际综合海洋大气数据集（ICOADS），是用重构的方法重点在现场资料稀疏的地区对 ICOADS 进行分析，数据时间范围为 1950～2018 年，空间范围为全球，时间分辨率为一个月，空间分辨率为 2°×2°。

2.1.5 专题数据

1. 台风最佳路径数据

每一个热带气旋（台风）警报中心都会根据自己的观测和定位定强技术，通过综合分析，为每一个热带气旋制作“最佳路径（best track）资料”，资料中包括台风在某时刻的中心定位、最大风速、最低气压和强度等级等信息，是再分析热带气旋的重要资料。

中国气象局（China Meteorological Administration，CMA）发布的热带气旋最佳路径数据集提供 1949 年以来西北太平洋（含南海、赤道以北、东经 180°以西）海域热带气旋每 6 h 的位置和强度，包括台风的经纬度、风速、气压信息，数据集结合卫星和数值模式的资料，由预报员进行人工修正。2017 年起，对于登陆我国的台风，在其登陆前 24 h 时段内，最佳路径时间频次加密为 3 h 一次。2018 年起，对于登陆我国的台风，在其登陆前 24 h 及在我国陆地活动期间，最佳路径时间频次加密为 3 h 一次。

联合台风警报中心（Joint Typhoon Warning Center，JTWC）是美国海军于夏威夷珍珠港的海军太平洋气象及海洋中心（Naval Pacific Meteorology and Oceanography Center，NPMOC）的分部。该机构负责为西北太平洋、印度洋及其他海域的热带气旋发出警报，数据最早时间是 1945 年。

日本气象厅（Japan Meteorological Administration，JMA）区域专业气象中心发布的台风最佳路径数据集，数据最早时间是 1951 年，时间分辨率为 6 h。

2. ETOPO1

ETOPO1 数据是当今海洋模式中最常用的水深岸界数据，是 NOAA 收集各方面资料，经过处理得到的网格化地形数据。1 min 网格全球地形数据集（1-minute gridded global relief data collection）包含大陆的地势起伏和海洋中的水深数据，建立在众多全球和区域数据集的基础上，并加入冰面数据和岩基数据。

2.1.6 网络大数据

网络大数据围绕海洋经济、海洋环境保护和海洋防灾减灾等方面，聚焦海洋矿产开发、海洋能源利用、海洋渔业、海洋旅游、海洋交通运输和海洋灾害预警评估等领域，分析与项目预报要素和现象密切相关的陆源污染物、温排水、径流、养殖和围填海等人类行为信息，并定期采集。

海洋经济信息：来源于各省报送、其他部委共享搜集等，主要包括海洋经济统计年鉴、海洋经济核算数据、局综合统计数据、人力资源统计数据、区域年鉴和行业统计年鉴等。

海洋环境保护信息：来源于海洋生态保护（海洋保护区和海洋生态红线区）数据、海洋环境监督管理（海洋倾废、海洋油气平台、海洋工程、海洋环境执法、海洋环境监督等）数据。

海洋防灾减灾信息：来源于海平面变化影响评估、基准潮位核定与水准联测、海洋潮汐预报和预报检验等，主要包括图像和产品数据集等。

2.2 数据处理

数据处理是海洋大数据分析预报的关键环节。多源多模态的海洋数据，存在记录格式多样、计量单位不同、处理质量不一、数据缺失或重复等多种问题，数据需要经过数据清洗、标准处理、质量控制等处理才能更好地得到应用。海洋大数据处理流程图如图 2.2 所示。

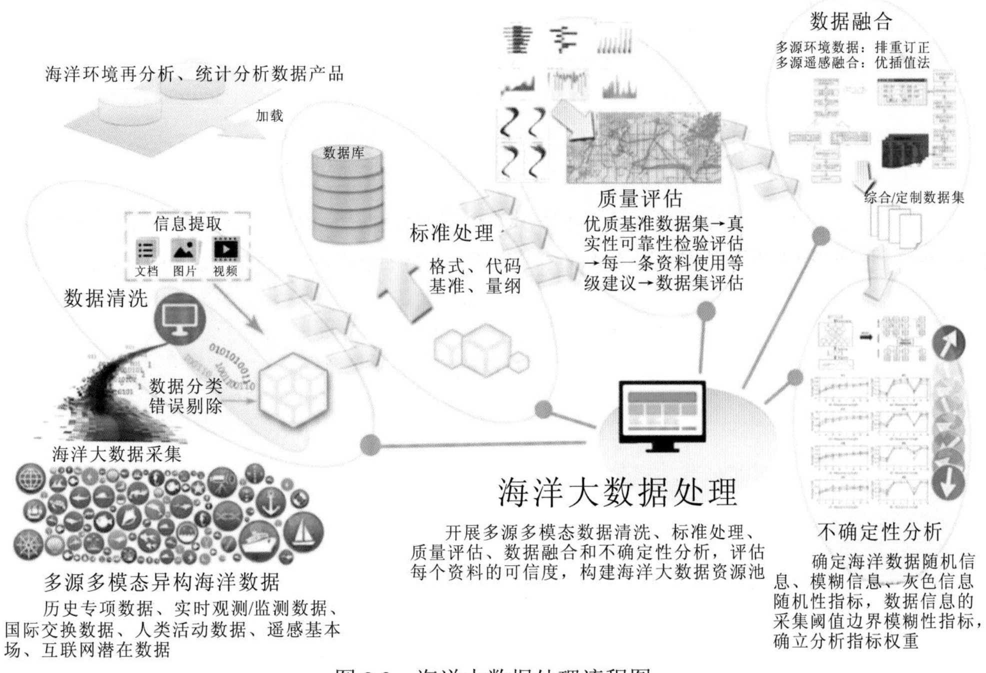

图 2.2 海洋大数据处理流程图

2.2.1 数据清洗

获得海洋数据之后，人们往往希望能对这些数据进行不同的处理，并从中抽取出有价值的信息。为了获得满足人们需要的有价值的信息，就要求所获得的数据具有可靠性，同时能够准确反映实际情况。但是实际上，人们获得的第一手数据通常是“脏数据”。“脏数据”主要指不一致或不准确数据、陈旧数据及人为造成的错误数据等。如果对“脏数据”不加以必要的清洗处理就直接分析，那么从这些数据中得出的最终结论或规律必然不准确。数据清洗旨在检测并清除数据中错误的、无效的、重复的、缺失的数据，并对其进行处理，最终提高数据质量。

1. 清洗流程

数据清洗需逐一从唯一性、完整性、一致性、有效性、准确性等几个角度进行审查，流程如下。

（1）需求分析。此阶段的目的是通过分析数据的作用领域与运用环境，来明确有效数据的格式，并据此得到数据清洗的目标。

（2）预处理。通过数据分析技术，识别数据中存在的逻辑错误、不一致等数据质量问题，将获取的数据质量信息整理归档。

（3）确定清洗规则。根据预处理结果获得的数据质量信息，分析“脏数据”产生的根本原因，从而定义数据清洗规则。数据清洗规则包括空值数据清洗规则、异常数据清洗规则、冗余数据清洗规则等。不同的数据集的特性差异明显，因此数据清洗要选择适合数据集特点的规则。

（4）清洗与修正。为避免错误的清洗导致数据遗失，在清洗之前有必要对数据进行备份。根据选择的清洗规则或模型对数据进行清洗。不同的清洗规则作用于相同的数据集所得的效果不尽相同。分析清洗后的效果，若不尽如人意，则可能需要重新选择清洗规则，再次清洗。根据最终清洗结果，修正已经归档的数据质量信息。

（5）检验。使用相应的检验操作，验证经过清洗后的数据是否符合任务要求。若不符合任务要求，可适当修改清洗规则或模型，重新进行数据清洗过程，并对结果进行检验评估。

2. 清洗方法

1）异常值识别

数据异常是指数据的属性值是异常甚至错误的，如数值异常、拼写错误、格式错误等。异常数据的检测方法主要包括基于统计学的方法、基于分类的方法及基于聚类的方法[6]。

基于统计学的方法可以追溯到 20 世纪 80 年代，首先需要对数据集指定模型，再根据模型对数据集进行不一致性校验，便可以找到异常值。不一致性校验分为两个过程：首先验证某样本点的值相对于数据分布的值的显著性概率大小，只有概率大才是有效的；如若不是，则要申明该样本点属于另一个分布模型，也被认为是异常值。

基于分类的方法，首先对给定的不包含异常数据的训练样本进行分类，训练样本根据不同分类算法对应的不同分类器被输出标记为不同类别，这些类别都属于正常类别，然后对实际数据进行异常检测，如果存在分类器不能识别的数据，则认为检测出了属于异常类别的数据。分类算法属于有监督学习算法，常见的分类算法有决策树（decision tree，DT）算法、贝叶斯网络算法、支持向量机算法、人工神经网络（artificial neural network，ANN）算法、基于规则学习算法等。

基于聚类的方法属于无监督学习算法，主要分为三类：第一类方法的思路是正常数据属于数据中的簇，而异常数据不属于任意一个簇；第二类方法的思路是正常数据对象向最近的聚类质心靠近，但异常数据对象则远离最近的聚类质心；第三类方法的思路是正常的数据对象聚集形成的簇具有数量较大、密度较高的特点，而异常数据对象聚集形成的簇则相反，体积较小且较为稀疏。

2）缺失值处理

缺失值是指数据的某些属性值在现实世界存在，但是在数据中未表示的数据，也被称为缺失数据、不完整数据，一般使用插值法和建模法补充缺失数据。

插值法是目前数据缺失处理最常用的方法之一，包括线性插值法、样条插值法、多项式插值法、拉格朗日插值法与牛顿插值法等。通过对不同特征数据分析选择合适的插值法，提高插值精度，从而得到理想数据，是数据预处理及后续研究中重要的一部分。插值是指在离散数据的基础上，使生成的曲线函数能够经过所有原始数据离散点，从而推算出未知数据。对空间数据进行插值时，通常分为确定性插值法和非确定性插值法。

建模法是指用回归模型、贝叶斯模型、随机森林（random forest，RF）模型、决策树模型等模型对缺失数据进行预测。一般而言，数据缺失值的处理没有统一的流程，必须根据实际数据的分布情况选择方法。在数据处理过程中，除使用简单的填充法与删除外，可采用建模法进行填充，因为建模法可根据已有的值去预测未知值，准确率较高。但建模法也可能造成属性之间的相关性变大，影响最终模型的训练。

3）重复值处理

重复值处理的基本思想是“排序与合并”，先将数据集中的记录按一定规则排序，然后通过比较邻近记录是否相似来检测记录是否重复。这里面其实包含了两个操作，一是排序，二是计算相似度。

判断两个记录是否为相似重复记录的关键在于判断两条记录的相似度，即需要相似度判断算法。但是，如果对每两个记录都需要比较二者的相似度会是一个极其庞大的工程，故产生了相似记录检测算法，目的是将可能是相似重复的记录限制在一定范围，减少计算量。现有的相似度判断算法有字段匹配算法、聚类算法、N-Grams 算法等。相似重复记录检测算法有近邻排序算法、聚类算法、优先队列算法等。

2.2.2 标准处理

标准处理是指按照资料类别，采用规范流程，对不同来源的资料进行数据格式、编码、计量单位和文件名称等规范、统一的数据处理过程。海洋数据类别繁多，不同来源、不同类型数据的存储格式、计量单位、语义代码也不尽相同，例如调查数据和模式数据一般包括 xls、ASCII 码、netcdf 和二进制格式等，网络数据一般包括 xml、json 等，还有一些专业仪器导出的定制格式的数据。实际工作中往往需要同时使用多种格式的数据。为了方便数据使用，需要开展数据的标准化处理，将多种来源、多种格式的数据转成统一格式、统一表达的数据。

1. 格式转换

数据格式的不同会带来极大的不便，所以数据处理的首要任务就是对多源数据进行格式转换，实现现有格式到标准数据文件格式的转换，主要包括数据文件名称、各数据项的含义、计量单位、记录位置、记录所占字节长度及数据精度的标准化。经格式转换后标准数据文件记录采用规定的格式记录，其中文本格式一般按照输入输出的格式特征编制特定程序进行格式转换，矢量数据以主流地理信息软件可实现格式转换，在不同数据格式之间进行数据转换时，容易出现文件信息丢失、数据精度改变等问题，如数据空间参考信息或属性信息丢失，或由转换前后规定的小数点后位数不一致导致数据精度改变等。实际转换中应保证格式转换前后的数据承载的资料信息完全一致。同时，经格式转换后的标准数据，其数据文件名称、数据文件结构应规范、统一。

2. 代码转换

代码统一对数据标准化是至关重要的，应用相同的代码，既可以保证语义的一致性，又可以保证数据的快速查询检索，对数据的交换、共享、应用具有重要的意义。海洋数据的代码转换包括对国家、密级、调查平台、资料类型、时区、文件编码等文件中出现的代码进行统一的转换，代码统一是数据标准化的第一步，代码转换的内容包括国家代码、密级代码、项目代码、调查机构代码、航次代码、平台类型代码、仪器代码、环境单位代码、导航定位方法代码、海况等级代码、分析方法代码、取样器代码等通用性代码，以及云量、云类、天气现象、海冰冰型、冰山等级、生物类别、底质颜色、测深基准面、重力参考系统、地磁参考场、沉积物与岩石矿物鉴定方法等专业代码。

为了保障海洋数据的代码一致性，海洋数据相关代码已被编制成各类标准在推行应用。《海洋数据应用记录格式》（GB/T 12460—2006）中规定了 49 类海洋调查数据相关的代码；《中国海洋观测站（点）代码》（HY/T 023—2018）规定了中国海洋观测站（点）代码、石油平台代码、岸基雷达站代码；《海洋信息分类与代码》（HY/T 075—2005）规定了海洋资源、海洋经济、海洋环境、海洋基础地理、海洋情报文献和海洋法规等 6 大类海洋信息数据分类与代码；《文献保密等级代码与标识》（GB 7156—2003）中规定的不同保密等级代码。这些常用代码标准在海洋数据的标准化处理过程中得到了广泛应用。

3. 基准转换

基准转换是指将海洋数据所采用的空间控制基准和垂直控制基准进行统一转换，具体包括空间坐标系、高程基准、深度基准等，统一的空间坐标框架是海洋数据组织与管理、信息共享和流通、信息服务与应用的基础，是资料标准化、整合、集成的关键步骤。

空间坐标系是指测量与标点空间定位的一种参照系，我国主要采用 4 种坐标系统：1954 北京坐标系、1980 西安坐标系、WGS84 坐标系、CGCS2000 坐标系（表 2.1）。其中 1954 北京坐标系、1980 西安坐标系均为二维、非地心坐标系，制约了地理空间信息的精确表达和先进空间技术的广泛应用，在海洋数据中应用较少，WGS84 坐标系在我国海洋调查的历史上应用了较长一段时间，2008 年我国启用了 CGCS2000 坐标系后，WGS84 坐标系逐渐成为历史，目前对于小于 1∶5 万的空间数据，WGS84 坐标系下可不进行转换直接在球体模型上展示。4 种坐标系对应的椭球参数如表 2.1 所示。

表 2.1　4 种坐标系对应的椭球参数

坐标系	椭球	长半轴 a/m	短半轴 b/m	椭球扁率 α	第一偏心率 e^2
1954 北京坐标系	克拉索夫斯基椭球	6 378 245.0	6 356 863.018	1/298.2	0.006 693 421 622 966
1980 西安坐标系	1975 国际椭球	6 378 140.0	6 356 755.288	1/298.257	0.006 694 384 999 588
WGS84 坐标系	WGS-84 椭球	6 378 137.0	6 356 751.314	1/298.257 223	0.006 694 379 901 3
CGCS2000 坐标系	CGCS2000 椭球	6 378 137.0	6 356 752.314 1	1/298.257 222	0.006 694 380 022 9

垂直控制基准包括高程基准和深度基准，其中陆地部分高程基准一般采用 1985 国家高程基准，海洋部分高程基准采用平均海平面。深度基准仅在海洋部分使用，通常采用理论深度基准面。在海洋部分高程基准和深度基准选择其一即可。

4. 量纲统一

量纲是表达各种物理量的基本属性，为提升数据的标准化程度，须对不同格式的海洋数据进行同一数据项的计量单位统一，海洋数据中通用的量纲包括温度、盐度、日期、时间、经纬度、长度（深度）、光强度等。例如：日期数据有的会采用儒略历，有的则会采用年月日的表达形式，需要在标准化处理过程中进行日期表达形式的统一；经纬度的单位也存在较多差异，需要在标准化处理中进行转换统一，同时应注意在转换过程中小数位的保留，保证精度不发生人为的降低或提升。除通用量纲外，具体学科要素中也存在需要用量纲表达的数据项，在量纲转换过程中也应进行统一。

2.2.3　数据融合

海洋数据的来源包括卫星、航空、台站、浮标和船舶等，不同观测手段的数据获取频率各异，观测区域也各有不同。这就造成不同海洋区域的数据密集程度存在很大差异，甚至存在一定的海域空白，并不能按照经纬度形成均匀的数据。因此，数据融合在海洋领域是一项十分重要的工作。多源数据的融合方法从早期的主观分析，发展到后来的客观分析（如多项式拟合法、逐步订正法、最优插值法、克里金插值法），各种在经验正交函数基础上的变形重构，如经验正交函数重构法（data interpolating empirical orthogonal functions，DINEOF）、经验模式分解-经验正交函数（empirical mode decomposition-empirical orthogonal function，EMD-EOF）方法，再到结合模式的资料同化，如变分方法、卡尔曼滤波法等多种方法。

1. 融合层次

多传感器数据融合可以在不同的信息层次上出现，每个层次代表对数据不同程度的融合过程，这些信息抽象层次包括数据层（像素级）、特征层和决策层。

数据层融合是在融合算法中，要求进行融合的传感器数据间具有精确到一个像素的匹配精度的任何抽象层次的融合；特征层融合是从各传感器提供的原始数据中进行特征提取，然后融合这些特征；决策层融合是在融合之前，各传感器数据源都经过变换并获得独立的身份估计。信息根据一定准则和决策的可信度对各自传感器的属性决策结果进行融合，最终得到整体一致的决策[7]。

2. 融合方法

1）空间插值

受技术与成本的制约，海洋要素数据在采集的过程中无法对目标海域内所有的空间点进行观测，但是已经采集到的相当数量的空间样本可以反映出海洋要素数据空间分布的全部或部分特征，并可以据此估算未采集的海域空间的特征。在这一意义上，空间插值可以被定义为根据已知的空间数据估计未知的空间数据值。

目前对海洋要素数据的插值方法多种多样，还未形成统一的业内标准，反距离加权法和自然邻域法是实际应用意义比较大的空间插值方法。

（1）反距离加权法。反距离加权法的基本假设是待估点的值受到样本点的值的影响，与二者间的距离成反比，核心问题是计算出待估点附件样本点对其影响的权重。权重的核心在于反距离的幂值。根据幂函数的特性，幂值越大，距离最近的点对插值结果的影响越大。当幂值趋近于无限大时，插值结果将趋近于距离最近的采样点的值；反之，当幂值较小时，对插值结果产生足够影响的采样点将扩大至更大的距离范围。值得注意的是，插值效果的信息详细程度越高，则数据平滑程度越低。

（2）自然邻域法。自然邻域法实质上也是一种加权方法，与反距离加权法不同的是，自然邻域法的权重值是通过计算重叠邻域的比值来确定的。自然邻域法需要先对已测样点集生成泰森（Thiessen）多边形，当在已测样点集中插入待估点的数据时，原始的泰森多边形会变化为新的泰森多边形，二者之间会存在重叠区域。自然邻域法的权重便来自重叠区域的比重。

2）客观分析

在海洋领域，数据融合主要应用于卫星遥感数据，包括多卫星来源数据融合，以及遥感数据和浮标数据的融合等。另外，基于数值模式和实测数据的数据同化也是一种数据的融合。目前，数据同化方法多种多样，主观分析法已不适用于现今的数据融合，客观分析法主要包括逐步订正法、混合分析法、最优插值法等，此外还有小波变换法、克里金空间插值法、卡尔曼滤波法、三维变分同化法和四维变分同化法等[8]。

（1）最优插值法。最优插值法起源于 20 世纪 90 年代，用于卫星高度计资料及常规温度资料的同化。美国国家自然科学基金委员会和 NOAA 基于第二代模块化海洋模式（modular ocean model2，MOM2），利用最优插值法建立了简单海洋数据同化系统。与其他同化方法相比，最优插值法具有易实现、计算效率高、融合精度可靠等优点，适用于单要素融合，普遍应用于气象与海洋业务化生产中。

（2）变分同化法。变分同化法是根据变分原理，利用所有的观测值对模型预报值（模拟结果）进行全局调整（前后向积分），通过最小化代价函数，使分析场达到统计学意义上最优的一种方法[9]。变分同化法相对最优插值法的优点在于：①摆脱了观测量和分析量之间存在线性关系的限制，可以引入非线性观测算符；②可避免直接计算增益矩阵；③变分同化法进行的是三维全局优化，而非最优插值法的局部优化；④可以引入一些动力约束条件。变分同化分为三维变分和四维变分。

三维变分同化法的理论基础是最大似然估计（maximum likelihood estimate，MLE），通过求目标函数的最小值，将空间不规则点上的观测值插值到网格点上。由于三维变分同化法经济可行，许多学者在此基础上发展出了多种三维变分同化方法，并应用于海洋数据同化。

四维变分是三维变分的推广，利用时间连续的观测资料来优化初始时刻的模式状态场或模式参数。四维变分同化法的重要环节是伴随模型的建立，目前常用的是差分伴随法，即由离散的正模型直接导出离散的伴随模型及目标泛函的梯度表达式。利用四维变分同化法进行最优估计有诸多优点：①可以选择不同的控制变量；②可同化多时刻的资料；③矩阵在同化窗口是隐式发展的；④可在目标函数中加上其他的弱约束。

（3）卡尔曼滤波法。卡尔曼滤波（KF）最初由 Kalman 提出，是在线性系统高斯白噪声及高斯先验分布的假定条件下，通过最小化分析误差得到最优解。

集合卡尔曼滤波（ensemble Kalman filter，EnKF）解决了强非线性系统中背景误差协方差矩阵的预报问题。与 KF 相比，EnKF 使用集合样本来估计背景误差协方差矩阵，无须对模式预报算子做线性化处理。与变分同化法相比，EnKF 的主要优势在于：①基于数据流依赖的矩阵；②不需要伴随模型；③易并行化。EnKF 的主要缺点在于：背景误差协方差的准确估计需要与模式维度相当的集合样本量，这是不实际的，较小的集合样本会引入明显的抽样误差。

2.3 数据质量控制与评估

2.3.1 数据质量控制

1. 质量控制的含义

数据质量控制广义来讲是贯通整个数据生命周期的质量控制，不仅包括观测数据本身，还包括数据采集、传输、处理过程等的控制。本小节所讨论的质量控制是指海洋实测数据所常用的质量控制的含义，即利用各种质量控制方法，对数据的可靠性进行评判并标注的过程。

2. 质量控制的方法

质量控制的方法包括自动质量控制和人工审核两个部分。自动质量控制是指单纯用计算机实现的质量控制，根据方法适用对象的不同又分为基础信息检验和要素特性检验。基础信息检验是各要素通用的检验方法，包括格式检验、全等性检验、日期检验、位置检验、着陆检验、深度检验和速度检验。要素特性检验包括范围检验、递增性检验、连续性检验、尖峰检验、梯度检验、极值检验、统计特性检验和相关性检验等，应针对不同的质量控制对象选择合适的方法和参数，进行质量控制工作。人工审核是指人工对审核结果进行核定修正的过程，主要包括航次轨迹检验、区域特性检验和时间序列图形检验等。

一般来讲，实时数据为追求时效性，宜采用自动质量控制方法开展质量控制，延时数据或数据产品宜采用自动质量控制和人工审核相结合的方法开展质量控制。

1）基础信息检验

（1）格式检验。格式检验是按照数据规定的格式，如项目要素记录的起始位置、长度、数据记录的类型及缺测值的填写等要求对数据进行检验。

（2）全等性检验。全等性检验主要针对观测记录中的某些要素项，如资料类型、浮标号、平台代码、海洋观测台站代码、观测方法、仪器名称、观测仪器海拔高度、观测点水深、观测要素代码等，这些要素项的参数具有特定值并且往往保持长期不变，其记录值与约定值必须完全一致，否则视为错误值。

（3）日期检验。日期检验是检验观测日期的取值是否位于合理范围内。其中，年取值不大于当前年份，月取值范围为 1～12，日期取值不大于当月的天数，小时取值范围为 0～23，分、秒取值范围为 0～59。

（4）位置检验。位置检验是检验海洋观测资料的测站位置是否在合理取值范围内，如全球经度范围为 -180°～180°、纬度范围为 -90°～90°，特定专项可根据具体要求调整经纬度范围。固定观测站位漂移范围通过球面换算不应超过 5 km。

（5）着陆检验。着陆检验是依据全球数字化地图，判断观测数据位置是在陆地上还是在海洋里，根据判定结果添加相应的质量符。

（6）深度检验。深度检验要求海洋资料的观测深度应在实际地形范围内。制作全球陆地位置背景数据集，判断观测站点经纬度坐标位置的观测深度是否符合深度要求，小于 20 m 不做深度要求，20～50 m 深度误差在 30%之内、大于 50 m 深度误差在 10%之内被认为通过深度检验。

（7）速度检验。速度检验是计算浮标当前周期的剖面位置与前一个有正确位置的剖面位置的距离和对应的时间差，用距离除以时间差求出平均速度，如果平均速度大于 3 m/s，则速度不正确。

2）要素特性检验

（1）范围检验。范围检验主要是对已有的国内外海洋观测数据进行统计分析，根据观测要素自身的特点，定义要素的取值变化范围，对资料进行检验。如果超出正常范围，则可认为该数据异常。

（2）递增性检验。递增性检验是检验递增量差值是否大于或等于某一确定值。具体方法为：假设当前观测值为 $V(t)$，与其相邻的上一个温度值为 $V(t-1)$，检验值 = $V(t) - V(t-1)$。

（3）连续性检验。连续性检验是确保海洋观测要素在一定时空范围内具有连续性，时间接近或位置邻近的观测要素差值在一定范围内。具体方法为：假设当前观测值为 $V(t)$，与其相邻的上一个正确值为 $V(t-1)$，检验值 = $\mathrm{fabs}(V(t) - V(t-1))$。

（4）尖峰检验。尖峰检验是检验观测要素是否有较大的突变，根据具体观测要素特性判定是否异常，其检验值计算方法为：假设当前观测值为 $V(t)$，与其相邻的第一个正确温度值分别为 $V(t-1)$、$V(t+1)$，检验值 = $\mathrm{fabs}(V(t) - (V(t+1) + V(t-1))/2) - \mathrm{fabs}((V(t+1) - V(t-1))/2)$。

（5）梯度检验。梯度检验是检验观测要素是否有较大的梯度，根据具体观测要素特性判定是否异常，其检验值计算方法为：假设当前观测值为 $V(t)$，与其相邻的第一个正确观测值分别为 $V(t-1)$、$V(t+1)$，检验值 = $\mathrm{fabs}(V(t) - (V(t+1) + V(t-1))/2)$。

（6）极值检验。理论上，定点定时要素观测值的取值应在该地该要素的多年极值范围内，即 $\min(x) \leqslant$ 观测值 $\leqslant \max(x)$。若不满足上式，则判定该数据为异常值，需进一步分析。

（7）统计特性检验。统计特性检验是检验海洋观测资料是否满足统计的历史观测极值范围，并在理论上服从于一定的概率统计特性。

（8）相关性检验。相关性检验是根据海洋观测资料数据间的相互关系进行检验，即通过要素间的相互关系（例如：一日内各定时或逐时记录值是否超出日极值；最大波高必须大于或等于平均波高；最大周期必须大于或等于平均周期；高、低潮潮高与逐时潮高的关系；波型、波高与海况的相互关系；风速、波高与周期的关系；海水盐度、温度与密度的关系等）检验数据的异常。

3）人工审核

（1）航次轨迹检验。航次轨迹检验是通过航线图验证着陆点检验的检测结果，并检查航行观测轨迹是否合理。

（2）区域特性检验。区域特性检验是根据当前数据的观测时间和经纬度，查找与之时空相近的同类型数据并进行比较，判定该数据是否偏离其他数据，对离群数据进行标识。

（3）时间序列图形检验。时间序列图形检验是通过绘制要素的时间序列图形，人工判断观测要素的突变值是异常值还是海洋真实变化。

3. 质量标志方法

通常采用在数据中增加质量控制符号字段的方式对数据质量进行标识，常用的质量控制符代码和含义见表 2.2。

表 2.2　质量控制符的代码和含义

质量控制符代码	含义
空格	未进行质量控制
1	数据正确
2	可能正确
3	可能错误
4	数据错误
9	数据缺测

2.3.2　数据质量评估

数据质量评估是指对海洋观测、调查汇总和整理完毕后的数据进行科学的、实事求是的分析和评价[10]。对海洋环境数据质量评估，应充分利用不同时间、不同范围和不同要素的各种数据，使检验评估指标能客观和准确地反映海洋环境资料的实际情况。数据评估指标值直接影响数据分析的科学性和决策的正确性。

1. 数据质量评估内容

1）数据概况

数据概况包括：数据来源机构、总数据容量、文件数；数据种类、观测方法、观测要素、分类型数据容量、文件数、数据存储格式、是否可读、读取方式或软件、数据的空间范围描述（空间分布站位图）、数据的时间范围（时间分布图）；观测频率、时制、观测载体数量（船数、站数、站次数、航次数）等。

2）数据质量情况

数据质量情况应根据实际需要选择，包括：数据的总记录数、总有效记录数、有效率；各要素的有效记录数、缺测率和有效率（采用数字、表格或图形的方式展示）；以船、航次、站、观测仪器等为单位分别说明数据的有效记录数、有效率和缺测率；描述主要存在的质量问题，做出原因分析。

3）数据分析

数据分析为选编内容，一般包括局地气候代表性、对研究解决科学问题的支撑情况等。

4）数据应用价值分析和建议

根据社会普遍需求给出数据的应用价值，包括可应用领域、经济价值和社会价值等；根据目前具体的工作需要给出数据具体的应用价值；提出数据存在的问题和使用时的注意事项并进一步收集数据的需求等。

2. 质量评估指标

质量评估指标包括数据质量有效性、数据可读性和表述一致性、数据测量精度、时间跨度和完整性、数据时间累计量、水平空间网格覆盖率、剖面深度上测量比例、口碑等[11]。

1）数据质量有效性

数据质量有效性即通常所说的有效率，是对数据最简单最直接的评价，能给出直观的数据正确和可靠程度。数据经过质量控制处理后，分别提取并分析其正确、可疑、错误、缺测等情况的质量控制符，计算数据有效率。有效率 = 正确质量控制符个数/总记录数×100%。

2）数据可读性和表述一致性

由于观测的仪器和方式不同，来源众多的海洋数据文件存储的格式不一，在表述形式上各有不同。数据可读性是指数据使用恰当的语言、符号、单位和定义的程度。数据表述一致性则是指数据按照其表头（标题行/信息行）所标明的格式，使用统一格式表述的程度。数据的可读性和表述一致性直接影响用户使用，格式和内容不明的数据不能被用于科研和业务工作。

3）数据测量精度

数据测量精度是指采用观测仪器采集数据时测量结果的精确度，采用仪器不同，测量精度可能会有较大差异，因此较高的数据精度（仪器自身决定）将会给预报、分析、研究带来较多的指示信息。以海温观测为例，假如仪器测量误差为 1 ℃，那么 Niño3.4 区的海温异常信号将不能得到有效地捕捉，对预报和研究 ENSO 的科学家而言是一种极大的损失。因此，给出数据集中测量要素的精确度以衡量资料的数据分辨率，对使用者而言具有较高的科学意义。

4）时间跨度和完整性

对各类资料集而言，时间跨度和时间完整性的计算方法会有所不同。

针对定点连续资料，时间跨度和时间完整性描述变得极为重要。时间跨度是指观测起始和终止的时间；时间完整性是指按照观测规范的要求频次（如 1 h）计算其频次上的数据存在率。

针对大面积观测资料，时间跨度是指所有观测资料的最早和最晚时间，时间的完整性是指在要求的观测统计时间量级上（如月）计算其当前量级上的观测时间网格覆盖率，求其均值作为时间完整性的量度。

5）数据时间累计量

随着海洋观测仪器的不断发展，稳定、快捷的观测手段接连出现，观测数据时间连续性也逐渐提高，数据量也逐渐增大。因此，数据时间累计量对数据使用者挑选数据而言具有较高的价值，统计每个时间段的可用要素数据量，将其记录数作为该时段内的数据时间累计量，可以降低大规模使用数据时挑选的难度。

6）水平空间网格覆盖率

水平空间网格覆盖率是指研究区域的海洋观测资料网格覆盖范围，以覆盖度作为指标，将全球以一定的经纬度间隔划分为网格，每个单元格应存在 1 个以上观测数据，即认为观测覆盖该范围，在研究区域内筛选具有以上特征的观测数据的单元网格，计算这些网格的水平覆盖率。

7）剖面深度上测量比例

剖面深度上测量比例是指研究区域的剖面测量数据以观测规程水深或全水深作为基数的测量最大深度的比例。通常剖面深度在浅海海域会测量到海底，在深海海域会有观测规程对其加以限制，造成全水深数据采集不完整或者超出全水深值，因此剖面深度上测量比例成为一个剖面数据的重要考核指标，将有助于了解剖面测量的情况，从侧面反映剖面数据的完整性和区域代表性。通常可使用 ETOPO 地形数据进行水深比对，也可进一步对测量水深进行质量控制。

8）口碑

观测数据的质量好坏直接影响其在用户中的口碑。用户会更加倾向于选择使用口碑良好的观测数据和数据集产品。以 Argo 计划为例，作为目前国际海洋研究中最活跃和规模最大的观测计划，它可谓海洋观测历史上的一场革命，第一次建立了一个实时的、高分辨率的全球立体海洋观测网。Argo 资料以其快捷、高分辨率、时空连续性高等特点深受广大海洋学者和工作者的青睐，在全球拥有广大的用户群体。因此，数据乃至数据观测/数据集制作机构的口碑也是衡量数据或数据产品的一个方面。

2.3.3 数据不确定性分析

不确定性（uncertainty）指事物的存在状态或所能产生的结果不能被精确描述。数据的测量值仅描述事物在某些特定假设下的特征，是数据的一个重要组成部分[11]。早期的数据不确定性主要指数据的误差，随着现代测量技术的迅速发展，以及地理空间数据信息来源的多元化，考虑误差的范围也从数字上扩大到概念上，数据不确定性主要指数据“真实值”不能被肯定的程度。从这个意义看，数据不确定性可以看作一种广义误差，但它比误差更具有包容性与抽象性：既包含随机误差，也包含系统误差；既包含可度量的误差，又包含不可度量的误差。因此，数据的随机性、模糊性、未确定性、灰性等均可视为不确定性的研究内容。

1. 数据不确定性来源

海洋数据的采集过程虽然有较为严格的规范，但仍不可避免地在数据收集、数据传输、数据变换等数据可视化流程的各个环节产生或存在不确定性。

1）数据收集中的不确定性

在数据收集过程中，采集噪声、仪器故障、采集者知识缺陷及物理仪器的精度制约等都可能引入不确定性，当某些关键地点需要高度精确数据时，还需要布设多个设备同时进行数据采集，在这种情况下采集到的海洋数据就会表现出不确定性。

2）数据传输中的不确定性

海洋数据传输是通过覆盖陆基、海基、天基、空基等的海洋立体监测通信网实现的，网络带宽的限制、传输故障等会引入不确定性。同时，同一份数据可能通过网络、卫星等多种方式进行传输，造成数据的重复性和不确定性。

3）数据变换中的不确定性

直接采集的数据往往不能直接应用，需要进行一定的处理，格式转换、插值分析等数据变换中算法、模型等也会引入不确定性。

2. 数据不确定性分析方法

海洋数据为空间数据，主要的不确定性为位置不确定性和属性不确定性。目前模糊数学、灰色系统、粗集理论与概率统计是几种最常用的不确定性系统研究方法。结合上述理论与海洋数据的具体情况，应对以下几个方面进行海洋大数据的不确定性分析。

1）随机信息分析

随机信息分析主要分析海洋观测平台、观测方式等带来的随机误差和系统误差影响权重。实际数据获取、采集过程中存在观测系统固有的随机或系统的误差，海洋数据在获取过程中，由于设备和技术的限制，在每一个环节上都会有出现误差的可能，存在不可避免的不确定性。以海洋温盐深数据的观测为例，不同型号的传感器、不同的观测仪器存在不同的不确定性。

2）模糊信息分析

模糊信息分析主要是针对数据质量的分析，在数据使用和融合过程中，判断数据可疑原因和可用程度，分配确定数据的融合权重。

3）灰色信息分析

灰色信息分析主要解决“小样本、贫信息”不确定性问题，由自然状况恶劣、观测技术不满足要求造成的时间、空间上的不连续、不均衡，或数据在处理或传输过程中产生的数据属性缺失，如观测仪器、空间位置、时间片段等缺失情况，可采用灰色信息分析，根据数据源的自身属性、属性与属性之间关联，判断数据不确定性和影响权重。

4）分析应用

根据随机信息分析、模糊信息分析和灰色信息分析结果对每条数据进行综合判别，给出不同源数据的不确定度量值，赋予不同的权重系数，用于数据融合分析和预报训练。

参 考 文 献

[1] 时玉彬, 杨子杰, 陈泽宗, 等. 海洋环境监测高频地波雷达的研究现状与发展趋势[J]. 电讯技术, 2002(3): 128-133.

[2] 薛惠芬, 苗春葆, 董明媚, 等. 全球 ARGO 浮标及其观测资料状况分析[J]. 海洋技术, 2005(4): 23-28.

[3] 李晓婷, 郑沛楠, 王建丰, 等. 常用海洋数据资料简介[J]. 海洋预报, 2010, 27(5): 81-89.

[4] 刘娜, 王辉, 凌铁军, 等. 全球业务化海洋预报进展与展望[J]. 地球科学进展, 2018, 33(2): 131-140.

[5] 王世红, 赵一丁, 尹训强, 等. 全球海洋再分析产品的研究现状[J]. 地球科学进展, 2018, 33(8): 794-807.

[6] 陈彤. 多源异构海量石油数据的数据清洗技术研究[D]. 青岛: 中国石油大学(华东), 2017.

[7] 周芳, 韩立岩. 多传感器信息融合技术综述[J]. 遥测遥控, 2006(3): 1-7.

[8] 吴新荣, 王喜东, 李威, 等. 海洋数据同化与数据融合技术应用综述[J]. 海洋技术学报, 2015, 34(3): 97-103.

[9] 赵英时. 遥感应用分析原理与方法[M]. 北京: 科学出版社, 2003.

[10] 陈海东. 不确定性可视化及分析方法研究[D]. 杭州: 浙江大学, 2016.

[11] 于婷, 刘玉龙, 杨锦坤, 等. 实时和延时海洋观测数据质量评估方法研究[J]. 海洋通报, 2013, 32(6): 610-614, 625.

第3章　海洋大数据管理技术

本章将重点介绍海洋大数据管理的相关技术。首先简要介绍通用大数据平台的发展概况和几种主流的大数据架构，并给出面向海洋动力环境信息预测预报的海洋大数据平台架构，然后对海洋大数据存储管理相关技术进行论述，最后对海洋大数据分析预测技术及相关方法库的构建技术进行详细描述。

3.1　海洋大数据平台架构

本节首先对大数据平台发展概况进行简要介绍，然后详细说明当前几种主流的大数据架构，在此基础上，给出面向海洋环境信息预测预报的海洋大数据平台架构。

3.1.1　大数据平台发展概况

国内外知名 IT 企业（如谷歌、亚马逊、微软、百度、阿里、腾讯、华为等）纷纷加快了大数据技术研发的步伐，推动大数据技术迅猛发展，并相继推出了一系列与大数据相关的应用服务系统。目前针对大数据应用，出现了许多主流的大数据处理架构及相应平台，其中最有影响力和使用最多的大数据平台就是 Hadoop[1]处理平台及其相应的生态系统，以及后来出现的基于内存分布式大规模计算框架的 Spark[2]及其生态系统、流数据实时处理系统 Storm[3]平台，还有新出现的批流融合处理系统 Flink[4]平台和图形处理器并行计算框架 TensorFlow[5]等。下面对这几种大数据处理平台及海洋大数据平台发展情况进行简单介绍。

1. Hadoop 大数据处理平台

Hadoop 是一种分布式存储和计算平台，也是使用最广泛的大数据平台之一。Hadoop 是谷歌分布式文件系统和 MapReduce 分布式并行计算框架的开源实现，能够以低廉的成本在分布式环境下提供海量数据的处理能力，也是当前公认的大数据处理平台的标准。Hadoop 的组件有很多，其最核心的是 Hadoop 分布式文件系统（Hadoop distributed file system，HDFS）和 MapReduce 计算框架。HDFS 负责将文件分布式存储在 Hadoop 集群的存储节点上，它具有高容错性、高可靠性、高可扩展性、高获得性、高吞吐率等特征，可以为海量数据提供存储，给超大数据集的应用处理带来很多便利。HDFS 由 4 部分组成，HDFS Client、NameNode、DataNode 和 Secondary NameNode。HDFS 是一个主/从（master/slave）体系结构，HDFS 集群拥有一个 NameNode 和多个 DataNode，NameNode 管理文件系统的元数据，DataNode存储实际的数据。HDFS的上层是MapReduce。MapReduce是一种基于大规模集群的分布式并行计算处理框架，能自动完成整个计算任务的并行化处理，自动划分计算数据和计算任务，在集群节点上自动分配和执行任务及收集计算结果，将数据分布存储、数据通信、容错处理等并行计算。MapReduce将涉及很多系统底层的复杂细节交由系统处理，大大减少了软件开发人员的负担。Hadoop生态系统如图3.1所示。

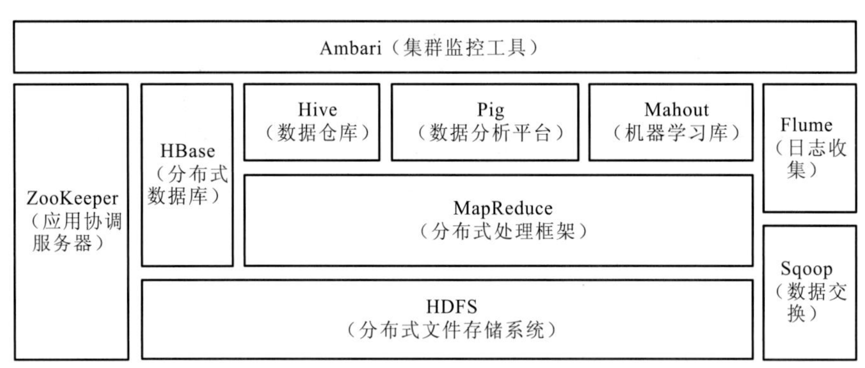

图3.1　Hadoop生态系统示意图

另一种资源协调者（yet another resource negotiator，YARN）是一种新的Hadoop资源管理器，也是一个通用资源管理系统，可为上层应用提供统一的资源管理和调度，它的引入为集群在利用率、资源统一管理和数据共享等方面带来了巨大好处。HBase是谷歌Bigtable克隆版，是一个针对结构化数据的可伸缩、高可靠、高性能、分布式和面向列的动态模式数据库。与传统关系数据库不同，HBase采用了BigTable的数据模型，增强了稀疏排序映射表（key/value），其中，键由行关键字、列关键字和时间戳构成。HBase提供对大规模数据的随机、实时读写访问。同时，HBase中保存的数据可以使用MapReduce来处理，它将数据存储和并行计算完美地结合在一起。ZooKeeper主要解决分布式环境下的数据管理问题，如统一命名、状态同步、集群管理、配置同步等。Sqoop（SQL-to-Hadoop）主要用于传统数据库和Hadoop之间传输数据，数据的导入和导出本质上是MapReduce程序，充分利用了MapReduce的并行化和容错性。上层还有数据仓库工具Hive和机器学习库Mahout，以及日志收集工具Flume与数据分析平台Pig等，它们基本组成了Hadoop分布式平台的所有技术核心组件。国内外基于Hadoop平台已经搭建了许多应用系统。基于HDFS的空间索引与存储结构，采用全局索引和本地索引在集群节点间分割数据并且在节点内部高效地组织数据。在农业方面，水稻药肥精准施用大数据平台主要包括基于HDFS的大数据平台软硬件环境，可满足海量数据的存储和分析。在工业方面，利用Hadoop分布式平台搭建的石油大数据平台，可用来存储、管理、查询石油大数据。

2. Spark分布式并行处理框架

Apache Spark是专为大规模数据处理而设计的快速通用的计算引擎。Spark是一种类似Hadoop MapReduce的通用并行框架，是由美国加利福尼亚大学伯克利分校的AMP实验室所开发并开源的。Spark拥有Hadoop MapReduce所具有的全部优点；但不同于MapReduce的是，Spark是在Scala语言中实现的，其中间输出结果可以保存在内存中，不再需要读写

HDFS，因此 Spark 能更好地适用于数据挖掘与机器学习等需要迭代的 MapReduce 的算法。Spark 目前已形成了一个高速发展、应用广泛的生态系统，如图 3.2 所示。

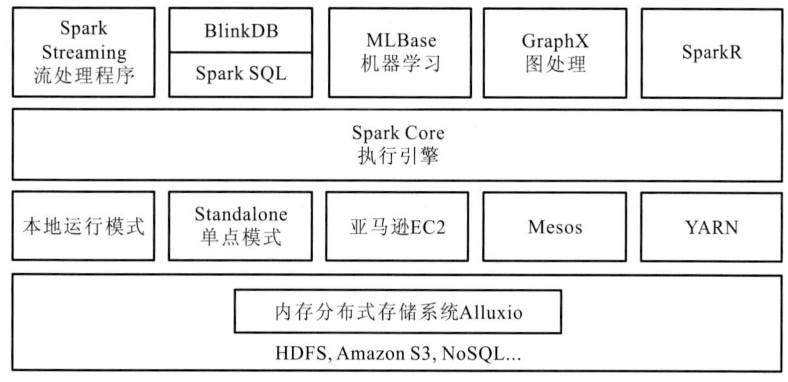

图 3.2　Spark 生态系统示意图

Spark 生态系统的核心为执行引擎（Spark Core），有 Standalone、YARN 和 Mesos 等多种资源调度管理方式，能够读取多种文件格式，如传统文件格式、HDFS、Amazon S3、Alluxio 和 NoSQL 等数据源格式，使用 Spark 的应用程序可对不同数据进行分析与处理。Spark 的部分应用程序被集成到了不同的 Spark 组件中，如 Spark Shell 或 Spark Submit（交互式批处理方式）、Spark Streaming（实时流处理应用）、Spark SQL（即时查询）、MLBase/MLlib（机器学习库）和 Spark R（数学计算）等，大大丰富和方便了 Spark 应用程序的开发。关于 Spark 分布式计算框架的应用系统，在路网方面，基于 Spark 的路网交通运行分析系统，以实时交通流数据为基础，结合 Spark MLlib 提供的 *k*-means 和随机森林算法构建了路网交通运行态势判别模型，实现了对路网交通运行状态的实时判别。在医疗健康方面，基于 Spark 大数据平台可进行老年病风险预警研究。

3. Flink 批流融合处理平台

Flink 最早起源于大数据研究项目 Stratosphere，并且从 Stratosphere 0.6 版本开始，才正式改名为 Flink。Flink 是一个面向数据流处理和批量数据处理的分布式开源计算框架，它利用同一个 Flink 流式执行模型，能够支持流处理和批处理两种应用类型。Flink 组件主要由部署层、核心层、API 层和 Libraries 层构成：部署层支持本地、集群多种部署方式；核心层提供支持 Flink 计算的全部核心实现，支持分布式流处理、图计算、调度等；API 层主要为流处理提供 DataStream API 和为批处理提供 DataSet API；Libraries 层也被称为 Flink 应用框架层，在 API 层之上构建满足特定应用的计算框架，分别对应流处理和批处理。

Flink 支持大规模的集群模式，支持 YARN、Mesos 资源管理器，其高度灵活的窗口操作能对相似环境中的数据进行建模，支持带有时间语义的流处理和窗口处理，使流计算结果更加精确；其轻量的容错处理，使系统既能保持高的吞吐率又能保证一致性；同时在 Java 虚拟机（Java virtual machine，JVM）内部实现了自己的内存管理，尽可能减少 JVM 垃圾回收（garbage collection，GC）对系统的影响，降低了 GC 带来的性能下降和任务异常风险。此外，Flink 通过 Save Point 技术将任务执行的快照保存在存储介质上，当任务重启的时候可以直接恢复原有的状态。由于其诸多特性，Flink 的批处理和流处理技术被广泛应用在流数据处理领域。

4. TensorFlow 分布式并行框架

TensorFlow 是一个基于数据流编程的符号数学系统，被广泛应用于各类机器学习算法的编程实现，其前身是 Google 的神经网络算法库 DistBelief。TensorFlow 拥有多层级结构，可部署于各类服务器、PC 终端和网页，并支持图形处理器（graphics processing unit，GPU）和张量处理单元（tensor processing unit，TPU）高性能数值计算，被广泛应用于谷歌内部的产品开发和各领域的科学研究。TensorFlow 由 Google Brain 团队开发和维护，拥有包括 TensorFlow Hub、TensorFlow Lite、TensorFlow Research Cloud 在内的多个项目及各类应用程序接口。TensorFlow 整个系统架构由前端和后端两个系统组成，它们之间采用计算机辅助个人访问（computer assisted personal interviewing，CAPI）衔接。前端主要为开发人员提供各种编程接口，支撑计算图谱的构建工作，后端负责系统运行环境，支撑计算图谱的执行。TensorFlow 运行状态可分为本地运行和分布式运行两种模式；内核层中各个操作的具体数学运算都是由内核来完成；网络层主要为数据交换提供支撑；硬件层依赖于 CPU、GPU、TPU 等多种异构硬件类型。

由于 TensorFlow 提供各种各样的接口，可以用非常简洁的语言实现各种复杂的算法模型，将极为消耗精力的编码和调试工作解放出来；TensorFlow 的内核执行系统使用 C ++ 编写，保持了非常高效的执行效率；TensorFlow 优秀的分层架构设计使模型可以非常方便地运行在异构设备环境中；TensorFlow 不仅包含 TensorBoard 等优秀的配套辅助工具，第三方社区也贡献了诸如 TFLearn 等好用的辅助项目。TensorFlow 已被广泛应用于智能人脸识别、空气质量预测、航道智能服务、遥感图像分析、文本分类、情感分析、车辆和交通标志检测、图像识别和文件推荐、智能锁单等需要深度学习算法的领域。

5. 海洋大数据平台研发

我国各行业也陆续开展了行业大数据处理平台的研发工作，出现了电力大数据平台、能源大数据平台、工业大数据平台、农业大数据平台、城市大数据平台等。在海洋领域，美国气象公司开始利用大数据分析方法向用户提供气象预报，美国国家海洋和大气管理局也已经开始利用大数据技术对海洋信息进行深度挖掘，实现基于大数据的海洋灾害业务化预报。20 世纪 80 年代以来，国际科学界持续推进全球业务化海洋学观测，并组织实施了一系列重大国际合作计划，如全球海平面观测系统（GLOSS）、全球温盐剖面计划（Global Temperature and Salinity Profile Plan，GTSPP）、热带海洋与全球大气实验（tropical ocean-global atmosphere，TOGA）、全球大洋环流实验（world ocean circulation experiment，WOCE）、气候变异及预测项目（Climate Variability and Predictability Programme，CLIVAR）、Argo 计划、全球海洋观测系统（GOOS）等。欧美等国和我国均相继发射了一系列海洋观测卫星。我国针对近海及大洋区域，相继实施了海洋普查、海洋专项调查、业务化海洋观（监）测、海洋科学考察和海洋科技调查等活动，积累了海量的海洋环境实测及再分析数据，基础地理数据和海洋资源、经济、管理、社会、人文等综合信息，这也为构建海洋大数据平台和进行海洋领域大数据分析技术的研发奠定了基础。世界各国都在积极地投入基于海洋空间的大数据的“数字海洋”“智慧海洋”建设，如美国和加拿大制定的“海王星计划”、日本的深海地震观测网计划、非洲沿海 25 国的“非洲近海资源数据和网络信息平台”及中国的“iOcean”平台等[6]。2016 年国家海洋信息中心牵头成立课题组，研发海洋大数据预报技术，提出了相应的大数据平台建设及相关实施方案。何书锋等[7]提出了基于 Hadoop 与 Spark 设计海洋大数据平台，重点针对多波束、重力、磁力等探测数据和取样数据等多源数据，构建海洋数据多源分析系统。杨镇宇等[8]提出了一种海洋大数据智能分析系统，综合集成地理分布式的多子中心多源异构海洋数据，整体上提供常态化实时服务。2017 年国家海洋技术研究中心建立海洋空间信息系统，实现传感网、数据网、分析网、可视网的融合。国内的海洋大数据平台有基于 Argo 浮标的海洋大数据平台[9]、基于 Hadoop 的海洋位置大数据平台[10]、海洋地质多源数据分析预报系统、海洋科技大数据平台“海上云”等[11]。2018 年 11 月 23 日，自然资源部第二海洋研究所和浙江大学发布“海洋遥感在线分析平台 Satco2”[12]。

3.1.2 主流的大数据架构

近几年对大数据相关技术的研究及应用如雨后春笋一般，非常火热，出现了许多基于 Hadoop 生态系统的大数据处理架构，这些架构适合不同类型的大数据处理，下面对几种大数据架构进行简单介绍。

1. 传统大数据架构

传统大数据架构主要是为了解决传统商业智能软件的问题而采用的架构。简单来说，数据分析的业务没有发生任何变化，但是在大数据环境下，出现了性能等问题而导致传统的数据仓库系统无法正常使用，因此需要进行改造升级，传统大数据架构便是为了解决这类问题而提出的。传统大数据架构如图 3.3 所示。

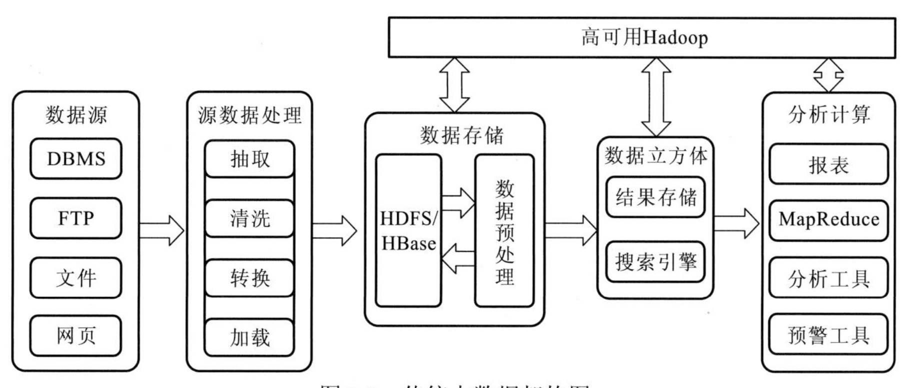

图 3.3　传统大数据架构图

DBMS：database management system，数据库管理系统

从图 3.3 中可以看出，传统大数据依然保留了抽取、转换、加载（extract transform load，ETL）的操作，数据经过 ETL 操作后进入数据存储。数据存储采用分布式存储方式，计算采用分布式计算。其重点是分布式数据立方体（cube）的构建，提供的服务及各种分析工具都可以采用分布式处理。分布式计算平台上的数据仓库的优势主要体现在分布式计算能够将数据计算分配到离数据最近的存储节点上，使并行计算成为可能。分布式存储将大份数据拆解为小份数据，并分散存储到不同的存储节点，提供分布式计算的前提条件。在分区、分库、分表等分布式存储操作之后，记录这些结构信息，提供应用程序数据路由功能，使对应用系统的查询请求可以分配到合理的数据节点上进行计算。可以采用“数据仓库 + Hadoop”分布式结构实现存储 + 搜索引擎，数据仓库和 Hadoop 分布式之间用 Sqoop 作为传输的通道，实现分布式算力的回流，而分析工作依旧可以选择链接数据仓库。需要大量计算的即席查询（ad hoc query），可以直接链接 Hadoop 分布式系统。该架构的优点是简单、易懂，对商业智能（business intelligence，BI）系统而言，基本思想没有发生变化，变化的仅仅是技术选型，用大数据架构替换掉 BI 的组件。

2. 流式架构

在传统大数据架构的基础上，流式架构直接去掉了批处理，数据全程以流的形式处理，在数据接入端去掉了 ETL 过程，转而替换为数据通道。经过流处理加工后的数据，以消息的形式直接推送给用户。流式架构虽然有一个存储部分，但是该存储更多地以窗口的形式进行，所以存储并非发生在数据湖，而是在外围系统。流式架构如图 3.4 所示。

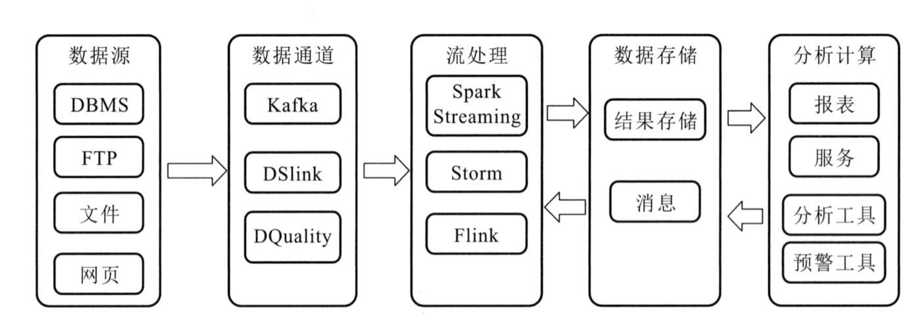

图 3.4　流式架构图

流式架构的优点是没有臃肿的 ETL 过程，数据的实效性非常高。其缺点是不存在批处理，因此无法很好地支撑数据的重播和历史统计，仅支持窗口之内的离线分析。流式架构主要适用于预警、监控等对数据有实时性要求的场景。

3. Lambda 架构

Lambda 架构[13]在大数据系统中举足轻重，目前的大多数架构基本都是 Lambda 架构或者是其变种的架构。Lambda 的数据通道分为两条分支：实时流和离线层。实时流依照流式架构，保障了其实时性，而离线层则以批处理方式为主，保证了最终一致性。流式通道处理为保障实效性更多地以增量计算为主，而批处理层则对数据进行全量运算，保障其最终的一致性，因此，Lambda 最外层有一个实时层和离线层合并的操作。Lambda 架构如图 3.5 所示。

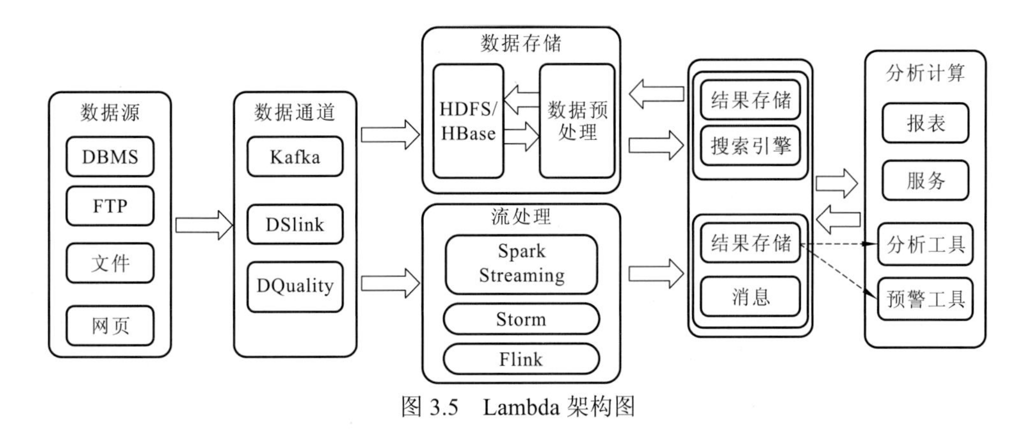

图 3.5　Lambda 架构图

Lambda 架构的优点是既支持实时又支持离线数据分析，能涵盖比较广泛的数据分析场景。其缺点是离线层和实时流虽然面临的场景不同，但是其内部处理的逻辑是相同的，因此有大量冗余和重复的模块存在。

4. Kappa 架构

Kappa 架构[14]对 Lambda 架构进行了优化，将实时和流部分进行了合并，以消息队列替代数据通道。因此 Kappa 架构依旧以流处理为主，但是数据却在数据湖层面进行存储，当需要进行离线分析或再次计算时，将数据湖的数据再次经过消息队列重播一次即可。Kappa 架构如图 3.6 所示。

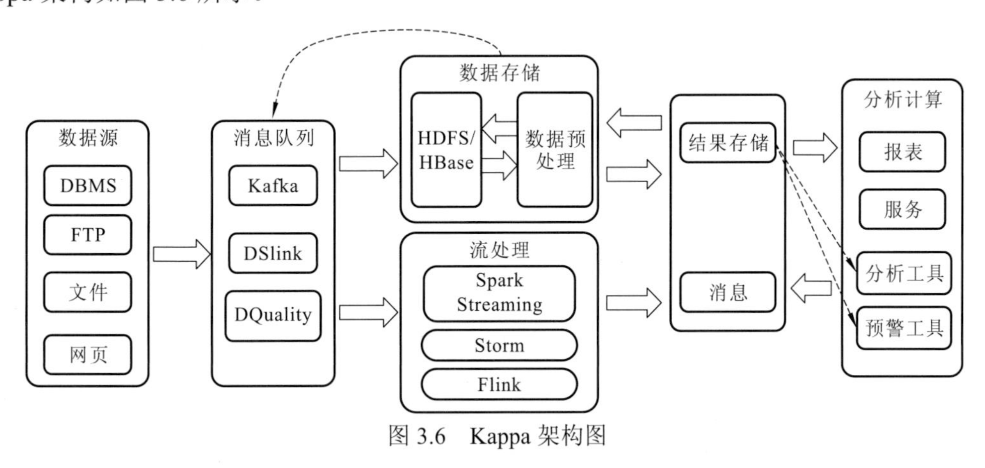

图 3.6　Kappa 架构图

Kappa 架构的优点是解决了 Lambda 架构中的冗余部分，以数据可重播的思想进行了设计，整个架构非常简洁。Kappa 架构的缺点是实施难度较高，尤其是对数据重播部分，其使用场景与 Lambda 类似。

5. Unifield 架构

上述几种架构以海量数据处理为主，Unifield 架构则将机器学习和数据处理融为一体，其核心依旧以 Lambda 为主，不过在流处理层新增了机器学习层，数据在经过数据通道进入数据湖后，新增了模型训练部分，并且将其在流式层进行使用。流式层不单使用模型，也对模型进行持续训练。Unifield 架构如图 3.7 所示。

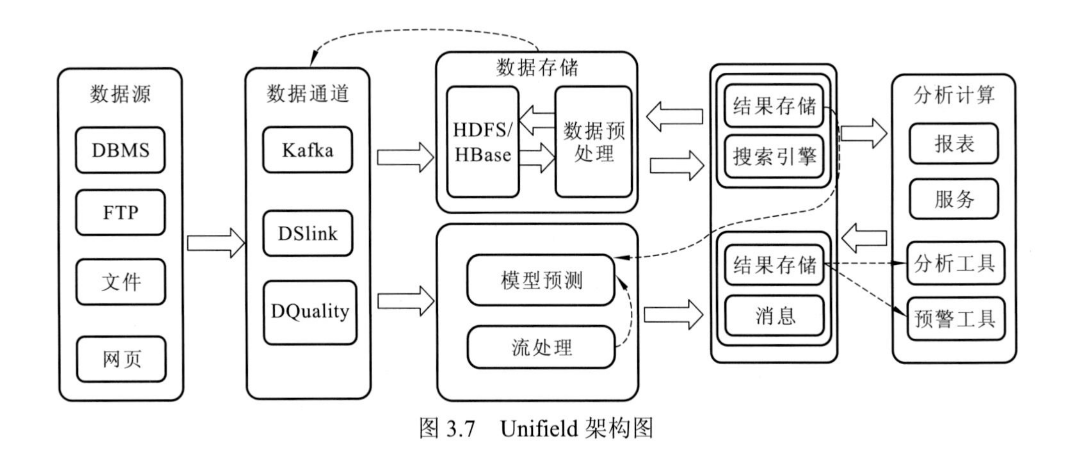

图 3.7 Unifield 架构图

Unifield 架构提供了一套数据分析和机器学习结合的架构方案，非常好地解决了机器学习与数据平台相结合的问题。机器学习从软件包到硬件部署都与数据分析平台有着非常大的差别，因此 Unifield 架构在实施过程中的难度非常高。Unifield 架构适用于有大量数据需要分析，同时对机器学习有非常大需求的场景。

3.1.3 海洋大数据平台总体架构

大数据平台处理的核心技术主要是分布式数据存储和分布式计算。分布式文件存储即为 Hadoop 分布式文件系统（HDFS），其主流的方案为 HDFS + HBase 文件存储方案。分布式计算已从早期 Hadoop 的批处理计算模型 MapReduce 发展到当前主流的内存计算框架 Spark，以及流式计算框架 Flink 等。云计算作为一种网络应用模式，为海洋大数据存储和管理提供了有效的解决方案。结合海洋大数据分析预报系统数据处理和分析预报的实际需求，从技术的先进性和成熟度等多方面综合考虑，选择基于 Hadoop + Spark + TensorFlow 的海洋大数据分析预报系统架构，在主流计算平台 Hadoop 的基础上，利用 Spark 内存计算框架来满足基于机器学习的海洋大数据分析预报需求，采用当前主流的 TensorFlow 分布式并行计算框架来满足基于深度学习的海洋大数据分析预报需求，实现海洋大数据的高效存储和分析预报服务。面向分析预报系统的海洋大数据平台总体架构如图 3.8 所示。

从图中可以看出，海洋大数据平台架构由数据源层、数据存储层、数据管理层、分析处理服务层、应用层和平台管理层组成，下面对各层的功能进行简单介绍。

（1）数据源层。数据源层主要由系统外部数据源组成，提供各种海洋大数据资源，主要包括海洋实测数据、海洋遥感数据、数值预报产品、再分析产品、专题数据和互联网数据等。

（2）数据存储层。数据存储层主要由 HDFS、分布式数据库（HBase）和 SQLite 关系数据库系统组成，用于存放系统涉及的各类海洋数据。海洋数据文件和方法库文件主要存放在 HDFS 中。融合后的海洋结构化数据，如海表温度、盐度、湿度、高度、气温、气

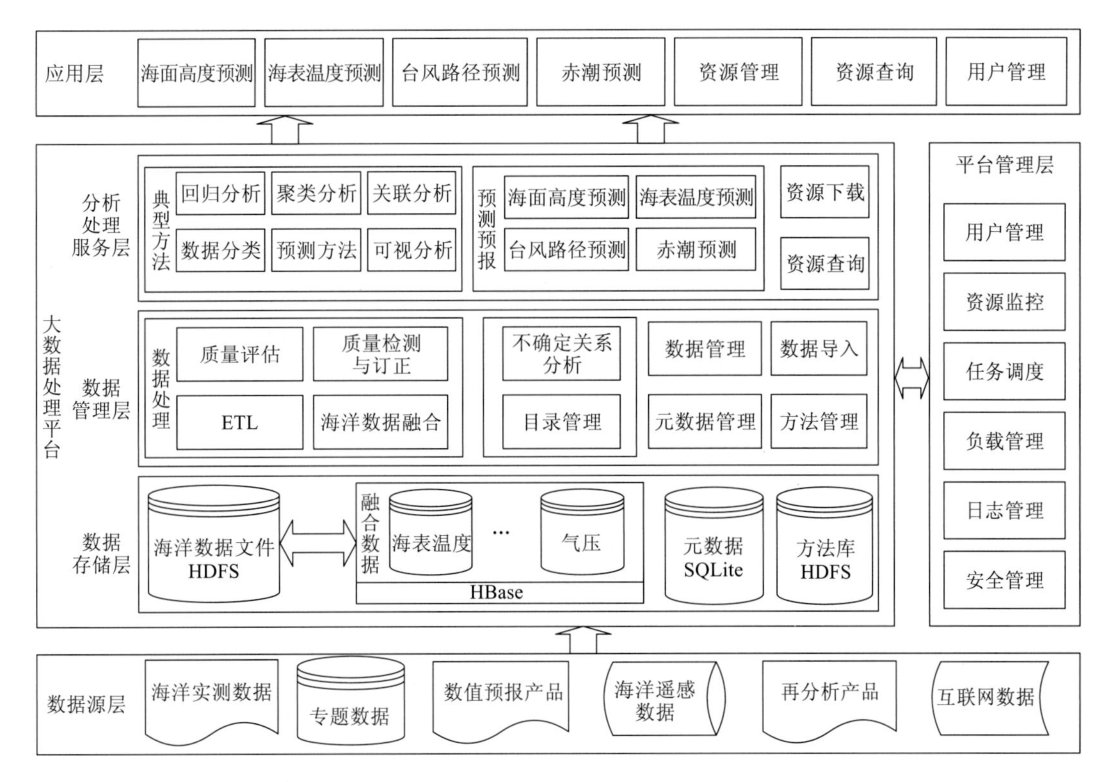

图 3.8　面向分析预报系统的海洋大数据平台架构图

压等存放在 HBase 中。SQLite 主要存放海洋数据元信息、方法库描述信息、用户信息等结构化信息。

（3）数据管理层。数据管理层主要包括对海洋大数据的预处理和数据管理等相关功能模块，包括数据处理与清洗、质量检测与订正、数据质量评估、目录管理、不确定关系分析、元数据服务、数据 ETL 操作等。

（4）分析处理服务层。提供对海洋数据的分析和预测预报服务，包括基于 Spark 的典型方法服务，如回归分析、分类分析、聚类分析、关联分析、可视分析等，基于 TensorFlow 平台海洋专用方法服务，如海面高度预测、海表温度预测、台风路径预测、赤潮预测等预测预报服务，以及资源查询、下载服务。

（5）应用层。提供各类应用系统用户界面及外部 API 访问接口，主要包括海面高度预测应用、海表温度预测应用、台风路径预测应用、赤潮预测应用，并提供资源管理、资源查询应用等。

（6）平台管理层。设置不同用户角色，管理用户相关信息，提供授权的用户管理，资源监控等；对提交的任务进行任务调度；对 CPU 负载进行负载管理；对操作和方法运行进行日志管理；对数据安全性进行安全管理。

上述数据存储、管理和分析处理层共同构成了海洋大数据处理平台层，是预测预报系统的核心。可以看出，该架构提供对各类数据、模型资源的存储、管理和基于机器学习、深度学习的分析处理功能，能够满足海洋大数据分析预报的需求，体现了架构的先进性和技术的成熟性，具有较好的参照价值。

3.2 海洋大数据存储管理

本节首先介绍海洋大数据的存储架构，然后介绍几类海洋大数据的存储模式，在此基础上，探讨海洋大数据的索引技术和查询处理方法等。

3.2.1 海洋大数据存储架构

各类数据的数据源及数据特征决定数据采集功能的实现。海洋数据的收集主要通过海洋调查船、海洋浮标、潜水器、海洋遥感、海洋观测网络等手段[15]。海洋数据的来源主要有文件形式的海洋数据，包括海洋实测数据、海洋遥感数据、数值预报产品、再分析产品、专题数据等，互联网数据是以非结构化网页形式的文件数据为主，海洋大数据算法及模型主要由可执行的代码文件和必要的描述信息组成。而融合后的海洋数据是结构化数据表的形式。除此之外，海洋系统运行的是用户信息、元数据信息、日志信息等。不同来源和格式的海洋数据就要求采用多种数据存储技术和手段来实现存储和管理[16]。为此，在系统总体架构的基础上，对数据存储层的功能细化，进一步确定数据存储层与其他各层之间的关系及相应接口，从而确定海洋大数据预测预报系统的存储架构，如图 3.9 所示。

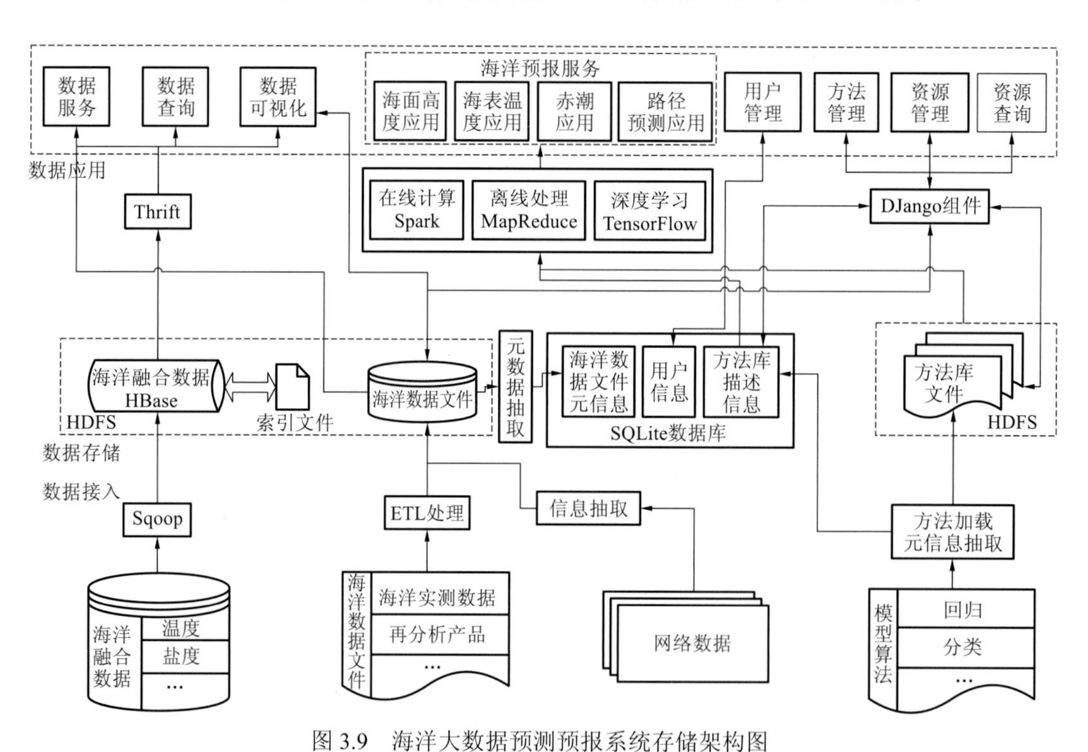

图 3.9 海洋大数据预测预报系统存储架构图

针对不同的数据格式与存储方式，大数据技术中有着多种数据获取技术框架[17]。在数据接入层，针对海洋融合数据（气温、水温、气压、温度、盐度等）采用 Hadoop 生态开源工具 Sqoop 进行数据导入，将外部数据导入 HBase 数据系统，构建相应的索引以支持快速的数据查询服务，并通过 Thrift 接口为上层提供服务；对于外部的海洋数据文件，采用 ETL 工具将其导入 HDFS 系统，对上传文件的元数据信息进行解析，抽取元数据进行结构化存储到 SQLite 数据库中，并对数据源目录进行实时监听，对某些特定海洋数据文件进行自动定时加载和信息抽取；对算法模型文件进行元信息抽取，将元信息加载到 SQLite 数据库系统中的方法库描述信息表中，将可执行文件加载到 Hadoop 文件系统中，上层海洋预报应用系统通过调用方法库中的方法来提供服务，基于不同计算框架的方法，分别加载运行；用户信息通过用户管理模块加载到 SQLite 用户信息表中。

资源管理和资源查询模块通过系统提供的 DJango 组件模块来实现对各类信息的维护操作，以及对文件资源和海洋数据文件资源的查询、下载等服务。海洋融合数据和关系数据库中的用户信息，以及海洋数据文件、算法文件的描述信息提供数据服务、时空数据查询和分类查询；文件查询和文件服务基于 SQLite 中元数据和 HDFS 中海洋数据文件和算法文件；数据可视化提供对海洋融合数据和 HDFS 中的海洋数据文件的可视化服务。海面高度应用、海表温度应用、赤潮应用、路径预测应用等海洋预报应用需要调用方法库的相应方法，这些方法分别基于 MapReduce、Spark 和 TensorFlow 平台开发，需要加载不同的计算引擎。

3.2.2 海洋大数据存储模式

依据海洋大数据多元多模态的特性，采用 HDFS 存储海洋数据文件和各类模型算法文件，采用 HBase 数据库存储结构化海洋数据和相应的索引数据，采用 SQLite 数据库存储系统中的各类元数据信息、方法库描述信息、用户信息、日志信息等。下面分别对各类数据存储模式进行简单描述。

1. 基于 HDFS 的海洋文件数据存储

系统中所涉及的以文件格式存储的各类海洋数据主要存放在 HDFS 中。HDFS 能够运行于由廉价的商用服务器组成的集群上，所具有的高容错性、高可靠性、高可扩展性、高获得性、高吞吐率等特征，为大数据的应用处理带来了很多便利。如图 3.10 所示，HDFS 是一个主/从体系结构，HDFS 集群拥有一个主节点（又称名称节点）（NameNode）和一些数据节点（DataNode）。名称节点管理文件系统的元数据，负责文件和目录的创建、删除和重命名等，同时管理数据节点和文件块的映射关系，因此客户端只有访问主节点才能找到请求文件块的所在位置，进而到相应位置读取所需文件块。数据节点负责数据的存储和读取，在存储时由名称节点分配存储位置，然后由客户端把数据直接写入相应数据节点；在读取时，客户端从名称节点获得数据节点和文件块的映射关系，然后就可以到相应位置访问文件块。数据节点也要根据名称节点的命令创建、删除数据块和冗余复制。

为了保证系统的容错性和可用性，HDFS 采用多副本方式对数据进行冗余存储，通常一个数据块的多个副本会被分配到不同的数据节点上，如图 3.11 所示，数据块 1 被分别存放到数据节点 1、3 和 8 上，数据块 2 被存放到数据节点 1 和 2 上。这种多副本方式具有以下三个优点。

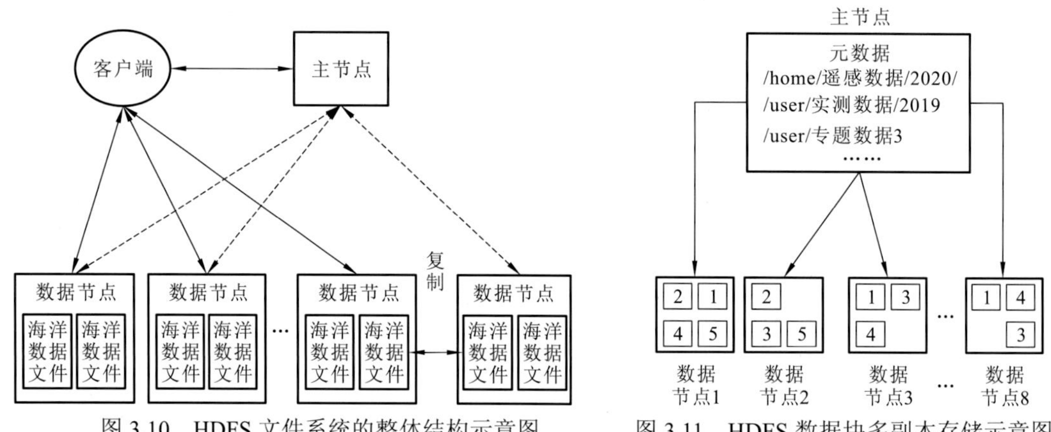

图 3.10　HDFS 文件系统的整体结构示意图　　　图 3.11　HDFS 数据块多副本存储示意图

（1）加快数据传输速度。当多个客户端需要同时访问同一个文件时，可以让各个客户端分别从不同的数据块副本中读取数据，从而大大加快数据传输速度。

（2）容易检查数据错误。HDFS 的数据节点之间通过网络传输数据，采用多个副本可以很容易判断数据传输是否出错。

（3）保证数据的可靠性。即使某个数据节点出现故障失效，也不会造成数据丢失。

2. 基于 HBase 的海洋融合数据存储

融合后的海洋数据主要有海表温度、气温、气压、盐度等。由于从外部应用系统中产生，融合后的海洋数据是一种结构化数据，为此采用开源工具 Sqoop 将其导入平台的 HBase。HBase[18]是一个高可靠、高性能、面向列、可伸缩的分布式数据库，是谷歌 Bigtable 的开源实现，主要用来存储非结构化和半结构化的松散数据。HBase 的目标是处理非常庞大的表，可以通过水平扩展的方式，利用廉价计算机集群处理由超过 10 亿行数据和数百万列元素组成的数据表。

HBase 的系统架构如图 3.12 所示，包括 ZooKeeper 服务器、Master 服务器、Region 服务器。ZooKeeper 服务器作为协同服务，可实现稳定服务和失败恢复，Region 服务器也会把自己的信息写到 ZooKeeper 服务器中。HDFS 是 HBase 运行的底层文件系统，利用廉价集群提供海量数据存储能力。Region 服务器为数据节点，存储用户数据。Region 服务器要实时地向 Master 服务器报告信息。Master 服务器知道全局的 Region 服务器运行情况，可以控制 Region 服务器的故障转移和 Region 的切分。HBase 利用 Hadoop MapReduce 来处理 HBase 中的海量数据，实现高性能计算；利用 ZooKeeper 服务器作为协同服务，实现稳定服务和失败恢复；使用 HDFS 作为高可靠的底层存储，利用廉价集群提供海量数据存储能力。为了方便在 HBase 上进行数据处理，Sqoop 为 HBase 提供高效、便捷的关系数据库管理系统（relational database management system，RDBMS）数据导入功能，Pig 和 Hive 为 HBase 提供高层语言支持。

融合海洋数据管理和服务模块主要采用 Python 语言编写，借助 Thrift 接口来操作 HBase 数据库，实现对海洋融合数据的预处理、存储及外部接口服务。对于现有关系数据库中的数据，采用 Sgoop 将其导入 HBase 数据表。根据面向预测预报的海洋大数据系统实际需要，设计相应数据表的结构及相应的键值行键（Rowkey）索引。

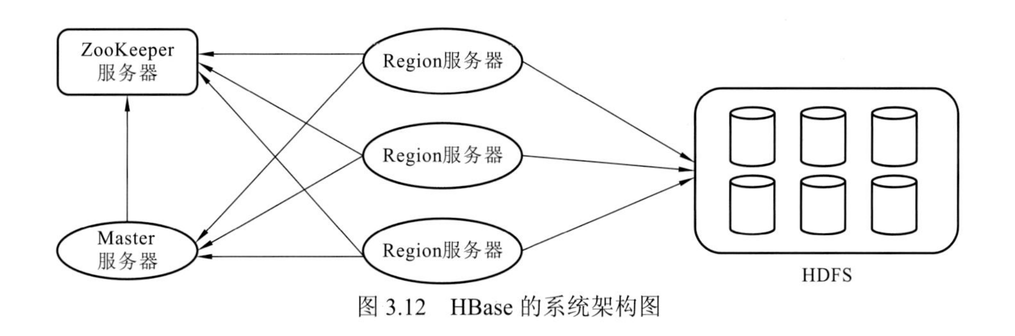

图 3.12　HBase 的系统架构图

1）数据表结构的设计

HBase 数据表包含行键、列族、列和时间戳 4 个部分，是一个按列存储的数据库。根据系统需求，海洋环境数据中包含 8 类数据，分别设计相应的存储模式，具体见表 3.1。针对 8 类数据设置 8 个数据表，每个数据表都设置列族 Info，在列族下针对每类数据不同的特点创建不同的列来存储具体数据。

表 3.1　海洋数据表列表

表名	Info						
	列名						
WL	time	lat	lon	w_level			
AT	time	lat	lon	a_temperature			
SST	time	lat	lon	w_temperature			
SLP	time	lat	lon	pressure			
WIND	time	lat	lon	direction	speed		
STATION-CUR	lon	lat	time	depth	speed	direction	
PSAL	time	lat	lon	y_deep	y_deep_qc	salinity	salinity_qc
TEMP	time	lat	lon	w_deep	w_deep_qc	temperature	temperature_qc

注：WL：水位数据表；time：时间；lat：纬度：lon：经度；w_level：水位
AT：海面气温数据表；a_temperature：气温
SST：海面水温数据表；w_temperature：水温
SLP：海面气压数据表；pressure：气压
WIND：风向风速数据表；direction：风向；speed：风速
STATION-CUR：海流数据表；depth：深度；speed：流速；direction：流向
PSAL：盐度数据表；y_deep：水深；y_deep_qc：水深质控符；salinity：盐度
TEMP：温度数据表；temperature：盐度

2）Rowkey 设计

HBase 中 Rowkey 是数据的唯一标识，也是 HBase 的一级索引。HBase 根据 Rowkey 来进行存储和数据检索，系统通过找到某个 Rowkey 所在的 Region，然后将查询数据的请求路由到该 Region 获取数据。HBase 的检索支持以下三种方式。

（1）通过单个 Rowkey 访问，即按照某个 Rowkey 键值进行 get 操作，获取唯一一条记录。

（2）通过 Rowkey 的 Range 进行 scan，即通过设置 startRowKey 和 endRowKey，在这个范围内进行扫描。这样可以按指定的条件获取一批记录。

（3）全表扫描，即直接扫描整张表中所有行记录。

HBase 按单个 Rowkey 检索的效率是很高的，每秒钟可获取几千条记录，非 Rowkey 列的查询很慢。因此行键的设计非常重要，根据行键的唯一性，对海洋环境数据的 Rowkey 进行设计，主要通过数据的时间和空间维度连接来生成，各个表的 Rowkey 具体见表 3.2。

表 3.2　数据表行键（Rowkey）列表

表名	行键
WL	time_lat_lon
AT	time_lat_lon
SST	time_lat_lon
SLP	time_lat_lon
WIND	time_lat_lon_direction
STATION-CUR	time_lat_lon_depth_direction
PSAL	time_lat_lon_y_deep
TEMP	time_lat_lon_y_deep

3. 基于 SQLite 数据库的结构化数据存储

系统中需要存储的小规模的结构化数据主要包括用户信息、日志记录、海洋数据文件描述信息、算法文件描述信息、用户操作信息等。对这类信息选择 SQLite 轻量级数据库系统来存储，其表结构如下。

（1）用户信息表。存放用户相关信息，包括用户编号、用户名、密码、电话等，表结构如表 3.3 所示。

表 3.3　用户信息表

字段名	字段描述	数据类型	长度	可空	约束	缺省值	是否主键	备注
Usernum	用户编号	Int		否			是	
Username	用户名	String	50	否				
Password	密码	String		否				
Tel	联系电话	String		是				
email	邮箱	String		否				
Employee	用户单位	String		是				
level	用户级别	int		是				默认为 1
Created_time	创建时间	int		是				

（2）方法描述信息表。存放方法库中方法或模型的元数据信息，表结构如表 3.4 所示。

表 3.4　方法描述信息表

字段名	字段描述	数据类型	长度	可空	约束	缺省值	主键	备注
Function_num	方法编号	Int		否			是	自增
function_name	方法名称	String	200	否				
file_name	文件名称	String	200	否				
Function_type	方法类型	String	200	是				
Upload_user	上传作者	String	200	否				
Input_files_path	输入路径	String	200	是				
Output_files_path	输出路径	String	200	是				
parameter	参数	String	200	是				
introduce	模型简介	String	2000					
Function_class	模型类型	int						

注：方法编号：自增数清单流水号
方法名称：方法的名称
文件名称：数据文件的名称
方法类型：属于 Spark 集群和 GPU 状态
上传作者：记录上传者
输入路径：方法运行所需的数据文件或数据库表的名称和存放路径
输出路径：运行结果存储的文件名和存放路径
参数：方法运行所需的参数个数、参数类型、取值等
模型简介：主要介绍模型的应用范围，模型的效果等
模型类型：5 类方法，包括分类、聚类、关联、时间预测序列和台风路径预测

（3）数据文件元数据信息表。数据文件元数据信息表主要用于对存放在 HDFS 系统中的各类数据文件进行描述，由 15 个字段组成，如表 3.5 所示。

表 3.5　数据文件元数据信息表

字段名	字段描述	数据类型	长度	可空	约束	缺省值	备注	主键
ID	数据编号	Int		否			自增	是
file_name	文件名称	String	200	否				
data_name	数据名称	String	30	是				
data_source	数据来源	Date	30	是				
class_name	数据科目	String	2000	是				
file_path	存储路径	String	2000	否				
important	要素	String	2000	是				
place	空间范围	String	2000	是				
time	时间范围	String	2000	是				

续表

字段名	字段描述	数据类型	长度	可空	约束	缺省值	备注	主键
data_cont	数据内容描述	String	30	是				
data_desc	数据格式说明	String	30	是				
data_type	数据种类	String	30	是				
direction	应用方向	String	30	是				
space_res	空间分辨率	String	30	是				
time_res	时间分辨率	String	30	是				

注：数据编号：自增数清单流水号
文件名称：数据文件的名称
数据名称：数据的名称
数据来源：数据的出处
数据科目：固定为“Argo、WOD、ICOADS、DBCP、GLOSS、NCEP、HYCOM、ETOPO1、OSST、ERSST、OLR、CMEMS、CMA-BEST-TRACK”
存储路径：数据文件存储在 HDFS 系统中的相对路径
要素：数据文件所包含的要素，如温度、盐度、气温、气压、相对湿度等
空间范围：数据的空间区域，通常取值为全球、太平洋、印度洋、大西洋、中国近海等
时间范围：数据文件的开始时间和结束时间
数据内容描述：数据质量和内容等信息的简要描述
数据格式说明：NC、CSV 等格式的说明
数据种类：固定为“综合数据集、定制数据集”
应用方向：固定为“海表温度、海面高度、三维温盐、台风移动路径、台风强度、赤潮发生概率”
空间分辨率：按照 Nx 格式填写
时间分辨率：年、季、月、旬、日、时等

3.2.3 海洋大数据管理技术

1. 海洋大数据管理平台总体结构

根据管理需求分析，面向海洋信息预报的大数据系统的管理功能主要包括用户管理、日志管理、外部数据的导入导出、资源池数据维护、数据查询等。管理平台的总体功能结构如图 3.13 所示。

（1）用户管理。用户主要有三种角色：普通用户、管理员、超级管理员，不同的角色具有不同的管理权限，提供对用户的授权、用户相关信息的增删改查等。

（2）数据管理。数据管理主要提供平台文件、数据资源的管理和文件资源的查询服务，包括文件目录创建、删除、修改，以及文件的上传、下载，数据的导入和维护，文件资源的查询服务等功能。

（3）数据查询。数据查询提供对 HBase 中各类海洋融合数据的查询，主要提供时空范围查询、近邻查询和单数据点查询三种形式。

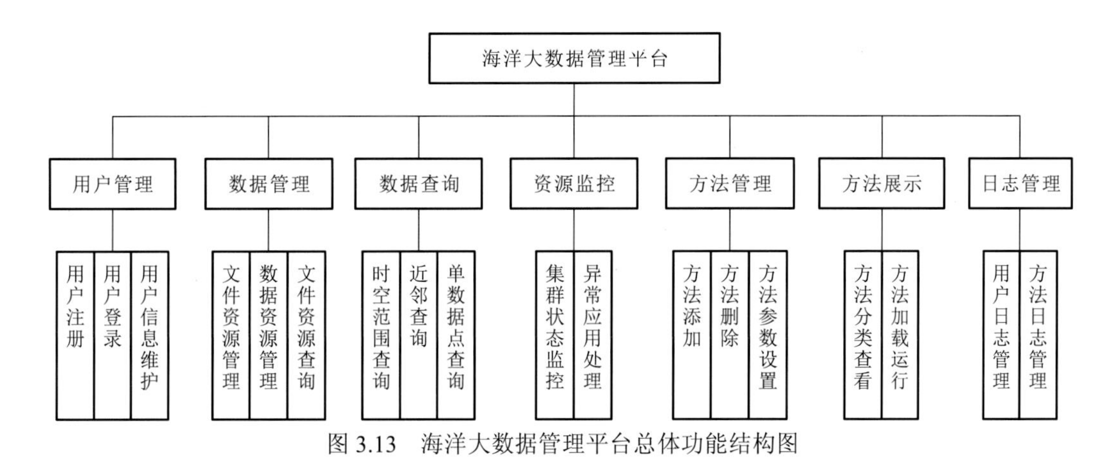

图 3.13　海洋大数据管理平台总体功能结构图

（4）资源监控。资源监控主要监控 Spark 集群，查看集群运行状况，实时监控应用运行情况，并对异常应用进行关闭操作。

（5）方法管理。管理员操作平台提供对方法的添加、删除、方法参数的设置、方法元数据的抽取等。方法添加时，将方法文件添加到 HDFS，将方法描述信息（如算法应用来源、课题方向、方法路径、方法描述等）存入 SQLite 数据库。

（6）方法展示。基于关系数据库提供的方法描述信息，提供方法相关类别、应用范围、方法相关示例、所需参数、运行平台等方面的查询，方法分为基于 Spark 的方法和基于 TensorFlow 的方法两类。提供对相关方法加载运行，并对运行结果进行展示的服务，并在运行期间生成相应日志信息。

（7）日志管理。日志管理分为用户日志管理和方法日志管理。用户日志管理是对用户行为产生的日志进行维护和查询操作。方法日志管理提供对方法产生日志文件的各种管理功能，如日志的下载、清除等。

2. 海洋数据查询处理技术

海洋数据是典型的时空数据，不仅包含时间信息，还包含经纬度等空间信息，如海水深度信息和高度信息，因此海洋数据是包含时空关系的多维数据。HBase 分布式存储环境中，数据记录按照行键的单一键值索引进行分区存储，同时所有的索引规则都是基于 Rowkey 的有序性，因此在设计的过程中设计数据表的 Rowkey 与数据的查询需求密切相关。HBase 基于 Rowkey 进行数据检索具有很高的查询效率，但在根据其他字段进行条件查询时需要进行全表扫描，效率较低，无法应用于实时场景。由于每个表存放数据相对单一，如水位表、海面气温表等维度并不大，并且海洋数据的查询通常都是在一定时空范围进行，所以可构建时空索引，并将时空索引与 Rowkey 结合起来提高查询效率，即将时空索引进行编码，并将该编码作为 Rowkey，从而实现较快速的时空查询处理。时空索引主要有 R 树类索引、四叉树索引及空间填充曲线方法等，下面进行简单介绍。

1）R 树类索引

R 树（R-trees）[19]由 Antonin Guttman 于 1984 年提出，是一个层次化的、高度平衡的

多层数据索引结构，是B树在多维数据空间上的自然扩展。R树的每个节点对应一个最小外包框（minimum bounding rectangle，MBR），该MBR是包围所有子节点的最小空间范围。R树表示由二维或更高维区域组成的数据，一个R树的内节点对应于某个内部区域，通过树状结构来存储多层要素数据的叶子节点代表最小局域，非叶子节点的区域包含所有叶子节点的区域。通过R树查询时，先从锁定的最大区域开始，逐级缩小比例尺后，就可找到最终的对象。图3.14（b）是图3.14（a）中各个区域形成的一棵R树，其中的内部节点R3、R4、R5代表图3.14（a）中对应的区域，它被包含在R1之中。R-trees有多种变种，如 R+-trees、R*-trees、X-trees，M-trees、BR-trees 等，以及结合空间属性的 TPR-tree、3DR-tree、TPR*-tree等。按照传统的树遍历顺序来理解R树中的对象排序，其排序是不确定的。由于无法构建出一种确定顺序的 RowKey，从而无法将数据映射到 HBase 的有序KeyValue模型中，所以R树相关索引结构不能直接与Rowkey索引很好地结合起来。

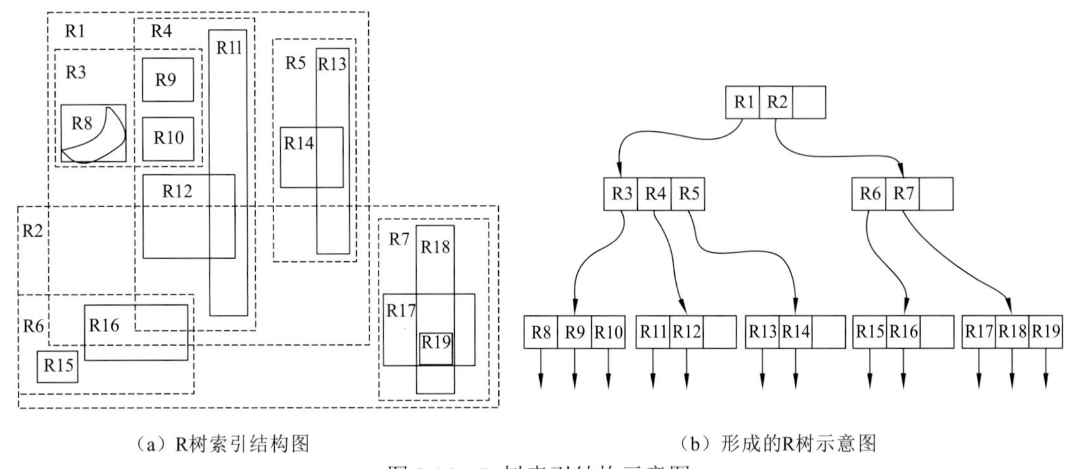

（a）R树索引结构图　　（b）形成的R树示意图

图3.14　R树索引结构示意图

2）四叉树索引

地理信息领域用得较多的索引是四叉树（quadtree）索引和网格索引。四叉树索引的基本思想是将地理空间递归划分为不同层次的树结构，它将已知范围的空间等分成4个相等的子空间，如此递归下去，直至树的层次达到一定深度或满足某种要求后停止分割。图3.15所示为四叉树索引的一个例子，图3.15（a）为空间划分情况，对应的四叉树如图3.15（b）所示。四叉树在数据索引方面有一个鲜明的特点，树的划分方法固定，树的结构与写入数据量直接相关，随着数据量的增加而增加。四叉树可以有多种构建方法，四叉树索引无法直接应用于HBase。如果首先将空间划分成固定大小的网格，网格中数据点的数量不固定，然后再基于网格来构建四叉树，则树的层次是确定的，每一个小方格在树中的访问路径是确定的，每一个点所属的小方格也是确定的，因此可以将其映射成HBase的RowKey，这正是空间填充曲线的核心思想。

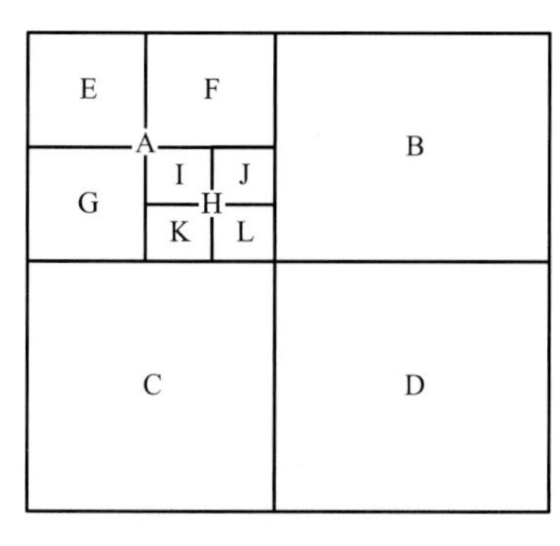

（a）空间划分情况

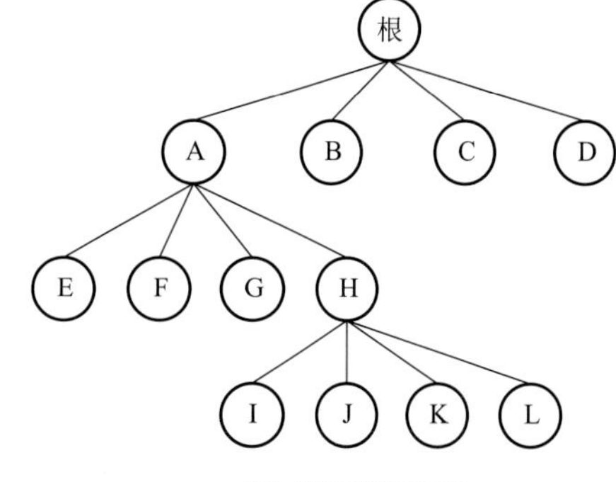

（b）对应的四叉树

图 3.15　四叉树索引结构示意图

3）空间填充曲线方法

空间填充曲线是一种面向多维数据的降维方法，能够将数据从多维空间映射到一维空间，是一种非常重要的近似表示方法。它将数据空间划分成大小相同的网格，再根据一定的方法将这些网格编码，每个网格指定一个唯一的编码，并在一定程度上保持空间邻近性，也是时空索引方面的一种重要技术。时空索引先对空间坐标位置、时间数值进行归一化处理，然后在相同尺度下，对三维时空信息进行曲线编码处理。时空查询处理中，常用的两种空间填充曲线为 *Z* 曲线和希尔伯特（Hilbert）曲线。*Z* 曲线在两个相邻空间网格的有序描述上差异较大。Hilbert 曲线构造条件复杂，但在数据聚集性保持方面有优势。图 3.16 所示为两种曲线的生成过程。

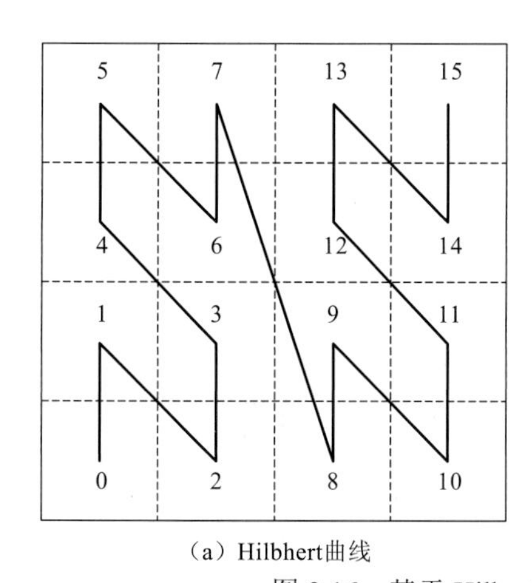

（a）Hilbhert曲线

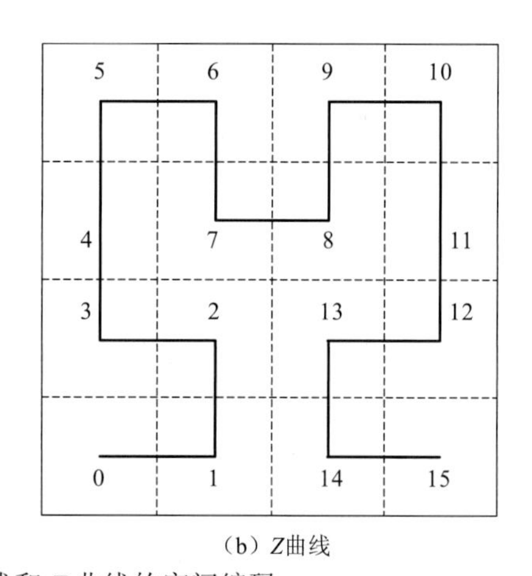

（b）*Z*曲线

图 3.16　基于 Hilbert 曲线和 *Z* 曲线的空间编码

从图 3.16 中可以看出，二者实际上是网格索引和曲线编码技术的结合，按照网格划分数据，利用空间填充曲线对数据进行编码。网格能够更好地区分数据的地理位置信息，例如地球上的地理位置是按照经纬线进行区分，形成一个个网格。海洋数据时空特性显著，每个数据都带有经度和纬度信息，因而可以利用经纬度信息来划分数据空间。如果考虑时间特征，可以按照时间和空间维度来划分数据，采用三维网格来对数据进行索引，然后采用填充曲线进行编码，从而加快查询处理速度。

在海洋大数据存储中，首先按照时间维度对海洋数据进行划分，然后按照空间维度进行划分，将时空划分成大小相同的网格。使用 Geohash 编码对每个网格进行编码，将该编码作为网格中数据的 Rowkey，从而实现海洋数据的存储和索引。Geohash 是 Z 曲线的一种成功编码方式，经 Geohash 编码后，其顺序与 Z 曲线编码保持一致，一定程度上保持了数据的邻近性，整体思路符合 HBase 索引设计。结合海洋数据特点，采用一种双层索引结构，实现对海洋大数据的索引，上层是基于时间维度划分索引，下层使用 Geohash 编码方式对空间进行划分，具体索引结构如图 3.17 所示。将上述索引结构映射到 HBase 数据库中，包含三个层次的结构分别是时间维度索引表、空间维度索引表和数据表。

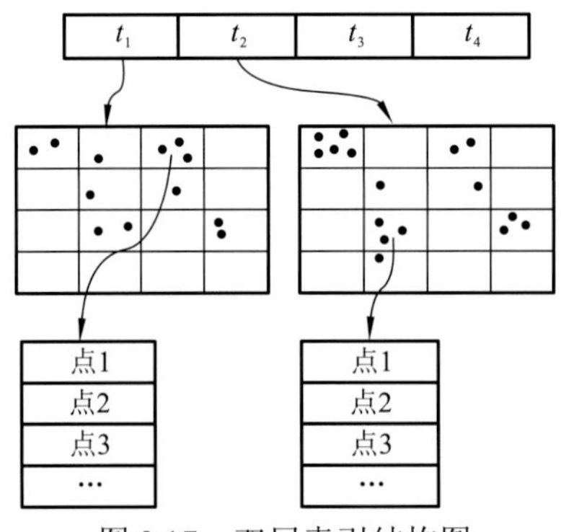

图 3.17　双层索引结构图

4）海洋数据查询处理

常用的海洋大数据查询处理主要有点查询、时空范围查询，除此之外还有比较复杂的查询，如 k 最邻近查询、Top-K 查询等。海洋大数据通常都是在各个分区上进行并行查询处理，然后将各个分区的结果合并形成最终结果。下面介绍基于双层索引结构的点查询和时空范围查询的处理步骤。

（1）点查询步骤。点查询如图 3.18 所示，具体步骤如下。

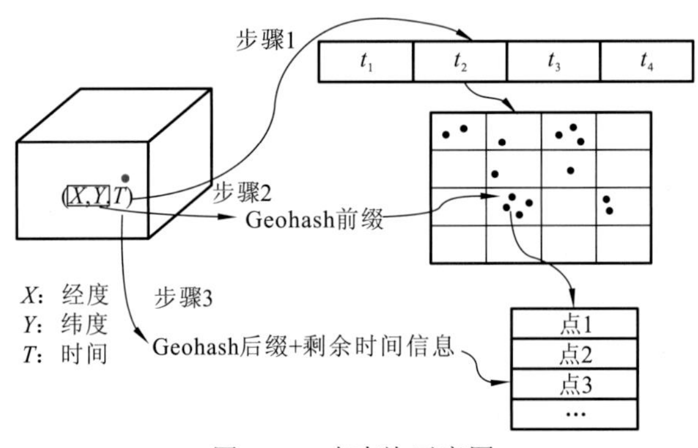

图 3.18　点查询示意图

步骤 1：根据时间前缀，确定时间索引表的 Rowkey，查询时间索引表获取该时间段下的空间索引表。

步骤 2：根据经纬度信息计算 Geohash 前缀，查询空间索引表，获取该区域下的数据表的表名。

步骤 3：根据 Geohash 后缀 + 剩余时间信息得到数据表的 Rowkey，获取点数据。

（2）时空范围查询。时空范围查询如图 3.19 所示，具体步骤如下。

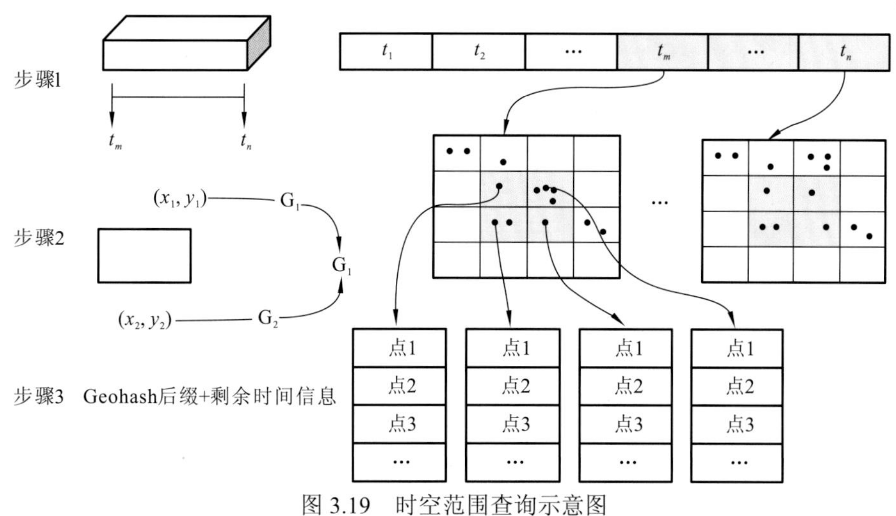

图 3.19 时空范围查询示意图

步骤 1：根据查询区域时间范围，筛选出所有符合条件的空间索引表。

步骤 2：计算查询区域左下角和右上角的 Geohash 编码，记为 G_1、G_2，并计算最大公共前缀 G，将最大公共前缀 G 与空间索引表 Rowkey 进行匹配，进一步筛选出符合条件的数据表。

步骤 3：根据经纬度、时间信息再次筛选，获取最终数据。

3.3 海洋大数据分析处理

本节将对海洋大数据分析处理架构、分析处理技术和方法库构建技术进行简要介绍。在详细调研的基础上，结合海洋大数据分析处理的实际需求，采用当前主流架构和先进技术构建合理高效的海洋大数据分析处理平台。在此基础上设计海洋大数据分析处理架构，开发一系列针对海洋环境信息的分析预报模型和处理方法，并构建相应的方法库。

3.3.1 海洋大数据分析处理架构

基于 TensorFlow 的海洋大数据处理架构如图 3.20 所示。总体来看，海洋大数据分析处理架构遵循应用服务层、核心处理层和基础设施层三层架构的设计思路，每层的功能如下。

（1）应用服务层。应用服务层主要由两类应用服务构成：一类是数据收集服务，主要提供海洋实时数据和海洋相关网络数据的实时采集；另一类服务是海洋大数据分析和预测预报服务，主要包括台风预测、赤潮预测、海表温度和海面高度预测、关联分析、聚类分析、海洋数据时间序列预测、回归分析等，这些服务需要下层核心处理层提供支撑。

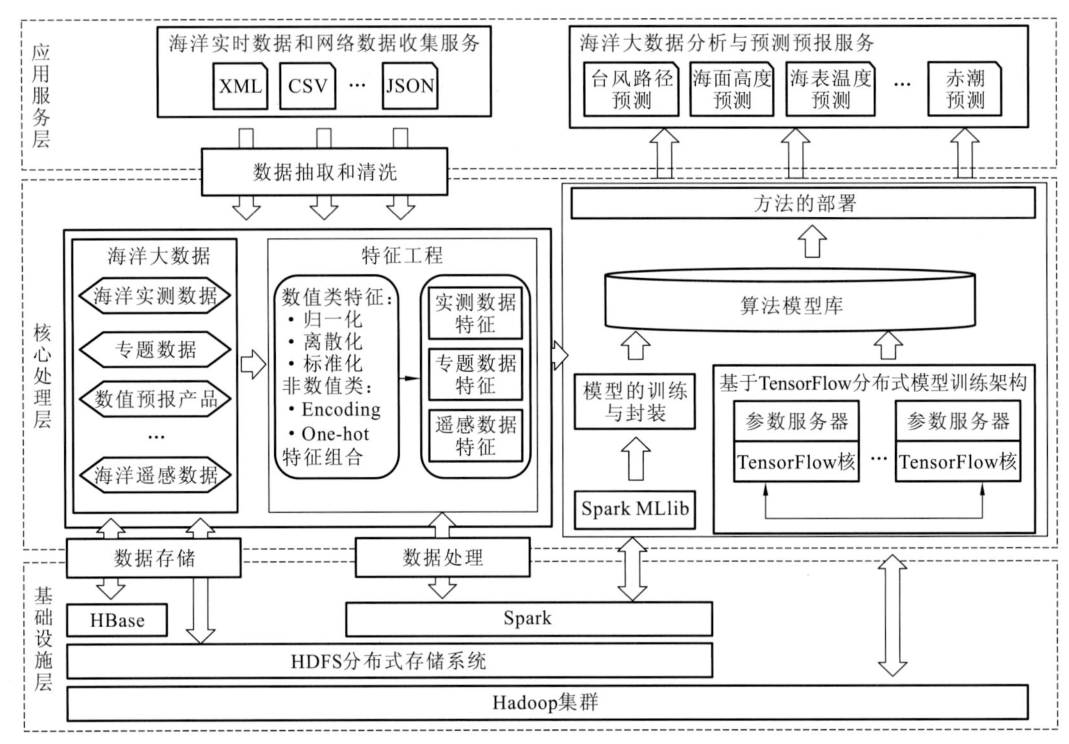

图 3.20　基于 TensorFlow 的海洋大数据处理架构

（2）核心处理层。核心处理层是海洋大数据处理的关键部分，主要包括数据处理和模型训练封装两部分。数据处理部分主要针对采集的海洋实时数据和来自存储系统的历史数据，进行数据的预处理操作，包括海洋大数据的清洗和缺失处理，而采集的网络数据需要进行信息抽取、清洗、填充等处理，处理后的干净数据被存储到相应的存储系统中，或作为模型的训练和测试数据。特征工程主要包括数据的归一化、离散化、标准化等处理，为海洋大数据的分析和预报模型提供数据支持。

模型训练封装部分，主要基于 TensorFlow 并行分布式训练框架和 Spark MLlib 基础学习库来完成模型的训练、测试和预测工作。Spark MLlib 是 Spark 下常用的机器学习算法库，集成了如 logistic 回归、支持向量机、随机森林、*k*-means 等机器学习相关模型，可以很好地解决分类、回归、聚类和协同过滤等常见的机器学习问题。基于 TensorFlow 框架的深度学习模型，能够对数据进行更好的建模预测。深度学习模型训练过程采用分布式的模型训练机制，主要包括模型建模、反向计算、梯度更新、超参数调优和效果评估等流程。对于训练好的模型，将其封装为方法库中的方法，可供应用服务层进行调用。

（3）基础设施层。基础设施层为平台主架构中的数据存储和计算层，由 Hadoop、Spark 集群和 HBase、TensorFlow 引擎组成，主要执行数据存储和数据处理及服务等计算服务。

3.3.2　海洋大数据分析处理技术

1. 海洋大数据预处理

海洋大数据主要分为海洋实测数据、海洋专题数据、海洋遥感数据等几大部分。海洋实测数据主要是海表温度、海表盐度、海表气压等实时观测的海洋数据；海洋专题数据主要是台风数据；海洋遥感数据主要是叶绿素、风场和海面高度的数据。对这些数据的预处理包括数据收集和预处理、特征工程等工作。

（1）数据收集和预处理。海洋产品数据可分为两类：一类是提前收集好，已经存入 HDFS 或 HBase 数据库中的数据，这部分数据可以直接通过 HDFS 或 HBase 的相关函数进行读取，然后进行数据的特征工程工作；另外一类是通过网络爬虫或通过网络接口收集到的实时或网络数据，这类数据需要进行信息提取和清洗等工作之后，才能进一步进行特征工程的工作。数据预处理主要包括去除异常值、填充缺失值、数据格式转换和去噪等工作，多源数据还需要进行数据融合，数据清洗完毕后，可以保存到数据库中，也可以进行后面的特征工程。

（2）特征工程。特征工程是用于增强数据的表达能力，直接服务于后面的模型。特征工程处理基于 Spark 框架，根据不同的数据特点进行特征处理，主要包括数值特征的归一化、标准化操作和非数值特征的编码操作，以及根据实际的业务场景进行特征组合，充分挖掘数据的信息，增强数据的表达能力。

2. 基于 Spark MLlib 的海洋大数据处理技术

针对海洋大数据多源异构、多模的特点，深入研究海洋大数据挖掘分析和预测技术，主要包括面向海洋大数据的多源多模态数据融合分析、多要素数据强弱关联分析、大数据可视分析、单要素时间序列分析预测和不确定数据灰色系统分析预测等方法，构建面向海洋大数据分析预报的方法库。该方法库中的大部分研究方法是基于 Spark MLlib 中的分类、回归、聚类、关联算法的相关改进，更适用于海洋数据，并通过相关训练封装而成。在对海洋大数据分析提供的预测预报服务中，如台风预测、赤潮预测、海洋时序预测等预测模型中采用 Spark MLlib 中的分类和回归模型，主要包括线性回归和逐步回归等算法；对于多要素数据强弱关联分析，主要设计开发基于 Spark 的改进和 Apriori 并行挖掘方法，而有些数据的数据预处理部分，也采用基于 Spark MLlib 的 *k*-means 聚类算法等。为了更好地应用于各种不同的海洋大数据的处理，还对相关方法进行了封装，使其具有更统一的调用接口。

Spark MLlib 是 Spark 的机器学习（machine learning）库，旨在简化机器学习的工程实践工作，并方便扩展到更大规模。Spark MLlib 由一些通用的学习算法和工具组成，包括分类、回归、聚类、协同过滤、降维等，还包括底层的优化原语和高层的管道 API。Spark MLlib 基本架构如图 3.21 所示。

具体来说，基本架构主要包括以下几方面的内容。

（1）算法工具：包括常用的学习算法，如分类、回归、聚类和协同过滤。

（2）特征化工具：包括特征提取、转化、降维和选择工具。

（3）管道（pipeline）：用于构建、评估和调整机器学习管道的工具。

（4）持久性：用于保存和加载算法、模型和管道。

（5）实用工具：包括线性代数、统计、数据处理等工具。

基于 Spark MLlib 的海洋大数据的处理流程见图 3.22，具体步骤如下。

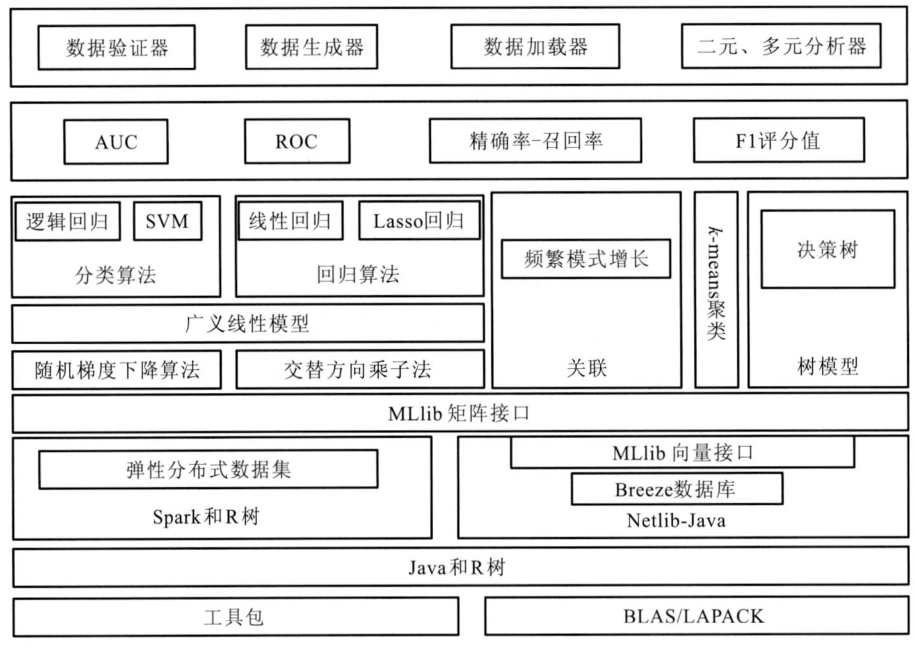

图 3.21　Spark MLlib 基本架构示意图

ROC：receiver operating characteristic，受试者工作特性；AUC：area under the curve，曲线下面积

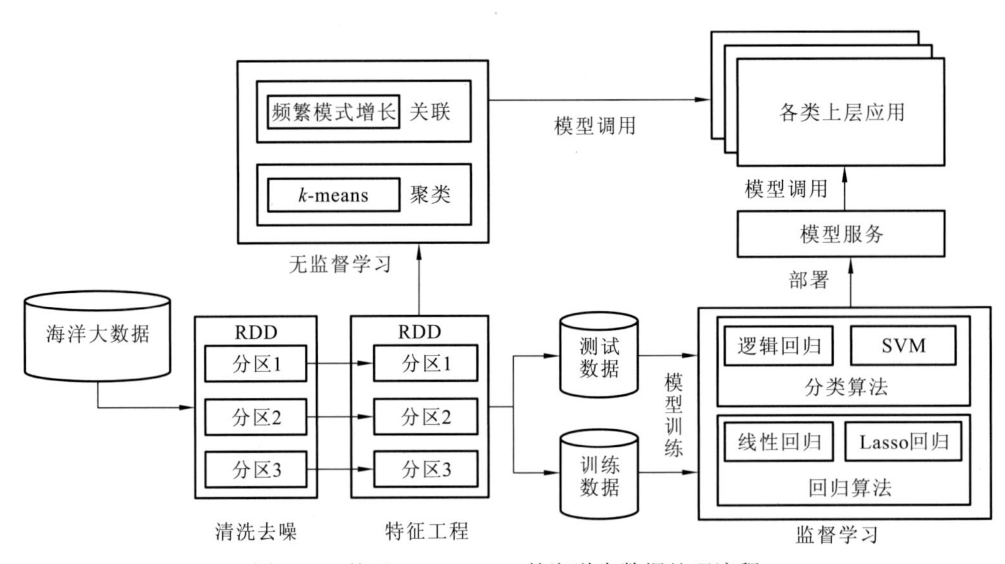

图 3.22　基于 Spark MLlib 的海洋大数据处理流程

RDD：resilient distributed database，弹性分布式数据集

（1）先利用 Spark 引擎对海洋大数据进行并行去噪和清洗，然后进行特征工程。

（2）根据方法模型类型分别对预处理好的数据进行分析处理，如果是聚类分析或关联分析等非监督学习方法，则直接使用方法库中的方法进行分析处理，这些方法最终会调用 Spark MLlib 库提供的方法进行分析处理，并将结果返回给调用者。

（3）如果采用监督学习方法对数据进行处理，如分类和回归分析，则将处理好的数据分成训练数据和测试数据，利用训练数据对相应 Spark MLlib 库中的模型进行训练，并利用测试数据对训练后的模型进行测试，测试达到要求的模型，则可以对其进行封装部署，并可以为上层应用提供模型服务。

（4）上层应用通过方法调用接口来使用这些模型和方法。

3. 基于 TensorFlow 深度学习的海洋大数据处理技术

单要素时间序列的分析预测、台风预测和不确定数据灰色系统分析预测任务，应考虑数据的复杂性和海量程度。为了提高预测的精度和准确性，采用基于 TensorFlow 框架的深度学习数据挖掘方法。海洋单要素时间序列分析预测任务和台风预测过程中，为了提高海洋大数据的预测准确性，需要同时考虑海洋大数据中的时间和空间关系，此时需要用到一些经典的深度学习网络模型，如卷积神经网络（convolutional neural networks，CNN）和递归神经网络（recurrent neural network，RNN）等。基于 TensorFlow 的深度学习框架为深度学习网络模型的搭建和训练提供了非常好的基础，可以帮助用户更好地完成针对海洋大数据的模型训练和预测的过程。

TensorFlow 是目前很热门的深度学习框架，它的开源大大降低了深度学习在各个行业中的应用难度。基于 TensorFlow 深度学习框架，程序员可以非常容易地完成深度学习网络模型的建模过程，主要包括前向传播、计算损失和反向传播的过程，如图 3.23 所示。其中，$\boldsymbol{X}$ 是张量，W 和 b 是变量，Matmul、Add、ReLU 都是算子，最后组成一个神经网络图。

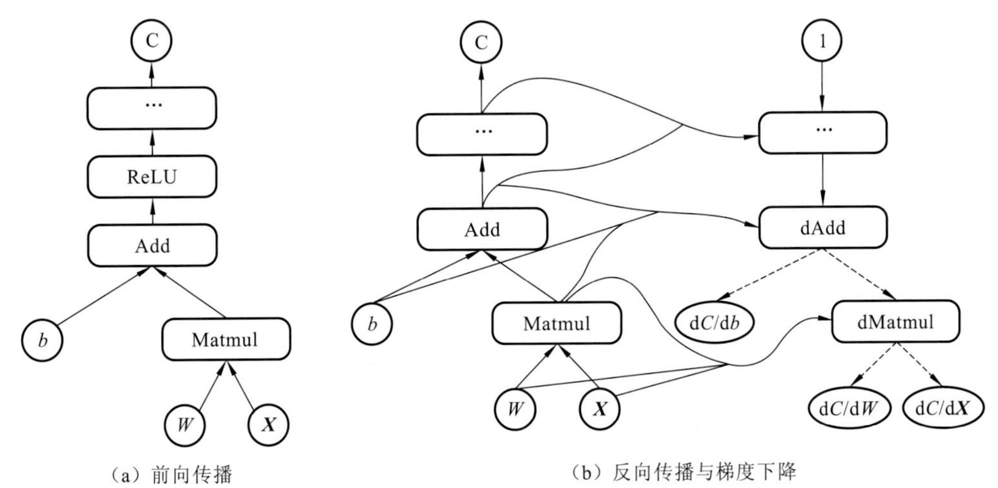

（a）前向传播　　（b）反向传播与梯度下降

图 3.23　TensorFlow 建模示意图

TensorFlow 网络训练的核心问题是拟合函数，主要通过反向梯度计算来完成拟合过程，反向梯度计算的目的是计算梯度和更新参数。通过图 3.23（a）所示的链式求导，在训练流程中，通常采用批量方式计算。海洋大数据数量庞大，需要采用分布式的方式进行存储，因此需要用到 TensorFlow 的并行运行机制。分布式 TensorFlow 由高性能的 gRPC 库作为底层技术支持，能够支持在几百台机器上并行训练。分布式 TensorFlow 提供模型并行机制，如图 3.24（a）所示，采用拆图方式，它会把一张大的图拆分成很多部分，每个部分都会在很多设备上运行、计算。通常是在针对一个节点无法存下整个模型的情况下，才对图进行拆分。

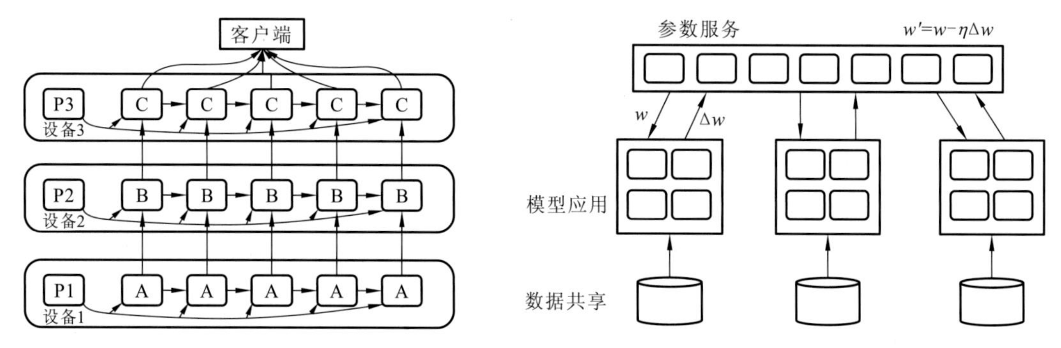

（a）模型并行机制　　　　（b）数据并行机制

图 3.24　模型并行机制及数据并行机制

当涉及更多场景和大数据量时，需要采用如图 3.24（b）所示的数据并行机制。在这种机制下 TensorFlow 有两个角色：一个是参数服务器，负责参数的存储和交换更新；另一个是工作节点，负责具体的模型计算。每个工作节点负责所分配的数据分片对应的模型参数的更新计算，同时向参数服务器传递所计算的梯度，由参数服务器汇总所有的梯度，再进一步反馈到所有节点。参数服务器合并参数的方式分为同步更新和异步更新两种，这两种更新方式各有优缺点，异步更新可能会更快速地完成整个梯度计算，而同步更新可以更快地收敛，需要根据实际应用场景来选择参数更新方式。

考虑海洋大数据采用基于 Hadoop 集群的分布式存储方式，可以采用数据并行机制的 TensorFlow 训练方式，这样能够更好地完成模型的训练和预测。基于 TensorFlow 的海洋大数据处理框架如图 3.25 所示。

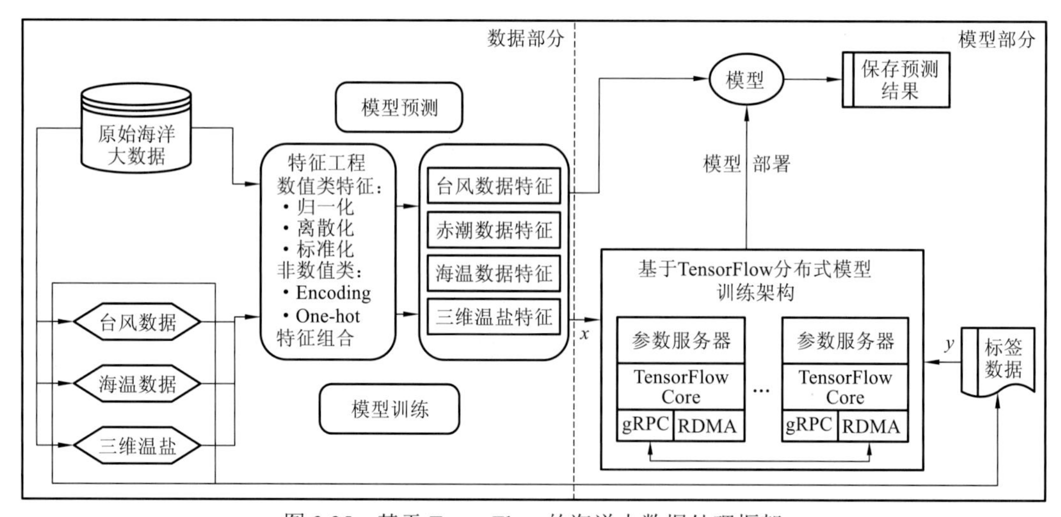

图 3.25　基于 TensorFlow 的海洋大数据处理框架

RDMA：remote direct memory access，远程直接内存访问

3.3.3　方法库构建技术

基于海洋大数据的分析预报技术研发，不仅需要提供台风路径预测、海表温度和海面高度预测、赤潮预测等专用的海洋数据预测预报方法，还需要提供适用于典型大数据的分

析挖掘方法，主要包括融合极限机器学习方法和线性多元回归模型的大数据分析方法、基于神经网络的非线性多元回归分析方法、基于深度学习的大数据分析方法、基于聚类分析的大数据分析方法、基于关联挖掘的大数据分析方法等。这就需要构建方法库系统来对这些方法进行管理，因此需要研究方法库构建及其管理技术，包括方法输入输出接口的标准化定义、执行策略、监视及反馈技术、方法库的维护和更新技术、方法库的检索匹配策略，以及方法库备份和副本的管理技术等，来构建面向海洋大数据分析预报的方法库。

图 3.26 是海洋大数据方法库系统架构，该系统由存储层、方法库管理层和应用层组成。存储层由 HDFS、HBase 和 SQLite 数据库组成。HDFS 主要存放方法库文件，即可加载执行的方法文件，SQLite 数据库存放方法描述信息，二者共同构成方法库。方法运行所需的海洋大数据分别存放在 HDFS 和 HBase 中。方法库管理层要执行方法库的维护和方法元数据的管理，包括方法的添加、删除、更新、查询等服务，以及方法的加载运行和运行监控功能。方法库的管理、加载运行和监控都基于 Spark 平台完成。方法运行结果可以是结果文件，也可以返回方法调用者，方法运行和监控会产生相应的日志信息，写入日志文件。应用层主要为应用系统，它们是方法的调用者，通过方法本身提供的服务接口来使用方法，完成相关功能。

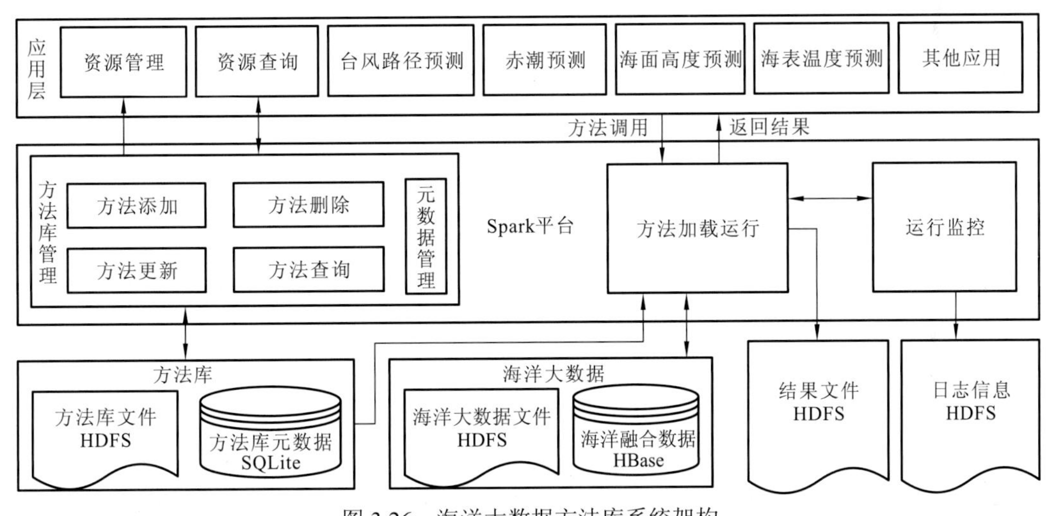

图 3.26　海洋大数据方法库系统架构

目前，方法库主要提供 5 类典型海洋大数据方法，分别为线性回归方法、聚类方法、关联方法、分类方法和可视分析方法。线性回归有 logistic 回归、期望最大化回归、岭回归等；聚类方法有 *k*-means 聚类、密度聚类、层次聚类、离散小波变换等；关联方法有 Apriori 算法、并行 Apriori 算法、频繁模式增长关联分析方法、列联表关联分析方法、肯德尔/斯皮尔曼的等级相关系数法、皮尔逊相关系数法等；分类方法有神经网络、支持向量机、随机森林等。可视分析方法有散点图可视分析、笛卡儿热力图可视分析等。此外，还有面向海洋大数据的专用方法，主要有基于深度学习的海面高度预测方法、海表温度预测方法、台风路径预测方法、赤潮预测方法等。

方法库构建流程如图 3.27 所示。按照方法的运行平台，可以把分析预测模型分为三类，分别是基于 Spark MLlib 的机器学习模型、基于 TensorFlow 的深度学习模型和其他基于 Spark 的分析与计算模型。对于基于 Spark MLlib 的机器学习模型和基于 TensorFlow 的深度学习模型，分别用经过预处理后的海洋历史数据进行训练，并用测试数据对模型进行验证，对于训练好的模型，加入外部调用接口，并封装成方法，加入方法库。其他基于 Spark 的分析与计算模型不需要进行训练，如 Apriori、频繁模式增长关联分析、*k*-means 聚类、密度聚类等方法，这类方法通过测试验证模型正确后，加入外部调用接口，并封装成方法，加入方法库。

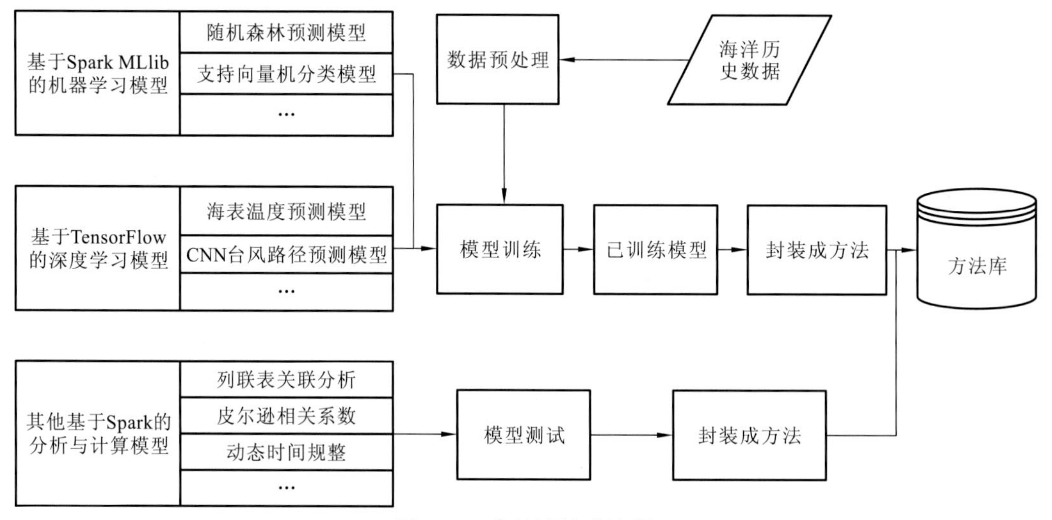

图 3.27　方法库构建流程

参考文献

[1] Apache. Hadoop[DB/OL]. http: //hadoop. apache. org/. 2021-11-22.

[2] Apache. Spark[DB/OL]. https: //spark. apache. org/. 2021-11-22.

[3] Apache. Storm[DB/OL]. http: //storm. apache. org/. 2021-11-22.

[4] Apache. Flink[DB/OL]. https: //flink. apache. org/. 2022-04-22.

[5] Google. TensorFlow[DB/OL]. https: //tensorflow. google. cn/. 2021-11-22.

[6] 万辉, 李华光, 朱晓华, 等. 海洋空间情报大数据应用发展[J]. 中国航海, 2019, 42(3): 76-81, 104.

[7] 何书锋, 孙钿奇, 林文荣, 等. 海洋大数据平台架构设计及应用[J]. 信息技术与标准化, 2020(5): 76-79.

[8] 杨镇宇, 石刘, 高峰, 等. 海洋大数据智能分析系统[J]. 舰船科学技术, 2021, 43(S1): 92-100.

[9] 韩中含, 徐白山, 陈敬东, 等. 基于 Argo 浮标的海洋大数据平台构建[C]// 刘代志. 资源·环境与地球物理. 西安: 西安地图出版社, 2018: 271-276.

[10] 包磊, 彭庆喜. 基于Hadoop的海洋位置大数据平台架构设计[J]. 舰船电子工程, 2019, 39(11): 115-118, 198.

[11] 方琼玟, 廖静, 罗茵. 全国首个海洋科技大数据平台“海上云”正式发布[J]. 海洋与渔业, 2018(12): 12.

[12] 海洋遥感在线分析平台[DB/OL]. https: //www. satco2. com. 2021-11-22.

[13] 南森·马茨, 詹姆斯·沃伦. 大数据系统构建: 可扩展实时数据系统构建原理与实践[M]. 马延辉, 向磊, 魏东琦, 译. 北京: 机械工业出版社, 2017.

[14] 肖睿, 许红涛, 吴保杰, 等. 基于 Kappa 架构的实时日志分析平台研究与实践[J]. 中国金融电脑, 2021(8): 81-84
[15] 钱程程, 陈戈. 海洋大数据科学发展现状与展望[J]. 中国科学院院刊, 2018, 33(8): 884-891.
[16] 李兆钦, 刘增宏, 许建平, 等. 智慧海洋多平台数据管理规范研究[J]. 海洋开发与管理, 2020, 37(4): 78-83.
[17] 樊路遥, 张晶, 陈小龙, 等. 开源大数据框架在海洋信息处理中的应用[J]. 科技导报, 2017, 35(20): 126-133.
[18] Apache. HBase[DB/OL]. https: //hbase. apache. org/. 2021-11-22.
[19] GUTTMAN A. R-trees: A dynamic index structure for sparial searching[J]. ACM SIGMOD Record, 1984, 14(2): 47-57.

第 4 章　海洋大数据典型挖掘分析方法概述

4.1 回归方法

回归是预测的其中一种形式，它深入探讨了因变量和独立变量之间的关系，并且目前在预测领域已经被广泛应用。本节主要介绍 KNN 回归、线性回归、logistic 回归、EM 回归 4 种回归方法。

4.1.1 KNN 回归

k 最邻近（k-neareast neighbor，KNN）算法是机器学习中一种比较基础、简单的算法应用，但是它的理论基础已经相对比较成熟[1]。目前，KNN 回归在销售预测、天气、无线定位、大数据、交通运输量预测等方面应用广泛。

1. 定义

1）KNN 算法

KNN 算法的基本思路为：如果一个样本在特征空间中的 K 个最相似的其他样本中的大部分都属于同一个类别，就可以认为这个样本也属于这个类别，并且同时具有这个类别的一些特征[2]。这个算法在处理分类问题上根据样本附近最邻近的一个或者几个“邻居”的特征和类别来决定目标样本所属类别，但是“邻居”只是极少量的，也就是有限的。图 4.1 所示为三种划分最近邻的情况，对那些类域的、重叠很多的待分样本而言，KNN 算法具有很强大的优势，这也是为什么 KNN 算法被应用到诸多领域的原因[3]。

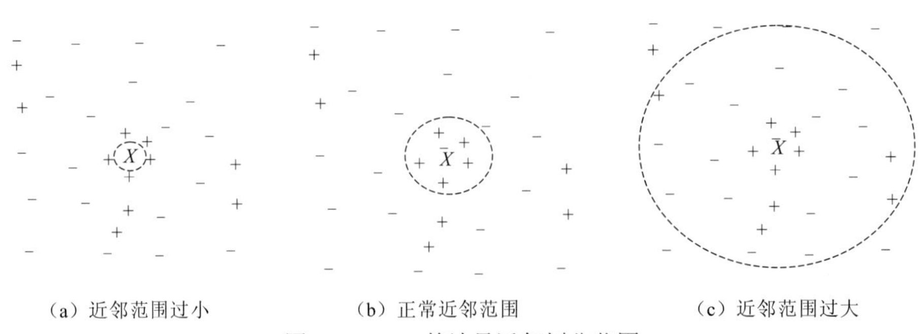

（a）近邻范围过小　（b）正常近邻范围　（c）近邻范围过大

图 4.1　KNN 算法最近邻划分范围

2）KNN 回归

在线性回归中，对于输入空间向量 $\boldsymbol{x}_i=(x_1,x_2,\cdots,x_n)$，预测输出 y 计算公式为

$$y=\beta_0+\sum_{i=1}^{N}x_i\beta_i \tag{4.1}$$

式中：β_0 和 β_i 为模型参数。

为了将线性模型拟合到训练数据集，通常使用最小二乘法来最小化残差平方和（residual sum of squares，RSS）：

$$\text{RSS}=\sum(y_i-f(x_i))^2 \tag{4.2}$$

然而，在线性回归中，自变量（预测因子）可能相互依赖。为了纳入组合预测因子的交互作用效应，应在式（4.1）中加入一个额外的回归水平代表两项相互作用：

$$y=\beta_0+\sum_{i=1}^{N}x_i\beta_i+\sum_{\substack{i,j\\i>j}}^{N}x_ix_j\beta_{ij} \tag{4.3}$$

KNN 回归是一种基于实例的惰性学习类的算法。作为一个非参数回归算法，它没有对数据的分布做出任何假设，从而刺激训练阶段。它在不丢失信息的情况下快速学习复杂的目标函数。对于训练数据的给定输入 x，考虑 x_i 在附近的 k 个观测值，并且由这 k 个独立变量的响应的平均值给出 $\hat{y}$：

$$\hat{y}(x)=\frac{1}{k}\sum_{x\in N_{k(x)}}y_i \tag{4.4}$$

式中：$N_{k(x)}$描述了 x 邻域中 k 个最近的点。各种距离度量量化了点之间的接近度，但通常使用欧氏距离。在高维数据中，为领域中的变量分配不同的权重是合适的，尤其是 k 值较大的情况。这些权重由“核方法”使用密度函数指定。本小节使用的 KNN 回归的实现中，高斯核方法与高斯密度函数一起使用：

$$G_k(x_0,x)=\frac{1}{k}\exp\left(-\frac{\|x-x_0\|^2}{2k}\right) \tag{4.5}$$

$G_k(x_0,x)$将权重分配给一个邻域点，该邻域点随着与目标点 x 的欧氏距离的平方而平滑减小。基于回归方法开发的预测模型的性能通过量化模型估计输出和实际输出之间的差异来表示。拟合优度、调整后的拟合优度、均方根误差（root mean square error，RMSE）和相对均方根误差是量化这种差异的统计既定指标[4]。

2. KNN 回归中 k 临近的计算方式

1）增量网络扩展

增量网络扩展（incremental network expansion，INE）是从 Dijkstra 算法中派生出的算法。类似于 Dijkstra 算法，INE 算法保存了当前处理过的优先级最高的一些顶点，即保存了到查询顶点 q 最近的点的集合，初始化时该集合只有顶点 q，然后不断将目标顶点集合 O 中距离该集合最近的一些顶点加入该集合，同时，使用刚加入该集合的顶点松弛各顶点到 q 的最短距离。重复这个过程直到该集合的元素数量等于 k，结束算法。

2）增量欧氏约束

增量欧氏约束（incremental euclidean restriction，IER）采用欧氏距离作为启发式搜索，随着检索过程不断减小目标集合 O 中候选者的范围。首先，IER 使用诸如 R 树的数据结构来检索欧氏距离描述下的 KNN 问题，然后估算这 k 个对象的欧氏距离并按距离从近到远进行排序。现在这 k 个元素的集合成为 KNN 查询的候选集合，集合中距离 q 最远的顶点到 q 的距离（表示为 D_k）变成了最终 KNN 查询集合的最远距离的一个上界。之后，IER 遍历接下来在欧氏距离中距离顶点 q 最近的顶点 p，如果 p 到 q 的欧氏距离 $d_E(q,p) \geqslant D_k$，则 p 不可能成为一个更优解，此时搜索便可以结束了，因为不存在更优秀的解了。否则，将 p 加入 KNN 查询集合的候选者集合中，并将原来候选者中距离 q 最远的点从集合中删除，并更新 D_k，然后继续该算法直到算法终止或发现不存在下一个最近的顶点。

3）远程浏览

远程浏览（distance browsing，DisBrw）使用空间诱导连锁认知（spatially induced linkage cognizance，SILC）索引法解决 KNN 查询。DisBrw 算法拥有较少的优先队列插入操作，因而有更高的效率。

SILC 索引可以表示为：对于一个顶点 $s \in V$，SILC 预处理出 s 到其他所有节点的最短路径，接着分配给每个与 s 相邻的节点 v 不同的颜色，然后分配给每个顶点 $u \in V$ 与 v 相同的颜色，满足 v 在从 s 到 u 的最短路径上。

SILC 索引将道路网络划分成一些四元树，对于包含在四元树区域 b 中每个顶点 v，需要计算 s 到 v 的欧氏距离和最短路上距离的比值，然后存储 b 中最小和最大的比值 $\lambda-$ 和 $\lambda+$。现在，任意给一个顶点 t，通过将 t 所在区域的 $\lambda-$，$\lambda+$ 与 s 到 t 的欧氏距离相乘计算出一个区间 $[\delta-, \delta+]$。这个区间可以用来淘汰不在 KNN 中的对象，同时，在扩展 KNN 下一个节点时，这个区间将不断被缩小，直到 KNN 算法结束或汇聚成一个足够精确的距离。

4）路由覆盖和关联目录

路由覆盖和关联目录（route overlay and association directory，ROAD）INE 的搜索空间可能十分巨大，而算法通过排除不包含目标区域的搜索剪枝对 INE 进行优化。

一个冗余网络子系统包是道路网络 $G=(V, E)$ 图的一个划分，图中的每一条边都至少属于某个冗余网络子系统。冗余网络子系统的划分可以通过递归来完成，通过将道路网络划分为 $f>1$ 个子系统，接着将 f 个子系统递归划分为若干个更小的系统来完成道路网络的划分。设原始的图层次为 0，每划分一次层次增加 1，若干次划分后道路网络被分为多个区域，区域之间的距离被特别标记，当确定某个区域内的所有顶点都不属于 KNN 查询的解时，可以通过只调用区域间的边来避免重复搜索排除掉的区域内的点，从而提升搜索效率。

5）G 树

G 树（G-tree）同样采用了图的划分来构造一种树的索引，从而通过子图层次来高效计算道路网络之间的距离。这种划分与 ROAD 中的划分相似，通过递归按层次不断划分。与 ROAD 划分不同的是，G-tree 的每次划分，每个点都属于不同的区域，不存在交叉。在搜索扩展上，G-tree 和 ROAD 也很相似，都是从高层次依次计算到低层次从而避免距离的重复计算，不同的是，G-tree 的层次结构建立在一棵平稳的 G-tree 上，效率更稳定。

在计算 KNN 查询时，G-tree 的优势在于建立了一个事件列表，存储 G-tree 的一些节点并支持动态修改，保证该列表实时更新。针对具有相同目标顶点集合 O 的 KNN 查询，G-tree 避免了大量的重复计算，效率更高[5]。

4.1.2 线性回归

1. 基本含义

回归分析是确定两种或两种以上变量间相互依赖的定量关系的一种统计分析方法。它运用十分广泛。在统计学中，线性回归是利用称为线性回归方程的最小二乘函数对一个或多个自变量和因变量之间关系进行建模的一种回归分析。这种函数是一个或多个称为回归系数的模型参数的线性组合。线性回归中，按照自变量的多少，可分为简单回归分析和多重回归分析；按照自变量和因变量之间的关系类型，可分为线性回归分析和非线性回归分析。在回归分析中，只包括一个自变量和一个因变量，且二者的关系可用一条直线近似表示，这种回归分析称为一元线性回归分析。如果回归分析中包括两个或两个以上的自变量，且因变量和自变量之间是线性关系，则称为多元线性回归分析[6]。

2. 一元线性回归模型

在线性回归中，最简单的模型就是一元线性回归。对 x 取定一组不完全相同的值 $x_1,x_2,\cdots,x_n$，设 $y_1,y_2,\cdots,y_n$ 分别是在 $x_1,x_2,\cdots,x_n$ 处对 y 的独立观察结果，称 (x_1,y_1), (x_2,y_2), $\cdots,(x_n,y_n)$ 是一个样本，对应的样本值记为 $(x_1,y_1),(x_2,y_2),\cdots,(x_n,y_n)$。其总体模型可以表示为

$$y_i=\beta_0+\beta_1 x_i+\varepsilon_i \tag{4.6}$$

式中：ε_i 为噪声变量，是均值为 0、标准差为 σ 的正态分布随机变量。设 b_0 和 b_1 是对 β_0 和 β_1 的估计，由统计学知识不难得出，在 x_i 处对 y 的回归估计为

$$\hat{y}_i=b_0+b_1 x_i \tag{4.7}$$

残差（误差）为

$$e=y_i-\hat{y}_i \tag{4.8}$$

根据最小二乘法可知，最好的回归直线是选择 b_0 和 b_1 使总的误差，即回归平方和（sum of squares due to regression，SSR）最小：

$$\mathrm{SSR}=\sum_{i=1}^{n}e_i^2=\sum_{i=1}^{n}(y_i-\hat{y}_i)^2 \tag{4.9}$$

由极值原理可解得

$$\begin{cases} b_0=\dfrac{1}{n}\displaystyle\sum_{i=1}^{n}y_i-\dfrac{b_1}{n}\sum_{i=1}^{n}x_i \\ b_1=\dfrac{n\displaystyle\sum_{i=1}^{n}x_i y_i-\sum_{i=1}^{n}x_i\sum_{i=1}^{n}y_i}{n\displaystyle\sum_{i=1}^{n}x_i^2-\left(\sum_{i=1}^{n}x_i\right)^2} \end{cases} \tag{4.10}$$

3. 可转化为线性回归的曲线回归模型

在实际中，常会遇到更为复杂的回归问题，而不仅仅是简单的一元线性回归，但在某些情况下，可以通过适当的变量转换，将其转化为一元线性回归来处理。

以下是几种常见的可转化为一元线性回归的模型，其中α、β、σ_2是与x无关的未知参数。

（1）$Y=\alpha_e\beta_x\cdot\varepsilon$，$\ln\varepsilon\sim N(0,\sigma_2)$

将等式两边取对数得

$$\ln Y=\ln\alpha+\beta x+\ln\varepsilon$$

令$\ln Y=Y'$、$\ln\alpha=a$、$\beta=b$、$x=x'$、$\ln\varepsilon=\varepsilon'$，可转化为一元线性模型：

$$Y'=a+bx'+\varepsilon',\qquad \varepsilon'\sim N(0,\sigma^2)$$

（2）$Y=\alpha_x\beta\cdot\varepsilon$，$\ln\varepsilon\sim N(0,\sigma_2)$

将等式两边取对数得

$$\ln Y=\ln\alpha+x\ln\beta+\ln\varepsilon$$

令$\ln Y=Y'$、$\ln\alpha=a$、$\ln\beta=b$、$x=x'$、$\ln\varepsilon=\varepsilon'$，可转化为一元线性模型：

$$Y'=a+bx'+\varepsilon',\qquad \varepsilon'\sim N(0,\sigma^2)$$

（3）$Y=\alpha+\beta h(x)+\varepsilon$，$\varepsilon\sim N(0,\sigma^2)$，$h(x)$是$x$的已知函数。

令$\alpha=a$、$\beta=b$、$h(x)=x'$，可转化为一元线性模型：

$$Y=a+bx'+\varepsilon,\qquad \varepsilon\sim N(0,\sigma^2)$$

4. 多元线性回归模型

与一元线性回归模型类似，假设自变量为$x_1,x_2,\cdots,x_p\ (p>1)$，对应的样本值记为$(x_{11},x_{21},\cdots,x_{p1},y_1)$，$(x_{12},x_{22},\cdots,x_{p2},y_2)$，$\cdots$，$(x_{1n},x_{2n},\cdots,x_{pn},y_n)$。则多元线性回归模型可表示为

$$Y=\beta_0+\beta_1x_1+\beta_2x_2+\cdots+\beta_px_p+\varepsilon,\quad \varepsilon\sim N(0,\sigma^2)$$

设$b_0,b_1,\cdots,b_p$是对$\beta_0,\beta_1,\cdots,\beta_p$的估计，则在$x_i$处对$Y$的回归估计为

$$\hat{y}_i=b_0+b_1x_{1i}+\cdots+b_px_{pi}$$

根据最小二乘法和极值原理可得

$$\begin{cases} b_0+b_1\sum_{i=1}^{n}x_{i1}+b_2\sum_{i=1}^{n}x_{i2}+\cdots+b_p\sum_{i=1}^{n}x_{ip}=\sum_{i=1}^{n}y_i \\ b_0\sum_{i=1}^{n}x_{i1}+b_1\sum_{i=1}^{n}x_{i1}^2+b_2\sum_{i=1}^{n}x_{i1}x_{i2}+\cdots+b_p\sum_{i=1}^{n}x_ix_{ip}=\sum_{i=1}^{n}x_{i1}y_i \\ b_0\sum_{i=1}^{n}x_{ip}+b_1\sum_{i=1}^{n}x_{ip}x_{i1}+b_2\sum_{i=1}^{n}x_{ip}x_{i2}+\cdots+b_p\sum_{i=1}^{n}x_{ip}^2=\sum_{i=1}^{n}x_{ip}y_i \end{cases}$$

上式为正规方程组，为了求解的方便，可将式写成矩阵的形式。为此，引入矩阵：

$$\boldsymbol{X}=\begin{pmatrix} 1 & x_{11} & x_{12} & \cdots & x_{1p} \\ 1 & x_{21} & x_{22} & \cdots & x_{2p} \\ \vdots & \vdots & \vdots & & \vdots \\ 1 & x_{n1} & x_{n2} & \cdots & x_{np} \end{pmatrix},\qquad \boldsymbol{Y}=\begin{pmatrix} y_1 \\ y_2 \\ \vdots \\ y_n \end{pmatrix},\quad \boldsymbol{B}=\begin{pmatrix} b_0 \\ b_1 \\ \vdots \\ b_p \end{pmatrix}$$

于是可以写成

$$\boldsymbol{X}^{\mathrm{T}}\boldsymbol{X}\boldsymbol{B}=\boldsymbol{X}^{\mathrm{T}}\boldsymbol{Y}$$

式中：$\boldsymbol{X}^{\mathrm{T}}$ 为 $\boldsymbol{X}$ 的转置矩阵。假设 $(\boldsymbol{X}^{\mathrm{T}}\boldsymbol{X})^{-1}$ 存在，可得

$$\hat{B}=\begin{pmatrix}\hat{b}_0\\\hat{b}_1\\\vdots\\\hat{b}_p\end{pmatrix}=(\boldsymbol{X}^{\mathrm{T}}\boldsymbol{X})^{-1}\boldsymbol{X}^{\mathrm{T}}\boldsymbol{Y}$$

即可得回归方程：

$$\hat{y}=\hat{b}_0+\hat{b}_1x_1+\cdots+\hat{b}_px_p \tag{4.11}$$

4.1.3 logistic 回归

1. logistic 回归概述

逻辑（logistic）回归是一种广义线性回归（generalized linear regression），是基于一个或多个预测变量（独立变量）来预测分类因变量的结果，用于估计定性响应模型中参数的期望值。logistic 回归主要用于分类。它与线性回归之间的最大区别是其数据点未排列在行中。如图 4.2 所示，对于 logistic 回归，希望找到分类的边界线，该边界线由回归公式表示。训练分类器使用优化算法在回归公式中找到最佳回归系数。给定基于 logistic 回归的分类的任意输入集，然后通过一个函数获得输出，该函数即为输入数据的分类。

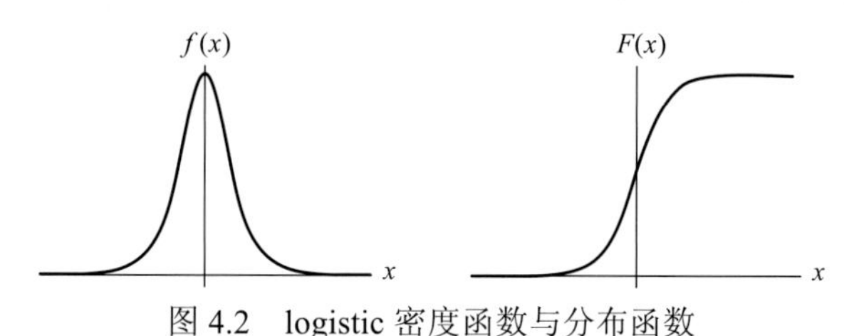

图 4.2　logistic 密度函数与分布函数

logistic 回归与多重线性回归分析有很多相同之处。它们的模型形式基本上相同，都具有 $w'x+b$，其中 w 和 b 是待求参数，区别在于它们的因变量不同，多重线性回归直接将 $w'x+b$ 作为因变量，即 $y=w'x+b$，而 logistic 回归则通过函数 L 将 $w'x+b$ 对应一个隐状态 p，$p=L(w'x+b)$，然后根据 p 与 $1-p$ 的大小决定因变量的值。如果 L 是 logistic 函数，就是 logistic 回归，如果 L 是多项式函数就是多项式回归。

logistic 回归的因变量可以是二分类的，也可以是多分类的，但是二分类的更为常用，也更加容易解释，多类可以使用 softmax 方法进行处理。实际中最为常用的就是二分类的 logistic 回归。

2. logistic 回归分析

1）逐步向前选择和向后消除

逐步向前选择和向后消除方法在回归分析中使用最广泛。该方法从模型中没有变量开始。在每个步骤中，如果独立变量很重要，则将它们一个一个地包含进去，如果独立变量不

重要，则将它们删除。该过程一直进行到模型中的所有变量均有效为止。另外，向后消除从所有变量开始。然后，从最微不足道的一个步骤中排除一个步骤。重复此过程，直到模型中的所有变量均有效为止。

2）最小绝对收缩和选择算子

由于普通最小二乘法预测准确性和解释性较差，可采用最小绝对收缩和选择算子（least absolute shrinkage and selection operator，LASSO）。与正常的岭回归不同，LASSO 收缩一些系数并将其他系数设置为 0，从而可以从完整模型中获得有意义的特征。

经过回归分析，能够获得线性回归模型。式（4.12）是正常的线性回归模型。

$$y=\beta_0+\sum_{i=1}^{p}x_i\beta_i+\varepsilon \tag{4.12}$$

3. logistic 分布

logistic 分布是一种连续型的概率分布，其分布函数和密度函数分别为

$$F(x)=P(X<x)=\frac{1}{1+\mathrm{e}^{-(x-\mu)/y}} \tag{4.13}$$

$$f(x)=F'(X<x)=\frac{\mathrm{e}^{-(x-\mu)/\gamma}}{\gamma[1+\mathrm{e}^{-(x-\mu)/\gamma}]^2} \tag{4.14}$$

式中：μ 为位置参数；$\gamma>0$ 为形状参数。

如图 4.2 所示，logistic 分布是由其位置和尺度参数定义的连续分布。logistic 分布的形状与正态分布的形状相似，然而 logistic 分布的尾部更长，因此可以使用 logistic 分布来建模比正态分布具有更长尾部和更高波峰的数据分布。在深度学习中常用到的 Sigmoid 函数就是 logistic 的分布函数在 $\mu=0$、$\gamma=1$ 的特殊形式。

4. logistic 分类

如图 4.3 所示，将 y 的取值 $h_\theta(x)$ 通过 logistic 函数归一化到(0, 1)，y 的取值有特殊的含义，它表示结果取 1 的概率，因此对于输入 x 分类结果为类别 1 和类别 0 的概率分别为

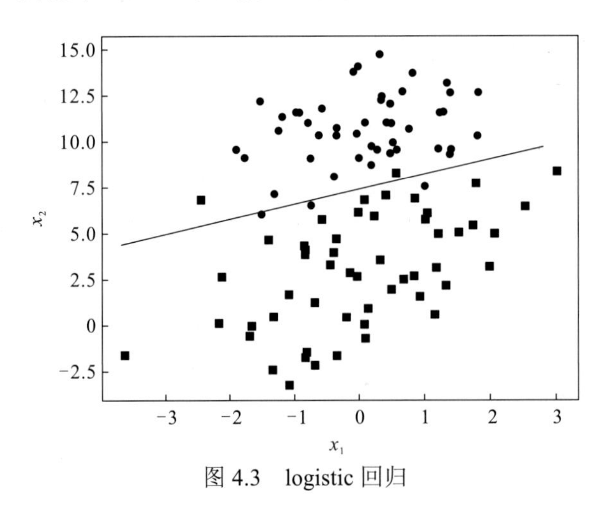

图 4.3　logistic 回归

$$P(y=1|x;\theta)=h_\theta(x)$$
$$P(y=0|x;\theta)=1-h_\theta(x)$$

合并后可表示为

$$p(y|x;\theta)=(h_\theta(x))^y(1-h_\theta(x))^{1-y}$$

4.1.4 EM 回归

最大期望（expectation maximization，EM）算法是求参数极大似然估计的一种方法[7]，它可以从非完整数据集中对参数进行最大似然估计，是一种非常简单实用的迭代算法。这种算法可以广泛地应用于处理缺损数据、截尾数据及带有噪声等所谓的不完全数据。

1. 定义

EM 算法在统计中被用于寻找，依赖于不可观察的隐性变量的概率模型中，参数的最大似然估计。在统计计算中，EM 算法是在概率模型中寻找参数最大似然估计或者最大后验估计的算法，其中概率模型依赖于无法观测的隐性变量[8]。最大期望算法经常用在机器学习和计算机视觉的数据聚类（data clustering）领域。最大期望算法经过两个步骤交替进行计算：第一步是计算期望（E），利用对隐藏变量的现有估计值，计算其最大似然估计值；第二步是最大化（M），最大化在 E 步上求得的最大似然值来计算参数的值。M 步上找到的参数估计值被用于下一个 E 步计算中，这个过程不断交替进行。

2. 算法描述

设 $\boldsymbol{Y}$ 为对应于观测数据 $\boldsymbol{y}$ 的随机向量，其概率密度函数假定为 $g(y;\varPsi)$，其中 $\varPsi=(\varPsi_1,\cdots,\varPsi_d)^{\mathrm{T}}$ 是带有参数空间的未知参数的向量 $\boldsymbol{\Omega}$。

EM 算法是一种广泛适用的算法，它为最大似然估计计算提供迭代过程，但由于缺少一些其他数据，观察到的数据向量 $\boldsymbol{y}$ 被认为是不完整的，被视为所谓完整数据的可观察函数。“不完整数据”的概念包括传统意义上的缺失数据，但它也可以从某些假设实验中获得。在后一种情况下，完整数据包含一些从数据意义上永远无法观察到的变量。在此框架内，$\boldsymbol{X}$ 表示包含扩充或所谓的完整数据的向量，$\boldsymbol{Z}$ 表示包含附加数据的向量，称为不可观察或丢失的数据。

即使问题一开始似乎并非是一个不完整的数据，通过人为地将最大似然估计简化，通常也可以大大简化最大似然估计的计算。这是因为在给定完整数据的情况下，EM 算法利用了降低的最大似然估计复杂度。对于许多统计问题，完整数据的可能性具有良好的形式。

将 $g_{\mathrm{c}}(x;\varPsi)$ 表示概率密度函数对应于完整数据向量 $\boldsymbol{X}$ 的随机向量 $\boldsymbol{x}$ 的向量。如果 $\boldsymbol{x}$ 完全可观察，则可以为 $\boldsymbol{\varPsi}$ 形成的完整数据对数似然函数由下式给出：

$$\lg L_{\mathrm{c}}(\varPsi)=\lg g_{\mathrm{c}}(x;\varPsi) \tag{4.15}$$

形式上，有两个样本空间 $\boldsymbol{X}$ 和 $\boldsymbol{Y}$，以及从 $\boldsymbol{X}$ 到 $\boldsymbol{Y}$ 的多对一映射。没有观察 $\boldsymbol{x}$ 中的完整数据向量 $\boldsymbol{X}$，而是观察了 $\boldsymbol{Y}$ 中的不完整数据向量 $\boldsymbol{y}=\boldsymbol{y}(\boldsymbol{x})$，它遵循：

$$g(y;\Psi) = \int_{X(y)} g_c(y;\Psi) dx \tag{4.16}$$

式中：$\boldsymbol{X}(\boldsymbol{y})$是由等式$\boldsymbol{y}=\boldsymbol{y}(\boldsymbol{x})$确定的$\boldsymbol{X}$的子集。

EM 算法通过对完整数据对数似然函数$\lg L_c(\Psi)$进行迭代处理来间接解决不完全数据似然方程的问题。由于它是不可观察的，可以将其替换为给定的$\boldsymbol{y}$的条件期望值，并使用当前合适的Ψ。

更具体地说，让$\Psi^{(0)}$是Ψ的一些初始值。然后在第一次迭代中，E 步需要计算

$$Q(\Psi;\Psi^{(0)}) = E\Psi^{(0)}\{\lg L_c(\Psi) \mid y\}$$

M 步要求在参数空间上相对于Ψ的$Q(\Psi;\Psi^{(0)})$最大化。也就是说选择$\Psi^{(1)}$，使得

$$Q(\Psi^{(1)};\Psi^{(0)}) \geqslant Q(\Psi;\Psi^{(0)})$$

对于所有$\Psi \in \Omega$再次执行 E 步和 M 步，但这一次是用当前的$\Psi^{(0)}$代替了$\Psi^{(1)}$。在第$k+1$次迭代中，E 步和 M 步的定义如下。

E 步：计算$Q(\Psi;\Psi^{(k)})$，其中

$$Q(\Psi;\Psi^{(k)}) = E\Psi^{(k)}\{\lg L_c(\Psi) \mid y\}$$

M 步：选择$\Psi^{(k+1)}$为任何使$Q(\Psi;\Psi^{(k)})$最大化的$\Psi \in \Omega$，即

$$Q(\Psi^{(k+1)};\Psi^{(k)}) \geqslant Q(\Psi;\Psi^{(k)}), \quad \Psi \in \Omega$$

E 步和 M 步反复交替进行直到$L(\Psi^{(k+1)}) - L(\Psi^{(k)})$。

在似然值$\{L(\Psi^{(k)})\}$的序列收敛的情况下，其变化幅度较小，似然函数$L(\Psi)$在 EM 迭代后不会降低，即

$$L(\Psi^{(k+1)}) \geqslant L(\Psi^{(k)})$$

对于$k = 0,1,2,\cdots$，必须使用上面界定的一系列似然值来获得收敛。

可以看出，上述过程不必指定从$\boldsymbol{X}$到$\boldsymbol{Y}$的精确映射，也不必根据完整数据密度g_c指定不完整数据密度g的对应表示。唯一需要的是完整数据矢量$\boldsymbol{x}$的规格和给定观测数据矢量$\boldsymbol{y}$的$\boldsymbol{X}$的条件密度。为了执行 E 步，需要指定此条件密度。由于完整数据向量$\boldsymbol{x}$的选择不是唯一的，选择该数据是为了便于执行 E 步和 M 步。已经考虑了$\boldsymbol{x}$的选择，以加快相应 EM 算法的收敛速度。

3. 应用

EM 算法已应用于具有隐藏单元的神经网络，以推导训练算法。从统计推断和微分几何学的意义上讲，玻尔兹曼（Boltzmann）机及 EM 算法的步骤对应于概率分布的多种多样的 E 投影和 M 投影。EM 算法也可用于估计隐马尔可夫模型（hidden Markov model，HMM）中的参数，该模型适用于语音识别和图像处理应用。这些模型可以看作经典混合分辨率问题的更通用版本，对于这些模型，EM 算法已经成为标准工具。

4.2 聚类方法

4.2.1 *k*-means 聚类算法

k-means 聚类算法是由 Steinhaus（1955 年）、Lloyd（1957 年）、Ball 和 Hall（1965 年）、McQueen（1967 年）分别在各自不同的科学研究领域独立提出。*k*-means 聚类算法被提出来后，在不同的学科领域被广泛研究和应用，并发展出大量不同的改进算法。虽然 *k*-means 聚类算法被提出已经超过 50 年了，目前仍然是应用最广泛的划分聚类算法之一[9]。*k*-means 聚类算法是一种迭代求解的聚类分析算法，首先将数据分为 k 组，则随机选取 k 个对象作为初始的聚类中心，然后计算每个对象与各个种子聚类中心之间的距离，把每个对象分配给距离它最近的聚类中心。聚类中心及分配给它们的对象就代表一个聚类。每分配一个样本，聚类中心会根据聚类中现有的对象被重新计算。这个过程将不断重复直到满足某个终止条件。终止条件是没有（或最小数目）对象被重新分配给不同的聚类，没有（或最小数目）聚类中心再发生变化，误差平方和局部最小为 0。聚类是一个将数据集中在某些方面相似的数据成员进行分类组织的过程，聚类技术经常被称为无监督学习。

k-means 聚类算法是最简单也最常用的聚类算法之一。它试图找到代表数据特定区域的簇中心。算法交替执行两个步骤：首先将每个数据点分配给最近的簇中心，然后将每个簇中心设置为所分配的所有数据点的平均值。如果簇的分配不再发生变化，那么算法结束。给定一个数据点集合和需要的聚类数目 k，k 由用户指定，*k*-means 聚类算法根据某个距离函数反复把数据分入 k 个聚类中。

k-means 聚类算法的原理，是对于给定的样本集，按照样本之间的距离大小，将样本集划分为 k 个簇，使簇内的点尽量紧密地连在一起，而让簇间的距离尽量大。如果用数据表达式表示，假设簇划分为 $C_1, C_2, \cdots, C_k$，则目标是最小化平方误差 E：

$$E = \sum_{i=1}^{k} \sum_{x \in C_i} \| x - \boldsymbol{\mu}_i \|^2 \tag{4.17}$$

式中：$\boldsymbol{\mu}_i$ 是簇 C_i 的均值向量，有时也称为质心，表达式为

$$\boldsymbol{\mu}_i = \frac{1}{|C_i|} \sum_{x \in C_i} x \tag{4.18}$$

对于 *k*-means 聚类算法，首先要注意的是 k 值的选择。一般而言，可根据对数据的先验经验选择一个合适的 k 值，如果没有什么先验知识，则可以通过交叉验证选择一个合适的 k 值。在确定了 k 值后，需要选择 k 个初始化的质心。k 个初始化的质心的位置选择对最后的聚类结果和运行时间都有很大的影响，因此需要选择合适的 k 个质心，最好这些质心不能太近。传统的 *k*-means 算法流程如下。

输入样本集 $D = \{x_1, x_2, \cdots, x_m\}$，聚类的簇树 k，最大迭代次数 N；输出簇划分 $C = \{C_1, C_2, \cdots, C_k\}$。

（1）从样本集 D 中随机选择 k 个样本作为初始的 k 个质心向量 $\{\boldsymbol{\mu}_1, \boldsymbol{\mu}_2, \cdots, \boldsymbol{\mu}_k\}$。

（2）对于 $n = 1, 2, \cdots, N$，将簇划分 C 初始化为 $C_t = \varnothing (t = 1, 2, \cdots, k)$。对于 $i = 1, 2, \cdots, m$，计算样本 x_i 和各个质心向量 $\boldsymbol{\mu}_j\ (j = 1, 2, \cdots, k)$ 的距离 $d_{ij} = \| x_i - \boldsymbol{\mu}_j \|^2$，将 x_i 标记最小的为 d_{ij}

所对应的类别 λ_i。此时更新 $C_{\lambda_i}=C_{\lambda_i}\cup\{x_i\}$。对于 $j=1,2,\cdots,k$，对 C_j 中所有的样本点重新计算新的质心。如果所有的 k 个质心向量都没有发生变化，则进入下一步。

（3）输出簇划分 $C=\{C_1,C_2,\cdots,C_k\}$。

在海洋领域，有对多要素数据相关性的分类分析用到了 *k*-means 聚类算法。为了便于用户更直观地发现投影在低维空间中各数据节点或各要素之间的相关性，根据投影点的空间位置关系，对其进行聚类分析。由于分析数据关系复杂，聚类的数目难以确定，所以引入 *k*-means 聚类算法对投影点进行聚类分析，算法的具体步骤：输入为原始数据在低维空间中的投影坐标；输出为低维空间投影点的聚类分析结果，即分类结果和各类质心坐标。

k-means 聚类算法以距离作为数据对象间相似性度量的标准，采用欧氏距离来计算数据对象间的距离。即数据对象间的距离越小，相似性则越高，它们越有可能在同一个类簇。计算每个聚类的平均值，并作为新的中心点；*k*-means 算法聚类过程中，每次迭代对应的类簇中心需要重新计算，即为对应类簇中所有数据对象的均值。定义第 k 个类簇的类簇中心为 Centerk，则类簇中心更新方式如式（4.19）所示。其中，C_k 表示第 k 个类簇，$|C_k|$ 表示第 k 个类簇中数据对象的个数，求和是指类簇中所有元素在每列属性上的和。重复前面（2）～（3），直到这 k 个中线点不再变化，即可得到低维样本的聚类结果。

$$\text{Centerk}=\frac{1}{|C_k|}\sum_{x_i\in C_k}x_i \tag{4.19}$$

最后，为了使浮标监测数据在不同要素间相关性信息更加突出，采用 *k*-means 聚类算法对上一步中多维标度分析方法的输出结果进行聚类分析。利用式（4.19），得到 7 个要素在二维空间的相关性聚类结果，如图 4.4 所示，颜色相同的代表聚为一类，“+”代表各个类别的质心，气温、海温、风速三个要素被聚为一类，更加能够说明这三个要素具有一定的相关性；而气压与辐照度聚为一类，说明气压与辐照度之间的关联性较强；核心是挖掘海洋数据要素间隐藏的相关性信息，利用角度、面积、距离相结合的差异度量方式，对数据在平行坐标中的差异进行实验分析，构建相似性矩阵；再利用多维标度法对当前数据进行降维，得到原始数据在低维空间中的表达，并对其进行可视化展示；最后利用 *k*-means 聚类算法对降维后的输出值进行聚类分析，使用户可以方便快速地分析隐藏在海洋数据背后数据间及各维度间的规律[10]。

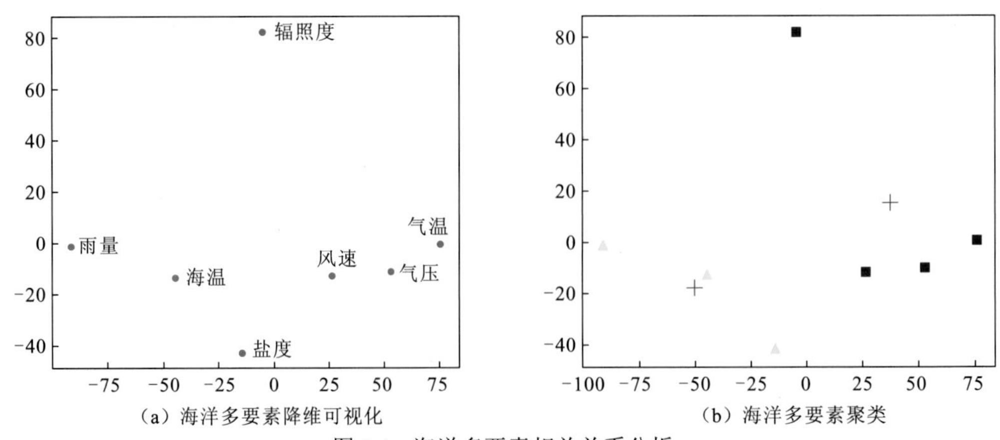

图 4.4　海洋多要素相关关系分析

4.2.2 动态时间规整

动态时间规整（dynamic time warping，DTW）于 20 世纪 60 年代由日本学者 Itakura 提出，用于衡量两个长度不同的时间序列的相似度[11]。把未知量伸长或缩短（压扩），直到与参考模板的长度一致，在这一过程中，未知序列会产生扭曲或弯折，以便其特征量与标准模式对应。时间序列数据存在多种相似或距离函数，其中最突出的是 DTW。在孤立词语音识别中，最为简单有效的方法是采用 DTW 算法，该算法基于动态规划的思想，解决了发音长短不一的模板匹配问题，是语音识别中出现较早、较为经典的一种算法，用于孤立词识别。隐马尔可夫模型算法在训练阶段需要提供大量的语音数据，通过反复计算才能得到模型参数，而 DTW 算法的训练中几乎不需要额外的计算。因此在孤立词语音识别中，DTW 算法仍然得到广泛的应用。

无论是在训练和建立模板阶段还是在识别阶段，都先采用端点算法确定语音的起点和终点。存入模板库的各个词条称为参考模板，一个参考模板可表示为

$$\boldsymbol{R}=\{\boldsymbol{R}(1),\boldsymbol{R}(2),\cdots,\boldsymbol{R}(m),\cdots,\boldsymbol{R}(M)\}$$

式中：m 为训练语音帧的时序标号，$m=1$ 为起点语音帧，$m=M$ 为终点语音帧，因此 $\boldsymbol{M}$ 为该模板所包含的语音帧总数；$\boldsymbol{R}(m)$ 为第 m 帧的语音特征矢量。所要识别的一个输入词条语音称为测试模板，可表示为

$$\boldsymbol{T}=\{\boldsymbol{T}(1),\boldsymbol{T}(2),\cdots,\boldsymbol{T}(n),\cdots,\boldsymbol{T}(N)\}$$

式中：n 为测试语音帧的时序标号，$n=1$ 为起点语音帧，$n=N$ 为终点语音帧，因此 N 为该模板所包含的语音帧总数；$\boldsymbol{T}(n)$ 为第 n 帧的语音特征矢量。参考模板与测试模板一般采用相同类型的特征矢量（如梅尔频率倒谱系数、线性预测系数）、相同的帧长、相同的窗函数和相同的帧移。假设测试模板和参考模板分别用 $\boldsymbol{T}$ 和 $\boldsymbol{R}$ 表示，为了比较它们之间的相似度，可以计算它们之间的距离 $D[\boldsymbol{T},\boldsymbol{R}]$，距离越小则相似度越高。为了计算这一失真距离，应从 $\boldsymbol{T}$ 和 $\boldsymbol{R}$ 中各个对应帧之间的距离算起[12]。设 n 和 m 分别是 $\boldsymbol{T}$ 和 $\boldsymbol{R}$ 中任意选择的帧号，$d[\boldsymbol{T}(n),\boldsymbol{R}(m)]$ 表示这两帧特征矢量之间的距离。距离函数取决于实际采用的距离度量，在 DTW 算法中通常采用欧氏距离。若 $N=M$ 则可以直接计算，否则要考虑将 $\boldsymbol{T}(n)$ 和 $\boldsymbol{R}(m)$ 对齐。对齐可以采用线性扩张的方法，如果 $N<M$ 可以将 $\boldsymbol{T}$ 线性映射为一个 M 帧的序列，再计算它与 $\boldsymbol{R}=\{\boldsymbol{R}(1),\boldsymbol{R}(2),\cdots,\boldsymbol{R}(m),\cdots,\boldsymbol{R}(M)\}$ 之间的距离。但是这样的计算没有考虑语音中各个段在不同情况下的持续时间会产生或长或短的变化，因此识别效果不可能最佳。因此更多的是采用动态规划（dynamic programming，DP）算法。若把测试模板的各个帧号 $n=1\sim N$ 在一个二维直角坐标系的横轴上标出，把参考模板的各帧号 $m=1\sim M$ 在纵轴上标出，通过这些表示帧号的整数坐标画出一些纵横线即可形成一个网络，网络中的每一个交叉点 (n,m) 表示测试模式中某一帧的交汇点。DP 算法可以归结为寻找一条通过此网络中若干格点的路径，路径通过的格点即为测试模板和参考模板中进行计算的帧号。路径不是随意选择的，任何一种语音的发音快慢都有可能变化，但是其各部分的先后次序不可能改变，因此所选的路径必定是从左下角出发、在右上角结束。

为了描述这条路径，假设路径通过的所有格点依次为 $(n_1,m_1),\cdots,(n_i,m_j),\cdots(n_N,m_M)$，其中 $(n_1,m_1)=(1,1)$，$(n_N,m_M)=(N,M)$。路径可以用函数 $m_i=\varnothing(n_i)$ 描述，其中 $n=i$，$i=1,2,\cdots,N$，

$\varnothing(1)=1$，$\varnothing(N)=M$。为了使路径不至于过倾斜，可以约束斜率为 0.5～2.0，如果路径已经通过了格点(n,m)，那么下一个通过的格点(n,m)只可能是以下三种情况之一：$(n,m)=(n+1,m)$；$(n,m)=(n+1,m+1)$；$(n,m)=(n,m+1)$。

用r表示上述三个约束条件。求最佳路径的问题可以归结为满足约束条件 r 时，求最佳路径函数$m=\varnothing(n)$，使沿路径的积累距离达到最小值，即搜索该路径的方法为：搜索从(n,m)点出发，可以展开若干条满足n的路径，假设可计算每条路径达到(n,m)点时的总的积累距离，具有最小积累距离者即为最佳路径。易于证明，限定范围的任一格点(n,m)只可能有一条搜索路径通过。对于(n,m)，其可达到该格点的前一个格点只可能是$(n-1,m)$、$(n-1,m-1)$和$(n,m-1)$，那么(n,m)一定选择这 3 个距离的路径延伸而通过(n,m)，这时此路径的积累距离为$D[(n,m)]=d[\boldsymbol{T}(n),\boldsymbol{R}(m)]+\min\{D(n-1,m),D(n-1,m-1),D(n,m-1)\}$。

这样可以从$(n,m)=(1,1)$出发搜索(n,m)，对每一个(n,m)都存储相应的距离，这个距离是当前格点的匹配距离与前一个积累距离最小的格点（按照设定的斜率在三个格点中进行比较）。搜索到(n,m)时，只保留一条最佳路径。如果有必要的话，通过逐点向前寻找就可以求得整条路径。这套 DP 算法便是 DTW 算法。DTW 算法可以直接按上面描述来实现，即分配两个 $N\times M$ 的矩阵，分别为积累距离矩阵 $\boldsymbol{D}$ 和帧匹配距离矩阵 $\boldsymbol{d}$，其中帧匹配距离矩阵$\boldsymbol{d}(i,j)$的值为测试模板的第 i 帧与参考模板的第 j 帧间的距离。$D(N,M)$即为最佳匹配路径所对应的匹配距离。

动态时间规整（DTW）是一个典型的优化问题，它用满足一定条件的时间规整函 $w_{(n)}$ 描述测试模板和参考模板的时间对应关系，求解两模板匹配时积累距离最小所对应的规整函数 00。假设有两个时间序列 Q 和 C，它们的长度分别是 n 和 m，实际语音匹配运用中，一个序列为参考模板，一个序列为测试模板，序列中每个点的值为语音序列中每一帧的特征值。例如语音序列 Q 共有 n 帧，第 i 帧的特征值（一个数或者一个向量）是 q_i。

$$Q=q_1,q_2,\cdots,q_i,\cdots,q_n$$
$$C=c_1,c_2,\cdots,c_j,\cdots,c_m$$

用一个$n\times m$矩阵来对比两个序列，warping 路径会穿越这个矩阵。矩阵元素$(i，j)$表示q_i和 c_j两个点的距离$d(q_i,c_j)$，代表序列 Q 的每一个点和 C 的每一个点之间的相似度，距离越小则相似度越高。每一个矩阵元素(i,j)表示点q_i和c_j的对齐。DP 算法可以归结为寻找一条通过此网格中若干格点的路径，路径通过的格点即为两个序列进行计算的对齐的点，如图 4.5 所示。

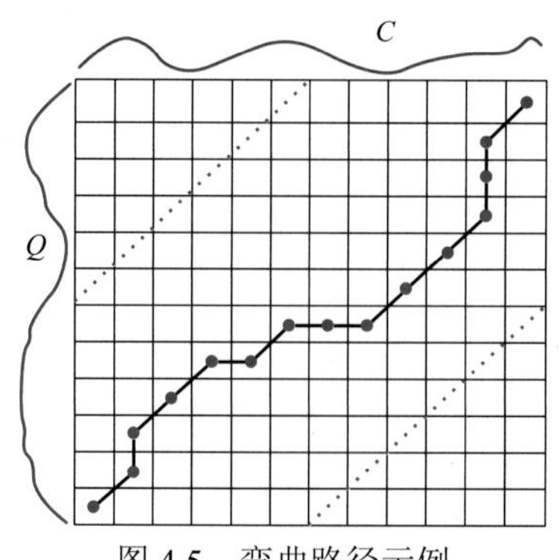

图 4.5　弯曲路径示例

将 DTW 用于度量 SST 之间的相似性主要分为两步。一是计算两条 SST 序列各点之间的距离，通过矩阵表达；二是在矩阵中寻找一条最短的路径，将这条路径定义为 warping path 规整路径，并用 w 来表示，w 的第 k 个元素定义为 $w_k=(i,j)_k$，定义序列的 Q 和 C 的映射：

$$W=w_1,w_2,w_3,\cdots,w_k,\qquad \max(m,n)\leqslant k<m+n-1$$

选择最短路径时需满足三个约束条件：①边界条件，时间序列两端点要对齐；②连续性，对于路径上的任意一点，每次只能沿矩阵相邻元素移动；③单调性，对于路径上的任意一点，每次只能沿着时间轴单向移动。

与欧氏距离相比，DTW 具有几个优点：①DTW 不仅能度量等长时间序列之间的相似性，还能度量不等长时间序列之间的相似性；②DTW 对时间序列的异常突变点不敏感，可以较好地解决弯曲和噪声等问题，适用于度量 SST 时间序列的相似性；③DTW 能够比较时间序列之间的异步相似性。而 DTW 的不足之处在于计算复杂度较高。

较传统预测方法而言，神经网络不仅有很强的非线性拟合能力，可映射出任意复杂的非线性关系，还能够通过不断的学习来调节自身权重，具有很强的非线性映射能力和自适应学习能力。目前，已有多种不同形式的神经网络被用于时间序列的预测，其中长短期记忆网络在短期电力负荷预测中可以有效地预测负荷变化。根据统计学习理论采用结构风险最小化（structural risk minimization，SRM）准则提出了支持向量机学习方法，已经被广泛用于解决分类和回归问题。支持向量回归（support vector regression，SVR）是将支持向量机用于解决回归问题。基于时间序列相似性的类比合成方法是一种典型的非参数回归方法，非参数回归的特性使其能够很好地规避训练参数过多的问题，而且类比合成法理论清晰并且容易实现，所以将该方法应用到海表温度预测在理论上和实践上都是可行的。类比合成算法是以模式作为比较的单位，模式包括参考模式和类比模式，其中参考模式代表的是时间序列最近的发展趋势，类比模式代表的是时间序列中的历史数据，如果在历史数据中匹配到了与参考模式非常相近的模式，那么就可以用类比模式的趋势来预测参考模式的趋势，即用历史的趋势来推测未来的趋势。类比合成法的流程图如图 4.6 所示，进行预测主要分为以下三步。

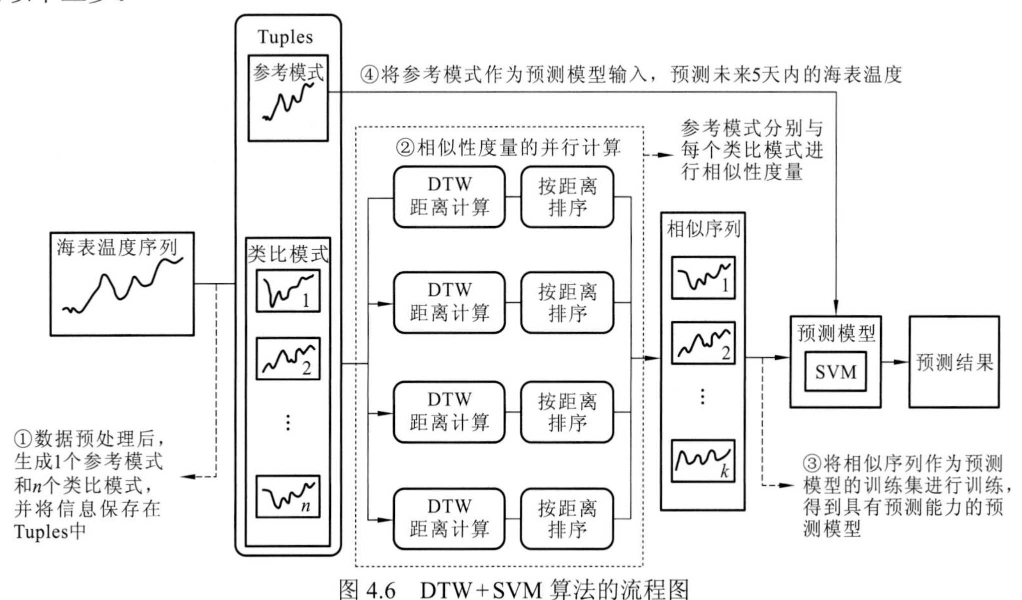

图 4.6　DTW+SVM 算法的流程图

（1）选择合适的序列长度，生成用于预测的模式，包括 1 个参考模式和 n 个类比模式。

（2）时间序列相似性度量，并按照相似性程度进行排序。

（3）挑选 k 个用于合成预测的序列，并合成预测结果。

给定一个海表温度序列 $F = F_1, F_2, \cdots, F_{|F|}$，来预测未来 5 天的海表温度。在模型设计方面，采用 DTW 距离来度量时间序列数据的相似性，通过基于 DTW 的类比合成法来预测未来 5 天内的海表温度。首先提出基于 Spark 的序列数据相似性度量的 DTW 算法，采用分布式数据处理的方式来提高时间序列相似性度量的效率，再训练 SVM 预测模型，最后将参考序列作为这个具有预测能力的模型的输入并得到预测结果。图 4.6 给出了 DTW+SVM 算法的流程图。该算法的主要步骤有 4 步。

（1）启动 DTW+SVM 算法，载入海表温度数据，完成数据预处理；生成参考模式和类比模式，并将信息保存在元组（Tuples）中。

（2）计算参考模式与类比模式的 DTW 距离；对 DTW 距离进行排序，取出前 k 个作为最相似的类比模式。

（3）预测模型选择 SVM，将这 k 个相似的类比模式作为训练 SVM 模型的训练集的输入，将这 k 个相似的类比模式在原海表温度序列 F 中的后面 5 天的海表温度作为 SVM 模型训练集的输出，训练一个具有预测能力的预测模型。

（4）将参考模式作为 SVM 预测模型的输入来预测未来 5 天内海表温度。在上述步骤中，通过 DTW 算法进行时间序列相似性度量得到的信息，需要被 SVM 模型充分利用，否则 DTW+SVM 模型的精度相比 DTW 提升效果不大，因此 DTW+SVM 模型精度的提升很大程度上取决于 SVM 模型能否充分利用好相似序列的信息，为此相似序列个数 k 的取值就至关重要。

4.3 关联方法

海洋大数据种类繁多，具有多元异构、多模、多尺度、时空分布等特点，如何在这些纷繁复杂的海洋数据中挖掘出有用的信息，并将其转化为知识，是当前海洋数据分析领域的重要研究课题。面向海洋大数据分析预报的新型多要素强弱关联分析关系分析方法的研发，就是要从更深的层次认识各个物理量之间的关联性，挖掘有价值的规则和知识，而关联分析和相关分析是实现这一目标的重要手段。关联分析又称关联挖掘，是一种简单、实用的分析技术，其目的就是发现存在于大量数据中的关联性或相关性，从而描述了一个事物中某些属性同时出现的规律和模式。相关性分析是指对两个或多个具备相关性的变量元素进行分析，从而衡量两个变量因素的相关密切程度，根据类型不同也可以分为线性相关分析和非线性相关分析。线性相关分析主要有皮尔逊相关系数、典型相关分析等，非线性相关分析主要有互信息等。本节将详细介绍几种面向海洋大数据的关联分析和通用相关分析方法，主要包括传统 Apriori 算法、基于 Spark 的并行 Apriori 关联规则挖掘方法、基于列联表的强弱关联关系挖掘方法和皮尔逊相关系数、肯德尔/斯皮尔曼等级相关系数等。

4.3.1 Apriori 算法

Apriori 算法是 Agrawal 等于 1994 年提出的关联规则挖掘领域最经典和最有影响力的算法[13]，用于为布尔关联规则挖掘频繁项集。频繁项集是经常出现在一块的物品的集合，关联规则暗示两种物品之间可能存在很强的关系。该算法名字的来源是因为在该算法中应用了频繁项集的先验知识，即通过逐层迭代方法，从频繁一项集中发现频繁二项集，再从频繁二项集中去发现频繁三项集，以此类推，可以通过频繁 k 项集去发现频繁 k+1 项集，直到不再存在更多项的频繁项集，算法的优点是将问题减少到可控和可管理的大小。

1. 基本概念

该算法涉及支持度和置信度两个重要概念[14]，下面分别介绍。

（1）支持度。支持度（Support）就是支持的程度，一个项集的支持度被定义为数据集中包含该项集的记录所占的比例。设事务集 W 中事务的总数为 N, $\{A, B\}$表示项集 A 和 B 同时出现在 W 中的事务中，则$\{A, B\}$的支持度可以用式（4.20）来计算：

$$\text{Support}(\{A,B\}) = \text{Num}(A \cup B)/N = P(A \cap B) \tag{4.20}$$

式中：$\text{Num}(A \cup B)$ 为含有项集$\{A, B\}$的事务集的个数。

（2）置信度。置信度（Confidence）表示包含 A 的事务中同时包含 B 的事务的比例，即同时包含 A 和 B 的事务占包含 A 事务的比例，表示为 $\text{Confidence}(A \to B)$，其计算公式见（4.21）。

$$\text{Confidence}(A \to B) = \text{Support}(\{A,B\})/\text{Support}(\{A\}) = P(B \mid A) \tag{4.21}$$

式中：$P(B \mid A)$ 为 A 出现时 B 也会出现的概率。

2. 算法思想及处理流程

Apriori 算法的基本思想是在频繁项集的发现过程中蕴含着先验性质，即：对于所有的频繁项集，其所有非空的子集必定是频繁项集；对于所有的不频繁项集，其所有的超集也必定是不频繁项集。算法实现中包含连接和剪枝两个过程，在此过程中应用了频繁项集的先验性质来提高算法效率。

（1）连接过程。已知频繁 k 项集去发现频繁 k+1 项集时，先通过频繁 k 项集与自身的连接产生候选的频繁 k+1 项集，即当前在候选的频繁 k+1 项集集合中存在不满足支持度限制的项集，因此需要再通过支持度计数对候选的频繁项集进行筛选，删除不符合最小支持度限制的不频繁项集。在连接过程中，如果两个满足支持度限制的集合中有 k−1 项相同，则合并两个集合为一个候选的频繁 k+1 项集，添加该项集进入候选的频繁 k+1 项集集合。

（2）剪枝过程。由连接过程可知，候选的频繁 k+1 项集是频繁 k+1 项集的超集，所有的频繁的 k+1 项集都在候选的频繁 k+1 项集中，但是存在不频繁项集在候选频繁 k+1 项集中。这时如果只依据频繁项集的性质扫描数据库，通过计数的方法筛选频繁项集，由于频繁项集的大小不可控制，筛选过程的计算量可能会很大，可以使用先验性质，即如果在候选的频繁 k+1 项集中存在一个 k 项子集不在频繁 k 项集中，那么这个候选的频繁 k+1 项集就不是一个频繁的 k+1 项集，因此可以直接淘汰，利用这种先验性质可以提高筛选的速度。

Apriori 算法流程如图 4.7 所示。首先设置输入事务数据集合，并设置最小支持度和置信度，然后依据支持度限制从数据集中找出频繁 1 项集，紧接着递归产生频繁 k 项集，当频繁 $k+1$ 项集为空时，递归结束，不再产生 k 项集。每一轮遍历时使用 Apriori_gen 方法用频繁 $k+1$ 项集生成候选的频繁 k 项集，剪枝过程应用了先验性质提高效率。最后，在频繁项集结果 L 中保存每一轮的频繁项集，并生成相应的关联规则。

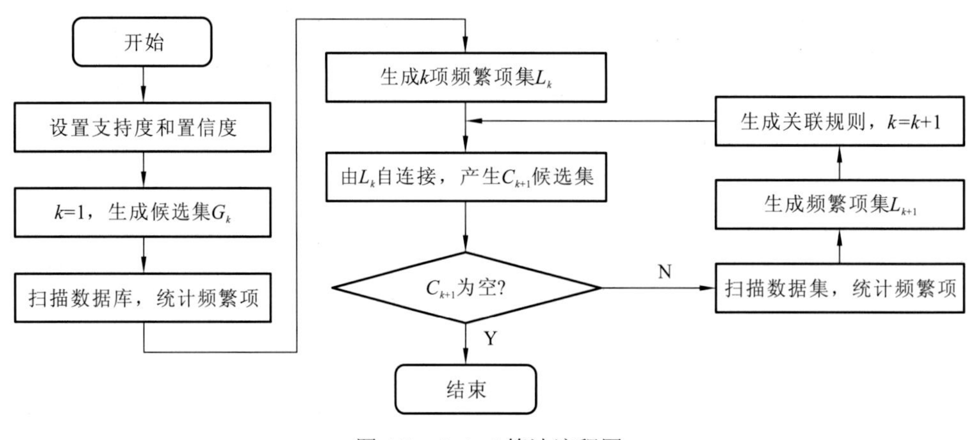

图 4.7 Apiori 算法流程图

4.3.2 基于 Spark 的并行关联分析方法

传统的集中式 Apriori 算法主要在单机上运行，效率低、空间耗费大，不适合大数据的处理。为此基于主流的 Hadoop 大数据平台，并充分利用 Spark 分布式并行计算框架的内存计算能力，对传统的 Apriori 算法进行并行化改造和优化，提出一种基于 Spark 的并行 Apriori 关联挖掘算法（Apriori_ms），并基于 Apriori_ms 算法，给出面向海洋大数据的并行关联规则挖掘方法，其总体框架如图 4.8 所示。

从图 4.8 可以看出，该框架由海洋大数据预处理、海洋数据离散化和基于 Spark 的并行关联规则挖掘三部分组成。

（1）海洋数据预处理。首先对缺失数据进行填充，缺失值较少时，处理缺失值的方法为直接将数据向上填充或者向下填充，或者求均值，当缺失值较多时，采用机器学习方法来进行填充。

（2）海洋数据离散化。由于海洋数据大部分为数值数据，需要将其进行离散化后，才能进行关联分析，为此需要选择合适的海洋大数据的离散方法。实验发现对于海洋数据，采用 k-means 离散算法与海洋异常点离散算法具有比较好的效果，尤其海洋异常点离散算法，能够很好地体现海洋状态。下面对基于异常点的海洋数据离散化算法的思想进行简单介绍。

通常情况下，海洋大数据的变化规律符合正态分布，可以采用标准正态分布对海洋的关键要素进行离散，将海洋大数据的每个要素简单地离散为三类，其中，+1 表示某海洋环

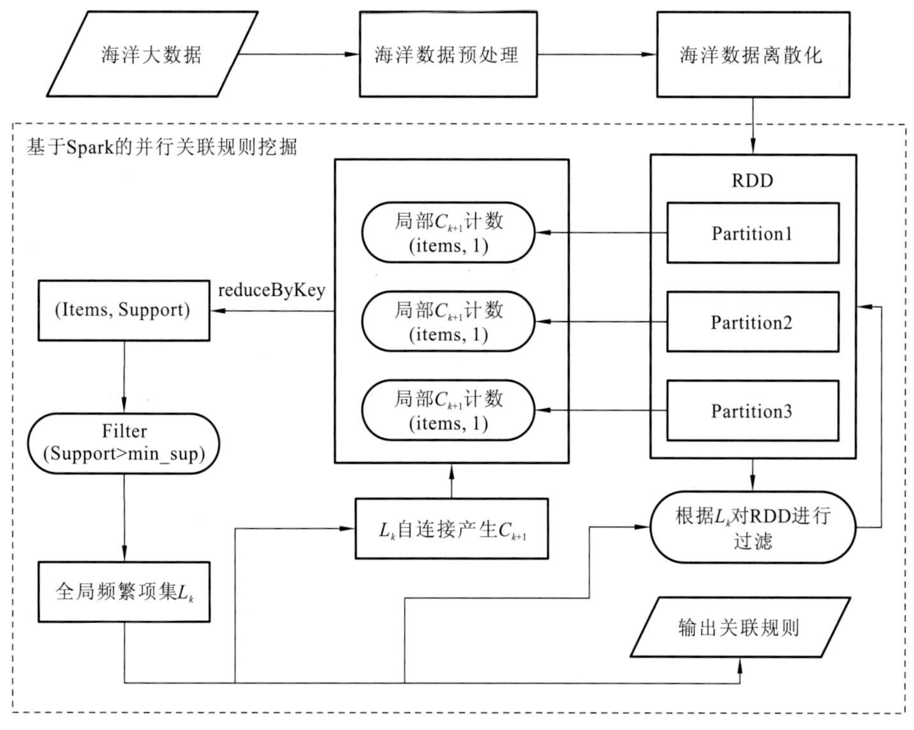

图 4.8　基于 Spark 的并行关联分析方法总体框架

境要素异常升高，0 表示正常状态，-1 表示异常降低状态，离散的海洋大数据要能够包含原数据异常信息。离散公式可表示为

$$f(V)=\begin{cases}+1, & V\geqslant \mu+1.0\delta \\ 0, & \mu-1.0\delta<V<\mu+1.0\delta \\ -1, & V\leqslant \mu-1.0\delta\end{cases} \tag{4.22}$$

式中：μ 为经过每个所选时间段的平均值；δ 为所选时间段的标准差；V 为在所选时间段的每个数据的真实值。实际上也可以根据异常状态的高低分成更多的状态，实现细粒度的分析。

（3）基于 Spark 的并行关联规则挖掘[15]。这部分是基于 Spark 的并行关联规则挖掘方法的核心，采用基于 Spark 的并行 Apriori 关联挖掘算法（Apriori_ms），实现海洋大数据的并行挖掘处理。Apriori_ms 算法充分利用 Spark 内存计算能力，具有较高的处理效率。首先从 HDFS 读取数据转换成事务矩阵，并存放到弹性分布式数据集（resilient distributed datasets，RDD）中，然后通过扫描 RDD 分区来获得频繁项集 L_1，接着根据 L_1 的结果对 RDD 进行过滤和剪枝，并形成候选集 C_2，再重新扫描 RDD 数据集求取 L_2，依次迭代求取 L_3、L_4 等，直到候选集 C_{k+1} 为空为止。该算法在迭代计算中简化事务矩阵，通过矩阵做逻辑“与”运算得到频繁项集和支持度，通过频繁项集与支持度计算关联规则。可以看出，Apriori_ms 算法充分利用 Spark 平台内存计算功能，将数据读入内存，建立事务矩阵并放入 Spark 的 RDD 中，在后续计算仅对该 RDD 进行操作，而不再扫描原始数据，从而通过内存计算加快算法处理效率。另外，在每个阶段计算完相应的频繁项集后，删除每个 RDD 分区中不满足支持度的事务项和不满足候选频繁项集长度 k 的事务集合，通过剪枝来简化事务矩阵，减少后续迭代扫描范围和计算量，减少了 I/O 操作，从而进一步加快了算法的处理速度。

算法流程如图 4.9 所示。流程图中：Sum 表示项集 I 在所有事务中出现的次数；n_{tid} 表示第 tid 个事务包含的项数；k 为当前阶段要找的频繁项集长度；C_k 为长度为 k 的候选频繁项集；L_k 为长度为 k 的频繁项集。

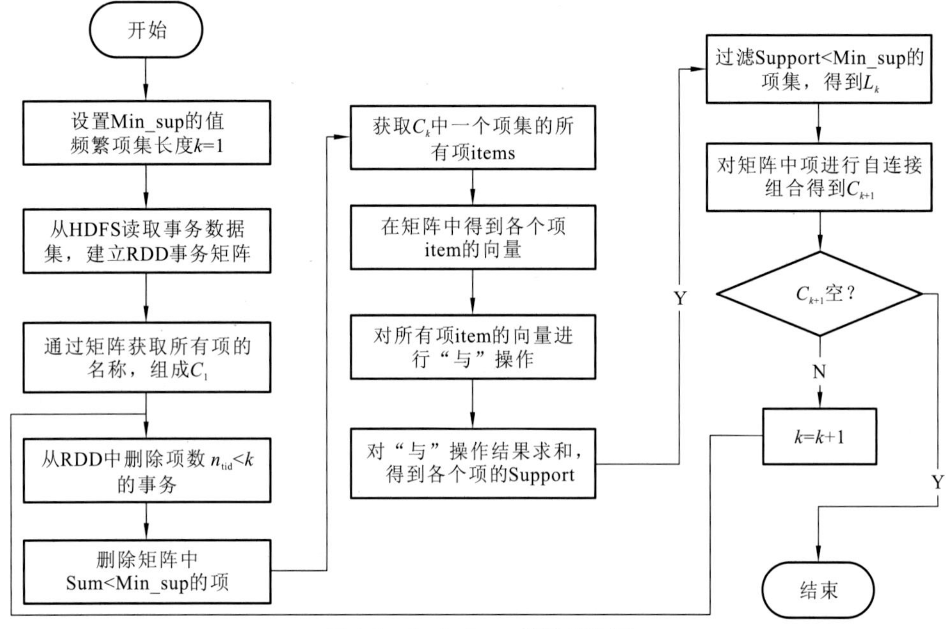

图 4.9　Apriori_ms 算法流程图

Apriori_ms 算法步骤如下。

步骤 1：初始化最小支持度 Min_sup、置信度、频繁项集长度 k 等参数。

步骤 2：通过从 HDFS 读取离散后的数据集，并将其转化为事务矩阵的形式，创建 RDD 事务矩阵。若数据集中项目的个数为 M，事务的数量为 N，则事务矩阵大小为 $M\times N$，如表 4.1 所示。若项目 I_k 属于事务 T_j，则对应的事务矩阵中的元素 $R_{kj}=1$，反之 $R_{kj}=0$。矩阵中的 Sum 列为所在行对应事务元素值之和，表示对应项在所有事务中出现的次数之和，代表该项目的支持度。

表 4.1　事务矩阵 $M\times N$ 表

项目	T_1	T_2	…	T_n	Sum
I_1	$R_{1,1}$	$R_{1,2}$	…	$R_{1,n}$	?
I_2	$R_{2,1}$	$R_{2,2}$	…	$R_{2,n}$	?
⋮	⋮	⋮		⋮	⋮
I_m	$R_{m,1}$	$R_{m,2}$	…	$R_{m,n}$	?

步骤 3：基于事务矩阵求解频繁项集，具体操作步骤如下。

①扫描 RDD 事务矩阵，对于每个项目 I，计算其在所有事务中出现的次数 Sum。

②扫描各个事务含有的项数 n_{tid}，删除 $n_{\text{tid}}<k$ 的事务。

③删除 Sum < Min_sup 的项目。

④在各个分区中计算候选集 C_k 中项的 Sum 值，对矩阵中行向量进行“与”操作。

⑤对“与”结果进行求和，得到相应的支持度 Support；合并各个节点的 Support 值得到全局的 Support，删除支持度 Support < Min_sup 的项目，得到 L_k。

⑥对 L_k 中出现的项进行组合，产生下一阶段的候选项集 C_{k+1}。

⑦重复步骤②～⑥，直到得到频繁 k 项集矩阵，导出 k 项集。

步骤 4：通过步骤 2 得到频繁项集后，按照经典 Apriori 关联挖掘算法得到相应关联规则。

4.3.3 列联表

列联表（contingency table）是观测数据按两个或更多属性（定性变量）分类时所列出的频数表，它是由两个以上的变量进行交叉分类的频数分布表。交叉分类的目的是将变量分组，然后比较各组的分布状况，以寻找变量间的关系。列联表分析（contingency table analysis）基于列联表所进行的相关统计分析与推断。列联表分析的基本问题是判明所考察的各属性之间有无关联，即是否独立。

1. 算法原理

在交叉列联表的基础上，对两个变量间是否存在关联性进行检验，列联表的频率分析结果不能直接用来确定行变量和列变量之间的关系及关系的强弱。要获得变量之间的关联性信息，不仅靠描述统计的数据，还需借助一些变量间相关程度的统计量和一些非参数检验方法。这些相关性检验的零假设都是：行和列变量之间相互独立，不存在显著的相关关系。根据检验后得出的相伴概率判断是否存在相关关系，如果相伴概率值 $P \leqslant 0.05$，那么拒绝零假设，行变量和列变量之间彼此相关；如果相伴概率值 $P > 0.05$，那么接受原假设，行变量和列变量之间彼此独立。

卡方检验常用于检验行变量和列变量之间是否相关。卡方检验首先假设行变量和列变量之间是相互独立的，并得到期望频数，通过比较所有期望频数和实际观测频数的差异来构造一个卡方统计量，如果卡方统计量大于临界值，则说明差异过大，因而假设不成立，行变量和列变量不相互独立；反之，则认为行变量和列变量相互独立。

卡方统计量综合了所有实际频数与期望频数的差异，因此卡方统计量的大小可以反映行变量和列变量的独立性。卡方统计量越大，说明实际频数与期望频数的差异越大，此时行变量和列变量的独立性越弱。卡方统计量近似服从自由度为$(r-1)\times(c-1)$的卡方分布。进行运算之后，会给出相应的相伴概率 P 值，如果 P 小于给定的显著性水平，则拒绝原假设，认为行变量和列变量之间是不独立的；反之，则认为行变量和列变量之间是独立的。

2. 算法流程

反证法假设检验，要证明结论 A 想说明假设 H1（两个分类变量，即两类对象有关）成立。在 A 不成立的前提下进行推理，在 H1 不成立，即 H0（两类对象无关，即相互独立）成立的条件下进行推理，推出矛盾，意味着结论 A 成立，推出小概率事件（概率不超过α，α一般为 0.001、0.01、0.05 或 0.1）发生，意味着 H1 成立的可能性很大（可能性为 $1-\alpha$），没有找到矛盾，意味着不能确定 A 成立，没有推出小概率事件发生，意味着不能确定 H1 成立。算法具体步骤如下。

步骤 1：建立原假设。H0 为两变量相互不独立；H1 为两变量相互独立。

步骤 2：计算自由度（df）与理论频数（e_{ij}）。

步骤 3：计算统计量。

步骤 4：查 χ^2 分布临界值表。

在了解了列联表检验的基本步骤之后，将列联表用于海洋大数据多要素强弱关联关系分析，其在 Spark 平台上的算法处理流程如图 4.10 所示。

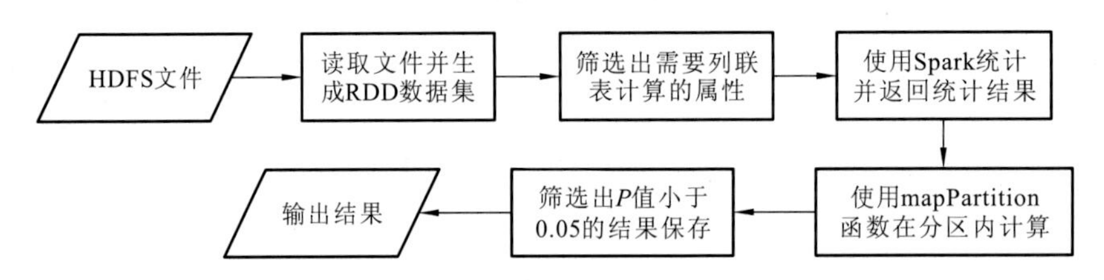

图 4.10　基于列联表的多要素强弱关联关系分析算法处理流程

4.3.4　皮尔逊相关系数

在统计学中，皮尔逊（Pearson）相关系数是由皮尔逊提出的积矩相关系数，一般用于分析两个连续变量之间的线性关系。

1. 方法原理

皮尔逊相关系数是两个随机变量的协方差与其标准差之乘积的比值，皮尔逊相关系数可表示为

$$r=\frac{\operatorname{cov}(x,y)}{\sigma_x\sigma_y}=\frac{E[(x-\mu_x)(y-\mu_y)]}{\sigma_x\sigma_y} \tag{4.23}$$

式中：$\operatorname{cov}(x,y)$ 为两个变量之间的协方差；$\sigma_x\sigma_y$ 为变量 x 与变量 y 之间的标准差，$\sigma_x\sigma_y$ 的计算公式为

$$\sigma_x\sigma_y=\sqrt{[E(x^2)-E^2(x)][E(y^2)-E^2(y)]} \tag{4.24}$$

相关系数 r 的取值范围为 $-1\leqslant r\leqslant 1$，相关系数的绝对值越大，相关性越强，相关系数越接近 1 或−1，相关性越强，相关系数越接近 0，相关性越弱。

$$\begin{cases} r>0\text{为正相关，}r<0\text{为负相关} \\ |r|=0\text{表示不存在线性关系} \\ |r|=1\text{表示完全线性相关} \end{cases}$$

皮尔逊相关系数有其适用的范围，当两个变量的标准差都不为零时，相关系数才有定义，其适用于以下三种情况。

（1）两个变量之间是线性关系，都是连续数据。

（2）两个变量的总体是正态分布，或者接近正态的单峰分布。

（3）两个变量的观测值是成对的，每对观测值之间相互独立。

2. 计算皮尔逊相关系数

假设有两个长度均为 n 的变量 X 和 Y，式（4.25）计算出两组变量之间的皮尔逊相关系数，根据计算出来的值可以判断两组变量的相关性大小，以及是正相关还是负相关。

$$r=\frac{\sum_{i=1}^{n}(x_i-\overline{x})(y_i-\overline{y})}{\sqrt{\sum_{i=1}^{n}(x_i-\overline{x})^2\sum_{i=1}^{n}(y_i-\overline{y})^2}} \tag{4.25}$$

4.3.5 肯德尔/斯皮尔曼等级相关系数

使用皮尔逊相关系数有两个局限性：首先，必须假设数据是成对地从正态分布中获取的；其次，数据至少是在逻辑范围内等距的，对不服从正态分布的数据不符合使用等距相关系数来描述关联性。此时可以使用秩相关（又称等级相关系数），来描述两个变量之间的关联程度与方向，肯德尔相关系数和斯皮尔曼相关系数都是等级相关系数[9]。

1. 肯德尔等级相关系数

肯德尔相关系数（τ）是一个用来测量两个随机变量相关性的统计值。一个肯德尔检验是一个无参数假设检验，利用等级来研究两个变量之间的相关程度，它使用计算得到的相关系数去检验两个随机变量的统计依赖性。肯德尔相关系数的取值范围为-1～1，当 τ 为 1 时，两个随机变量拥有一致的等级相关性；当 τ 为-1 时，两个随机变量拥有完全相反的等级相关性；当 τ 为 0 时，两个随机变量是相互独立的[16]。

肯德尔相关系数采用非参数检验方法来定序变量间的线性相关系数，肯德尔系数统计量的数学定义如式（4.26）所示，其中 P 为和谐对的个数，Q 为不和谐对的个数，n 为样本数量。

$$\tau=(P-Q)\frac{2}{n(n-1)} \tag{4.26}$$

和谐对是指变量大小顺序相同的两个样本观测值，即 X 的等级高低顺序与 Y 的等级顺序相同，否则称为不和谐对。肯德尔等级相关系数 τ_b 还用到相持的概念，一对观测值中，若有一个变量或者两个变量的值对应相等，则该对观测值是相持的。相持还分为在 X 变量（记为 T_x）上或相持在 Y 变量（记为 T_y）上，因此肯德尔相关系数的计算公式可表示为

$$\tau_b=\frac{(P-Q)}{\sqrt{(P+Q+T_x)(P-Q+T_y)}} \tag{4.27}$$

2. 斯皮尔曼等级相关系数

斯皮尔曼等级相关系数用来估计两个变量 X、Y 之间的相关性，它是依据两列成对等级的各对等级数之差来进行计算的，因此又称为等级差数法。斯皮尔曼等级相关对数据条

件的要求没有积差相关系数严格，只要两个变量的观测值是成对的等级评定资料，或者是由连续变量观测资料转化得到的等级资料，不论两个变量的总体分布形态、样本容量如何，都可以用斯皮尔曼等级相关系数来进行研究，它和相关系数 r 一样，取值为-1～1。

将数据变换成等级以后计算每一对样本的等级之差 d_i，然后利用式（4.28）计算斯皮尔曼等级相关系数 ρ：

$$\rho = 1 - \frac{6\sum d_i^2}{n^3 - n} \tag{4.28}$$

4.4 分类方法

4.4.1 支持向量机

支持向量机（SVM）是一类监督学习方法，它是对数据进行二元分类的广义线性分类器，其核心是找到线性分类边界的最大边距超平面[17]。间隔最大使它有别于感知机；SVM还包括核技巧，这使它成为实质上的非线性分类器。SVM 的学习策略就是间隔最大化，可形式化为一个求解凸二次规划的问题，也等价于正则化的合页损失函数的最小化问题。SVM 的学习算法就是求解凸二次规划的最优化算法。

SVM 学习的基本思想是求解能够正确划分训练数据集并且几何间隔最大的分离超平面。如图 4.11 所示，$w \cdot x + b = 0$ 即为分离超平面，对线性可分的数据集而言，这样的超平面有无穷多个（即感知机），但是几何间隔最大的分离超平面却是唯一的。二维数据支持向量机分类如图 4.11 所示。

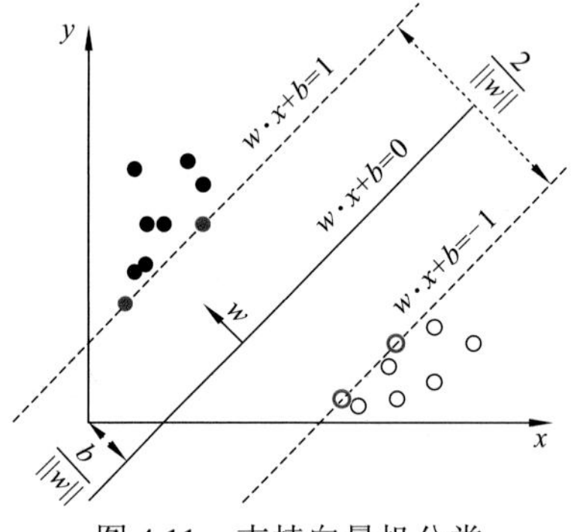

图 4.11 支持向量机分类

对于输入空间中的非线性分类问题，可以通过非线性变换将它转化为某个维特征空间中的线性分类问题，在高维特征空间中学习线性支持向量机。由于在线性支持向量机学习的对偶问题里，目标函数和分类决策函数都只涉及实例和实例之间的内积，所以不需要显式地指定非线性变换，而是用核函数替换当中的内积。核函数表示通过一个非线性转换后的两个实例间的内积。

低维空间映射到高维空间后维度可能会很大，如果将全部样本的点乘全部计算好，计算量将非常大，因此引入不同的核函数。常见的核函数有线性核函数、多项式核函数和高斯核函数。

稳健性与稀疏性。SVM 的优化问题同时考虑了经验风险和结构风险最小化，因此具有稳定性。从几何观点来看，SVM 的稳定性体现在其构建超平面决策边界时要求边距最大，因此间隔边界之间有充裕的空间包容测试样本。SVM 使用铰链损失函数作为代理损失，铰链损失函数的取值特点使 SVM 具有稀疏性，即其决策边界仅由支持向量决定，其余的样本点不参与经验风险最小化。在使用核方法的非线性学习中，SVM 的稳健性和稀疏性在确保了可靠求解结果的同时降低了核矩阵的计算量和内存开销。

与其他线性分类器的关系。SVM 是一个广义线性分类器，通过在 SVM 的算法框架下修改损失函数和优化问题可以得到其他类型的线性分类器，例如将 SVM 的损失函数替换为 logistic 损失函数就得到接近于 logistic 回归的优化问题。SVM 和 logistic 回归是功能相近的分类器，二者的区别在于 logistic 回归的输出具有概率意义，也容易扩展至多分类问题，而 SVM 的稀疏性和稳定性使其具有良好的泛化能力并在使用核方法时计算量更小。

作为核方法的性质。SVM 不是唯一可以使用核技巧的机器学习算法，logistic 回归、岭回归和线性判别分析（linear discriminant analysis，LDA）也可通过核方法得到核 logistic 回归（kernel logistic regression）、核岭回归（kernel ridge regression）和核线性判别分析（kernelized LDA，KLDA）。因此 SVM 是广义上核学习的实现方法之一。

海洋数据复杂而多变，需要数据挖掘技术来挖掘隐藏于数据之中的规律。运用支持向量机在海洋领域识别的目标是不断监测海洋，以破译可能影响环境安全的海事活动。在这个应用中，检测船舶是很重要的，因为大多数重要的活动都与船舶及其运动有关。传统上使用飞机和巡逻艇进行监测，但这些方法只在有限的区域和时间内有效。随着管制面积的扩大和监测周期的延长，这些方法变得费时和低效。为了规避这些限制，必须使这个过程自动化，以使它需要最少的人力干预。为了达到这个目标，使用卫星影像作为数据源，因为海洋的周围区域可以被监测到，生成的卫星图像可以采用数据挖掘技术进行自动处理。

将数据映射到二维空间，二元数据分布如图 4.12 所示，可判断是否有船舶活动。

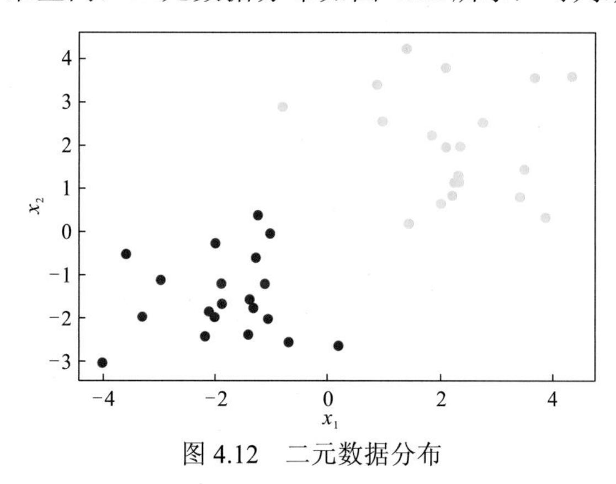

图 4.12　二元数据分布

通过支持向量机对二元数据进行分类，即寻找能够分割数据的最大超平面，并选用不同的核函数分类如图 4.13 所示，其中蓝色点表示有船舶活动，其他颜色点表示无船舶活动。

不同的核函数对分类效果产生了不同的影响，在具体实践中，要根据实际情况选择不同的核函数来进行目标分类。

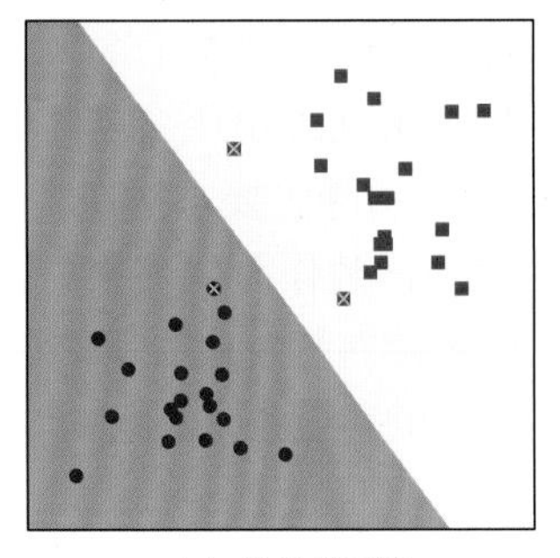

（a）线性核函数

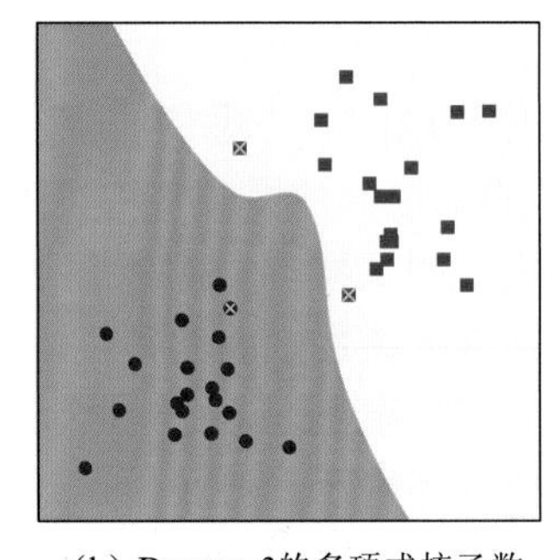

（b）Degree=3的多项式核函数

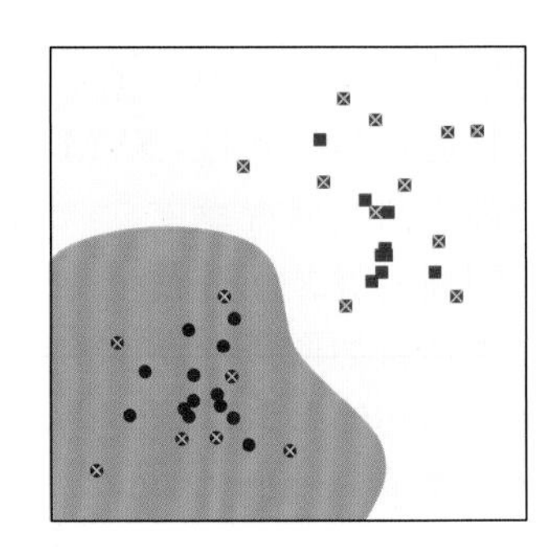

（c）Y=0.5的高斯核函数

图 4.13　不同核函数的分类性能

4.4.2　随机森林

作为新兴起的、高度灵活的一种机器学习算法，随机森林拥有广泛的应用前景，从市场营销到医疗保健保险，既可以用来做市场营销模拟的建模，统计客户来源，保留和流失，也可用来预测疾病的风险和病患者的易感性[18]。

在机器学习中，随机森林是一个包含多个决策树的分类器，并且其输出的类别是由个别树输出的类别的众数而定。决策树是一种基本的分类器，一般是将特征分为两类。构建好的决策树呈树形结构，可以认为是 if-then 规则的集合，主要优点是模型具有可读性，分类速度快。

决策树是一种常用的分类方法，它通过将大量无规则无次序的数据集进行分类、聚类和预测建模，构造树状结构的分类规则，从而对样本进行分类或预测。图 4.14 所示为单个决策树二分类模型，图中最顶端的为根节点，包含了所有样本数据，根据该根节点的某一属性将数据分成中间层的子节点；以此类推，自上而下划分数据的所属类别，即叶子节点。因此，构造决策树的关键在于在当前状态下选取合适的属性作为划分数据类别的节点，按照一定的目标函数（如信息熵、Gini 系数等）下降最快的方式到达叶子节点，从而对数据类别进行最终判断。

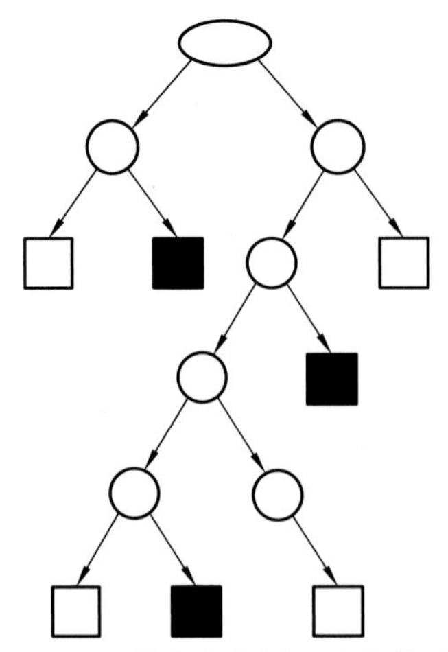

图 4.14　单个决策树二分类模型

常见的决策树算法主要有基于信息熵的ID3算法，基于信息增益比的C4.5算法和基于Gini系数的CART 算法。其中 C4.5算法在ID3算法基础之上，用信息增益比替代了信息增益，改善了ID3算法由于信息增益在可取数值数目较多的属性上存在的倾向性问题。

随机森林是在决策树分类器的基础之上，通过随机有放回采样对数据集当中的样本及特征进行选取，构造多个决策树，并由各决策树分类结果的众数决定最终的类别划分，从而降低单个决策树的过拟合风险。随机森林分类模型如图4.15所示。

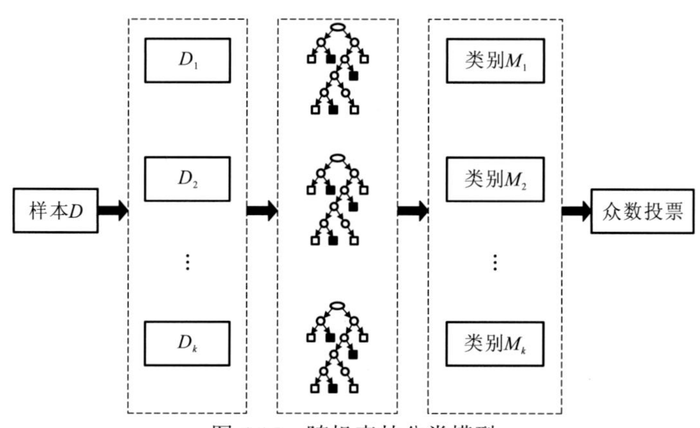

图4.15　随机森林分类模型

随机森林中有许多的分类树。将一个输入样本进行分类需要将输入样本输入每棵树中进行分类。打个形象的比喻：森林中召开会议，讨论某个动物到底是老鼠还是松鼠，每棵树都要独立地发表自己对这个问题的看法，也就是每棵树都要投票。该动物到底是老鼠还是松鼠，要依据投票情况来确定，获得票数最多的类别就是森林的分类结果。森林中的每棵树都是独立的，99.9%不相关的树做出的预测结果涵盖所有的情况，这些预测结果将会彼此抵消。少数优秀的树的预测做出一个好的预测。将若干个弱分类器的分类结果进行投票选择，从而组成一个强分类器，这就是随机森林 bagging 的思想。

随机森林的优点有：对于很多种资料，它可以产生高准确度的分类器；它可以处理大量的输入变数；它可以在决定类别时，评估变数的重要性；在建造森林时，它可以在内部对一般化后的误差产生不偏差的估计；它包含一个好方法可以估计遗失的资料，并且，如果有很大一部分的资料遗失，仍可以维持准确度；它提供一个实验方法，可以去侦测 variable interactions；对不平衡的分类资料集而言，它可以平衡误差；它计算各例中的亲近度，对数据挖掘、侦测离群点（outlier）和将资料视觉化非常有用；它可被延伸应用在未标记的资料上，这类资料通常是使用非监督式聚类，也可侦测偏离者和观看资料；学习过程是很快速的。

4.5　可视分析方法

平行坐标技术是研究多维数据的重要手段，通过将维度和平行坐标轴之间建立映射关系，将轴上的属性数据通过曲线或直线的形式相连接，在展示数据值的同时也可以反映数据维度间的关联关系。随着数据量和维度的增加，平行坐标中的数据线会存在覆盖和密集等情况，不利于分析者直观地进行观察。为解决这一问题研究者提出将平行坐标间的数据线通过聚类的形式进行简化，形成分析者便于观察的聚簇，使图形结果更加直观。

作为多维数据可视分析的一种关键技术，平行坐标利用一组相邻且平行的纵向坐标轴表示多维数据的不同属性数据，解决了笛卡儿坐标难以展示多维数据且空间易被耗尽的问题，用坐标轴上的点代表变量值，将不同属性值在坐标轴上代表的点用曲线或折线连接，可有效反映不同属性间的相关关系和变化形式。因此平行坐标实际上是将欧氏空间中的点 $X_i(x_{i1},x_{i2},\cdots,x_{in})$ 通过映射函数变换成一条曲线并投影到二维平面上。平行坐标可以直观地展示多维数据的各个属性，同时因为该方法数据基础良好，在映射过程中具备良好的对偶性和几何解释，所以平行坐标比较适用于对多维数据的可视分析。三维以下的数据可以在欧氏空间中方便表达，但欧氏空间又很难具体地描绘三维以上数据的结构，而平行坐标在不需要过多计算的基础上可以利用直观的二维空间表达三维以上的多维数据，解决了在欧氏空间中难以描绘多维数据结构这一问题。在绘制平行坐标时，其思想是在二维平面上利用相邻的纵坐标轴表示多维数据不同的属性，属性值的最大值和最小值在坐标轴上均匀分布，每个数据项由不同坐标轴上的点连接成线段，可以得到一条连接了 n 条坐标轴的折线，而具有相似模式的数据线会具备相似的线段走势。

4.5.1 平行坐标可视分析

平行坐标是可视化高维几何和分析多元数据的常用方法。平行坐标图可以表示超高维数据。平行坐标的一个显著优点是具有良好的数学基础，其射影几何解释和对偶特性使它适用于可视化数据分析[19]。为了在 n 维空间中显示一组点，绘制由 n 条平行线组成的背景，通常是垂直且等距的。所述的点 n 维空间被表示为折线与顶点在平行的轴线；第 i 轴上顶点的位置对应于该点的第 i 个坐标。

为了表示在高维空间的一个点集，在 N 条平行线的背景下（一般这 N 条线都竖直且等距），一个在高维空间的点被表示为一条拐点在 N 条平行坐标轴的折线，在第 K 个坐标轴上的位置就表示这个点在第 K 个维的值。平行坐标是信息可视化的一种重要技术。为了克服传统的笛卡儿直角坐标系容易耗尽空间、难以表达三维以上数据的问题，平行坐标将高维数据的各个变量用一系列相互平行的坐标轴表示，变量值对应轴上位置。为了反映变化趋势和各个变量间相互关系，往往将描述不同变量的各点连接成折线。

平行坐标图的实质是将维欧氏空间的一个点 $X_i=(x_{i1},x_{i2},\cdots,x_{im})$ 映射到维平面上的一条曲线。在笛卡儿坐标中，以 y 坐标轴为起点，将点 $(x_1,x_2,\cdots,x_m)$ 等距离划分，并以这些等距离的点为标记作垂直于 x 轴的线段，由此可以得到与 y 轴正方向相同的一组 N 维空间 R^N 中的平行坐标轴。P 为 N 维空间 R^N 中的一条折线，即笛卡儿坐标系 $(c_1,c_2,\cdots,c_n)$ 中的属性值，该折线共有 N 个顶点，这些点分别在 $x_{\_i}$ 轴上的，其中 $i=1,2,\cdots,N$，即顶点和 R^N 中的点在轴 $x_1,x_2,\cdots,x_N$ 上建立了完全对应的关系。也就是说 R^2 上的子集是 R^N 空间通过映射函数得到的映射结果，建立了一个从 $2^{(R^N)}\to 2^{(R^2)}$ 的映射。此外，在欧氏空间上需要用小写字母代表弧线或曲线，用大写字母代表点，对应符号上添加一条横线可以表示平行坐标中的点或线。

在绘制平行坐标时，从点开始，用 $M(A, B)$表示笛卡儿坐标系中的一点，通过映射函数将点 M 映射到平行坐标中，在笛卡儿坐标系中的点通过映射可在平行坐标系中成为一条直线，如图 4.16 所示。

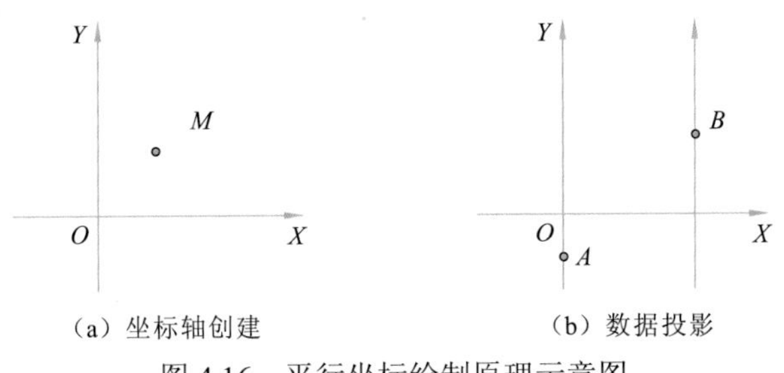

图 4.16　平行坐标绘制原理示意图

在多维数据可视分析过程中最常用到的方法包括平行坐标技术，它在展示和分析多维数据上有自己独特的优点。利用平行坐标进行多维数据可视分析的优点主要包括几点：其一，将多维数据值用平行坐标展示时，没有对初始数据进行归一化之外的变形操作，也没有对多维数据进行降维，最大程度保留了初始数据的真实性和完整性，避免数据丢失；其二，平行坐标图以二维空间的形式展示，便于分析者直观地将高维空间中的复杂数据结构转换为低维空间，易于理解分析；其三，平行坐标技术较为成熟，易于实现，分析者可以自行对其进行简单的操作，帮助分析者提高挖掘多维信息的效率。

但随着数据量和数据维度的增加，传统的平行坐标技术在进行多维数据可视分析时存在一定的局限性：其一，当数据量非常大时，平行坐标轴间的折线数量也随之增加，此时线段间会出现大量遮盖重叠等情况，混淆分析者的视线，不利于直观地对多维数据进行探究；其二，利用平行坐标展示多维数据时，平行坐标轴的排序是不确定的，而平行坐标轴中折线的走势和坐标轴的排序是密切相关的，若不能找出合适的排序方式，表示多维数据的折线将变得杂乱无章，将对分析者视觉感知和分析理解造成很大的困扰；其三，传统平行坐标的设计缺少用户交互操作，分析者往往只能根据平行坐标展示的初始图形结果对多维数据进行分析，不利于分析者进行深入探究；其四，平行坐标将多维数据的不同属性通过等间距的形式展示在二维空间上，对维度关系及各维度信息的展示存在一定的缺失，不利于分析者通过可视化的图形结果对多维属性间的维度关系进行判断和理解。

综合以上平行坐标的优缺点，针对平行坐标可视分析技术的不足加以改进，将增强可视分析效果作为目的之一，帮助分析者对多维数据进行充分地理解和分析，辅助用户做出正确决策。

4.5.2　散点图可视分析

散点图也是多维数据可视分析的常用方法之一，传统二维散点图的主要思想是把多维数据集中的其中两个维度通过映射函数投影到两条轴，然后利用这两条轴确立二维投影平面，再在这个平面中用便于观察的视觉元素间接地展示多维数据其他属性值，现阶段视觉元素可以由不同的尺寸、形状或颜色等表示。但随着数据维度的增加，二维散点图在展示多个维度信息上的局限性也逐渐显现。

散点图是在二维平面上展示多维数据的维度信息，在有限维度内，散点图可以直观地挖掘出隐藏在多维数据中的有效信息。作为多维数据可视分析的一种重要手段，散点图可以通过直观的图形形式展示多维数据集合，该方法同时具有有效的降维能力，其原理是利用笛卡儿坐标将降维后的多维数据进行点状图形展示，在清晰地展示多维数据属性间关系的同时，还可以通过图形展示多维数据的主要信息。但传统的散点图需要把多维数据维度降至三维或二维空间，当数据维度超过四维时，散点图的分析将难以得到有效的结果。

为了解决二维散点图在高维数据中存在的局限性，研究者提出将散点图进行扩充，即散点图矩阵。散点图矩阵由单个散点图拼接而成，散点图中一组一组的点表示多维数据的值，散点图中点的位置就代表值的大小，如图 4.17 所示。多维数据中属性间的关系可以通过散点图矩阵的分布情况表示，因此散点图矩阵在多维数据可视分析领域中被广泛应用。在散点图矩阵中，分析者可以便捷地观察到 N 维数据集中属性间的关联关系，如分析者需要对第 x 个和第 y 个属性进行分析，则可以在散点图矩阵中观察第 x 行第 y 列的散点图，该方法对多维数据维度的分析至关重要。

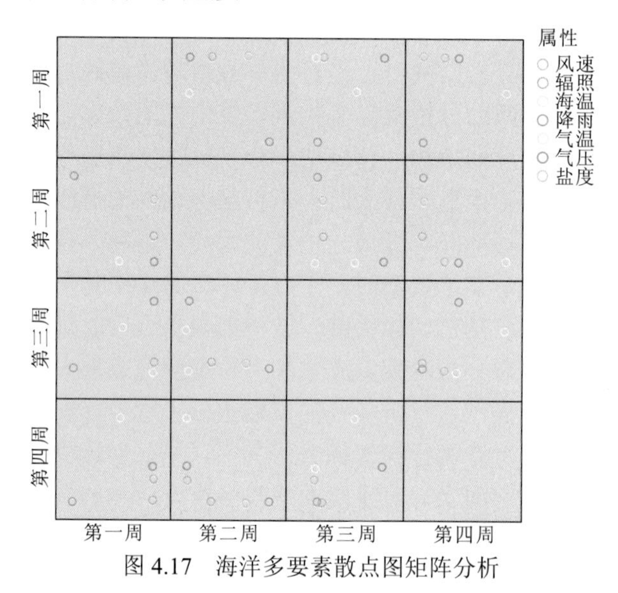

图 4.17　海洋多要素散点图矩阵分析

散点图在分析多维数据集合上具有多个优点：其一，分析者可以直观地研究散点图中各个点的分布状态，多维数据集合利用散点图降维后可以得到总体的数据分布信息，同时根据点的分布状态可以初步探究多维数据各属性间的关联关系，从而为分析者提供更好的服务，辅助分析者进行正确的决策；其二，散点图有较高的适用性，对离散、连续数据均适用，同时可以迅速对数据集合进行分析和预览，方便快捷；其三，利用散点图进行数据展示时，分析者可以快速发现数据中存在的异常点，对于特点明显的异常数据，分析者可以逐个排查，对数据正确性及数据的异常处理有很大帮助；其四，散点图的绘制方法简单且易于用户操作，分析者可以从散点图中方便快速地挖掘出隐藏在多维数据中的有效信息。

随着数据形式逐渐复杂，利用散点图进行多维数据可视分析时也存在一定的局限性：其一，散点图可以将多维数据投影到三维或二维空间，当数据维度很大时无法有效地表示；其二，在对多维数据集合分析时，若数据集合足够大，投影到散点图上的数据点将会密集且重叠出现，混淆分析者的视线，造成用户不能充分地对多维数据集合进行观察分析和理解，这样给用户造成了很大的困难；其三，散点图建立在三维或二维坐标系中，数据用散点图中的点表示，但如果不对这些点进行处理，多维数据在散点图中展示的结果将区分不了数据间的类别，从而导致散点图对多维数据维度分析的缺陷。

为了解决散点图在进行多维数据可视分析时存在的缺陷，针对其散点图进行改进，在提高多维数据可视分析效果的同时，有效提高了用户进行数据分析时的效率，如图 4.18 所示。

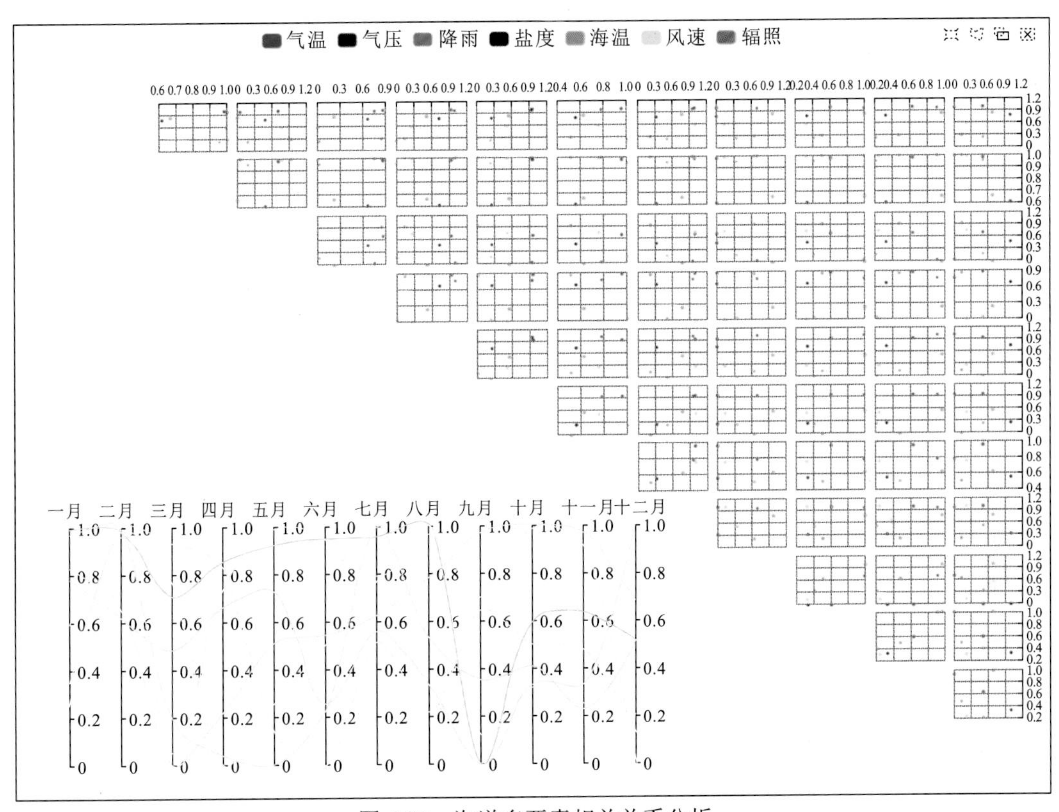

图 4.18　海洋多要素相关关系分析

参 考 文 献

[1] STRICKERT M, SCHLEIF F M, SEIFFERT U, et al. Derivatives of pearson correlation for gradient-based analysis of biomedical data[J]. Inteligencia Artificial, 2008, 12(37): 37-44.

[2] LIU W, WANG P, MENG Y, et al. Cloud spot instance price prediction using KNN regression[J]. Human-Centric Computing and Information Sciences, 2020, 10(1), doi: 10. 1186/s13673-020-00239-5.

[3] LEE T, OUARDA T B M J, YOON S. KNN-based local linear regression for the analysis and simulation of low flow extremes under climatic influence[J]. Climate Dynamics, 2017, 49(9-10): 3493-3511.

[4] YU S Z, LI Y Q, SHENG G J, et al. Research on short-term traffic flow forecasting based on KNN and discrete event simulation[M]. Advanced data mining and applications. Berlin: Springer, 2019: 853-862.

[5] CHATZIGEORGAKIDIS G, KARAGIORGOU S, ATHANASIOU S, et al. FML-KNN: Scalable machine learning on big data using k-nearest neighbor joins[J]. Journal of Big Data, 2018, 5(1), doi: 10. 1186/s40537-018-0115-x.

[6] 邵鸿翔. 线性回归方法在数据挖掘中的应用和改进[J]. 统计与决策, 2012(14): 76-80.

[7] 王永军, 刘学义, 刘松涛, 等. 心电图的自动分析[J]. 中国伤残医学, 2012, 20(5): 70-71.

[8] 张宏东. EM 算法及其应用[D]. 济南: 山东大学, 2014.

[9] JAIN A K. Data clustering: 50 years beyond k-means[J]. Pattern Recognition Letters, 2010, 31(8): 651-666.

[10] 聂俊岚, 陈贺敏, 张继凯, 等. 基于数据相似度的多维海洋数据交互式集成可视化[J]. 海洋通报, 2015, 34(5): 586-591.

[11] 张爱华, 郭喜跃, 陈前军. 动态规划算法分析与研究[J]. 软件导刊, 2014, 13(12): 68-69.

[12] BERNDT D J, CLIFFORD J. Using dynamic time warping to find patterns in time series[C]. Proceedings of the 3rd International Conference on Knowledge Discovery and Data Mining. AAAI Press, 1994: 359-370.

[13]AGRAWAL R, SRIKANT R. Fast Algorithms for Mining Association Rules in Large Databases[C]. Proceedings of the 20th International Conference on Very Large Data Bases. IEEE, 1994: 487-499.

[14] 欧阳为民, 郑诚, 蔡庆生. 国际上关联规则发现研究述评[J]. 计算机科学, 1999(3): 41-44.

[15] 刘丽娜, 姜利群. 基于 Spark 字典表压缩存储的关联规则算法优化[J]. 计算机应用与软件, 2021, 38(8): 37-43.

[16] KENDALL M G. A new measure of rank correlation[J]. Biometrika, 1938, 30(1-2): 81-93.

[17] 祁亨年, 杨建刚, 方陆明. 基于多类支持向量机的遥感图像分类及其半监督式改进策略[J]. 复旦学报(自然科学版), 2004(5): 781-784.

[18] 彭刘亚, 解惠婷, 冯伟栋. 基于随机森林算法的砂土液化预测方法[J]. 物探与化探, 2020, 44(6): 1429-1434.

[19] INSELBERG A. The plane with parallel coordinates[J]. The Visual Computer, 1985, 1(2): 69-91.

第 5 章　海洋大数据深度学习预测方法

本章将重点介绍海洋大数据预测相关方法，主要描述 LSTM 模型、CNN 模型、LSTM-CNN 模型和 CNN-LSTM 模型 4 种不同的深度学习预测模型，深入探讨这些模型的结构、原理、扩展及应用。

5.1　传统机器学习预测方法

1. BP 神经网络

反向传播（back propagation，BP）神经网络，是一种采用 BP 学习算法的多层前馈型人工神经网络，是目前应用最为广泛的人工神经网络之一[1-2]。BP 神经网络的主要特点是信息前向传递，误差反向传播。输入信息由输入层前向传递到隐含层再前向传递到输出层，每一层的神经元状态只影响下一层的神经元，这个过程就是信息前向传递；当输出信息与期望输出存在较大误差时，则转为反向传播，将误差值沿着网络连接逐层传递，并根据误差来调整各层连接权值和阈值，从而使 BP 神经网络的预测输出不断地逼近期望输出[3-4]。虽然在 BP 神经网络中的信息传递是双向的，但层与层之间的连接仍然是前向的。BP 神经网络的拓扑结构如图 5.1 所示。

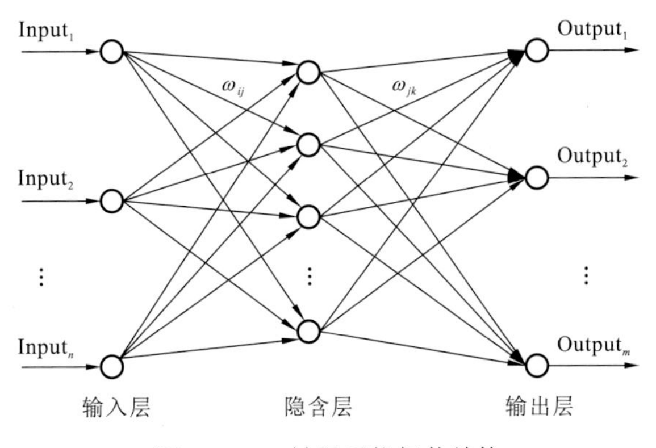

图 5.1　BP 神经网络拓扑结构

BP 神经网络预测前，首先要训练网络，通过训练使网络具有联想记忆和预测能力。BP 神经网络的训练过程包括以下几个步骤。

（1）网络初始化。根据系统输入输出序列确定网络输入层节点数 n、隐含层节点数 l、输出层节点数 m，初始化输入层、隐含层和输出层神经元之间的连接权值 ω_{ij} 和 ω_{jk}，初始

化隐含层阈值 a，输出层阈值 b，给定学习速率和神经元激励函数。

（2）隐含层输出计算。根据输入变量 X、输入层和隐含层间连接权值 ω_{ij} 及隐含层阈值 a，计算隐含层输出 H_j。

$$H_j = f\left(\sum_{i=1}^{n}\omega_{ij}\text{Input}_i - a\right), \quad j = 1, 2, \cdots, l \tag{5.1}$$

式中：l 为隐含层节点数；f 为隐含层激励函数，该函数有多种表达形式，暂时所选函数如式（5.2），以后根据具体情况可做调整。

$$f(x) = \frac{1}{1+\mathrm{e}^{-x}} \tag{5.2}$$

（3）输出层输出计算。根据隐含层输出 H、隐含层和输出层间连接权值 ω_{jk} 和阈值 b，计算 BP 神经网络预测输出 Output_k。

$$\text{Output}_k = \sum_{j=1}^{l} H_j\omega_{jk} - b_k, \quad k = 1, 2, \cdots, m \tag{5.3}$$

（4）误差计算。根据网络预测输出 Output 和期望输出 Y，计算网络预测误差 e_k。

$$e_k = Y_k - \text{Output}_k, \quad k = 1, 2, \cdots, m \tag{5.4}$$

（5）权值更新。根据网络预测误差 e_k 更新网络连接权值 ω_{ij} 和 ω_{jk}。

$$\omega_{ij} = \omega_{ij} + \eta H_j(1-H_j)\text{Input}(i)\sum_{k=1}^{m}\omega_{jk}e_k, \quad i = 1, 2, \cdots, n; j = 1, 2, \cdots, l \tag{5.5}$$

$$\omega_{jk} = \omega_{jk} + \eta H_j e_k, \quad j = 1, 2, \cdots, l; k = 1, 2, \cdots, l \tag{5.6}$$

（6）阈值更新。根据网络预测误差 e_k 更新网络节点阈值 a_j 和 b_k：

$$a_j = a_j + \eta H_j(1-H_j)\sum_{k=1}^{m}\omega_{jk}e_k, \quad j = 1, 2, \cdots, l \tag{5.7}$$

$$b_k = b_k + e_k, \quad k = 1, 2, \cdots, m \tag{5.8}$$

（7）判断。判断算法迭代是否结束，若没有结束，返回步骤（2）。

2. RBF 神经网络

径向基函数（radical basis function，RBF）神经网络是一种三层静态前向网络，分别为输入层、隐含层和输出层。第一层为输入层，它由信号源节点组成；第二层为隐含层，其单元数视所要描述的问题而定；第三层为输出层，它对输入模式的作用做出响应[1]。RBF 法是一种将输入矢量扩展到高维空间中的神经网络学习方法。RBF 神经网络结构十分类似于多层感知器（multilayer perceptron，MLP），也属于多层静态前向网络的范畴。RBF 神经网络模拟人脑中局部调整、相互覆盖接收域的神经网络结构，是一种具有全局逼近性能的前馈网络[2]。它不仅有全局逼近性质，而且具有最佳逼近性能。RBF 神经网络结构上具有隐含层到输出层的权值线性关系，同时训练方法快速易行，不存在局部最优问题，这些优点给 RBF 神经网络的应用奠定了良好的基础[3]。RBF 神经网络已经被不同学科的理论和应用工作者所研究。理论学家研究了径向基函数的函数逼近理论，并已经证明，只要有足够的隐节点径向基函数，RBF 神经网络可以任意地逼近多变量连续函数[4]。

RBF 神经网络的基本思想是：用 RBF 作为隐单元的“基”构成隐含层空间，隐含层对输入矢量进行变换，将低维的模式输入数据变换到高维空间内，使得在低维空间内的线性不可分的问题在高维空间内线性可分。RBF 神经网络结构简单、训练简洁而且学习收敛速度快，能够逼近任意非线性函数。这些优势使该方法被广泛应用于时间序列分析、模式识别、非线性控制和图形处理等领域。

1）RBF 神经网络结构模型

（1）RBF 神经网络的神经元模型。径向基神经网络的节点激活函数采用 RBF，通常定义为空间任一点到某一中心之间的欧氏距离的单调函数。RBF 神经网络的神经元模型如图 5.2 所示。

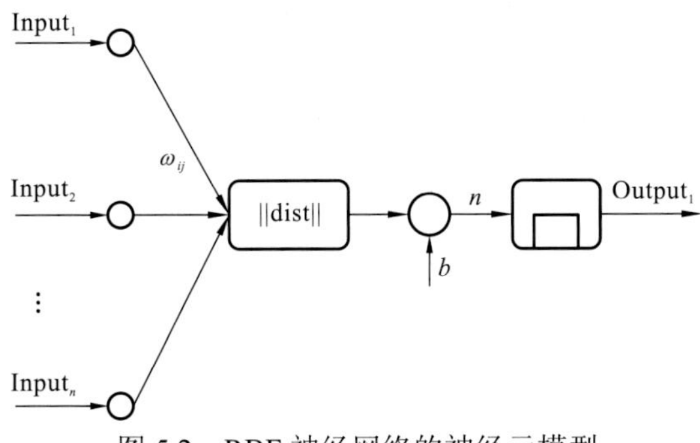

图 5.2　RBF 神经网络的神经元模型

从图 5.2 可以看出，RBF 神经网络的激活函数是以输入向量和权值之间的距离||dist||作为自变量的。RBF 神经网络的激活函数的一般表达式为

$$R(\|\mathrm{dist}\|)=\mathrm{e}^{-\|\mathrm{dist}\|^2} \tag{5.9}$$

随着权值和输入向量之间距离的减少，网络输出是递增的，当输入向量和权值向量一致时，神经元输出为 1。图中的 b 为阈值，用于调整神经元的灵敏度。利用 RBF 神经元和线性神经元可以建立广义回归神经网络，这种神经网络适用于函数逼近方面的应用；RBF 神经元和竞争神经元可以建立概率神经网络，这种神经网络适用于解决分类问题。

（2）RBF 神经网络结构。RBF 神经网络结构如图 5.3 所示。在 RBF 神经网络中，输入层仅仅起到传输信号的作用，与其他神经网络相比，输入层和隐含层之间可以看作连接权值为 1 的连接，输出层和隐含层所完成的任务是不同的，因而它们的学习策略也不相同。输出层是对线性权进行调整，采用的是线性优化策略，因而学习速率较快。而隐含层是对激活函数（格林函数或高斯函数，一般取高斯函数）的参数进行调整，采用的是非线性优化策略，因而学习速率较慢。

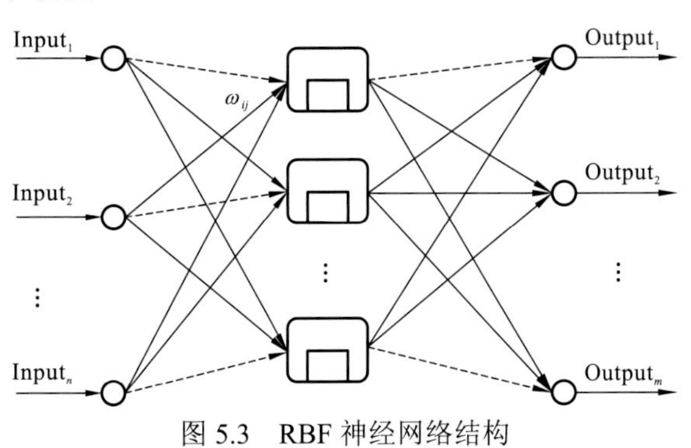

图 5.3　RBF 神经网络结构

2）RBF 神经网络的工作原理

（1）函数逼近。从函数逼近的观点看，若把网络看成是对未知函数的逼近，则任何函数都可以表示成一组基函数的加权和。RBF 神经网络相当于选择各隐含层神经元的传输函数，使之构成一组基函数逼近未知函数。

（2）模式识别。从模式识别的观点看，总可以将低维空间非线性可分的问题映射到高维空间，使其在高维空间线性可分。在 RBF 神经网络中，隐含层的神经元数目一般比标准的 BP 神经网络的要多，构成高维的隐含单元空间，同时，隐含层神经元的传输函数为非线性函数，从而完成从输入空间到隐含单元空间的非线性变换。只要隐含层神经元的数目足够多，就可以使输入模式在隐含层的高维输出空间线性可分。在 RBF 神经网络中，输出层为线性层，完成对隐含层空间模式的线性分类，即提供从隐含单元空间到输出空间的一种线性变换。

3）RBF 神经网络的学习算法

RBF 神经网络学习算法需要求解的参数有三个：基函数的中心、方差及隐含层到输出层的权值。根据 RBF 函数中心选取方法的不同，RBF 神经网络有多种学习方法，如随机选取中心法、自组织选取法、有监督选取中心法和最小二乘法等。本小节采用自组织选取中心的 RBF 神经网络学习法，该方法分两个阶段组成：一是自组织学习阶段，该阶段为无导师学习过程，求解隐含层基函数的中心和方差；二是有导师学习阶段，该阶段求解隐含层到输出层之间的权值。

RBF 神经网络中常用的 RBF 是高斯函数，因此 RBF 神经网络的激活函数可表示为

$$R(x_p - c_i) = \exp\left(-\frac{1}{2\sigma^2}\| x_p - c_i \|^2\right) \tag{5.10}$$

式中：$\| x_p - c_i \|$为欧氏范数；c_i为高斯函数的中心；σ为高斯函数的方差。

5.2 典型深度学习预测方法

5.2.1 海洋数据时间序列预测与深度学习

时间序列是指将同一统计指标的数值按其发生的时间先后顺序排列而成的数列。时间序列是现实的、真实的一组数据，而不是数理统计中做实验得到的。既然是真实的，它就是反映某一现象的统计指标，因而，时间序列背后是某一现象的变化规律，是一种动态数据。随着遥感卫星和监测技术的发展，越来越多的数据流被记录，数据量增加。现有的海洋数据预测的研究方法一般分为两类：数值方法和统计方法[5]。数值方法利用海洋数据以外的大量信息作为参数，利用参数间的相关性对海温数据进行预测。统计方法主要通过对海表温度自身变动的持续性、周期性与其他海洋要素的相关性进行分析做出定量预报。海洋数据时间序列涉及各种海洋要素，如海洋表面温度、海洋水下温盐、叶绿素浓度等，需要考虑的不仅仅是时间规律上的分布，还要考虑空间范围的分布，导致现有的方法无法捕

捉海洋大数据的空间特征，对海洋大数据的预测精度有一定的影响。

随着深度学习的出现，一些统计方法被用来训练人工神经网络，以获得更好的预测结果。神经网络（neural network，NN），也称为人工神经网络，是科学家们在对生物的神经元、神经系统等生理学的研究取得突破性进展，以及对人脑的结构、组成和基本工作单元有了进一步认识的基础上，通过数学和物理的方法从信息处理的角度对人脑神经网络进行抽象后建立的简化模型。深度学习是一种新兴的多层神经网络，近年来获得了极大的关注。深度学习是机器学习的一个子集，它利用人工神经网络的分层级别来执行机器学习的过程。人工神经网络就像人的大脑一样构建，神经元节点像网络一样连接在一起。传统程序以线性方式使用数据构建分析，而深度学习系统的分层功能使机器可以使用非线性方法处理数据[6]。在传统的机器学习中，学习过程是受监督的，程序员在告诉计算机应该寻找哪种类型的事物时，必须非常具体。这是一个费力的过程，称为特征提取，计算的成功率完全取决于程序员准确定义特征集的能力。深度学习的优势是程序无须监督即可自行构建特征数据集。无监督学习不仅更快，而且通常更准确。对海洋数据的预测分为单点预测和多点预测。单点预测是当前对海水表面温度的预测，很多只停留在对一个点的海水表面温度进行预测，通过对海温的数据预处理方式或者网络结构组合的变化来达到更好的预测效果，考虑了时间上的信息。多点预测是考虑点与点之间的关系，将一个点周围的其他点温度作为属性来预测这个点的温度，能获得更好的预测效果，可实现海温空间上的关联预测。

5.2.2 典型深度学习预测分析算法

深度学习是一类新兴的多层神经网络学习算法，因其缓解了传统训练算法的局部最小性，引起机器学习领域的广泛关注。深度学习可通过学习一种深层非线性网络结构，实现复杂函数逼近和输入数据分布式表示，并展现出强大的从少数样本集中学习数据集本质特征的能力。深度学习方法试图找到数据的内部结构，发现变量之间的真正关系形式。大量研究表明，数据表示的方式对训练学习的成功将产生很大的影响，好的表示方式能够消除输入数据中与学习任务无关因素的改变对学习性能的影响，同时保留对学习任务有用的信息。

到目前为止，研究者已经发明了各种各样的神经网络结构用于预测分析，常用的神经网络结构有以下三种。

1. 前馈网络

前馈网络中各个神经元按接收信息的先后分为不同的组，每一组可以看作一个神经层，每一层中的神经元接收前一层神经元的输出，并输出到下一层神经元。整个网络中的信息是朝一个方向传播，没有反向的信息传播，可以用一个有向无环路图表示。前馈网络包括全连接前馈网络和卷积神经网络。

给定一组神经元，可以以神经元为节点来构建一个网络。不同的神经网络模型有着不同网络连接的拓扑结构。前馈神经网络（feedforward neural network，FNN）是最早发明的简单人工神经网络，是一种比较直接的拓扑结构。

在前馈神经网络中，各神经元分别属于不同的层。每一层的神经元可以接收前一层神经元的信号，并产生信号输出到下一层。第 0 层称为输入层，最后一层称为输出层，其他中间层称为隐含层。整个网络中无反馈，信号从输入层向输出层单向传播，可用一个有向无环图表示。图 5.4 给出了多层前馈神经网络的示例。

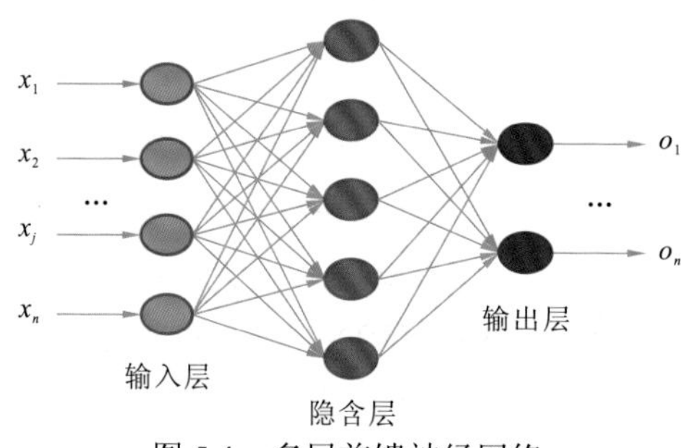

图 5.4　多层前馈神经网络

2. 递归网络

递归网络也称为反馈网络，网络中的神经元不但可以接收其他神经元的信息，也可以接收自己的历史信息。递归网络主要能够从海洋时间序列中提取时间特征。记忆网络主要是递归神经网络。与前馈网络相比，记忆网络中的神经元具有记忆功能，在不同的时刻具有不同的状态。记忆神经网络中的信息传播可以是单向或双向传递，因此可用一个有向循环图或无向图来表示。图 5.5（a）给出了递归神经网络的示例。

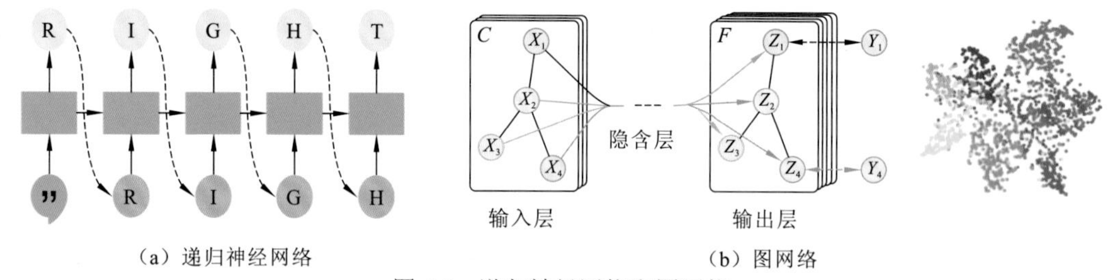

（a）递归神经网络　　（b）图网络

图 5.5　递归神经网络和图网络

递归网络中最具代表性的是递归神经网络，它是一种节点与节点之间有序连接形成环路的神经网络结构。这样的结构可以使递归神经网络拥有内部记忆的功能，并且在递归神经网络的处理单元之间既有着内部的反馈连接又有前馈连接。

3. 图网络

前馈网络和记忆网络的输入都可以表示为向量或向量序列。但实际应用中很多数据是图结构的数据，比如知识图谱、社交网络、分子（molecular）网络等。在海洋大数据中，图网络能够考虑不同地理位置采集到的海洋数据，从而实现海洋数据的空间与时间的融合。

图网络是定义在图结构数据上的神经网络。图中每个节点都由一个或一组神经元构成。节点之间的连接可以是有向的，也可以是无向的。每个节点可以收到来自相邻节点或自身的信息。图 5.5（b）给出了图网络的示例。

除了以上三种经典的深度学习分析算法，还有监督学习和无监督学习。无监督学习是一种非常重要的机器学习方法。从广义上讲，监督学习也可以看作一类特殊的无监督学习。

5.2.3 神经网络

1. 受限玻尔兹曼机和深度信念网络

受限玻尔兹曼机（restricted Boltzmann machine，RBM）是一种可用随机神经网络来解释的概率图模型（probabilistic graphical model）。RBM 是在波尔兹曼机（Boltzmann machine，BM）基础上提出的，所谓“随机”是指网络中的神经元是随机神经元，输出状态只有两种（未激活和激活），状态的具体取值根据概率统计法则来决定。

深度信念网络（deep belief network，DBN）是一种深层的概率有向图模型，其图结构由多层的节点构成。每层节点的内部没有连接，相邻两层的节点之间为全连接。网络的最底层为可观测变量，其他层节点都为隐变量。最顶部的两层间的连接是无向的，其他层之间的连接是有向的。

RBM 和深度信念网络都是生成模型，借助隐变量来描述复杂的数据分布。作为概率图模型，BM 和深度信念网络的共同问题是推断和学习问题。RBM 一度变得非常流行，因为其作为深度信念网络的一部分，显著提高了语音识别的精度，并开启了深度学习的浪潮。

2. 生成式对抗网络

生成式对抗网络（generative adversarial networks，GAN）是通过对抗训练的方式使生成网络产生的样本服从真实数据分布。在生成对抗网络中，有两个网络进行对抗训练：一个是判别网络，目标是尽量准确地判断一个样本是来自真实数据还是由生成网络产生；另一个是生成网络，目标是尽量生成判别网络无法区分来源的样本。这两个目标相反的网络不断地进行交替训练。当最后收敛时，如果判别网络再也无法判断出一个样本的来源，就等价于生成网络可以生成符合真实数据分布的样本。

3. 递归神经网络和卷积网络

递归神经网络（RNN）是一种深度神经网络架构，在时间维度上具有深度特征，已广泛用于时间序列预测。传统神经网络假设输入向量的所有单位彼此独立，因此无法利用顺序信息。相反，RNN 模型添加了一个隐藏状态，该状态是由时间序列的顺序信息生成的，其输出取决于该隐藏状态。卷积神经网络（CNN）是一类已经在各种计算机视觉任务中占主导地位的人工神经网络，在包括图像处理在内的各个领域都引起了人们的兴趣。CNN 旨在通过使用多个构建块（如卷积层、池化层和全连接层）进行反向传播来自适应地学习要素的空间层次结构。CNN 更好地模拟了实际的生物神经系统，在语音识别、图像和文本处理等领域具有很大的优势，并且在这些领域已经取得了很好的效果。

在海洋数据方面，海洋时间序列往往具有周期性，并且不同的海洋时间序列中具有时序关联特性。RNN 可以充分考虑时间特性，能对时间步的顺序做出反馈，从时间序列中提取时序特征。一种海洋要素的形成往往与海洋中多个区域有关，是一种高维数据。CNN 可以利用短序列特征抽象能力提取高维空间特征，提取出其中关联度最密切的几个区域来进行学习。

5.3 递归神经网络预测方法

5.3.1 LSTM 模型与原理

在传统神经网络模型中，模型不关注上一时刻的处理，以及将会有什么有用的信息用于下一时刻，每次只关注当前时刻的处理。这也是深度学习领域中一直存在长期依赖的问题。长期依赖产生的原因是当神经网络的节点经过许多阶段的计算后，之前较长时间上的特征信息已经难以捕获，RNN 中也普遍存在长期依赖的问题，而且 RNN 的权值矩阵循环相乘容易导致梯度消失和梯度爆炸。长短时记忆（LSTM）网络[7]是递归神经网络最成功的变体之一，能够有效地解决 RNN 的梯度爆炸或消失问题，已然成为处理序列问题的重要技术。LSTM 与传统神经网络的区别是模型在每次训练过程中，神经元和神经元之间需要传递一些信息。也就是说，神经元需要使用上次神经元作用的状态信息，类似递归函数。LSTM 是一种比标准 RNN 更好地存储和访问信息的架构。LSTM 可以使用它的记忆单元来生成包含长程结构的复杂、现实的序列。与 RNN 模型相比，LSTM 在模型结构的本质上并没有什么不同，只是使用不同的函数去计算隐含层的状态。

LSTM 通过引入多种门使其能够长时间地保留重要信息，与 RNN 相比，LSTM 主要做了两个方面的改进。①LSTM 引入一个细胞状态 $c_t \in \mathbf{R}^m$ 专门进行线性的循环信息传递。②LSTM 引入了三个门控机制，即输入门 i_t、遗忘门 f_t 和输出门 o_t。LSTM 的关键是细胞状态 c_t，图 5.6 中穿越整个模型的水平线代表细胞状态 c_t，同时 c_t 与模型的其他单元有一些交互，从而不断更新 c_t 的状态。输入门通过学习决定何时让信息传入存储单元，输出门学习何时让信息传出存储单元，遗忘门通过学习决定何时将上一个时刻存储单元中的信息传入下一个时刻的存储单元，从而在某种程度上缓解了传统 RNN 中出现的长时依赖问题。

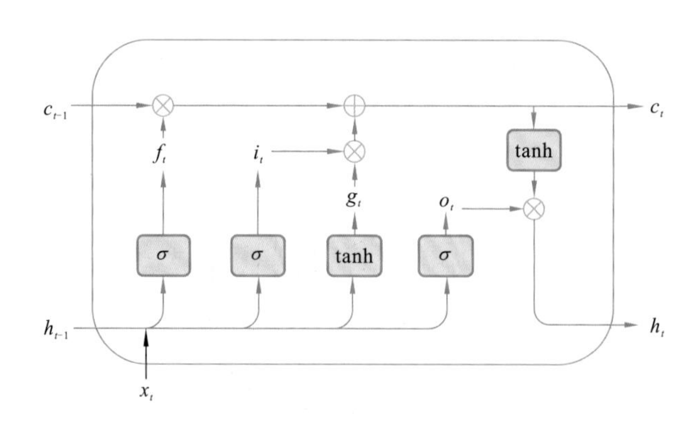

图 5.6　LSTM 原理图

图 5.6 给出了 LSTM 的循环单元结构，其计算过程为：①首先利用前一个时间步的隐藏状态 h_{t-1} 和当前时间步的输入 x_t，计算出三个门，以及候选状态 g_t；②利用输入门 i_t 和遗忘门 f_t 来更新细胞状态 c_t；③结合输出门 o_t，将细胞状态 c_t 的信息传递给当前时间步的隐藏状态 h_t。

在时间步 t，LSTM 的细胞状态 c_t 用于记录到当前时间步为止的历史信息。LSTM 的三个门用于控制信息传递的路径。具体的计算公式如下：

$$\begin{cases} i_t = \sigma(\boldsymbol{W}_i \boldsymbol{x}_t + \boldsymbol{U}_i h_{t-1} + b_i) \\ f_t = \sigma(\boldsymbol{W}_f \boldsymbol{x}_t + \boldsymbol{U}_f h_{t-1} + b_f) \\ o_t = \sigma(\boldsymbol{W}_o \boldsymbol{x}_t + \boldsymbol{U}_o h_{t-1} + b_o) \\ g_t = \tanh(\boldsymbol{W}_c \boldsymbol{x}_t + \boldsymbol{U}_c h_{t-1} + b_c) \\ c_t = f_t \odot c_{t-1} + i_t \odot \tilde{c}_t \\ h_t = o_t \odot \tanh(c_t) \end{cases} \tag{5.11}$$

式中：$\odot$ 表示卷积；$\boldsymbol{x}_t \in \mathbf{R}^d$ 为输入向量；t 为时间步；g_t 为通过激活函数 $\tanh(x) = (\mathrm{e}^x - \mathrm{e}^{-x}) / (\mathrm{e}^x + \mathrm{e}^{-x})$ 得到的候选状态。

激活函数 $\sigma(x) = 1/(1+\mathrm{e}^{-x})$ 用于非线性变换，它会将三个门的输出压缩到 0～1。输出 $h_t \in \mathbf{R}^m$ 是 LSTM 的当前隐藏状态，m 是 LSTM 的隐藏神经元数目。通常，最后一个隐藏的状态 h_n 被认为是序列的表示。$\boldsymbol{W}_* \in \mathbf{R}^{d\times m}$ 、$\boldsymbol{U}_* \in \mathbf{R}^{m\times m}$ 和 $\boldsymbol{b}_* \in \mathbf{R}^m$ 是 LSTM 权重矩阵和偏置项。门的输出值为 0 或 1，其中 0 表示关闭状态，不许任何信息通过，而 1 表示开放状态，允许所有信息通过。在式（5.11）中，LSTM 的三个门分别为输入门 i_t 、遗忘门 f_t 和输出门 o_t ，这三个门的作用：①遗忘门 f_t 控制上一个时刻的内部状态 c_{t-1} 需要遗忘多少信息；②输入门 i_t 控制当前时刻的候选状态 g_t 有多少信息需要保存；③输出门 o_t 控制当前时刻的内部状态 c_t 有多少信息需要输出给外部状态 h_t 。

具体地讲：LSTM 首先由遗忘门决定从细胞状态中丢弃哪些信息，总体输入为上一个单元的输出 h_{t-1} 和当前输入 x_t ，经过激活函数输出 0～1 的数得到遗忘门 f_t ，其中 1 表示保留，而 0 表示放弃，把遗忘门与旧细胞状态 c_{t-1} 进行计算，表示需要遗忘上一状态的哪些信息；然后决定哪些信息需要保留在细胞状态中，这一步先使用输入门决定更新的内容，输入门的输入也是 h_{t-1} 和 x_t ，得到的输入门输出为 i_t ，但系数与遗忘门不同，然后再用另一组系数和 h_{t-1} 及 x_t 进行计算并使用 tanh 函数得到候选信息 g_t ；最后把旧细胞状态 c_{t-1} 与遗忘门 f_t 进行矩阵元素乘积，加上输入门 i_t 与候选信息 g_t 的矩阵元素乘积，这样就可以选择保留哪些信息及更新哪些信息，得到更新后的细胞状态 c_t 。即当 $f_t = 0$ 、 $i_t = 1$ 时， c_t 将清空历史信息，并将候选状态向量 g_t 写入。然而，这个时候 c_t 与上一个时间步的历史信息依然存在联系。同样，当 $f_t = 1$ 、 $i_t = 0$ 时， c_t 将复制前一个时间步的信息，即复制 c_{t-1} ，而不引入新的信息。最后使用新的细胞状态 c_t 经过 tanh 函数并与输出门 o_t 进行计算，得到当前时间步的输出 h_t 。

总体来说，LSTM 的门控机制是一种软选择方案。由于 logistic 函数 $\sigma(x) = 1/(1+\mathrm{e}^{-x})$ ，LSTM 的三个门的输出值为 0～1。也就是说，LSTM 的门控单元允许信息以一定的比例通过。在 RNN 中，隐藏状态存储了历史信息，这些信息可以看作一种记忆，隐藏状态在每个时间步都要被重写，因此可以将其视为一种短期记忆。在神经网络中，长期记忆可以看作网络参数，隐含了从训练数据中学到的经验，其更新周期要远远慢于短期记忆。而在 LSTM 中，记忆单元可以在某个时刻捕捉到某个关键信息，并有能力将此关键信息保存一定的时间间隔。记忆单元中保存信息的生命周期要长于短期记忆，但又远远短于长期记忆，因此称为长短期记忆。

5.3.2 LSTM 特性与用途

对于时间序列的问题，LSTM 可以更快更容易地收敛到最优解，而 RNN 则很可能无法收敛到最优解。LSTM 为 RNN 的反馈误差归因提供了更加灵活的学习过程，使模型在随梯度下降的过程中不会很快进入局部最优解。但是，从理论上来说，LSTM 依然无法逃脱局部最优解的可能性，它仍然需要使用变化的学习速率和 moment 冲量来逃离局部最优解。

RNN 转换成超长的传统神经网络后，利用 BP 反向传播时误差会逐级减小，但是由于展开得太长，误差需要归因到每一层的每一个神经元，这会导致利用其计算出来的梯度传到一半误差就可能消失，梯度消失会使训练的权值更新变化非常小，从而导致整个训练过程无法逃离局部最优解。LSTM 正是解决了这个问题，它在 RNN 的基础上进行修改，将每层的每个神经元均设置输入门、输出门和遗忘门的结构。门的结构使 LSTM 可以根据反馈的权值修正数来选择性遗忘部分或全部记忆，这样就不会使每个神经元都得到修改，从而使梯度不会多次消失，前面几层的权值也可以得到相应的修改，误差函数也随梯度下降得更快。因此，LSTM 使梯度无论传播多远时，都不会出现完全消失的现象，收敛性很好。通过分析 LSTM 的结构特性，该网络结构对解决长序列依赖问题非常有效。对时间序列而言，无论是时间序列的分类还是其他任务，需要最大化保留时间序列自身的特征。

LSTM 可以与注意力机制、CNN 等方法相结合用于情感分析、语音识别和股票预测等任务。LSTM 可以与注意力机制结合，在进行情感分析时作为其他模型的下一层嵌入模型里，可以对模型的输出赋予不同的权重[8]。目前使用 LSTM 等深度学习的方法进行情感分析的目的主要是发掘文本语义信息，但实际上每个词对整体情感的影响都不一样，所以实际使用时可以结合双向 LSTM 和注意力机制，词向量的基础上学习每个词对情感倾向的权重分布，文本中挖掘重点信息提升分类效果。注意力机制与 LSTM 的结合还可以用到电力系统负荷的预测，挖掘历史负荷数据与预测点负荷间的相关性提高预测效果。

LSTM 可以结合 CNN 用于行为识别。进行行为识别时需要提取图像特征，而不同光照条件及图片拍摄角度等问题都不利于提取图像特征，CNN 可以用来提取图像中的局部深层特征，然后使用 LSTM 提取数据存在的时序特征，从而提高识别率[9]。使用飞机的快速存取记录器（quick access recorder，QAR）数据进行故障诊断时，传统方法难以提取有效特征，可以把 CNN 与 LSTM 分别作为两个通道，通过注意力机制融合，使模型能同时表达数据在空间维度和时间维度上的特征[10]。CNN 与 LSTM 的结合在计算机视觉问题中有广泛应用，例如在字符识别中，使用 CNN 对包含字符的图像进行特征提取，并将特征输入 LSTM 进行序列标注[11]。

LSTM 可以用于机器翻译，且能获得优于使用统计方法进行机器翻译的效果[12]。使用时将两个 LSTM 看作编码器和解码器，编码器与解码器结构类似，编码阶段使用一个 LSTM 读取语句数据，输入为词向量，对数据压缩编码后进入解码阶段，用另一个 LSTM 读取编码信息，解压得到相应的句子信息。解码器部分的输出经过 softmax 层得到单词概率。

5.3.3 GRU 神经网络

GRU 是 RNN 的一个著名变体，它通过添加重置门（reset gate）和更新门（update gate）来定量地刻画远期输入对近期数据产生的影响[13]，GRU 神经网络将单元状态与隐藏状态进行混合，其中的信息流由重置门和更新门进行调制。它的优点是比 LSTM 训练速度快，结构相对简单，在序列学习任务中同样表现良好[14]，目前已经有研究者尝试将 GRU 算法应用到海洋环境预报研究中[15-16]。

GRU 结构如图 5.7 所示，r_t 和 z_t 分别是重置门和更新门，h_t 和 $\tilde{h}_t$ 分别表示活动值和候选活动值，门的机制可以提取时间序列数据之间的时间关系。

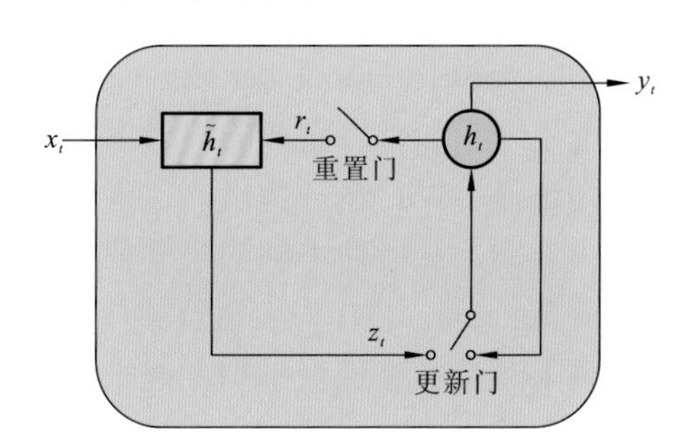

图 5.7 GRU 结构示意图

重置门 r_t 可以控制最后一个隐式状态 h_{t-1} 的包含信息对当前信息 x_t 的影响，决定过去有多少信息被遗忘。如果 r_t 的值接近 0，则丢弃之前的隐式状态信息。

更新门 z_t 用于控制过去隐式状态 h_{t-1} 在当前时刻隐藏状态 h_t 的影响，根据当前输入和过去状态的重要性自适应地保留或遗忘信息，实现对信息流的动态管理。如果 z_t 的值总是近似于 1，则 h_{t-1} 的信息总是通过时间保存并传递给 h_t。使梯度反向传播，有效地解决了 RNN 的梯度消失问题。整个计算可以用以下一系列方程来定义：

$$
\begin{cases}
r_t = \sigma(\boldsymbol{W}_r \cdot [h_{t-1}, x_t]) \\
z_t = \sigma(\boldsymbol{W}_z \cdot [h_{t-1}, x_t]) \\
\tilde{h}_t = \tanh(\boldsymbol{W}_{\tilde{h}} \cdot [r_t \cdot h_{t-1}, x_t]) \\
h_t = (1 - z_t) \cdot h_{t-1} + z_t \cdot \tilde{h}_t \\
y_t = \sigma(\boldsymbol{W}_o \cdot h_t)
\end{cases}
\tag{5.12}
$$

5.3.4 ConvLSTM

时空序列预测任务是普通的 LSTM，但是这种结构对空间特征的捕捉不好，因此 2015 年 Shi 提出了一种 ConvLSTM 的结构来改进，这种结构可以捕捉空间和时间特征。ConvLSTM 的记忆单元包含三个门收集控制信息，分别是输入门（i_t）、输出门（o_t）和遗忘门（f_t）。门控循环单元可以通过保护单元不受其他单元的信息影响，从而缓解冲突性更新问题。标准 ConvLSTM 如式（5.13）所示：

$$\begin{cases} i_t = \sigma_{\text{in}}(\boldsymbol{W}_{xi} \cdot \tilde{\chi}_t + \boldsymbol{W}_{hi} \cdot \boldsymbol{H}_{t-1} + \boldsymbol{W}_{ci} \odot C_{t-1} + \boldsymbol{b}_i) \\ f_t = \sigma_{\text{in}}(\boldsymbol{W}_{xf} \cdot \tilde{\chi}_t + \boldsymbol{W}_{hf} \cdot \boldsymbol{H}_{t-1} + \boldsymbol{W}_{cf} \odot C_{t-1} + \boldsymbol{b}_f) \\ C_t = f_t \odot C_{t-1} + i_t \odot \sigma(\boldsymbol{W}_{xc} \cdot \tilde{\chi}_t + \boldsymbol{W}_{hc} \cdot \boldsymbol{H}_{t-1} + \boldsymbol{b}_c) \\ o_t = \sigma_{\text{in}}(\boldsymbol{W}_{xo} \cdot \tilde{\chi}_t + \boldsymbol{W}_{ho} \cdot \boldsymbol{H}_{t-1} + \boldsymbol{W}_{co} \odot C_t + \boldsymbol{b}_o) \\ \boldsymbol{H}_t = o_t \odot \sigma(C_t) \end{cases} \tag{5.13}$$

式中：σ_{in} 为内部激活函数；$\tilde{\chi}_t$ 为输入函数；$\boldsymbol{H}$ 为隐藏状态矩阵（或称过渡矩阵）；$\boldsymbol{b}$ 为偏置向量；C 为记忆细胞单元；$\boldsymbol{W}$ 为权重矩阵；$\odot$ 表示卷积。

5.3.5 EEMD

集合经验模态分解（ensemble empirical mode decomposition，EEMD）是一种噪声辅助数据分析方法。EEMD 由“筛选”一组加有白噪声的信号组成。EEMD 可以自然地分割尺度，不需要任何先验的主观准则选择。Wu 等[17]指出，白噪声是必要的，它会迫使合集在筛选过程中用尽所有可能的解决方案，从而使不同的尺度信号在二元滤波器组规定的适当的固有模态函数（intrinsic mode function，IMF）中进行排序。由于 EEMD 是一种时间-空间分析方法，在足够的试验次数下对白噪声进行平均；在平均过程中幸存下来的唯一持久的部分是信号，然后它被视为真实的、更有物理意义的答案。

5.3.6 注意力机制

与时间序列的短期预测相比，长期预测更难具有不确定性、更有实际意义。例如，预测一天或几天的天气比预测未来下一小时的天气更重要。同样地，时间序列的长期预测比短期预测也更加难以建立合适的模型。Seq2Seq 又称为编码器-解码器框架，是近年来最成功的、用于序列到序列预测的神经网络模型[18]。通常，Seq2Seq 架构利用两个独立的 RNN 将顺序输入编码为潜在的上下文向量，并将这个上下文向量解码为所需的输出序列。然而，由于 Seq2Seq 将编码器的隐藏状态压缩成一个维数固定的上下文向量，编码器的信息会随着序列的增长而损失更多。毫无疑问，这很大程度上影响了时间序列长期预测的精度。注意力机制便是为了解决 Seq2Seq 这种现象而提出的[19]，其目标也是从众多信息中选择出对当前任务目标更关键的信息，如图 5.8 所示。

注意力机制是一种“软选择”机制，它允许从编码器隐藏状态中选择项，这些项可以根据其对解码器的重要性进行选择，从而提高模型捕获顺序数据的长期依赖性的能力。通俗地讲，注意力机制类似于阅读中的“回看”，即书中出现某个似曾相识的名词时，读者会下意识地翻看文章在此之前关于此名词的定义。深度学习中的注意力机制差不多也是此原理，在处理某个任务时，依次判断先前的事件对当前任务的影响，然后着重参考有重要影响的事件。假设用 $\boldsymbol{X} = [\boldsymbol{x}_1, \boldsymbol{x}_2, \cdots, \boldsymbol{x}_n] \in \mathbf{R}^{m \times n}$，其中，$\boldsymbol{x}_i \in \mathbf{R}^m$ $(i \leqslant n)$ 是一个 m 维的向量，表示其中的一组输入信息。注意力机制的计算可以分为两步：①在所有输入信息上计算注意力分布；②根据注意力分布来计算输入信息的加权平均。

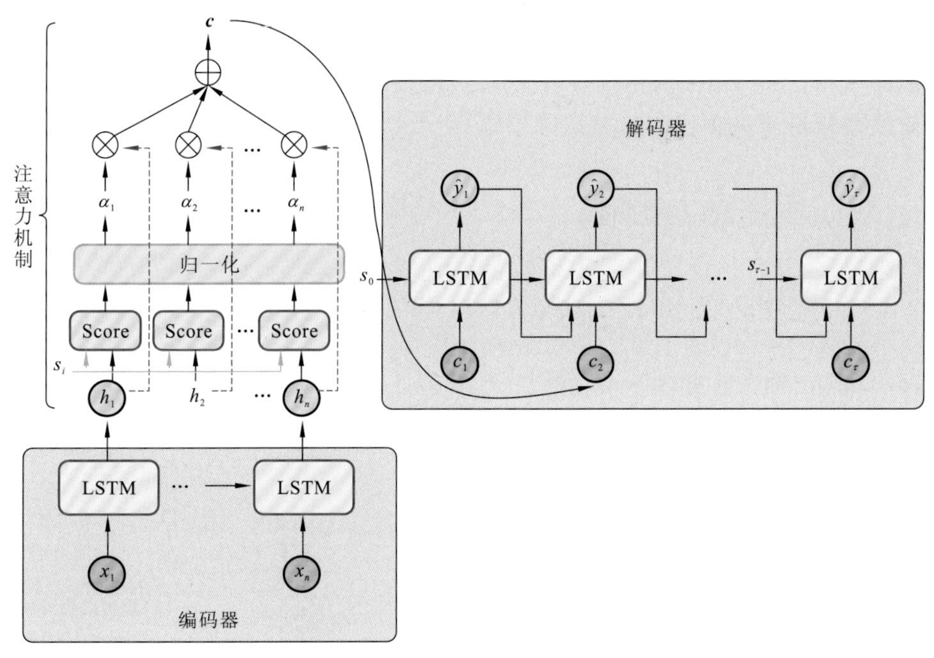

图 5.8　基于注意力机制的 Seq2Seq

注意力机制根据重要性从输入序列选择元素并合并到输出，忽略序列元素之间的距离，成功地捕捉对任务有重要贡献的依赖项。具体来说，为了从 n 个输入向量 $\boldsymbol{X}=[\boldsymbol{x}_1,\boldsymbol{x}_2,\cdots,\boldsymbol{x}_n]$ 中选择出与某个特定任务相关的信息，注意力机制引入一个与任务相关的表示 $\boldsymbol{q}$。这个表示被称为查询向量。然后，注意力通过一个打分函数 $S(\boldsymbol{x}_i,\boldsymbol{q})$ 来计算 $\boldsymbol{x}_i$ 和 $\boldsymbol{q}$ 之间的相似度分数，以此来衡量 $\boldsymbol{x}_i$ 和 $\boldsymbol{q}$ 之间的依赖关系，或者 $\boldsymbol{q}$ 对 $\boldsymbol{x}_i$ 的关注度。最后，利用 softmax 函数对 $\boldsymbol{x}$ 中的 n 个向量进行归一化，将对相似度分数 $S(\boldsymbol{x}_i,\boldsymbol{q})$ 转换成概率分布 α_i。这个过程可以用式（5.14）表示：

$$\begin{cases} S(\boldsymbol{x}_i,\boldsymbol{q})=\boldsymbol{V}^{\mathrm{T}}\tanh(\boldsymbol{W}\boldsymbol{x}_i+\boldsymbol{U}\boldsymbol{q}) \\ \alpha_i=\dfrac{\exp(S(\boldsymbol{x}_i,\boldsymbol{q}))}{\sum\limits_{j=1}^{n}\exp(S(\boldsymbol{x}_j,\boldsymbol{q}))} \\ \boldsymbol{E}=\mathrm{concat}(\alpha_i\boldsymbol{x}_i),\ 1\leqslant i\leqslant n \\ \boldsymbol{c}=\mathrm{contextGen}(\boldsymbol{E}) \end{cases} \tag{5.14}$$

式中：α_i 为注意力权重，可以理解输入向量 $\boldsymbol{x}_i$ 受到任务相关表示 $\boldsymbol{q}$ 的关注度或者 $\boldsymbol{x}_i$ 提供的信息对 $\boldsymbol{q}$ 而言的重要程度；$\boldsymbol{E}$ 为通过级联 $\alpha_i\boldsymbol{x}_i$ 而得到的信息矩阵，即

$$\boldsymbol{E}=(\alpha_1\boldsymbol{x}_1,\alpha_2\boldsymbol{x}_2,\cdots,\alpha_n\boldsymbol{x}_n)\in\mathbf{R}^{n\times m}$$

m 是 RNNs 的隐藏单元的尺寸大小；contextGen($\boldsymbol{E}$)是将信息矩阵 $\boldsymbol{E}$ 汇总成上下文环境 c。通常采用如下的计算方式：

$$\boldsymbol{c}=\sum_{i=1}^{n}\alpha_i\boldsymbol{x}_i \tag{5.15}$$

值得说明的是，注意力机制可以单独使用，但更多地用作神经网络中的一个组件。在

实际操作中，查询向量 $\boldsymbol{q}$ 通常由解码器的隐藏状态充当，即图中的 $\boldsymbol{s}_i$。式（5.14）也可以采用其他计算方式，如最大池化或均值池化。此外，打分函数还有其他计算方式，感兴趣的读者可以查看相关文献。

5.3.7 双阶段注意力机制

双阶段注意力递归神经网络（dual-stage attention-based recurrent neural network，DA-RNN）是 Qin 等提出的一种多元时间序列预测方法[20]。DA-RNN 提出了两种注意力，称为空间注意力（spatial attention）和时序注意力（temporal attention），分别位于编码器和解码器，如图 5.9 所示。

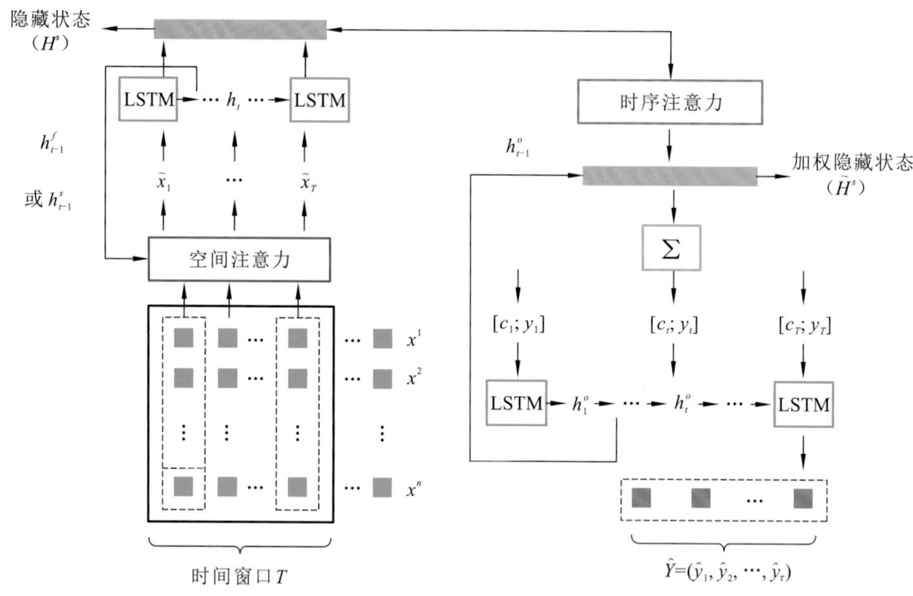

图 5.9 DA-RNN 模型结构

可以看出，与传统基于注意力的 Seq2Seq 模型不同。DA-RNN 认为编码器的输入必须与时间进行关联。DA-RNN 将多元时间序列数据分为两类：一类是需要进行预测的要素，称为目标序列；另一类则是可能会对目标要素产生影响的其他要素，称为驱动序列。例如，当预测 $PM_{2.5}$ 时，$PM_{2.5}$ 的含量就是目标序列，而其他的如风速、二氧化碳等都是驱动序列。DA-RNN 的目的是历史观测的目标序列和驱动序列来预测目标要素在未来的值。具体可以用式（5.16）来描述：

$$\{\hat{y}_t\}_{t=1}^{T+\tau} = F(y_1, y_2, \cdots, y_T; \boldsymbol{x}_1, \boldsymbol{x}_2, \cdots, \boldsymbol{x}_T) \tag{5.16}$$

式中：$y_t(1:t \leqslant T)$ 为时间步 t 时所对应的目标要素。同理，$\boldsymbol{x}_t$ 为相应的驱动序列，它由 n 个驱动要素构成的向量，即 $\boldsymbol{x}_t = (x_t^1, x_t^2, \cdots, x_t^n) \in \mathbf{R}^n$。

接下来将对两种注意力分别进行介绍。

1. 空间注意力

输入注意力（input attention）位于编码器，目的是捕获不同驱动序列之间相关性。具体地讲，给定 n 个驱动时间序列 $X=(\boldsymbol{x}_1,\boldsymbol{x}_2,\cdots,\boldsymbol{x}_T)\in\mathbf{R}^{n\times T}$，其中 T 表示时间窗口的长度，$\boldsymbol{x}_t=(x_t^1,x_t^2,\cdots,x_t^n)\in\mathbf{R}^n$ 表示 t 时间时的 n 个驱动要素。符号 $\boldsymbol{x}^k=(x_1^k,x_2^k,\cdots,x_n^k)^{\mathrm{T}}\in\mathbf{R}^T$ 表示时间窗口长度为 T 的个特征 k 的时间序列。为了获取驱动序列之间的相关性，空间注意力利用式（5.18）计算每个序列的注意力权值。

$$e_t^k=v_{\mathrm{e}}^T\tanh(W_{\mathrm{e}}[h_{t-1};s_{t-1}]+U_{\mathrm{e}}x^k) \tag{5.17}$$

$$\alpha_t^k=\frac{\exp(e_t^k)}{\sum_{i=1}^{n}\exp(e_t^i)} \tag{5.18}$$

式中：v_{e}、W_{e}、U_{e} 为可学习的参数，α_t^k 是描述 t 时刻第 k 个特征序列重要性的注意力权重。用 softmax 函数来确保所有的注意力权重加起来为 1。然后使用注意力权重对特征序列进行更新：

$$\tilde{x}_t=(\alpha_t^1x_t^1,\alpha_t^2x_t^2,\cdots,\alpha_t^nx_t^n)^{\mathrm{T}} \tag{5.19}$$

同时隐藏状态将会被更新为

$$h_t=f_1(h_{t-1},\tilde{x}_t) \tag{5.20}$$

因此，编码器阶段可以自适应地提取与目标序列相关的特征序列，给不同的特征以不同的注意力权重。

2. 时序注意力

时序注意力（temporal attention）的思想在于，解码器阶段可以在所有的时间步长中自适应地选择相关的编码器隐藏状态而非全部的编码器隐藏状态。因此，在 t 时刻的每个编码器隐藏状态的注意力权重可以由 LSTM 单元的细胞状态 $S'_{t-1}\in\mathbf{R}^p$ 和先前的解码器隐藏状态 $d_{t-1}\in\mathbf{R}^p$ 计算求得

$$l_t^i=v_d^T\tanh(W_d[d_{t-1};s'_{t-1}]+U_dh_i) \tag{5.21}$$

$$\beta_t^i=\frac{\exp(l_t^i)}{\sum_{j=1}^{T}\exp(l_t^i)} \tag{5.22}$$

式中：$[d_{t-1};s'_{t-1}]\in\mathbf{R}^{2p}$ 为上一个隐藏状态与 LSTM 单元的细胞状态之间的关系；$v_d\in\mathbf{R}^m$，$\boldsymbol{W}_{\mathrm{d}}\in\mathbf{R}^{m\times 2p},\boldsymbol{U}_{\mathrm{d}}\in\mathbf{R}^{m\times m}$ 为要学习的参数；注意力权重 β_t^i 为用于预测的第 i 个编码器的隐藏状态。每个编码器隐藏状态 h_i 都会映射一个输入的时间分量，应用了注意力机制将会计算语义编码 c_t 为所有编码器隐藏状态的加权和：

$$c_t=\sum_{i=1}^{T}\beta_t^ih_i \tag{5.23}$$

因此，每个时间步的语义编码都是不同的。得到语义编码后，将它们与给定的目标序列的历史观测值结合起来：

$$\tilde{y}_{t-1}=\tilde{\boldsymbol{w}}^T[y_{t-1};c_{t-1}]+\tilde{\boldsymbol{b}} \tag{5.24}$$

式中：$[y_{t-1};c_{t-1}]\in\mathbf{R}^{m+1}$ 为解码器的输入与计算好的语义编码之间的关系；参数 $\tilde{\boldsymbol{w}}\in\mathbf{R}^{m+1}$ 和 $\tilde{\boldsymbol{b}}\in\mathbf{R}^m$ 用来映射解码器输入的大小的关系。式（5.24）计算出来的 $\tilde{y}_{t-1}$ 将被用来更新 t 时刻

的解码器的隐藏状态：

$$d_t = f_2(d_{t-1}, \tilde{y}_{t-1}) \tag{5.25}$$

此时的非线性方程 f_2 是一个 LSTM 单元，可以很好地处理长短期依赖关系，然后 t 时刻解码器的隐藏状态 d_t 可以被更新为

$$f_t' = \sigma(\boldsymbol{W}_f'[d_{t-1}; \tilde{y}_{t-1}] + \boldsymbol{b}_f') \tag{5.26}$$

$$i_t' = \sigma(\boldsymbol{W}_i'[d_{t-1}; \tilde{y}_{t-1}] + \boldsymbol{b}_i') \tag{5.27}$$

$$o_t' = \sigma(\boldsymbol{W}_o'[d_{t-1}; \tilde{y}_{t-1}] + \boldsymbol{b}_o') \tag{5.28}$$

$$s_t' = f_t' \odot s_{t-1}' + i_t' \odot \tanh(\boldsymbol{W}_s'[d_{t-1}; \tilde{y}_{t-1}] + \boldsymbol{b}_s') \tag{5.29}$$

$$d_t = o_t' \odot \tanh(s_t') \tag{5.30}$$

式中：$[d_{t-1}; \tilde{y}_{t-1}] \in \mathbf{R}^{p+1}$ 为之前的隐藏状态与解码器输入之间的关系，而 $\boldsymbol{W}_f', \boldsymbol{W}_i', \boldsymbol{W}_o', \boldsymbol{W}_s' \in \mathbf{R}^{p\times(p+1)}$ 及 $\boldsymbol{b}_f', \boldsymbol{b}_i', \boldsymbol{b}_o', \boldsymbol{b}_s' \in \mathbf{R}^p$ 为被学习的参数；σ 为 sigmoid 函数；$\odot$ 表示卷积。得到了语义编码 c_t 和隐藏状态 d_t 后，则可以根据式（5.31）来进行预测：

$$\hat{y}_t = v_y^T(\boldsymbol{W}_y[d_T; c_T] + \boldsymbol{b}_w) + \boldsymbol{b}_v \tag{5.31}$$

式中：$[d_T; c_T]$ 为对解码器隐藏状态和语义编码级联；参数 $\boldsymbol{W}_y \in \mathbf{R}^{p\times(p+m)}$ 和 $\boldsymbol{b}_w \in \mathbf{R}^p$ 为映射到解码器隐藏状态的大小；$v_y \in \mathbf{R}^p$ 为权重向量；$\boldsymbol{b}_v \in \mathbf{R}$ 为偏置值。

5.4　卷积神经网络预测方法

5.4.1　卷积神经网络概述

卷积神经网络（CNN）是人工神经网络中占主导地位的一类，近年来，它不仅推动深度学习在计算机视觉领域取得了突破性的发展，也逐渐在其他诸如语音识别、自然语言处理、推荐系统、遥感等多个领域都得到广泛的应用，成为深度学习领域名副其实的研究热点。

卷积神经网络的历史可以追溯到 20 世纪。Fukushima 等[21]受猫视觉处理系统启发，提出了基于感受野概念的神经网络架构。该架构首次将感受野概念应用于人工神经网络，也可以看作卷积神经网络的首次实现。LeCun 等[22]在此基础上创新性地使用了卷积神经网络的方式，利用多层神经元在网络的更深层处理更复杂的问题，并在之后的多年内不断改进和完善该神经网络。这些神经网络的特性在某些重要方面与传统的前馈神经网络不同，因此，它们可以有效地解决很多基于图像的问题。

卷积神经网络来源于生物的视觉系统结构，它执行的是有监督训练，在开始训练前，用一些不同的小随机数对网络的所有权值进行初始化。LeCun 的卷积神经网络是一种非完全连接的神经网络结构，由卷积层和降采样层两种特殊的神经网络组成。卷积神经网络的各层神经元之间进行局部连接实现对输入的分层特征提取和转换，将拥有相同连接权重的神经元连接到上一层神经网络的不同区域，进而得到一种具有平移不变性质的神经网络结构。

卷积神经网络中广泛地使用了深度学习算法，它可以通过感受野和权值共享网络结构

降低模型的复杂度，减少权值的数量。传统的卷积神经网络主要包含两个部分：特征提取和一个可训练的全连接的多层感知器。特征提取是指从原始数据中自动地进行特征学习，多层感知器则是对特征学习的结果进行分类。通常，网络的特征提取器由多个相似的级组成，每个级由卷积层(滤波器层)、激活层和池化层三个层级联构成。

5.4.2 卷积神经网络结构

目前常用的卷积神经网络整体结构如图 5.10 所示。卷积块由连续 M 个卷积层和 b 个池化层构成，一个卷积网络中可以堆叠 N 个连续的卷积块，后续连接 K 个全连接层。其中，M 通常在 2～5 取值，b 为 0 或者 1；N 可以在 1～100 取值，或者更大；K 一般在 0～2 取值。

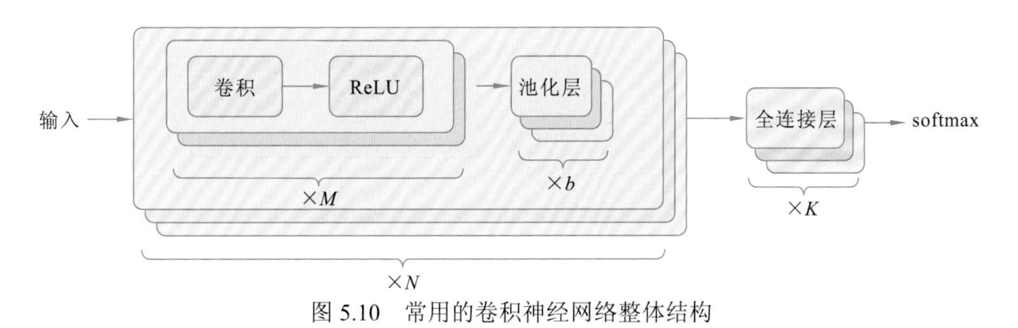

图 5.10　常用的卷积神经网络整体结构

下面对卷积神经网络各个层进行简要介绍。

1. 数据输入层

数据输入层（input layer）的工作主要是对原始的数据进行预处理，主要包括取均值、归一化和降维等操作，在此基础上得到可以用于训练的数据。

2. 卷积层

卷积层（CONV layer）的任务在于提取局部区域的特征，以便于后续网络的处理，而不同的卷积核相当于不同的特征提取器。作为卷积神经网络的主要构建块，卷积层确定了接收场中相关输入的输出，输出则是通过内核实现的。实现输出的内核在信息数据的高度和宽度上进行卷积，计算输入值和过滤器值之间的点积，从而建立该过滤器的二维激活图。借助此功能，卷积神经网络可以快速学习那些过滤器，这些过滤器在观察到输入的某些空间位置处的特定类型的要素时会激活。

3. 非线性层

卷积层（ReLU layer）的计算是线性的，因此遇到非线性情况时就无法做出很好的拟合，顾名思义，非线性层的存在作用就是把卷积层的输出结果做非线性映射。有时也会把卷积层和非线性层合称为“卷积层”。非线性层的一些流行类型包括 S 形或逻辑层、tanh、ReLU、PReLU、ELU 等。

4. 池化层

通常来说，图像中相邻的像素往往倾向于具有相似的值，由此很容易理解，卷积层相邻的输出像素的值往往是相似的。这意味着，卷积层的输出包含的大部分信息是冗余的。针对这个问题，池化层（pooling layer）通过减小输入的大小来降低输出值的数量。换言之，池化层的主要任务是通过降采样的方式，进一步压缩参数和数据的量，达到降低网络计算复杂度的目的。池化层位于连续的卷积层的中间位置，用来减小过拟合。当输入是图像时，池化层就把原本很大的图像压缩下来。池化层的功能一般可以由简单的最大值、最小值或平均值操作完成。

5. 全连接层

全连接层（FC layer）是标准的深度神经网络，它试图根据激活函数来建立预测，以用于分类或回归。全连接层具有与常规的多层感知器神经系统类似的原理，该层获取前一层中每个激活的完整连接，并且可以通过使用矩阵乘法后加上偏置偏移的方式来计算激活。

6. 损失层

损失层决定了训练如何阻止真实标签和预期标签之间的偏差，这意味着它主要用于指导神经网络的训练过程。在深度卷积神经网络中可能会使用适合各种任务的不同损失函数，例如 softmax、交叉熵等。

5.4.3 卷积神经网络原理

卷积（convolution）又称褶积，是分析数学中一种重要的运算，在信号处理或者图像处理领域，一维卷积和二维卷积的使用频率是很高的。在图像处理中，因为图像是一个二维结构，所以需要将一维卷积进行扩展。图像处理中常用的均值滤波（mean filter）就是一种典型的二维卷积。

卷积经常被用作图像处理是特征提取的有效方法，而一幅图像经过卷积处理得到的结果称作特征映射，或者特征图（feature map）。在图像处理领域，卷积的主要功能是在一个图像上滑动一个卷积核（即滤波器），通过卷积操作，得到一组新的特征。影响元素 x 的前向计算的所有可能的输入区域，则称为感受野（receptive field）。

在卷积神经网络中，一个卷积层通常包含多个特征映射面，每个特征映射面又由多个独立的神经元组成，这些神经元共享相同的连接权重。特征映射面上的每个神经元都定义了对应的接收域，也就是局部感受野。这些神经元只接收从其接收域传播过来的信息。

与传统的神经网络相似，卷积神经网络的功能可以看作对输入到输出的映射关系的描述，不需要对输入和输出做出明确的数学公式表示，只需要根据已有的数据样本对卷积神经网络进行训练和学习，网络就能够描述输入与输出之间的对应关系。卷积神经网络在有监督的情况下进行训练或学习。与 BP 网络类似，开始网络训练之前，网络的初始连接权重设置为一些小的随机数，这些随机数不完全相同。卷积神经网络的训练过程与 BP 神经网络类似，主要分为前向传播和后向传播两部分。

1. 前向传播过程

从训练样本集中随机抽取一个样本 (X,Y_p)，其中 X 是网络输入，Y_p 是网络期望输出。输入 X 的信息从输入层经过层层计算传播到输出层，并根据式（5.32）计算输入 X 的实际输出：

$$O_p = F_n(\cdots(F_2(F_1(XW_1)W_2)\cdots)W_n \tag{5.32}$$

2. 后向传播过程

该过程用于进行误差反向传播，即计算实际输出 O_p 与期望输出 Y_p 的差异：

$$E_p = \frac{1}{2}\sum_j (y_{pj} - o_{pj})^2 \tag{5.33}$$

并以误差的 E_p 最小化作为优化目标更新连接权重矩阵。

值得注意的是，卷积可以分为有效卷积和全卷积两种方式。假设有两个序列，它们的序列长度分别为 L_1 和 L_2。如果两个序列进行有效卷积，则只计算没有 0 值填充的部分，返回的卷积结果长度为 $\max\{L_1,L_2\}-\min\{L_1,L_2\}+1$；如果两个序列进行全卷积，则需要用 0 值填充卷积部分的缺失值，返回的卷积结果长度为 L_1+L_2-1。

在信息的前向传播过程中，如果当前层是卷积层，那么它的误差是从下一层（降采样层）传播过来的，误差传播需要执行降采样的逆过程。假设降采样降幅为 s，那么降采样层误差需要复制 s^2 份，然后对复制过来的误差进行 Sigmoid 求导。从本质上来讲，卷积的逆过程也是通过卷积实现的，具体过程为先将卷积核旋转 180°，然后将卷积核与误差进行全卷积。之所以要将卷积核旋转 180°，其原因是在全卷积方式下，通过将卷积核旋转 180° 可以获取前向传播计算上层特征映射面与卷积核，以及当前特征映射层之间的连接关系。卷积核连接权重的更新也是通过卷积实现的，具体过程为将卷积核的上层特征映射层与反向传播过来的误差进行有效卷积。

卷积神经网络的各层网络参数通过训练样本进行学习，训练得到的卷积层可以隐式地从训练样本中提取有用的特征，而且由于每个特征映射面上的神经元共享连接权重，网络可以进行并行训练。连接权重共享降低了网络的复杂性，这一优点可以降低特征提取过程和分类（预测）过程中数据重建的复杂度[23]。

卷积神经网络可以被成功训练依靠两个原因：一个原因是每个神经元的输入都比较少，这增加了可以传播梯度的网络层数；另一原因是两层之间的局部连接方式是一种很好的先验结构，十分适合模式识别类的任务。如果网络的所有参数都处在合适的取值范围，那么基于梯度的优化算法能使卷积神经网络获得很好的训练效果。卷积神经网络的结构更好地模拟了实际的生物神经系统，在语音识别、图像和文本处理等领域具有很大的优势，并且在这些领域已经取得了很好的效果[24]。

5.4.4 卷积神经网络特性

目前的卷积神经网络一般是由卷积层、池化层和全连接层交叉堆叠而成的前馈神经网络。卷积神经网络有三个结构上的特性[25]。

1. 局部连接

在卷积层中的每一个神经元都只与下一层中某个局部窗口内的神经元相连，构成一个局部连接网络，这样使卷积层和下一层之间的连接数大大减少，提高了训练速度。

2. 权重共享

计算同一个深度切片的神经元时采用的滤波器是共享的，卷积核的权重系数进行卷积时，在同一幅图像上权重系数是一样的。这样大大减少了参数，提高了训练速度。因此，如果要提取多种特征就要使用多个不同的卷积核。

3. 池化

在卷积层之后加上一个池化层，从而降低特征维数，避免过拟合。这些特性使卷积神经网络具有一定程度上的平移、缩放和旋转不变性，同时与前馈神经网络相比，参数更少，训练速度更快。

5.4.5 几种典型卷积神经网络

1. LeNet-5

LeNet-5[25]是第一个将反向传播应用于实际应用的 CNN 架构，使深度学习不再是一种理论。LeNet-5 的网络结构如图 5.11 所示。LeNet-5 体系结构非常简单，总共有 5 层结构：1 层输入层，3 层隐含层及 1 层输出层，其中 3 层隐含层由两层卷积层和 1 层全连接层构成，为更好、更复杂的模型铺平了道路。

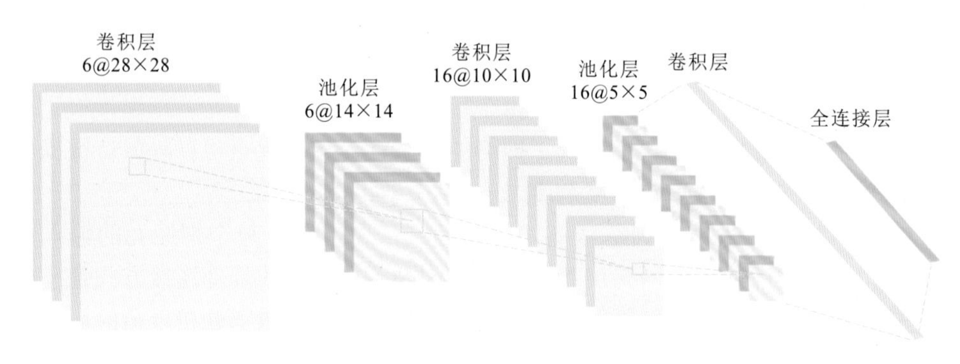

图 5.11　LeNet-5 网络结构图

LeNet-5 的详细结构[25]介绍如下。

卷积层 1：输入图片大小为 32×32，使用 6 个大小为 5×5 的卷积核对输入图像进行第一次卷积运算，得到了 6 个大小为 28×28 的特征映射。该层的神经元数目为 28×28×6，可训练参数数目为(5×5+1)×6（每个滤波器包含一个偏置参数，下同），连接数为(5×5+1)×6×28×28。

池化层 1：该层的接受大小为 28×28，在进行第一次卷积之后，通过 2×2 的核进行池化，得到了 6 个大小为 14×14 的特征映射。该层的神经元数目为 14×14×6，可训练参数数目为(1+1)×6，连接数为 5×6×28×28。

卷积层 2：该层使用了 LeNet-5 中提出的一个用来定义输入和输出特征映射依赖关系的连接表，如表 5.1[25]所示，因此使用了 60 个 5×5 的卷积核。在进行第一次池化之后，进行第二次卷积，得到了 16 个大小为 10×10 的特征映射。该层的神经元数目为 10×10×16，可训练参数数目为 60×25+16，连接数为(60×25+16)×10×10。

表 5.1　LeNet-5 中的连接表

	0	1	2	3	4	5	6	7	8	9	10	11	12	13	14	15
0	×				×	×	×			×	×	×	×		×	×
1	×	×				×	×	×			×	×	×	×		×
2	×	×	×				×	×	×			×		×	×	×
3		×	×	×			×	×	×	×			×		×	×
4			×	×	×			×	×	×	×		×	×		×
5				×	×	×			×	×	×	×		×	×	×

池化层 2：该层接受大小为 10×10，在进行第二次卷积之后使用 2×2 的核进行池化，得到 16 个大小为 5×5 的特征映射。该层的神经元数目为 5×5×16，可训练参数数目为(1+1)×16，连接数为 5×16×5×5。

卷积层 3：该层使用 120×16 个 5×5 的卷积核进行卷积，得到 120 组大小为 1×1 的特征映射。该层的神经元数目为 120×1×1，可训练参数数目为 120×16×5×5+120，连接数为 120×(16×25+1)。

全连接层：该层有 84 个节点，可训练参数数目为 84×(120+1)。连接数等于可训练参数数目。

输出层：输出层也是一个全连接层，共有 10 个节点，分别代表数字 0～9。采用的径向基函数（RBF）的网络连接方式。RBF 输出的计算公式为

$$y_i = \sum_j (x_i - \omega_{ij})^2 \tag{5.34}$$

式中：x 为上一层输入；y 为 RBF 输出；i 取值为 0～9；j 取值为 0～7×12−1；ω_{ij} 的值由 i 的比特图编码确定。

2. AlexNet

AlexNet[26]是最早在 GPU 上实现的 CNN 模型之一，该模型真正将当时不断增长的计算机算力与深度学习联系在一起。AlexNet 的模型结构如图 5.12[26]所示，该网络分为上下两部分，分别对应两个 GPU，这是因为算力不够才需要两块 GPU 进行交互，现如今已经可以支撑单 GPU 实现 AlexNet。该模型具有各种大小的内核（如 11×11、5×5 和 3×3），使用 ReLU 激活函数代替 Sigmoid 和 tanh 激活函数，同时使用 Dropout 防止过拟合。AlexNet 不仅在 2012 年赢得了 Imagenet 分类挑战的冠军，而且以惊人的优势击败了亚军，使非深度模型几乎被淘汰，开启了深度模型的新时代。

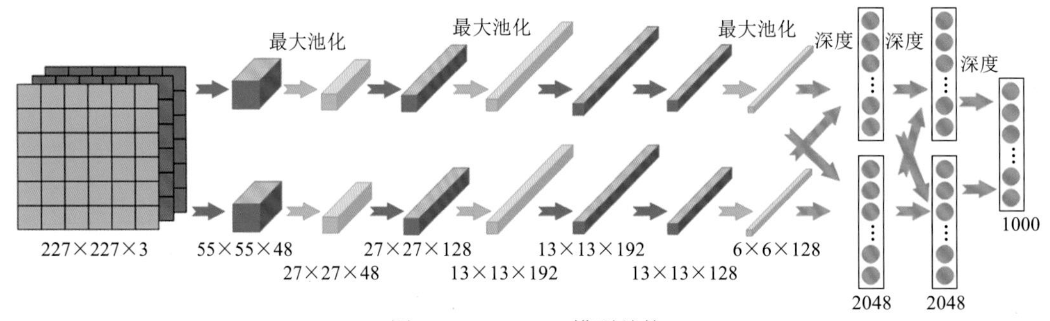

图 5.12　AlexNet 模型结构

图片来源于 *ImageNet Classification with Deep ConvolutionalNeural Networks*

AlexNet 的详细结构[26]介绍如下。

卷积层 1：输入为 224×224×3 的图像，使用 2×48 个（两个 GPU，下同）大小为 11×11×3 的卷积核，步长为 4，零扩充 $P=3$，得到两个大小为 55×55×48 的特征映射组。

池化层 1：使用大小为 3×3 的最大池化操作，步长为 2，得到两个大小为 27×27×48 的特征映射组。

卷积层 2：使用 2×128 个大小为 5×5×48 卷积核，步长为 1，零扩充 $P=2$，得到两个大小为 27×27×128 的特征映射组。

池化层 2：使用大小为 3×3 的最大池化操作，步长为 2，得到两个大小为 13×13×128 的特征映射组。

卷积层 3：两个路径融合，使用 384 个大小为 3×3×256 的卷积核，步长为 1，零填充 $P=1$，得到两个大小为 13×13×192 的特征映射组。

卷积层 4：使用 2×192 个大小为 3×3×192 的卷积核，步长为 1，零填充 $P=1$，得到两个大小为 13×13×192 的特征映射组。

卷积层 5：使用 2×128 个大小为 3×3×192 的卷积核，步长为 1，零填充 $P=1$，得到两个大小为 13×13×128 的特征映射组。

池化层 3：使用大小为 3×3 的最大池化操作，步长为 2，得到两个大小为 6×6×128 的特征映射组。

3 个全连接层：前两层的神经元个数为 4096，最后一层个数为 1000（ImageNet 比赛的分类个数为 1000）。

3. InceptionNet

InceptionNet[27]是 CNN 历史上的一大进步，它解决了多个方面的问题。首先，与当时其他已有的模型相比，InceptionNet 具有更深、更多的参数。对于如何训练更深层模型的问题，它采用了在模型之间使用多个辅助分类器的思想，以防止梯度消失。在 InceptionNet 中，并行使用不同大小的卷积核，从而增加了模型的宽度。这样的体系结构可以更为灵活地提取各种大小的特征。InceptionNet 有多个版本，其中最早的 Inception v1 的模块架构如图 5.13 所示，该网络将 1×1、3×3、5×5 的卷积和 3×3 的池化堆叠在一起。同时为了提高计算效率并减少参数数量，Inception 模块在进行 3×3、5×5 的卷积之前、3×3 的最大池化之后，进行一次 1×1 的卷积来减少特征映射的深度。

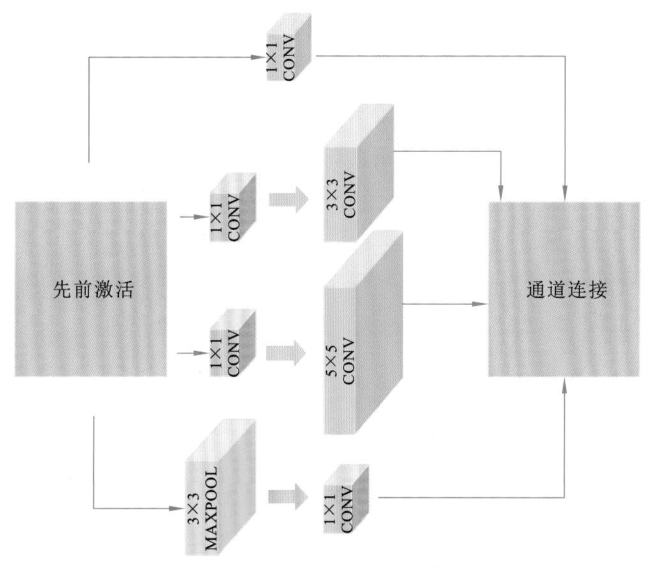

图 5.13　InceptionNet v1 的模块结构

4. ResNet

在深度学习中存在一个非常普遍的问题，即梯度消失。这是因为在训练深层次的网络结构时，梯度如果从最后一层开始反向传播，需要经过网络中间的每一层，从而可能会导致梯度完全消失，加大了模型的训练难度。ResNet[28]模型引入了残差块连接，该模型为梯度传递创建了替代路径以跳过中间层并直接到达初始层，使人们能够训练出性能较好的极深模型。在现代 CNN 架构中使用残差块已成为一种常见的做法。图 5.14 所示为一个典型的残差单元示例。

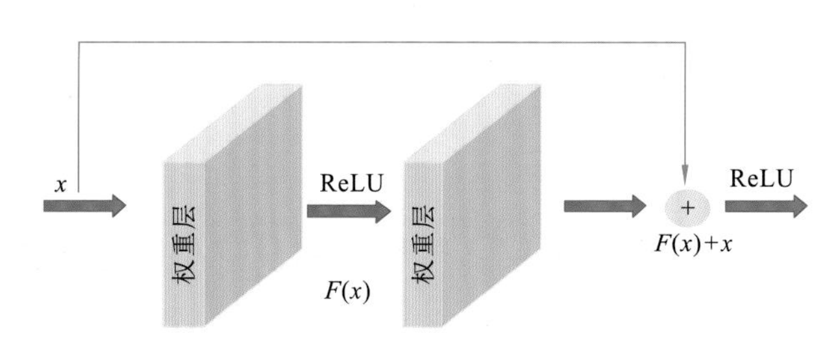

图 5.14　残差学习单元

5.4.6　卷积神经网络应用

1. 图像分类

图像分类是要解决图像中是否包含某类物体的问题，在 CNN 普及之前，图像分类的任务通常由人工设计特征提取过程，然后通过浅层学习来获得图像底层特征[29]。然而这种提取图像特征的方法不仅效率低下，消耗大量人力，灵活度也不够高，难以面对复杂多变的图像场景。例如，图像受光照、物体旋转、物体平移等空间信息变化的影响，同一物体在不同的情况下特征不同，从而使传统的模式识别方法难以足够准确地完成分类。

CNN 在特征表示上具有极大的优越性，模型提取的特征随着网络深度的增加越来越抽象，不确定越少，识别能力越强。在 2012 年的 ImageNet 图像分类比赛上，Alex 使用并改进了卷积神经网络模型，提出了 AlexNet，该模型的效果大大地超越了其他模型。此后，CNN 在图像分类上一枝独秀，在一些特定领域的图像上进行分类的准确率甚至达到了 95%以上。

基于 CNN 的图像分类方法一直都是研究的热点，同时在许多领域中都起到了很大的作用，如快递行业的手写字体识别、搜索引擎支持图像搜索等。

2. 目标检测

相比于图像分类，对图像内的实例类别和位置进行识别和检测（即目标检测）无疑是更具有挑战性的，这也是目前计算机视觉领域中正在研究的热门方向。目标检测最初是对单个类别（如人脸）或少数几个特定类的检测，但目标检测范围难以与人类比肩。直到深度卷积神经网络（deep convolutional neural networks，DCNN）的出现，CNN 在图像处理方面的优势显示出来，而后 RCNN、Fast RCNN 等神经网络不断出现，提高目标检测的准确率。目标检测的发展对无人驾驶的研究提供了很大帮助。

现在目标检测已经得到了很大的发展，但目前最佳方法的表现与人类水平仍然有很大的差距，因此需要进行不断地研究[30]。

3. 图像分割

图像分割是图像识别领域的重要任务之一。传统的图像分割技术如 *k*-means 聚类、阈值、边缘检测效率低下，同时需要人为的干预。基于 CNN 的图像分割技术相比于传统的方法效率、准确率更高，也减少了成本消耗。常见的图像分割应用有人脸检测、医学影像、机器视觉等。

4. 图像着色

图像着色问题是指将颜色添加到灰度图像中，即灰度图像恢复色彩的过程。传统的做法是人工去对每一帧图像中的每一个像素和每一个物体进行着色，这是一项艰巨的任务。使用手工完成该任务不但消耗大量的人力，效率低下，同时由于不同的人对色差的标准不同，使图像着色很难有一个标准。CNN 进行图像着色可以很好地解决该问题，通过图像着色，年代久远的纪录片可以真实还原当年的色彩，父母的老照片也终于可以还原出当年色彩艳丽的场景。

5. 姿态识别

姿态识别是人机交互中重要的研究课题之一，同时也是计算机视觉研究领域中最具挑战的研究方向，是当前的研究热点。而随着 CNN 的发展，姿态识别的研究方式和成果趋于多样化，姿态识别的应用也日趋广泛[31]。例如在机场、工厂等喧闹的环境中，采用手势、动作姿态的识别等人机交互技术，能够提供比语音识别更加准确的信息输入。总之，在智能监控、虚拟现实、感知用户接口及基于内容的视频检索等领域，人体动作姿态的识别均具有广泛的应用前景。

6. 自然语言处理

CNN 在数字图像处理领域取得了巨大的成功，从而带动了深度学习在自然语言处理（natural language processing，NLP）领域的研究狂潮。近两年，卷积神经网络的应用已经有了十分出色的表现，相关研究的新成果和顶级论文层出不穷，CNN 不再是图像处理任务专用的神经网络模型。

参考文献

[1] 韩力群, 施彦. 人工神经网络理论、设计及应用: 第三版[M]. 北京: 化学工业出版社, 2002.

[2] 余雪丽. 神经网络与实例学习[M]. 北京: 中国铁道出版社, 1996.

[3] 王小川, 史峰, 郁磊, 等. MATLAB 神经网络 43 个案例分析[M]. 北京: 北京航空航天大学出版社, 2013.

[4] 何正风. MATLAB R2015b 神经网络技术[M]. 北京: 清华大学出版社, 2016.

[5] APARNA S G, D'SOUZA S, ARJUN N B. Prediction of daily sea surface temperature using artificial neural networks[J]. International Journal of Remote Sensing, 2018, 39(12): 4214-4231.

[6] 卢君峰, 李少伟, 袁方超. 基于 BP 神经网络的厦门沿海风暴潮预报应用[J]. 海洋预报, 2016, 33(4): 9-16.

[7] HOCHREITER S, SCHMIDHUBER J. Long short-term memory[J]. Neural Computation, 1997, 9(8): 1735-1780.

[8] 胡朝举, 梁宁. 基于深层注意力的 LSTM 的特定主题情感分析[J]. 计算机应用研究, 2019, 36(4): 1075-1079.

[9] 吴潇颖, 李锐, 吴胜昔. 基于 CNN 与双向 LSTM 的行为识别算法[J]. 计算机工程与设计, 2020, 41(2): 361-366.

[10] 张鹏, 杨涛, 刘亚楠, 等. 基于 CNN-LSTM 的 QAR 数据特征提取与预测[J]. 计算机应用研究, 2019, 36(10): 2958-2961.

[11] 张新峰, 闫昆鹏, 赵珣. 基于双向 LSTM 的手写文字识别技术研究[J]. 南京师大学报(自然科学版), 2019, 42(3): 58-64.

[12] 刘婉婉. 基于 LSTM 神经网络的蒙汉机器翻译的研究[D]. 呼和浩特: 内蒙古工业大学, 2018.

[13] CHUNG J, GULCEHRE C, CHO K H, et al. Empirical evaluation of gated recurrent neural networks on squence modeling[J]. arXiv Preprint arXiv: 1412.3555, 2014.

[14] SHEN G, TAN Q, ZHANG H, et al. Deep learning with gated recurrent unit networks for financial sequence predictions[J]. Procedia Computer Science, 2018, 131: 895-903.

[15] YU X, SHI S, XU L, et al. A novel method for sea surface temperature prediction based on deep learning[J]. Mathematical Problems in Engineering, 2020(7): 1-9.

[16] 周满国, 黄艳国, 杨训根. 基于 GRU 神经网络与灰色模型集成的气温预报[J]. 热带气象学报, 2020, 36(6): 855-864.

[17] WU Z, HUANG N E. Ensemble empirical mode decomposition: A noise-assisted data analysis method[J].

Advances in Adaptive Data Analysis, 2009, 1(1): 1-41.

[18] CHO K, VAN MERRIËNBOER B, GULCEHRE C, et al. Learning phrase representations using RNN encoder-decoder for statistical machine translation[J]. Computer Science, 2014, 6(3): 12-18.

[19] BAHDANAU D, CHO K, BENGIO Y. Neural machine translation by jointly learning to align and translate[C]// International Conference on Learning Representations, 2015.

[20] YAO Q, SONG D, CHEN H, et al. A dual-stage attention-based recurrent neural network for time series prediction[C]// International Joint Conference on Artifical Intelligence, 2017.

[21] FUKUSHIMA K. Neocognitron: A self organizing neural network model for a mechanism of pattern recognition unaffected by shift in position[J]. Biological Cybernetics, 1980, 36: 193-202.

[22] LECUN Y, BENGIO Y, HINTON G. Deep learning[J]. Nature, 2015, 521: 436-444.

[23] 郭丽丽，丁世飞. 深度学习研究进展[J]. 计算机科学, 2015, 42(5): 28-33.

[24] YOSHUA B. Learning deep architectures for AI[J]. Foundations and Trends in Machine Learning, 2009, 2(1): 1-127.

[25] 邱锡鹏. 神经网络与深度学习[M]. 北京：机械工业出版社, 2020.

[26] KRIZHEVSKY I, SUTSKEVER G H. ImageNet classification with deep convolutional neural networks[J]. Advances in Neural Information Processing Systems, 2012, 25(2): 1097-1105.

[27] CHRISTIAN S, WEI L, YANG Q J, et al. Going deeper with convolutions[C]// 2015 IEEE Conference on Computer Vision and Pattern Recognition, 2015: 1-9.

[28] HE K, ZHANG X, REN S, et al. Deep residual learning for image recognition[C]// 2016 IEEE Conference on Computer Vision and Pattern Recognition, 2016: 770-778.

[29] 柴雪松，朱兴永，李健超，等. 基于深度卷积神经网络的隧道衬砌裂缝识别算法[J]. 铁道建筑，2018, 58(6): 60-65.

[30] LIU L, OUYANG W, WANG X, et al. Deep learning for generic object detection: A survey[J]. International Journal of Computer Vision, 2019, 128(11): 261-318.

[31] 周义凯，王宇，赵勇飞，等. 基于 CNN 的人体姿态识别[J]. 计算机与现代化, 2019(2): 49-54, 92.

第6章　海表温度大数据分析预报

6.1　海表温度预报概况

海表温度是重要的海洋环境参数之一，几乎所有的海洋过程，特别是海洋动力过程都直接或间接地与海表温度有关[1]。对海表温度变化规律的研究和预报是大气和海洋科学的一项重要内容，对海洋开发和海洋经济都有重要意义[2]。目前国内外对海表温度的预报方法大致可分为三类：统计预报、数值预报和大数据分析预报[3]。

6.1.1　统计预报

尽管海水的运动是随机且不稳定的，但从长期观测资料来看，海表温度的变动呈现出明显的统计规律。因此应用概率论、数理统计等方法实现海表温度的预报是可行的[4]。

自20世纪50年代起，统计方法便已广泛地应用于海表温度的预报。对目前使用的统计预报方法而言，应用最广的是多元分析中的一些方法，如回归分析[5]、聚类分析[6]、主成分分析[7]、经验典范相关分析[8]等。由于海表温度是典型的时间序列，时序分析方法也被广泛地应用于海表温度的预报。时序分析可分为时域方法和频域方法：时域方法基于海表温度时变过程中任一时刻的变化和前期温度变化有关的假设，利用关系建模来描述变化的规律性，从而估计未来的海表温度，常用的有相空间反演[9-10]、马尔可夫模型[11]、求和自回归移动平均模型[12]等方法；频域方法侧重于对海表温度时空序列上的多尺度变化分析，通过对不同频率谱的分析，实现对海水运动状态的非线性估计[13]。

需要指出的是，统计预报方法依赖于概率统计和特定的先验知识，方法中缺乏物理机制的牵引。因此，提高预报精度就必须结合海洋的热力、动力过程，力求选取的预报因子和建立的统计方程有比较明确的物理基础[14]。

6.1.2　数值预报

由于海洋观测和预报系统的出现，研究者可对海洋运动状态进行持续、准确的物理描述和有效的数值估算。此类系统通过将测量结果同化到数值模型中，融合动力学和观测结果，从而进行临近预报和预测。采用数据同化进行动态调整和插值；通过误差模型使融合后的估计值与观测误差内的观测值相符，并满足动力学模型误差范围。海洋预测系统提供重要的反馈机制，包括对观测分量的自适应采样和对模型分量的改进。

目前，在全球海洋资料同化实验（global ocean data assimilation experiment，GODAE）计划 OceanView 的支持下，全球范围内各国的海洋预报系统已基本能够实现大部分海洋要素的预报[14]。世界主流国家的海洋预报系统均建立在海洋环流模型和数据同化技术的基础上，系统运行后，结合不同类型的应用需求对输出结果进行释用和订正，提高预报准确度，最终形成统一的业务化预报产品[15]。

海洋模式是海洋数值预报系统的动力框架和核心组成部分。目前，常用业务化海洋模式有混合坐标海洋模式（HYCOM）[16]、普林斯顿海洋模式（POM）[17]、模块化海洋模式（MOM）[18]、麻省理工学院通用环流模式（MITgcm）[19]、欧洲海洋核心模式（NEMO）[20]等。

根据所关注的预报海域和预报要素，各国使用各种海洋模式，通过区域嵌套技术等建立了全球海洋预报系统、区域嵌套高分辨率海洋预报系统，以及针对海湾、河口和内陆湖泊等的多重嵌套高分辨率海洋预报系统[21]。

事实上，实时地进行海洋模拟和计算是十分昂贵的，通常需要超级计算机的支撑，因此模式预报运营对于拥有大规模计算资源和专业科学知识的大型研究组织是可行的[22]。同时，模式的建立需依赖特定的参数化方案和离散化方法，而初始场的误差也会引起预报结果的不确定性。

6.1.3 大数据分析预报

自 20 世纪 70 年代起，卫星遥感、航空遥感技术和深海探测技术的兴起，积累了海量大尺度范围的海洋观测数据，建立了长时序连续立体观测数据库[23]，为数据驱动大数据分析预报模型提供了可能。由于海表温度的变动表现出一定的周期性，通过对过去海表温度的观测就能预报未来一定时间的海表温度，而无须使用复杂的数值模型。其代表性方法有动态时间规整算法[24]、遗传算法[7]、支持向量机[25]、随机森林[26]、人工神经网络[27]等。从传统统计方法到人工智能方法，深度学习方法能从多个非线性变换构成的神经网络结构中实现对数据的多尺度抽象，挖掘出隐藏在数据间的复杂联系，非常适用于非线性系统的建模研究。同时模型的训练和推理过程具有高度的并行性，适应大数据的吞吐要求，已成为海表温度预报方法的重要研究方向。

目前已有多种不同形式的深度神经网络被用于海表温度的预报。Tangang 等[28]使用多层感知器模型季节性地预测 Nino 3.4 区（6° S～6° N，120° ～170° W）的热带太平洋海表温度异常；Wu 等[29]采用海平面压力和海表温度作为输入，使用多层感知器神经网络来预报热带太平洋的海表温度异常；Tripathi 等[30]对南印度洋区域提取的不同季节平均海表温度进行研究，并采用人工神经网络技术对印度夏季风进行预报，结果表明，人工神经网络模型性能要优于相应的回归模型；Li 等[31]将海表温度数据分为气候月平均数据集和月异常数据集，构建两个神经网络分别进行训练，两个网络组合后得到最后的海表温度预报结果。但是多层感知器模型并不针对序列数据设计，因此无法利用海表温度时间域上周期性变动的特点。

海表温度可视为长时间序列数据，递归神经网络（RNN）具有记忆性、参数共享、图灵完备的特点，因此对此类序列的非线性特征进行学习时具有一定的优势。但 RNN 存在长期依赖问题，即在对序列进行学习时，RNN 会出现梯度消失和梯度爆炸现象，无法掌握长时间跨度的非线性关系。为解决长期依赖问题，Hochreiter 等[32]引入恒定误差传播单元，提出了长短期记忆（LSTM）神经网络。目前，LSTM 神经网络已被用于海表温度的预报。Zhang 等[33]使用 LSTM 神经网络预测渤海海域海表温度，并进行短期预报（包括 1 天和 3 天），以及长期预测（包括每周平均值和每月平均值）；Liu 等[34]分析了海洋温度变化的时间相关性，提出一种时间相关性参数矩阵融合方法，并使用融合后的序列训练 LSTM 神经网络以获得预测模型，进行不同海域不同深度的单日海表温度预报实验；Xiao 等[35]将 LSTM 模型与 AdaBoost 模型融合，通过东海站点的预报，验证了模型的有效性。

多层感知器和 LSTM 模型均是从时间域上对海表温度进行建模研究，因此往往只进行了站点的预报实验。事实上，海表温度序列是典型的时空序列，空间域上的建模更需要重点关注。Yang 等[36]使用三维网格约束中心像素的局部相关性，提出一个由全连接的 LSTM 层和卷积层构成的模型结构，通过对渤海海域的实验证实了模型的可行性；Xiao 等[37]使用堆叠的 ConvLSTM 对捕获海表温度序列的时空相关性，沿用 Shi 等[38]提出的结构；贺琪等[39]提出了一种结合注意力机制的区域型海表温度预报方法，该模型利用时间域上的注意力机制对卷积神经网络学习到海表温度特征进行加权，输入 ConvLSTM 网络中解码，从而实现海表温度的预报；Zheng 等[40]提出由 CNN 复合堆叠的多尺度级联模型，模拟了热带不稳定波演变过程。

然而，对时空序列的建模容易陷入模型性能和训练开销的矛盾，事实上，ConvLSTM 网络和传统的注意力机制在大尺度范围的训练仍是昂贵的，因此以上多数方法只进行了小区域或低分辨率的测试。另外，传统深度学习方法侧重端到端（sequence to sequence）的结构，将海表温度预报问题视作“黑盒”进行预测，而缺乏对其时空特性的设计考虑，制约了模型对特定物理海洋现象的模拟能力。

与此同时，海表温度的分布也是多种海洋环境要素综合作用的结果，而目前考虑多要素作为输入的预测方法缺乏对海表温度变化影响因素的分析，因此输入可能存在冗余或无效信息，这也会限制模型的预报精度。

6.2 海表温度多尺度时空特征和规律分析

6.2.1 海表温度年尺度时空特征

分析全球 35 年（1982～2016 年）多年平均海表温度气候态空间分布（图 6.1）可知，总体上海表温度随纬度增加而逐渐递减。全球热带海域常年太阳辐射较强，年均海表温度大于 25 ℃，我国东部附近海区年均海表温度约为 20 ℃，高纬度海域年均海表温度约为 10 ℃。此外，大尺度的冷、暖流系的调控作用会导致局部空间分布异常，如受北向黑潮影响，西北太平洋海域海表温度呈现偏高，受北向墨西哥湾暖流影响，西北大西洋海域海表温度呈现偏高，而秘鲁寒流致使东南太平洋中纬度附近出现大面积海表温度低值区。

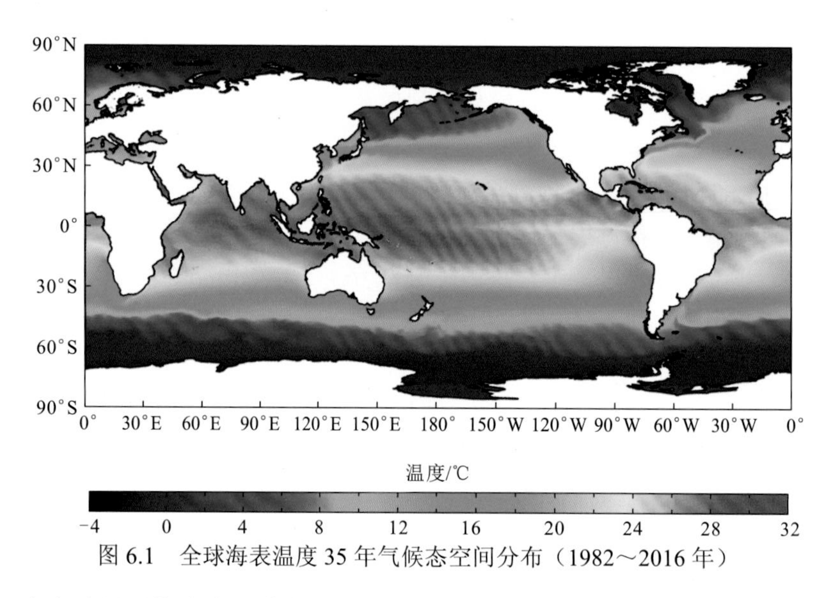

图 6.1　全球海表温度 35 年气候态空间分布（1982～2016 年）

图 6.2 为全球月平均海表温度的 35 年时间序列变化及趋势分析结果。全球海表温度呈现出明显的 1 年变化特征，年内季节变化明显，35 年来全球海表温度整体上以每年 0.0126 ℃的速度升高，但 2008～2016 年全球海表温度有升有降：2008～2009 年呈 0.0468 ℃/年的升高趋势；2010～2011 年呈-0.122 ℃/年的降低趋势；2012～2016 年呈 0.0622 ℃/年的升高趋势。

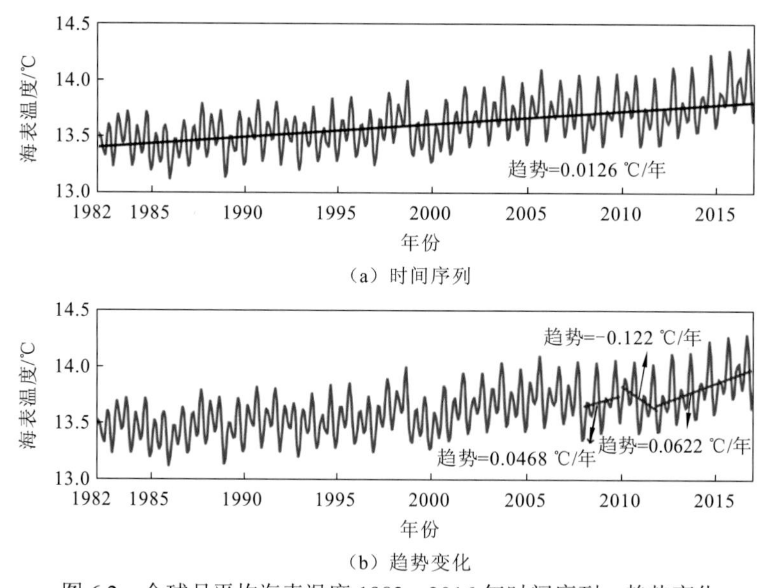

图 6.2　全球月平均海表温度 1982～2016 年时间序列、趋势变化

为了更准确地描述海表温度变化趋势，图 6.3 和图 6.4 分别给出了 1982～2016 年和 2012～2016 年的海表温度年变化趋势的空间分布。从图中可以看出，1982～2016 年大部分海域海表温度呈升温趋势，升温较大的海域集中在北极附近海域、西北太平洋、日本海等海域，在中纬度的西太平洋出现降温区域，特别是秘鲁附近海域，高纬度的大西洋中部同样出现部分降温区域。但 2012～2016 年全球的升温和降温区域呈现不同的分布：总体上，北半球呈升温，南半球呈降温；太平洋东部海域、赤道太平洋海域、大西洋西部升温明显，

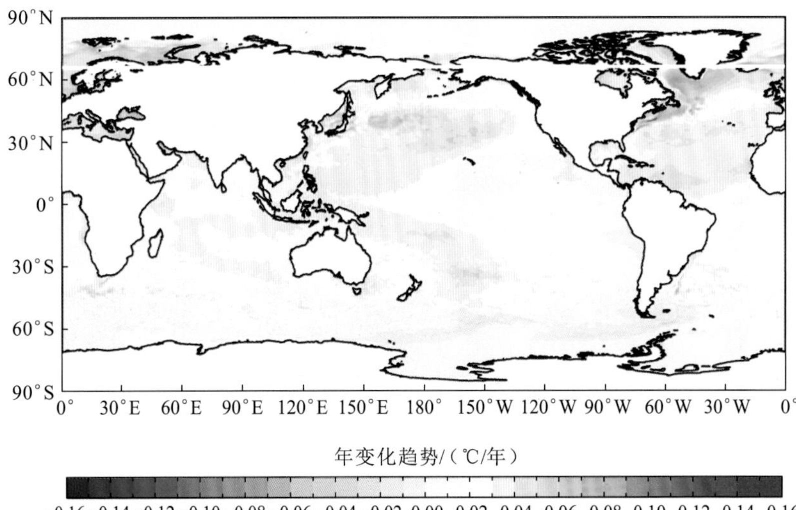

图 6.3　全球海表温度 1982～2016 年的变化趋势的空间分布

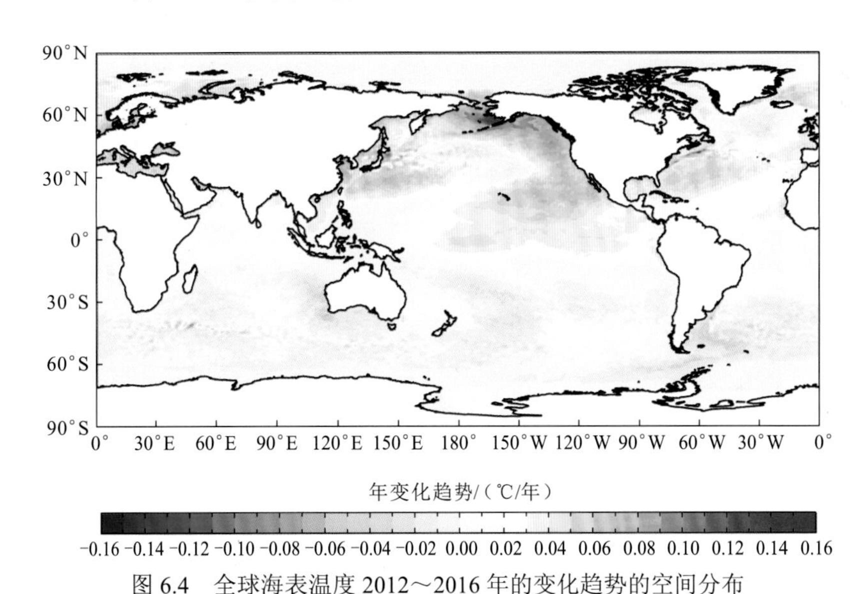

图 6.4　全球海表温度 2012～2016 年的变化趋势的空间分布

我国附近海域也呈现升温趋势，但在北太平洋和北大西洋的中高纬度出现大面积的降温区域；而南半球在赤道附近、澳大利亚西部海域和高纬度南太平洋东部海域存在较低的升温变化，其他大部分海域都表现为降温。

6.2.2　海表温度月尺度时空特征

图 6.5 和图 6.6 为 2006～2016 年全球海表温度不同月平均空间分布。由图可知，各月的全球海表温度空间分布总体上与年均海表温度类似，沿纬度变化，赤道低纬度海域海表温度高，两极低纬度海域海表温度低，海表温度的高值区随月、季节变化在南北纬 30° 附近变化。

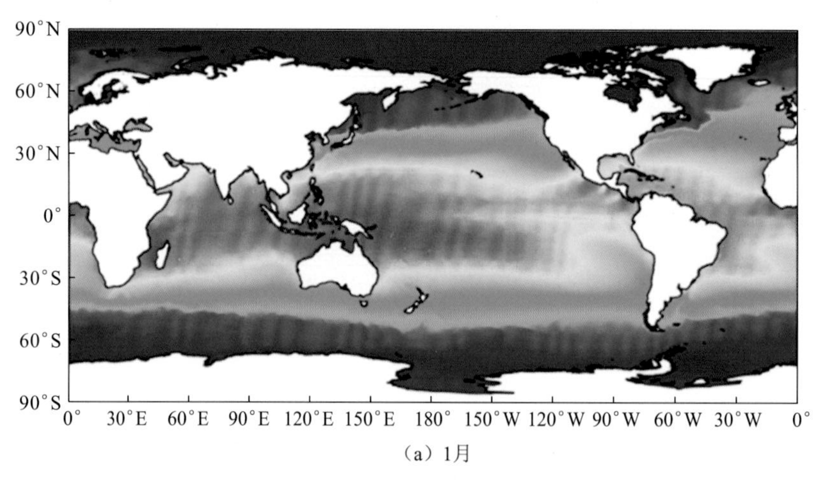
90°N
60°N
30°N
0°
30°S
60°S
90°S
0°
30°E
60°E
90°E
120°E
150°E
180°
150°W
120°W
90°W
60°W
30°W
0°

（a）1月

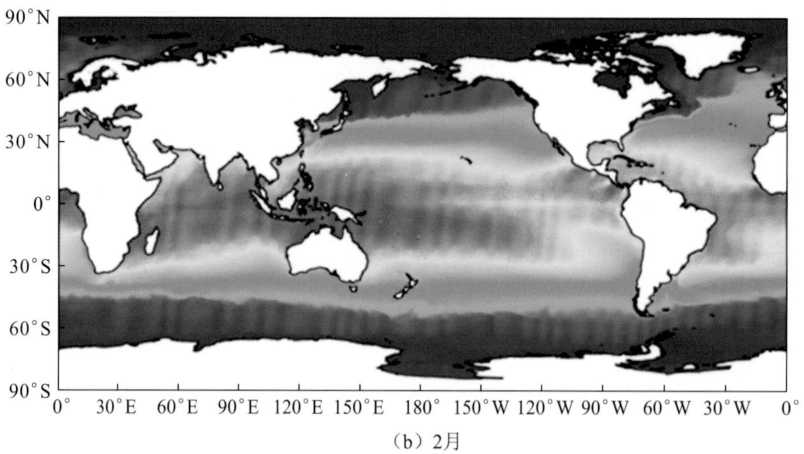
90°N
60°N
30°N
0°
30°S
60°S
90°S
0°
30°E
60°E
90°E
120°E
150°E
180°
150°W
120°W
90°W
60°W
30°W
0°

（b）2月

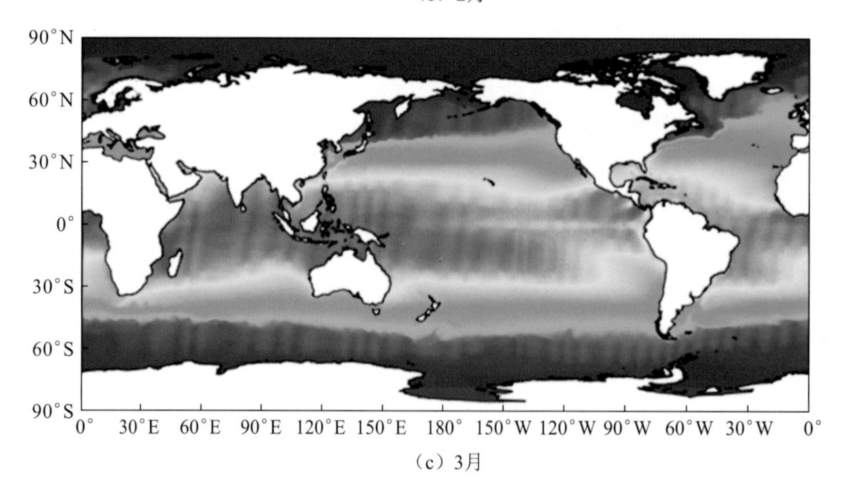
90°N
60°N
30°N
0°
30°S
60°S
90°S
0°
30°E
60°E
90°E
120°E
150°E
180°
150°W
120°W
90°W
60°W
30°W
0°

（c）3月

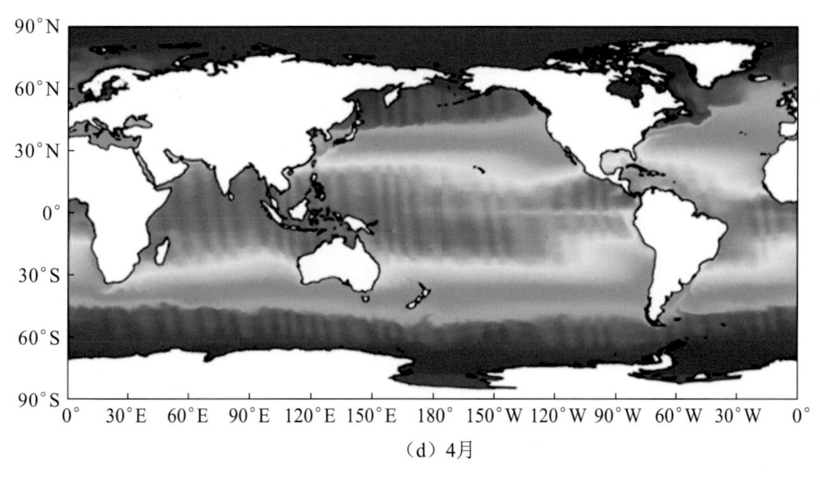

（d）4月

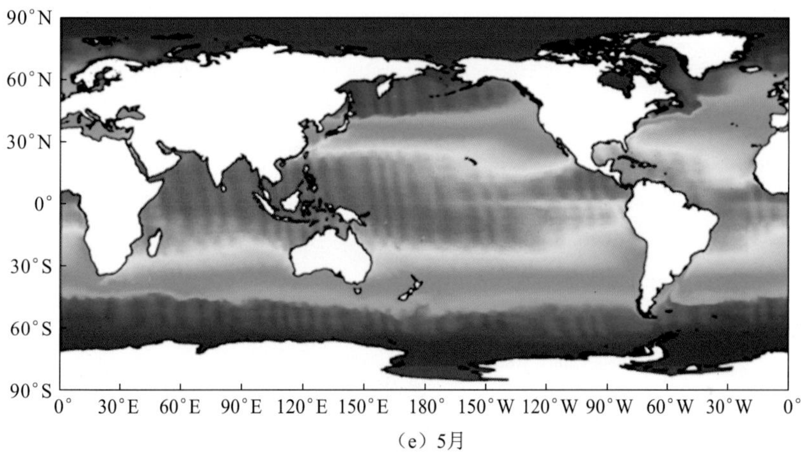

（e）5月

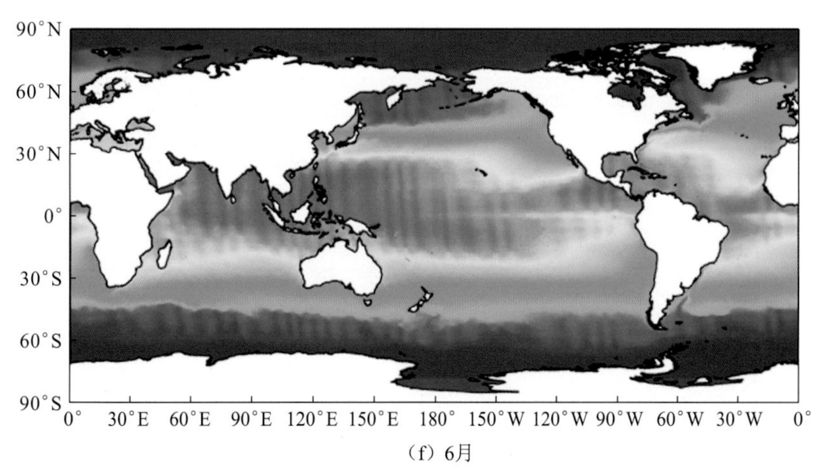

（f）6月

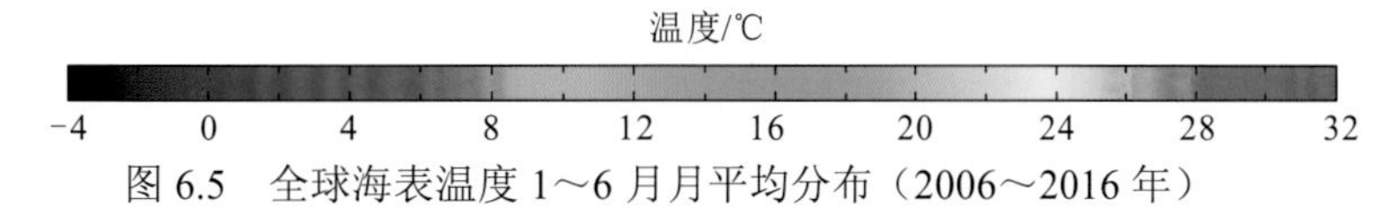

图 6.5　全球海表温度 1～6 月月平均分布（2006～2016 年）

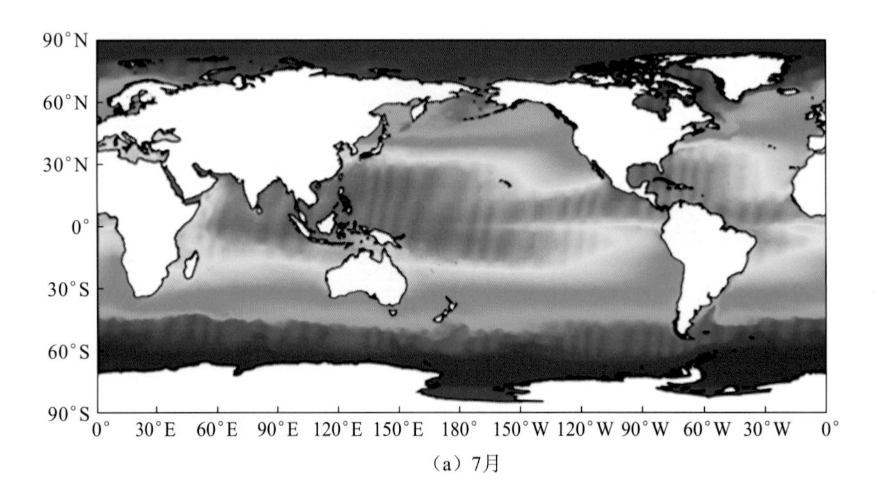
90°N
60°N
30°N
0°
30°S
60°S
90°S
0°
30°E
60°E
90°E
120°E
150°E
180°
150°W
120°W
90°W
60°W
30°W
0°
（a）7月

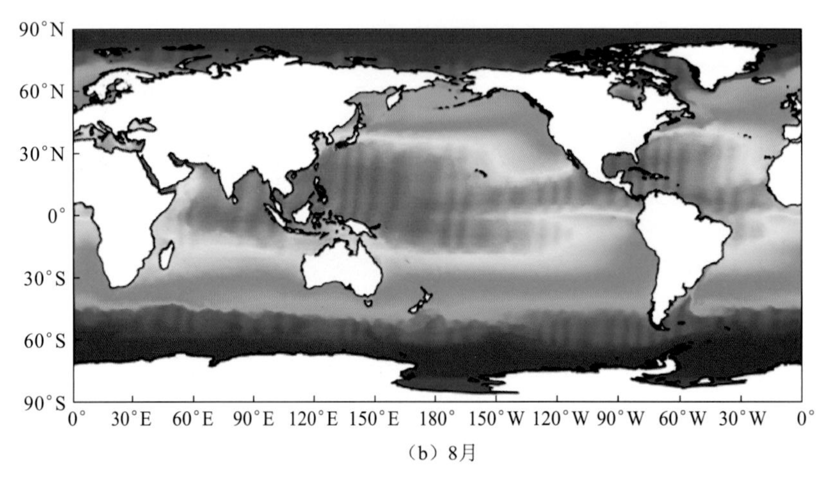
90°N
60°N
30°N
0°
30°S
60°S
90°S
0°
30°E
60°E
90°E
120°E
150°E
180°
150°W
120°W
90°W
60°W
30°W
0°
（b）8月

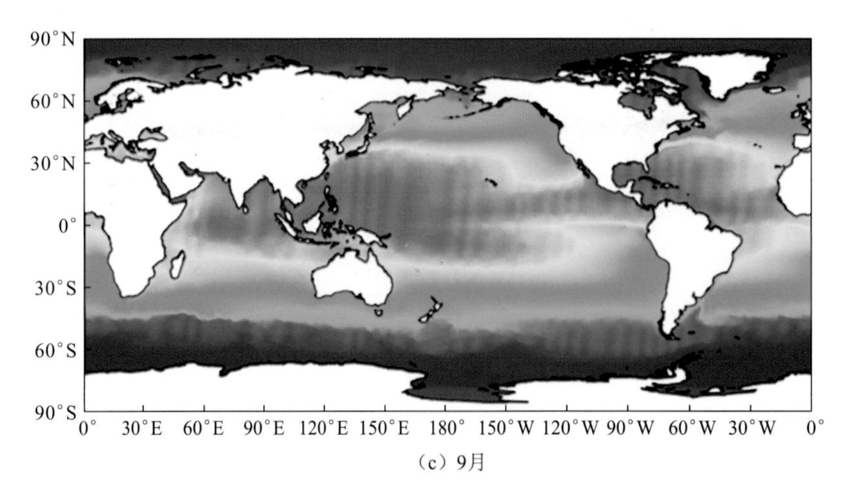
90°N
60°N
30°N
0°
30°S
60°S
90°S
0°
30°E
60°E
90°E
120°E
150°E
180°
150°W
120°W
90°W
60°W
30°W
0°
（c）9月

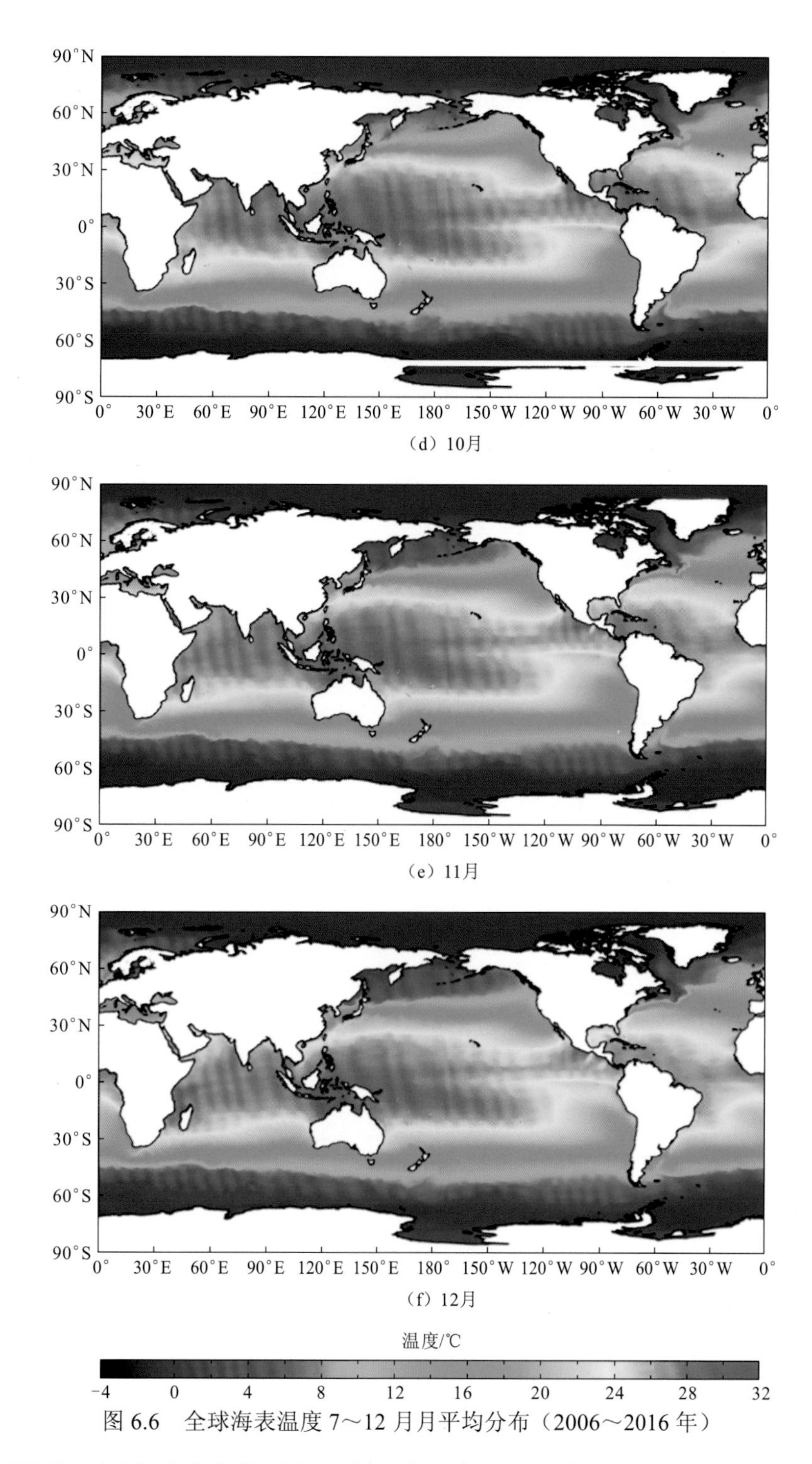

图 6.6　全球海表温度 7～12 月月平均分布（2006～2016 年）

全球平均海表温度季节变化明显，表现为两个周期的变化：从冬季 11 月开始先升高，到次年春季 2 月开始降低，5 月开始先升高后降低。最高海表温度通常出现在 8 月，最低海表温度出现在 11 月，次高海表温度出现在 2 月，次低海表温度出现在 5 月，这主要体现了南半球和北半球海域海表温度的变化规律特征。全球海表温度多年（1982～2016 年和 2006～2016 年）月尺度变化如图 6.7 所示。

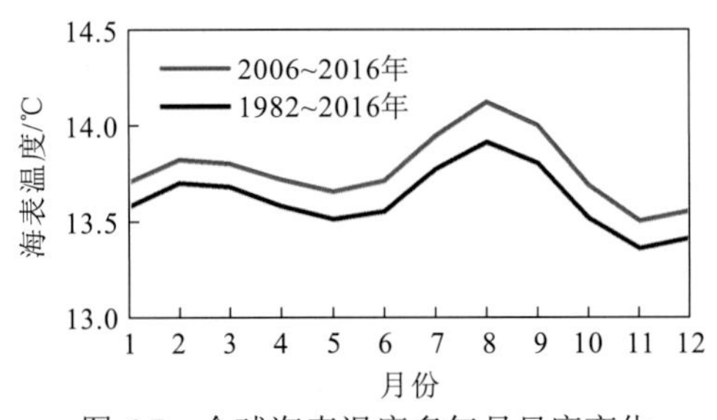

图 6.7 全球海表温度多年月尺度变化

图 6.8 给出了我国附近海域及周边其他局部海域（日本海、孟加拉湾、爪哇—班达海）多年（2006～2016 年）月平均海表温度的逐月变化。北半球的中高纬度，如我国东部海域和日本海的最高海表温度通常出现在 8 月，最低出现在 2 月，但低纬度热带海区最高海表温度出现的时间不同，如南海为 6 月，孟加拉湾、爪哇—班达海为 4 月，阿拉伯海为 5 月。同一纬度的南海和孟加拉湾、阿拉伯海的最高海表温度出现的时间差异，可能受局部太阳辐射、云量与季风的共同控制。

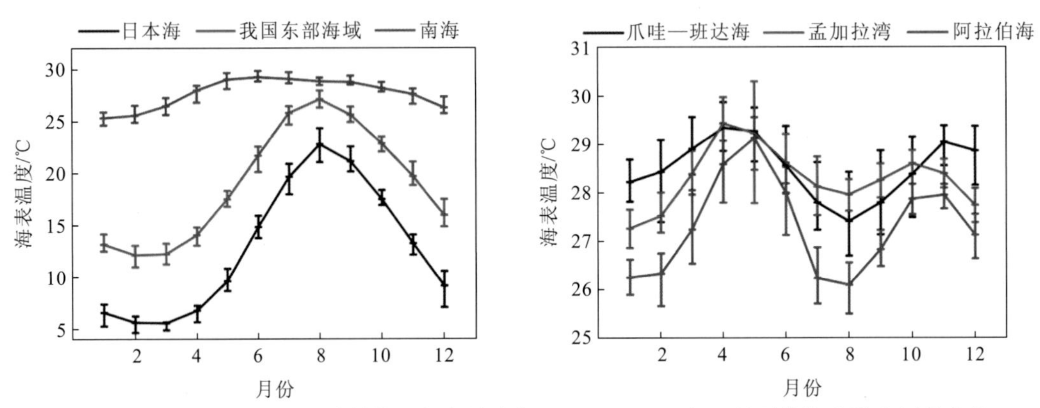

图 6.8 我国附近海域及周边其他局部海域多年（2006～2016 年）月平均海表温度逐月变化

6.2.3 海表温度日尺度时空特征

年、月变化分析体现了气候背景尺度海表温度的特征变化，日变化分析体现的是日周期尺度海表温度的特征变化，是后续大数据分析预报的关键，也可能是误差的主要来源。本小节从浮标观测、静止卫星观测和模式模拟三个角度分别对海表温度的日变化特征进行分析。

1. 基于浮标观测的海表温度日变化

整理 2013～2016 年福建沿海海域的生态浮标、验潮站站点、台湾海峡大浮标的气象水文数据，在海表温度质量控制的基础上分析近海海域海表温度的日变化特征。图 6.9 给出了福建沿海黄岐浮标和厦门验潮站 2016 年 1 月海表温度日变化。整体表现为：夜晚海表温度低而变化平缓，从 9 时开始升温，在 15～16 时达到最高，然后升温幅度开始放慢，17 时开始下降，夜晚海表温度缓慢下降，但幅度很小。

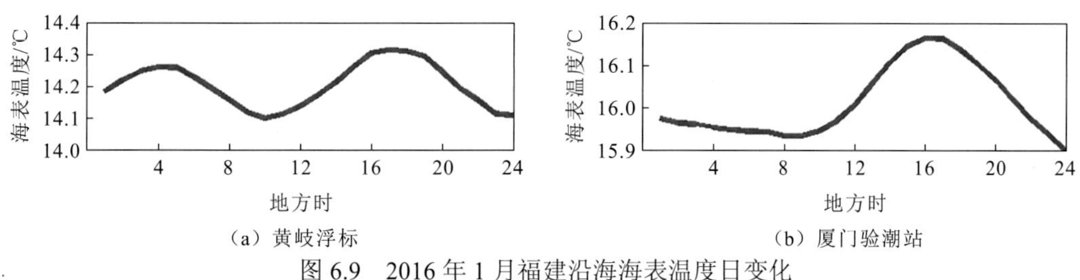

（a）黄岐浮标　　（b）厦门验潮站

图 6.9　2016 年 1 月福建沿海海表温度日变化

2. 基于静止卫星观测的海表温度日变化

站点数据能够对海表温度进行 24 h 的连续观测，静止卫星遥感观测同样能够对海表温度进行一天 24 次的小时观测。研究海表温度的日循环变化的规律，约定俗成地认为地方时 0～24 时是一个完整日周期的变化。但卫星遥感观测的海表温度通常为世界协调时（universal time coordinated，UTC，如 00:45, 01:45, …, 23:45）的数据，需转化为本地时间（location time，LT），转化的公式为

$$LT = UTC + \frac{Longitude}{15^\circ} \tag{6.1}$$

式中：Longitude 为每个像元所处的经度。图 6.10 给出了 MTSat 静止卫星逐时观测的我国近海海域海表温度的空间分布（2007 年 5 月 8 日）。由于卫星观测自身的原因，13 时和 21 时没有数据，其他数据的空白部分是受云或其他因素影响造成的有效观测缺失。

为了更清楚地分析海表温度的日循环变化，以夜间的海表温度为参考温度场，将逐时海表温度减去参考温度场，图 6.11 给出了我国近海海域海表温度逐时升温（相对于夜间海表温度）的空间分布。由图可知：由于夜间没有热量来源，海面向外长波辐射耗热，温度不断降低，直到黎明前达到最低；太阳出来以后，海面并没有立即升温，直到太阳短波辐射的加热超过海水自身耗热，9 时开始升温，约在 14 时达到最大升温幅度，然后升温幅度开始放慢。

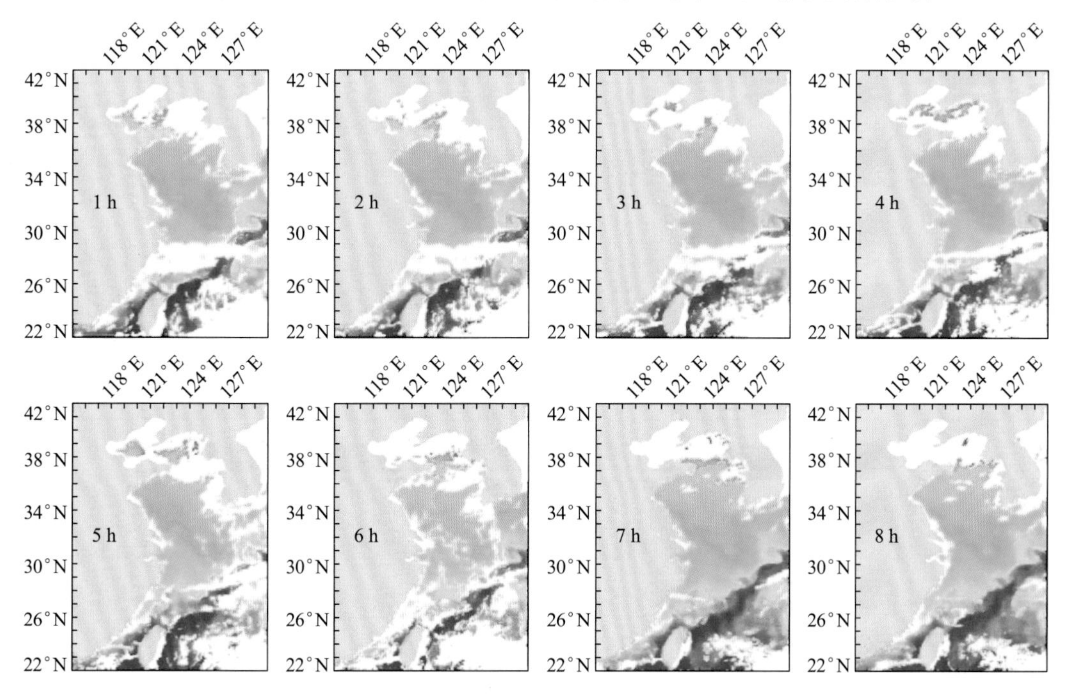

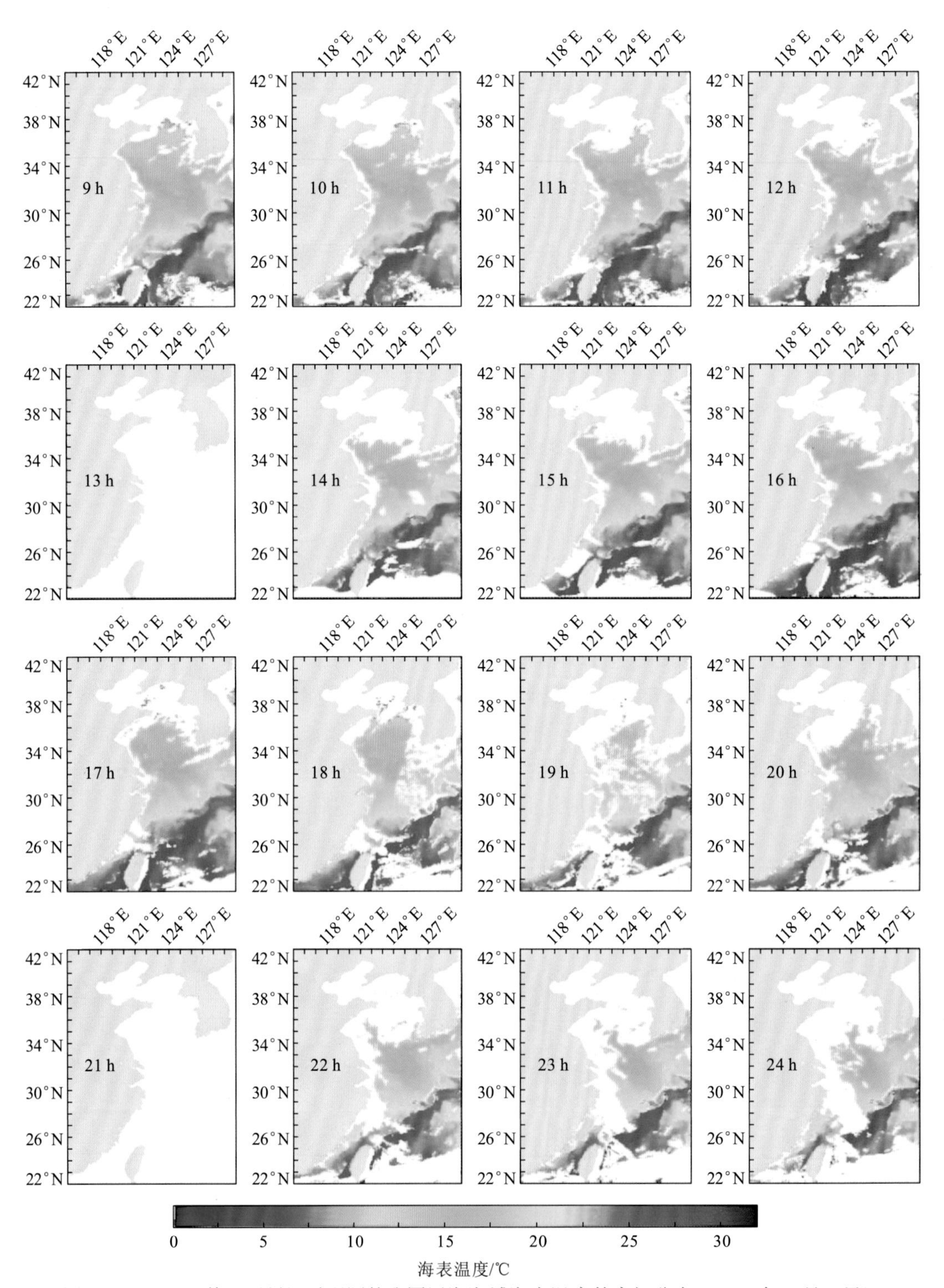

图 6.10　MTSat 静止卫星逐时观测的我国近海海域海表温度的空间分布（2007 年 5 月 8 日）

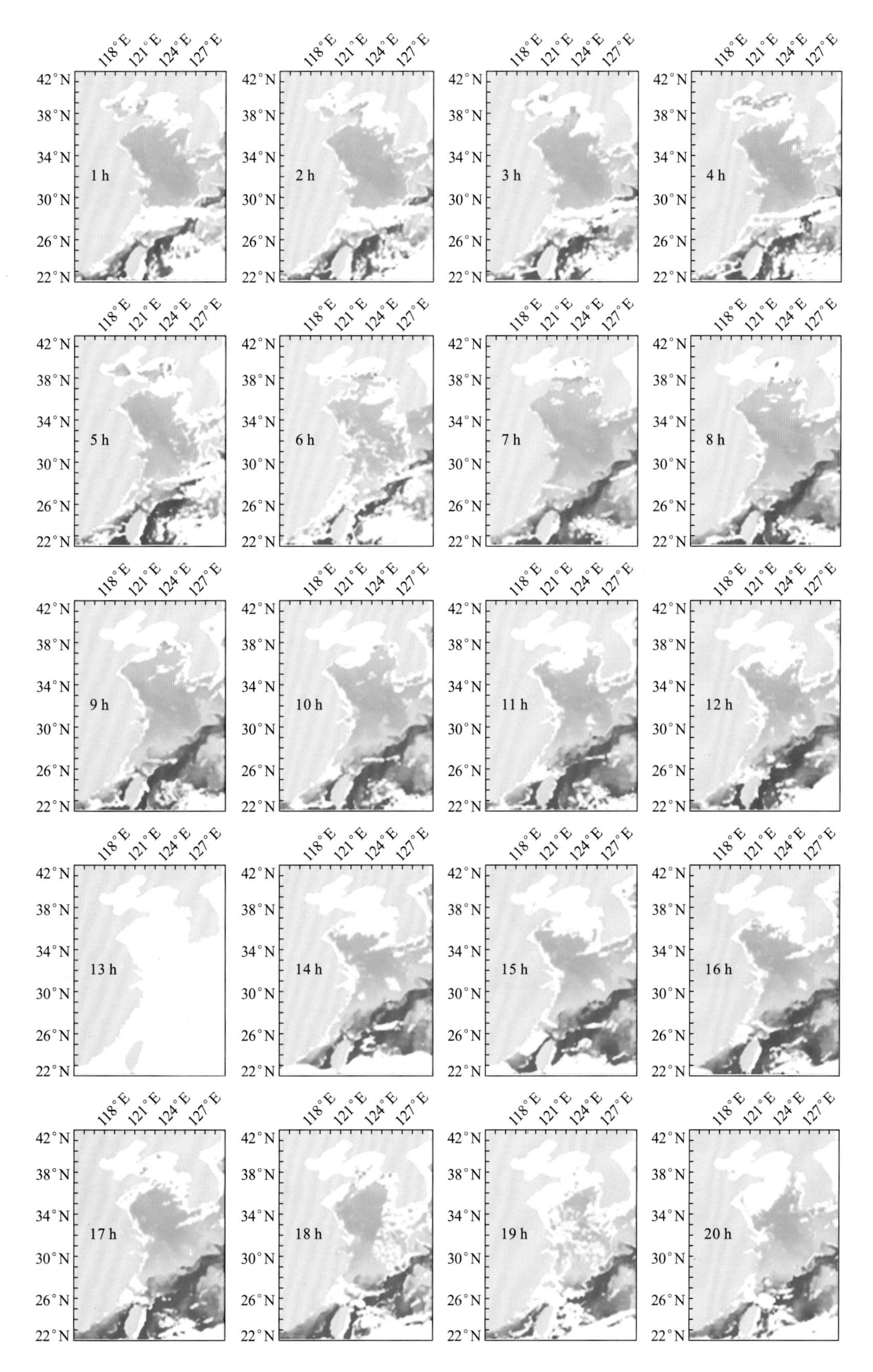
118°E
121°E
124°E
127°E
42°N
38°N
34°N
30°N
26°N
22°N
1 h
2 h
3 h
4 h
5 h
6 h
7 h
8 h
9 h
10 h
11 h
12 h
13 h
14 h
15 h
16 h
17 h
18 h
19 h
20 h

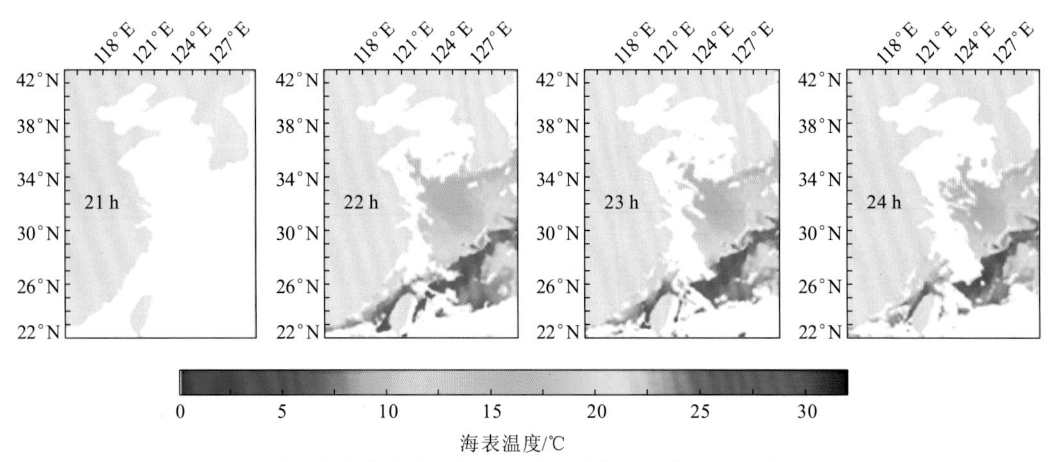

图 6.11　我国近海海域海表温度逐时升温的空间分布（2007 年 5 月 8 日）

3. 基于数值模式模拟的海表温度日变化

采用通用海洋湍流模型（general ocean turbulence model，GOTM）模拟的海表温度，其输入的数据包括 10 m 高度处的风速、海面 2 m 处的气温、相对湿度及云量。图 6.12 给出了基于 GOTM 模拟结果分析我国近海海域海表温度逐时升温的空间分布。从图中同样可以看出：夜间 3～7 时没有出现升温，从 9 时开始，升温越来越明显，到 15 时左右达到最高；东海中部的强升温空间分布和幅度与 MTSat 卫星观测的结果接近。

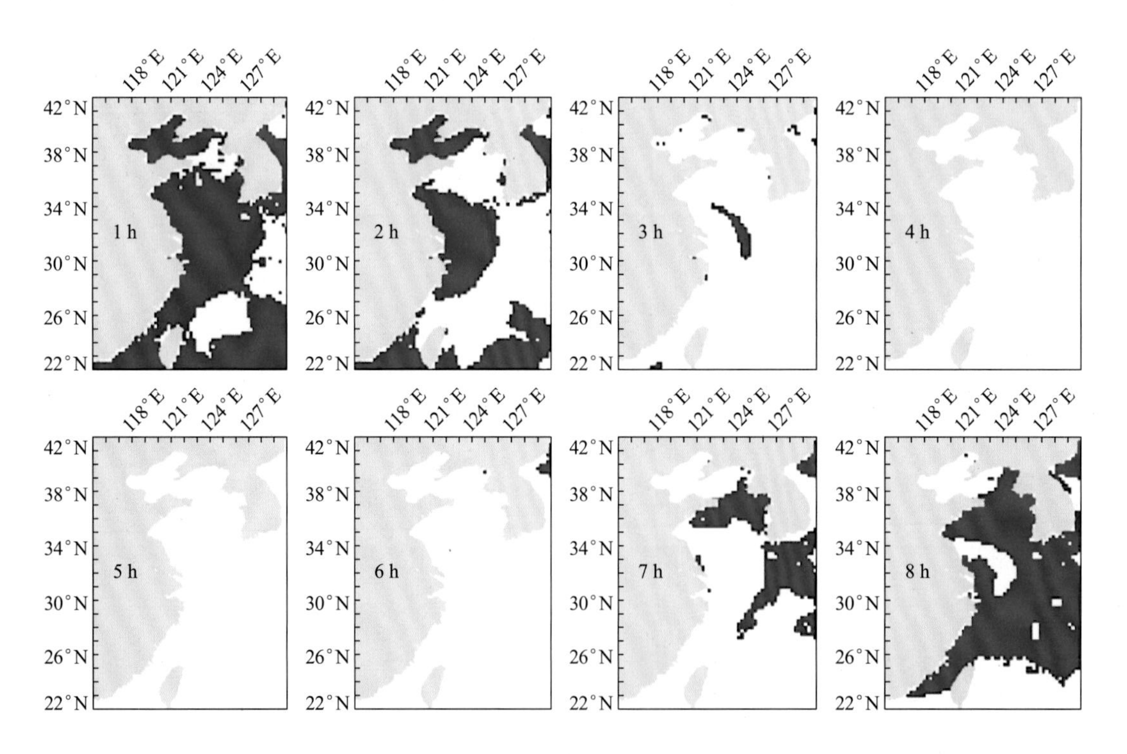

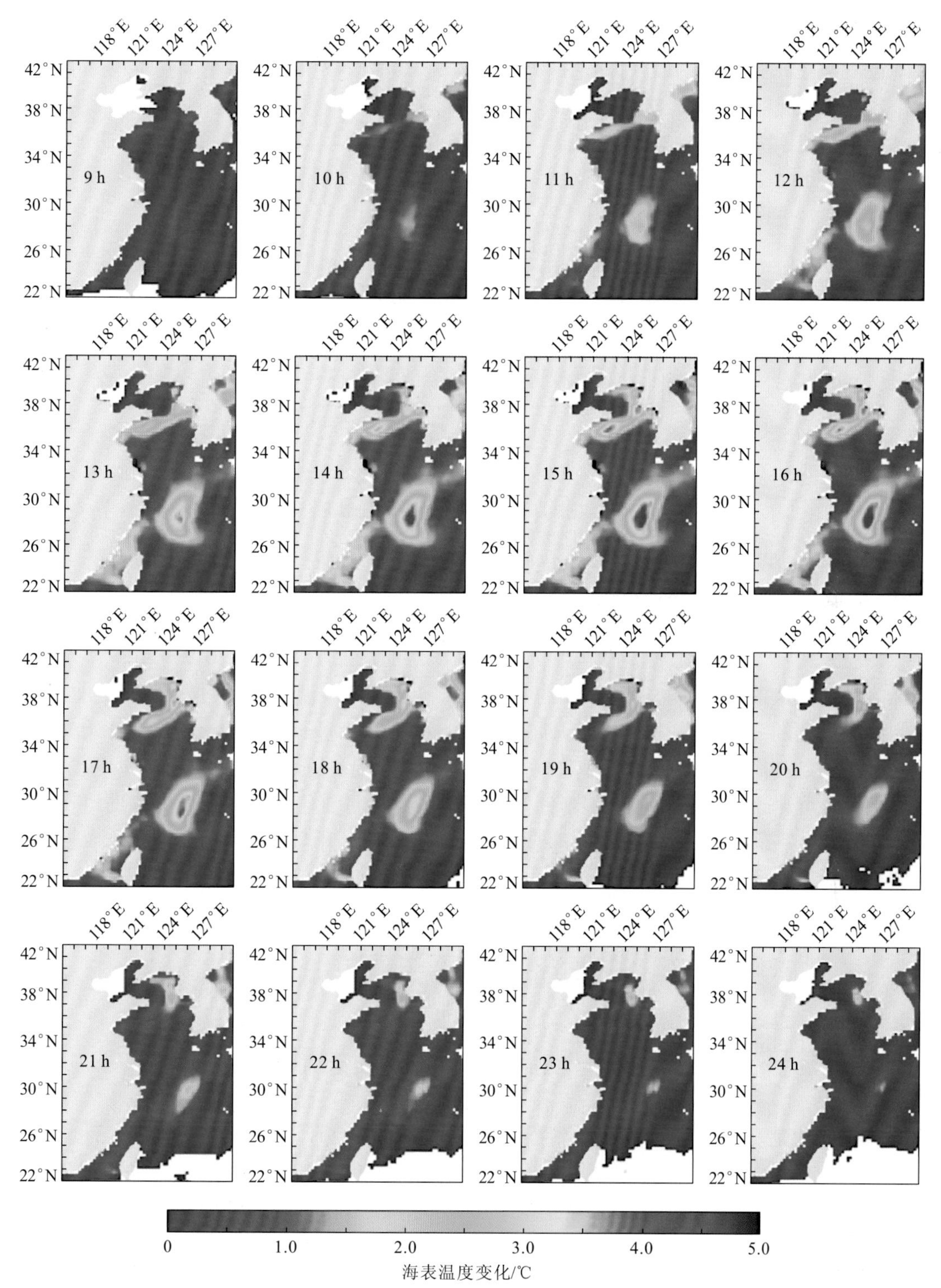

图 6.12　基于 GOTM 模拟的我国近海海域海表温度逐时升温的空间分布（2007 年 5 月 8 日）

图 6.13 给出了一个日变化显著的点（28.25° N，125° E）MTSat 卫星观测、GOTM、ASM 模型、CG03 模型分析的结果对比。从图中可以看出：MTSat 卫星观测在夜间 0～7 时的海表温度存在微弱的降温（约 0.2℃），8 时开始升温，在 14 时左右达到最大值，然

后开始降温；GOTM 模拟结果的升温开始时间与 MTSat 卫星观测基本同步，升温幅度与 MTSat 观测也比较接近，最大偏差在 0.5℃左右；其他两种模型分析结果基本也都能反映出先升温再降温的趋势，但升温开始时间相对滞后，同时最大值的幅度也偏低许多。

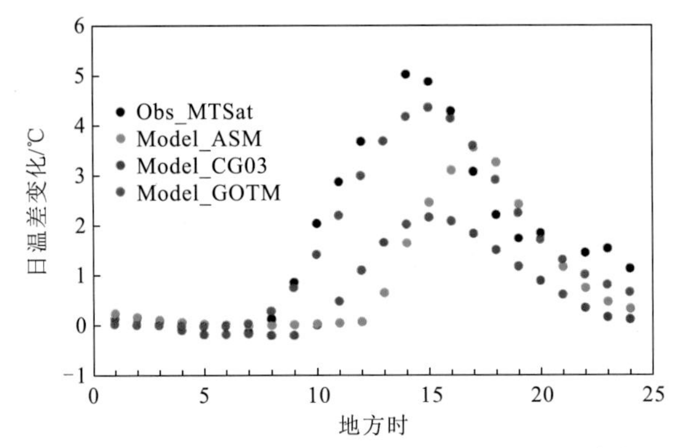

图 6.13　基于 MTSat 观测和三种模型模拟的海表温度日温差变化（DSST）特征（2007 年 5 月 8 日，28.25°N，125°E）

6.2.4　海表温度变化规律分析

1982～2016 年全球海表温度呈现每年 0.0126℃的增加趋势，但 2012～2016 年全球海表温度呈现更快的增长趋势，年增加约 0.0622℃；全球海表温度年内月变化特征明显，表现为两个周期的变化：从冬季 11 月开始先增加，到春季 2 月开始减少，到 5 月开始又增加后又减少，最高海表温度通常出现在 8 月，最低出现在 11 月，次高海表温度出现在 2 月，次低海表温度出现在 5 月，但在局部海域呈现出不同的月变化特征；海表温度的日变化特征为在夜间 0～7 时的海表温度存在微弱的降温，8 时开始升温，在 14 时左右达到最大值，缓慢变化后开始降温。

6.3　海表温度环境要素关联关系

6.3.1　基于相关分析的海表温度的时空相关影响分析

相关系数是反映变量之间相关关系密切程度的统计指标，表征变量之间的线性相关程度。变异函数是描述一个随机变量的空间和时间相关性的统计量，能够对变量的时空自相关性进行量化。本小节采用相关系数与时间和空间半变异函数来分析海表温度时空关联影响，一方面，利用相关系数研究分析不同时间尺度和空间范围内海表温度的相关程度，另一方面，利用时间和空间半变异函数量化海表温度在时间或空间上的自相关性。

利用长时间序列的海表温度遥感数据，分析空间上某点与空间其他位置处海表温度的相关系数。图 6.14 给出了空间点（−73.125°N，169.375°E）与其他各点处的相关系数分布图，可以看出南北半球的海表温度在时间变化上具有相反效果，即北半球变化与南半球变化相反。

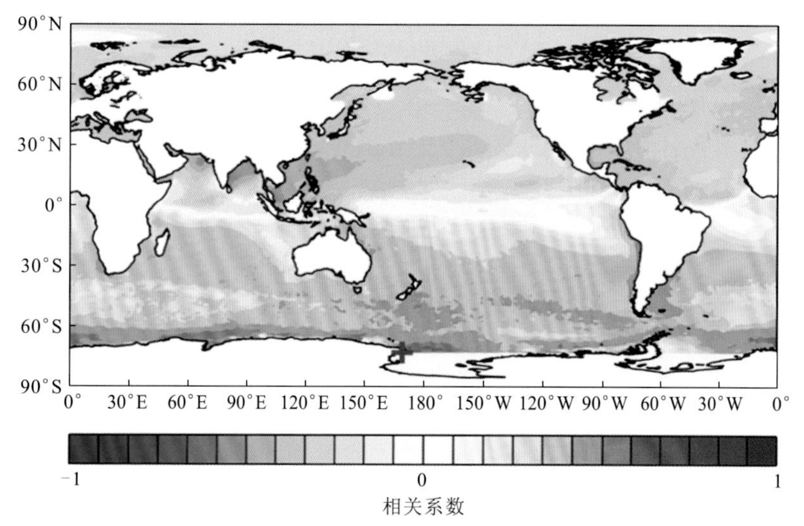

图 6.14　空间点（−73.125°N，169.375°E）与其他位置处海表温度的相关关系

时间相关尺度以天甚至更长时间为单位计算，海表温度在适宜情况下存在短时高频变化，为此选用逐时的海表温度，分析其误差相关性随时间的变化，如图 6.15 所示。

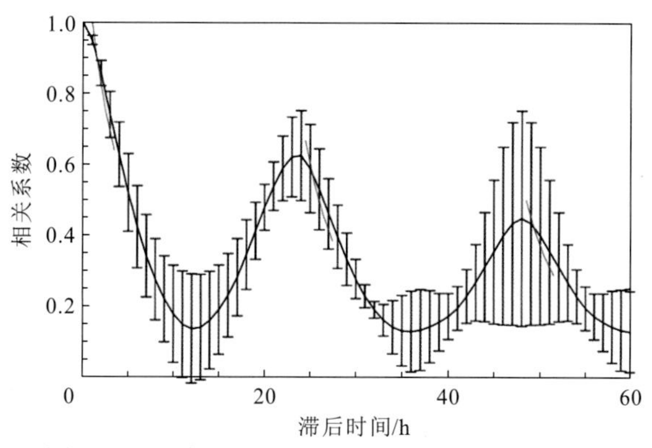

图 6.15　研究区内海表温度小时尺度相关性分析

从图 6.15 中可以看出，t_0 时刻的海表温度与 $t_0+24\,\text{h}$ 、$t_0+48\,\text{h}$ 的相关系数逐渐降低。受日变化的影响，在 24 h 内，t_0 与随后每个时刻海表温度的相关性先降低后升高，与第二天 0 时（$t_0+24\,\text{h}$）的相关性比第一天 4 时以后的相关性还要好，与第三天 0 时（$t_0+48\,\text{h}$）的相关性比第一天 7 时、第二天 4 时以后的相关性还要好。经过多次试验，兼顾数据量和可靠性，若时间窗口内有多个观测，选择相关系数最大的，各个时段的误差相关性关系可表示为

$$b_t(\Delta t)=\begin{cases}0.8277\exp(-0.28607\Delta t)+0.285978, & 0\leqslant\Delta t<24\\ 0.4966\exp[-0.28607(\Delta t-24)]+0.285978, & 24\leqslant\Delta t<48\\ 0.3599\exp[-0.28607(\Delta t-48)]+0.285978, & 48\leqslant\Delta t<72\end{cases}\tag{6.2}$$

空间半变异函数可用来刻画海表温度在空间上的变化，对空间自相关性进行量化，可表示为

$$Y(h)=\frac{1}{2|N(h)|}\sum_{N(h)}(z_i-z_j)^2 \tag{6.3}$$

式中：$N(h)$ 为空间距离为 h 的点对个数；z_i 和 z_j 为空间距离为 h 的点对海表温度。

图 6.16 给出了各月海表温度的空间半变异函数，从图中可以看出，空间点温度的差值随空间距离增加呈现指数函数关系。

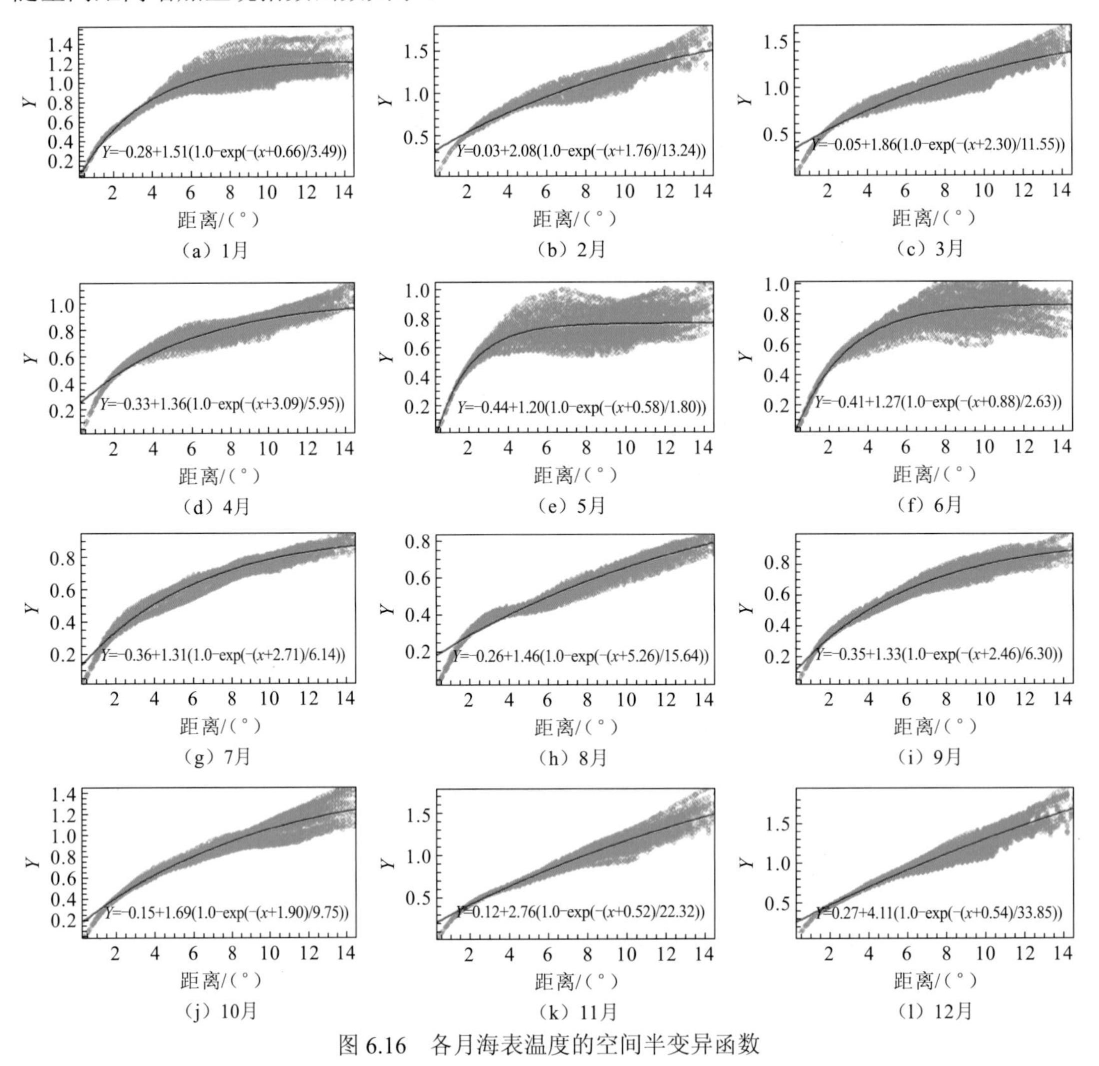

图 6.16　各月海表温度的空间半变异函数

时间半变异函数可用来刻画海表温度在时间上的变化，量化时间自相关关系，可表示为

$$Y(t)=\frac{1}{2|N(t)|}\sum_{N(t)}(z_i-z_j)^2 \tag{6.4}$$

式中：$N(t)$ 为时间间隔为 t 的点对个数；z_i 和 z_j 为时间间隔为 t 的点对海表温度。

图 6.17 给出了海表温度的时间半变异函数，从图中可以看出，海表温度随时间间隔增加，无论是滞后还是超前时间，呈现一种指数函数关系。

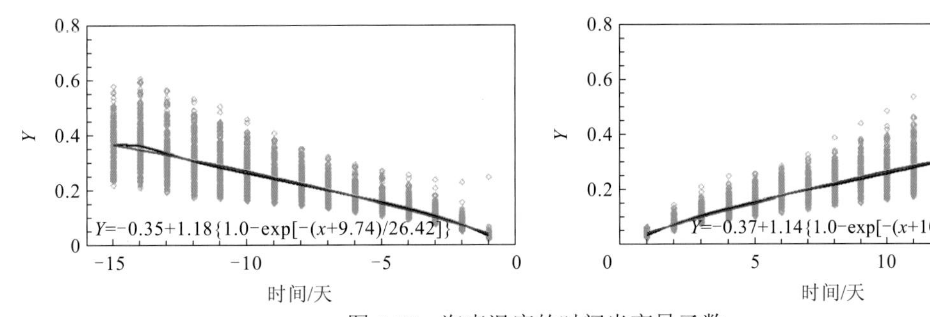

图 6.17　海表温度的时间半变异函数

利用局部区域浮标、站点自 2013 年 1 月 1 日～2017 年 12 月 31 日的小时数据，分析福建沿海 9 个小浮标和 5 个潮位站海表温度与其他水文气象因子的相关关系，以及不同天气系统下的海表温度变化特征。

根据测量要素的不同，将福建沿海 9 个小浮标和 5 个潮位站分为三类，具体如下。

第一类浮标数据的测量要素包括有效波高、平均风速、气温、气压、湿度、表层流速。测量站点包括黄岐、平潭、古雷、北礵、斗尾港小浮标。取各个测量要素的月平均数据与海表温度进行相关性分析，得到表 6.1。

表 6.1　第一类浮标海表温度与其他水文气象要素的相关系数

第一类	有效波高	平均风速	气温	气压	湿度	表层流速
黄岐	−0.34	−0.07	0.97	−0.76	0.29	−0.30
平潭	−0.30	−0.32	0.98	−0.49	0.32	−0.12
古雷	−0.49	−0.44	0.98	−0.80	0.29	0.14
北礵	−0.11	−0.05	0.98	−0.81	0.54	−0.02
斗尾港	—	−0.38	0.98	−0.87	0.51	0.43

从表 6.1 中可以看出：与海表温度呈显著正相关的水文气象因子是气温、湿度；与海表温度呈显著负相关的水文气象因子主要是气压、有效波高、平均风速；表层流速与海表温度的相关性不十分显著。

第二类浮标数据的测量要素包括电导率、盐度、溶解氧、叶绿素浓度、浊度、pH。测量站点有东山湾、嵛山、闽江口 1 号、榕海 1 号小浮标。取各个测量要素的月平均数据与海表温度进行相关性分析，得到表 6.2。

表 6.2　第二类浮标海表温度与其他水文气象要素的相关系数

第二类	电导率	盐度	溶解氧	叶绿素浓度	浊度	pH
东山湾	0.44	0.29	−0.93	0.20	−0.28	−0.12
嵛山	0.05	0.06	−0.72	−0.27	0.47	−0.51
闽江口 1 号	—	0.14	−0.55	0.42	−0.05	0.33
榕海 1 号	—	0.20	—	−0.03	−0.66	0.25

从表 6.2 中可以看出：与海表温度呈显著负相关的水文气象因子主要是溶解氧；电导率和盐度与海表温度的相关性不十分显著；叶绿素浓度、浊度、pH 与海表温度的相关性有正有负。

第三类验潮站数据的测量要素包括盐度、气压、气温、平均风速、降水量。测量站点有三沙、长门、崇武、厦门、东山。取各个测量要素的月平均数据与海表温度进行相关性分析，得到表 6.3。

表 6.3 验潮站海表温度与其他水文气象要素的相关系数

第三类	盐度	气压	气温	平均风速	降水量
三沙	0.54	−0.85	0.99	−0.27	−0.20
长门	−0.04	−0.87	0.98	0.38	−0.23
崇武	0.45	−0.86	0.98	−0.21	−0.06
厦门	−0.09	−0.87	0.98	0.55	−0.25
东山	0.38	−0.81	—	−0.56	—

从表 6.3 中可以看出：与海表温度呈显著正相关的水文气象因子是气温；与海表温度呈显著负相关的水文气象因子主要是气压；降水量与海表温度的相关性不十分显著；盐度、平均风速与海表温度的相关性有正有负。

基于浮标观测的日变化，选取 2016 年三沙站、崇武站、厦门站和古雷浮标的海表温度逐时数据，通过计算自相关函数（图 6.18），对海表温度进行相关性分析。设海表温度时间序列 $X(1), X(2), \cdots, X(t)$，X 表示为某一站点海表温度在不同时间上的样本数据，通过计算不同时间延迟系数 k 下的时间自相关函数，发现各个站点浮标的海表温度数据时间序列比较平稳，自相关函数下降后又上升，接近一年时间的自相关函数有个极大值，也就是说，福建沿海海表温度有一个一年左右的周期值。

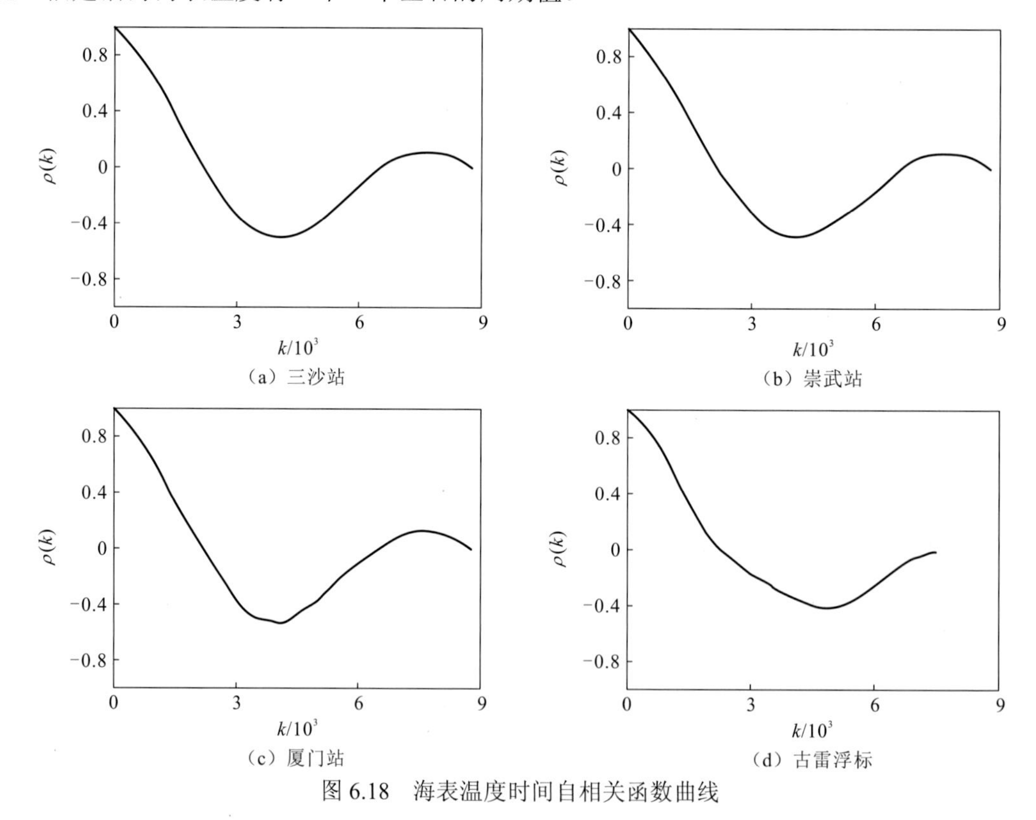

图 6.18 海表温度时间自相关函数曲线

6.3.2　基于熵和信息流的海气界面多物理过程对海表温度的影响分析

1. 水文气象要素

本小节以卫星遥感和再分析数据为主，初步研究海气交换等多物理过程对海表温度的影响，并进行关联关系分析。时间范围为2006～2016年，选取的要素包括太阳辐射、海面风场和降水量等。图6.19给出了标准化的海表温度、海面风速、降水量和净热通量月平均时间序列，通过相关性分析发现，海面风速与海表温度相关系数为-0.702，净热通量与海表温度相关系数为-0.516，显著正相关滞后2个月，降水与海表温度相关系数为0.912。

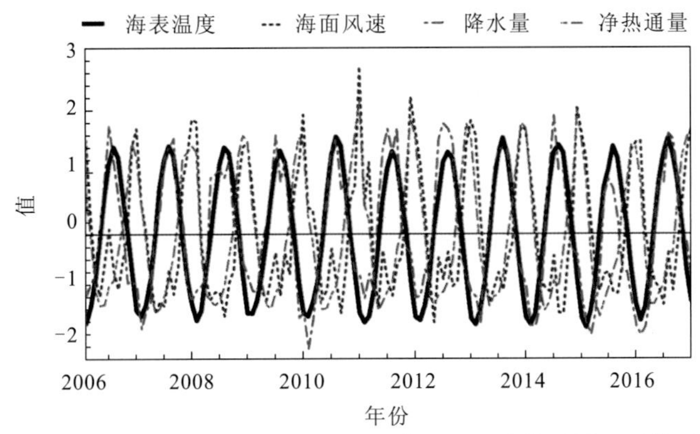

图6.19　标准化的海表温度、海面风速、降水量和净热通量月平均时间序列

使用NOAA提供的站点（0，156°E）和站点（0，23°W）的海表温度、海表盐度、海面风速、降水量、下行辐照度、气压、气温等数据，分别对海表温度和各环境因子进行因果分析（图6.20）。研究目的是寻找影响海表温度的环境因子，下面仅针对海气界面多物理过程到海表温度的信息流（$T_{2\to1}$）[41]进行分析。

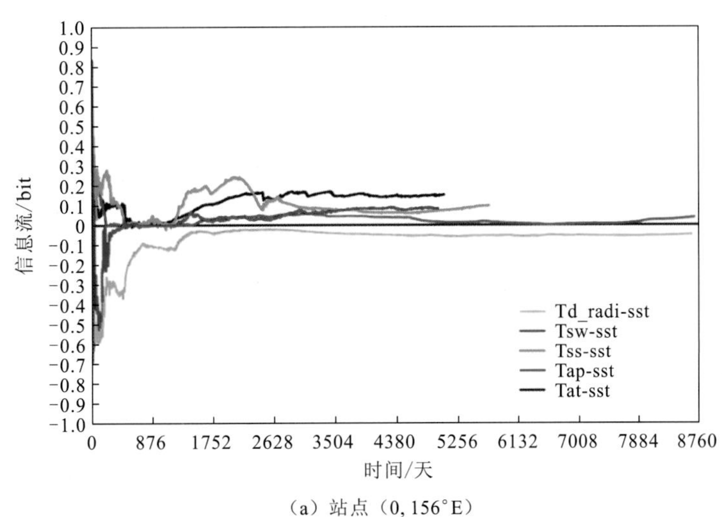

（a）站点（0, 156°E）

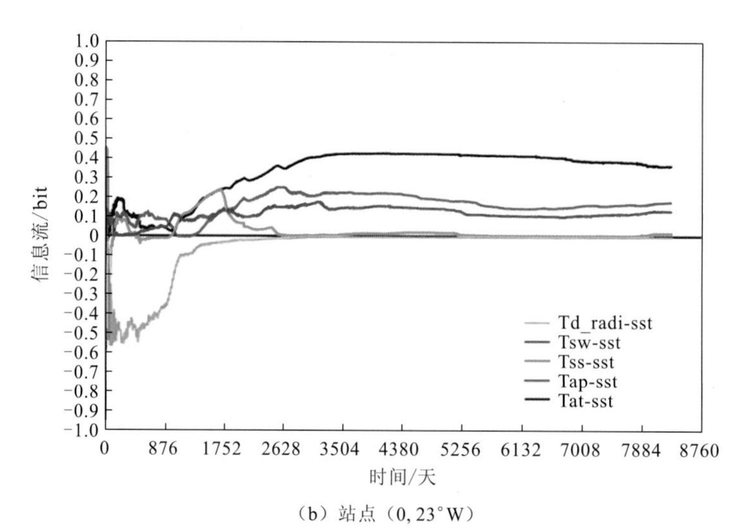

（b）站点（0, 23°W）

图 6.20　利用浮标单点数据得到的海表温度与各环境因子间的信息流

站点（0，156°E）处气温到海表温度的信息流$|T_{2\to1}|>0,1$，表明气温对海表温度的影响较为显著，海面风速、海表盐度、下行辐照度对海表温度的影响较小。由表 6.4 可知，下行辐照度的相关系数低于气压，但其到海表温度的信息流高于气压到海表温度的信息流，表明仅使用相关系数来判定因果关系并不合理。站点（0，23°W）气温、气压、海面风速对海表温度的影响较为显著，其中气温的影响最大。

表 6.4　海表温度与各环境因子之间的相关系数和信息流

站点（0，156°E）	相关系数	信息流
气温	0.60	0.14
海面风速	−0.45	0.07
海表盐度	0.46	0.06
下行辐照度	0.11	−0.05
气压	−0.25	0.03
降水量	−0.13	0.01
站点（0，23°W）	相关系数	信息流
气温	0.60	0.14
海面风速	−0.45	0.07
海表盐度	0.46	0.06
下行辐照度	0.11	−0.05
气压	−0.25	0.03
降水量	−0.13	0.01

2. 无明显天气系统

选取福建沿海的 4 个站点的数据，对 2016 年 5 月 22 日 0 时～24 日 23 时福建沿海无明显天气系统下的海表温度变化进行分析，其中最北的三沙站最低，崇武站其次，南部的厦门站和古雷浮标的海表温度最高。为进一步了解无明显天气系统下，短期海表温度的周期性，本小节采用 Burg 提出的最大熵谱分析方法[42]对 4 个站点的海表温度的主要振动周期进行分析，如图 6.21 所示。由图可知，在没有明显海流和天气系统影响的情况下，海表温度存在明显的日周期，海表温度温与气温的变化趋势比较一致，4 个站点气温与海表温度的相关系数分别达到 0.70、0.85、0.78 和 0.85。

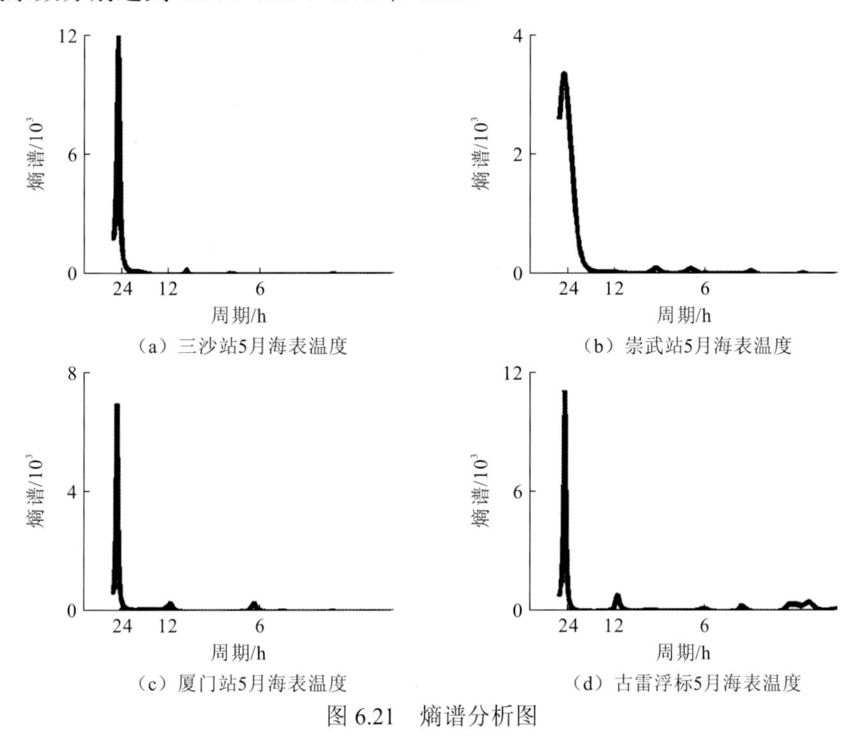

图 6.21　熵谱分析图

3. 冷空气系统

2016 年 2 月 13 日 0 时～15 日 23 时，福建沿海受冷空气影响，偏南风转东北风。比较三沙站、崇武站、古雷浮标的海面风速、气温变化（厦门站风向风速和气温数据缺测），以及 4 个站点的海表温度变化，发现随着冷空气南下，三个站点海面风速迅速增大的时间从北到南依次滞后，各站风向转东北风时是海面风速变大的转折时间（风向图略）。气温有明显下降，下降起始时间也是从北到南依次滞后。而海表温度的下降大概在冷空气到达一天后，并且 4 个站点的延迟不明显。

从图 6.22（c）可以看出，崇武站海表温度与厦门站、古雷浮标接近，最北的三沙站仍然是最低的。在冷空气系统影响的情况下，海表温度与气温的变化趋势不再一致，除厦门站外的其他三个站点海表温度和气温的相关系数分别为−0.20、0.58、0.77。三沙站的相关性最差，可能是由于三沙站位置在最北，受冷空气影响较大，气温降温时间长、降温幅度大。

4. 台风天气系统

2016 年 7 月 7 日 12 时～10 日 11 时和 2016 年 9 月 13 日 0 时～15 日 23 时，福建沿海分别受 1601 号台风“尼伯特”影响和 1614 号台风“莫兰蒂”影响。从图 6.23 中 4 个站点海表

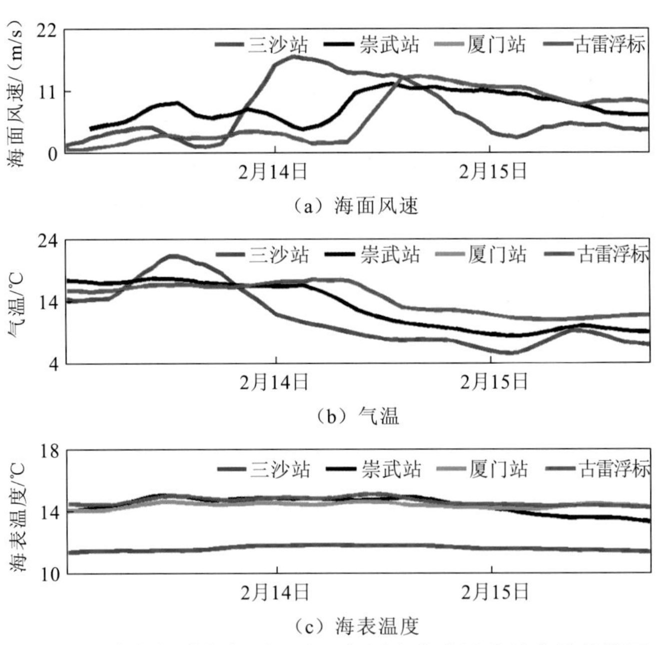

图 6.22　冷空气过程海面风速、气温和海表温度的变化曲线图

温度的变化曲线对比可以看出，1601 号台风影响期间，三沙站的海表温度不再是最低的，上升流的作用使位于东山附近的古雷浮标海表温度明显降低，成为 4 个站点中海表温度最低的站点。而在 1614 号台风影响期间，上升流开始减弱，古雷浮标的海表温度不再是最低的，而转变为三沙站、崇武站、古雷浮标的海表温度从北到南依次升高，厦门站海表温度最高。

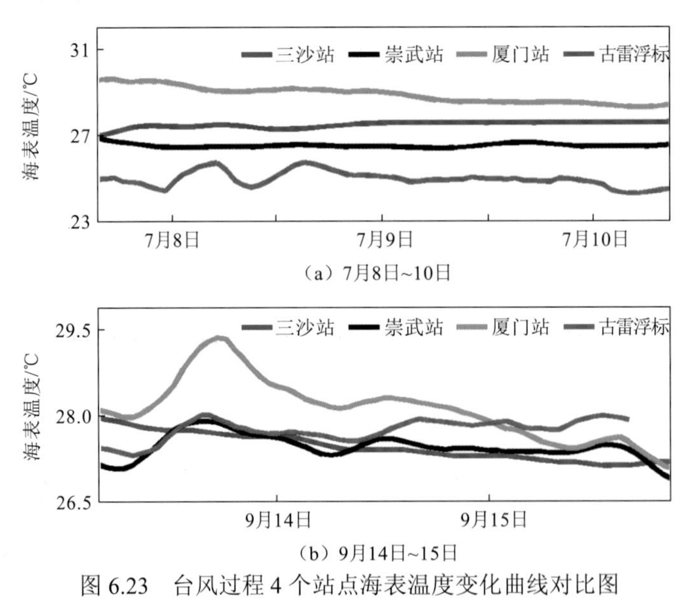

图 6.23　台风过程 4 个站点海表温度变化曲线对比图

台风影响的情况下，海表温度和气温的变化趋势不再一致，二者相关系数都在 0.7 以下。7 月 7 日中午，1601 号台风距离福建泉州沿海约 640 km，崇武站、厦门站尚未受到台风影响，气温和海表温度都较高。随着台风向沿海靠近，风力逐渐增大，气温和海表温度都呈下降趋势。7 月 8 日早晨，7 级风圈开始逐渐影响福建沿海，在东北风的作用下，海表

温度维持较低，但是由于降水还未影响，所以气温在 7 月 8 日中午仍有一个峰值。同样地，1614 号台风影响期间，9 月 13 日台风距离较远时，崇武站、厦门站的气温和海表温度也是较高的[图 6.24（b）和（d）]，不同的是，随着台风向沿海靠近，风力逐渐增大，海表温度呈下降趋势，而气温在 14 日仍有一个峰值，且比 13 日的气温更高。原因可能是与 1601 号台风相比，1614 号台风强度更强，1614 号台风期间的西太平洋副热带高压和台风外围下沉气流也更强，9 月 14 日中午之前，崇武站和厦门站处于台风外围，天气晴到多云，相比于 1601 号台风，气温升高较多。三沙站在 1614 号台风期间，气温与海表温度的相关系数为 -0.61。原因可能是三沙站在台湾海峡北口，在东北风作用下，海表温度持续降低，而台风外围的下沉气流却使气温上升。

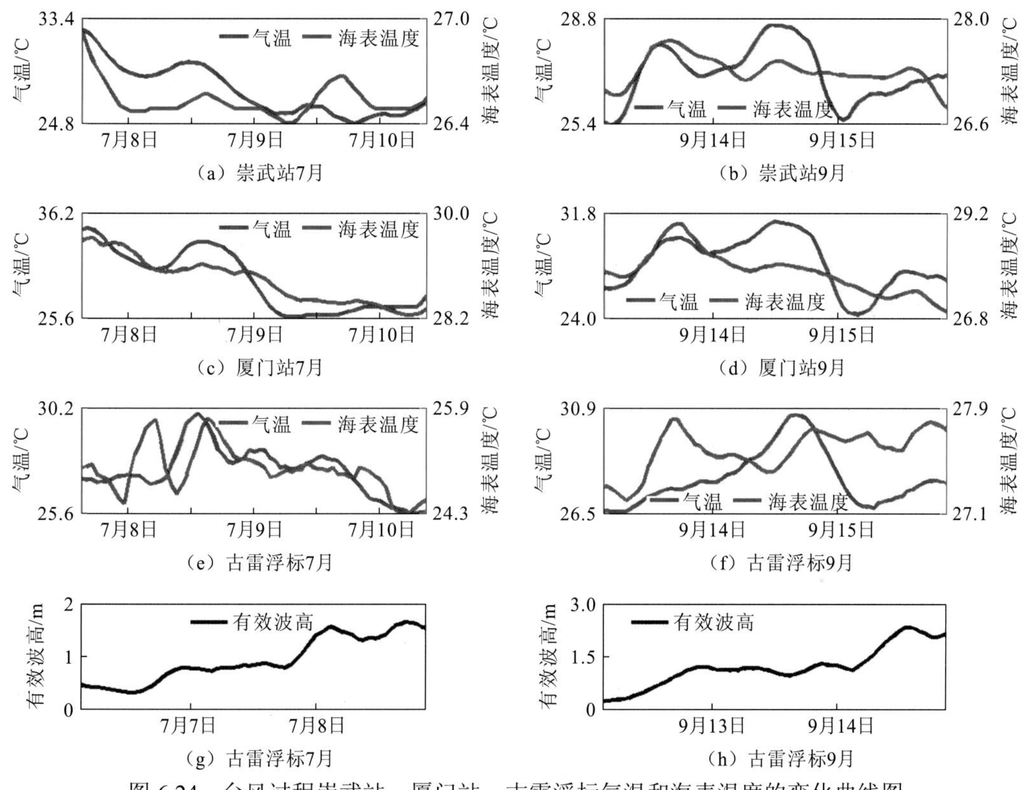

图 6.24　台风过程崇武站、厦门站、古雷浮标气温和海表温度的变化曲线图及古雷浮标有效波高的变化曲线图

6.3.3　基于信息流的上层海洋多环境因子对海表温度的影响分析

本小节使用再分析数据日数据（2011～2013 年），包括海面高度、海表温度、海表盐度、海流流速，基于信息流概念，以南海海域为试验区域，对影响海表温度的环境因子进行分析。

图 6.25 为南海海域表层环境要素海表温度信息流的空间分布，表示的是表层海表盐度、海面高度和海流 U、V 分量流速对海表温度影响显著的区域。整个南海海域，海表盐度对海表温度有显著影响的区域主要集中在北部湾及西南部海域，且信息流传递值为负值，

深度较深的中沙群岛附近海域的海表温度主要受海表盐度的影响，信息流传递呈现正值，主要原因是该海域的混合深度比其他地方深，海表盐度变化影响海表温度的变化。南海大部分海域，海面高度对海表温度有较大影响，在北部湾及西南部海域的影响程度分布与海表盐度相似，但信息流传递为正值。吕宋海峡西侧海域，受涡旋和海流的影响，该海域的海面高度和海流 U 分量流速对海表温度的影响较为显著。海流 U 分量流速对海表温度有显著影响的区域主要集中在南海北部，这主要是因为该海域受冬季季风的影响，海水动力混合及季风携带的冷空气引起海表温度的剧烈变化。

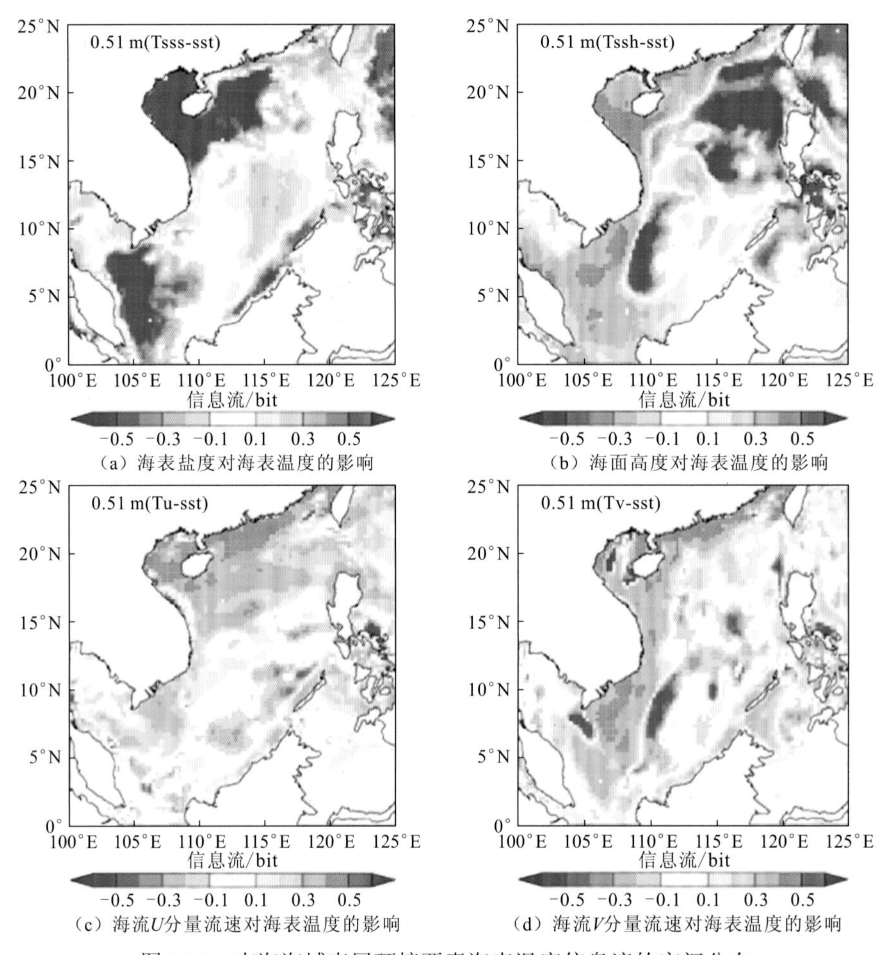

（a）海表盐度对海表温度的影响　（b）海面高度对海表温度的影响

（c）海流 U 分量流速对海表温度的影响　（d）海流 V 分量流速对海表温度的影响

图 6.25　南海海域表层环境要素海表温度信息流的空间分布

图 6.26 所示为 69.02 m 深度处海水水温、海表盐度和海流速度到海表温度的信息流分布。随着深度的增加，各环境因子对海表温度的影响程度分布态势逐渐与地形相契合，南海海盆边缘，环境因子对海表温度的影响较大，向海盆中心逐渐减小。吕宋海峡附近海域，随着深度的增加，海水温度对海表温度的影响程度逐渐高于其他环境因子。

图 6.27 所示为海水水温、海表盐度、海流流速对海表温度影响最大的深度分布。与海面高度（SSH）结果不同，各环境因子对海表温度的影响最大深度集中在浅层。30～40 m 深度处的海水水温对海表温度的影响较大，且沿海盆等高线分布。0～20 m 深度处的海表盐度对海表温度的影响较大，集中在海盆中央及吕宋海峡附近海域，在海南岛附近海域，30 m

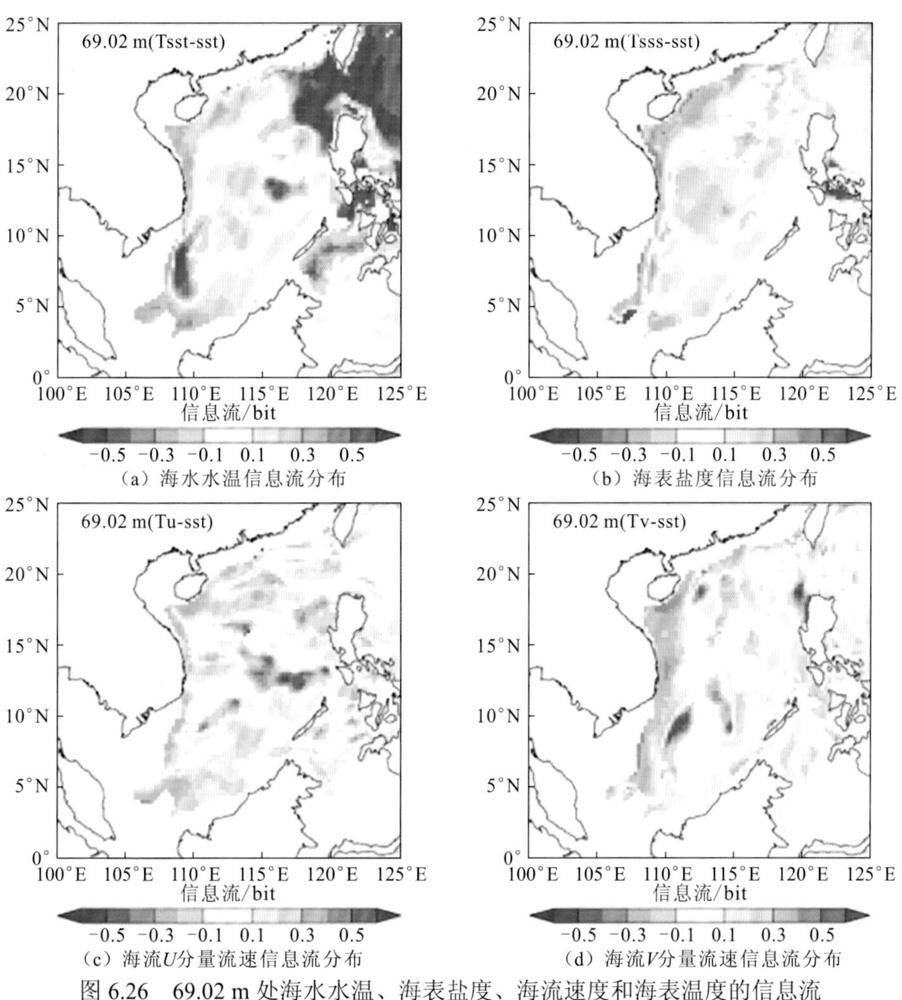

(a) 海水水温信息流分布　(b) 海表盐度信息流分布

(c) 海流U分量流速信息流分布　(d) 海流V分量流速信息流分布

图 6.26　69.02 m 处海水水温、海表盐度、海流速度和海表温度的信息流

深度处的海表盐度对海表温度的影响较大。海流对海表温度的影响因海流方向的不同，呈现不同的分布状况，近岸海域海表温度主要受 0～20 m 深度处的海流 V 分量流速影响，南海北部和西南部海域，海表温度则主要受到 30～40 m 深度处的海流 U 分量流速影响。

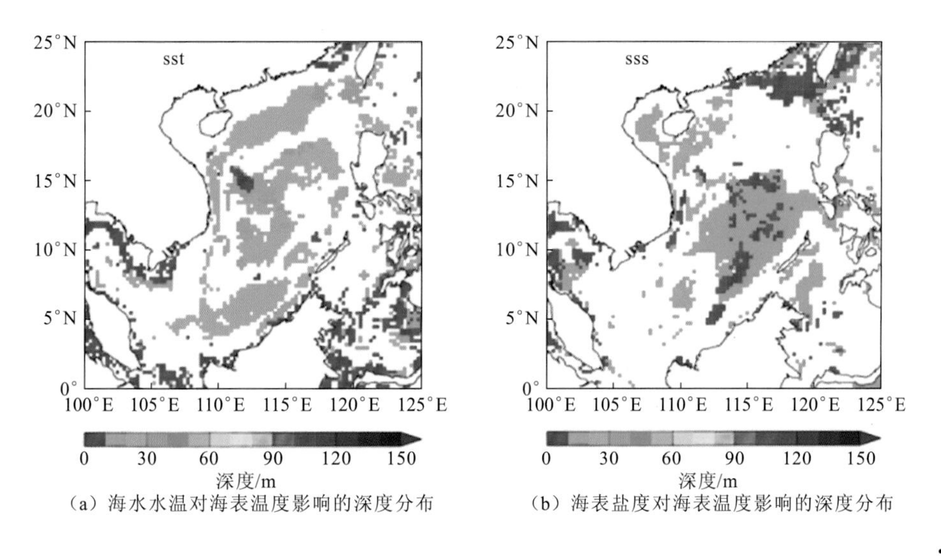

(a) 海水水温对海表温度影响的深度分布　(b) 海表盐度对海表温度影响的深度分布

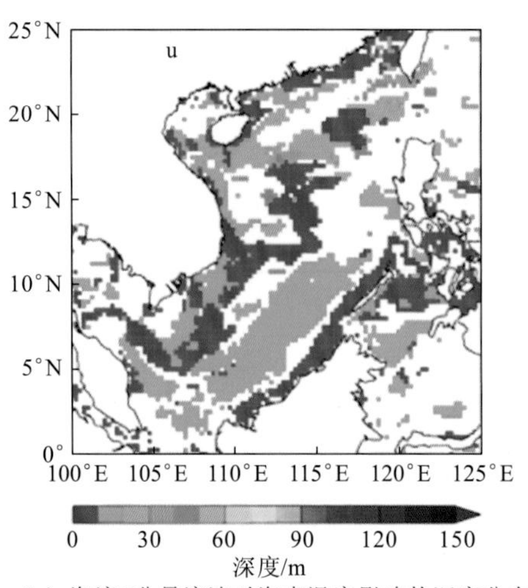

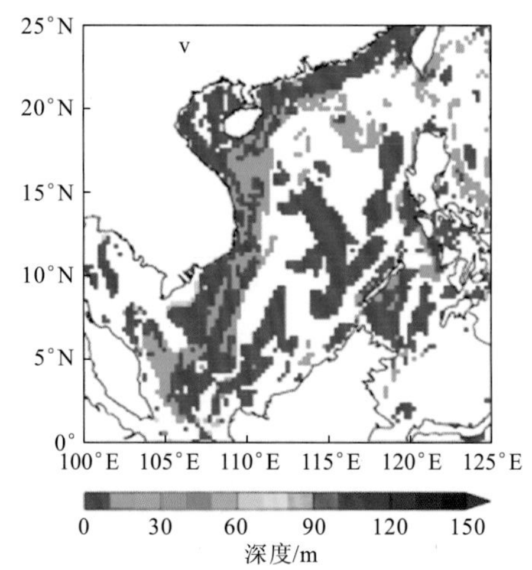

（c）海流U分量流速对海表温度影响的深度分布　　（d）海流V分量流速对海表温度影响的深度分布

图 6.27　海表温度受环境要素影响最大的深度分布

6.4　海表温度大数据预报应用

6.4.1　基于动态时间规整分析的海表温度大数据分析预报模型

海洋现象的发生是不可能完全重复的，但海洋现象的发生可具有相似性。具体地说，当前时段内海表温度的变化特征，在足够长的历史时段内能够找到类似变化特征的时段，根据这些历史相似时段的后续观测值，可完成对当前时段未来数值的分析预测。

利用基于历史时序相似度分析的海表温度大数据预测分析方法，从历史数据中搜寻 90 天变化时序相似度最高的历史变化趋势来预测未来海表温度，图 6.28 给出了匹配结果，构建基于动态时间规整分析的分析预报模型。

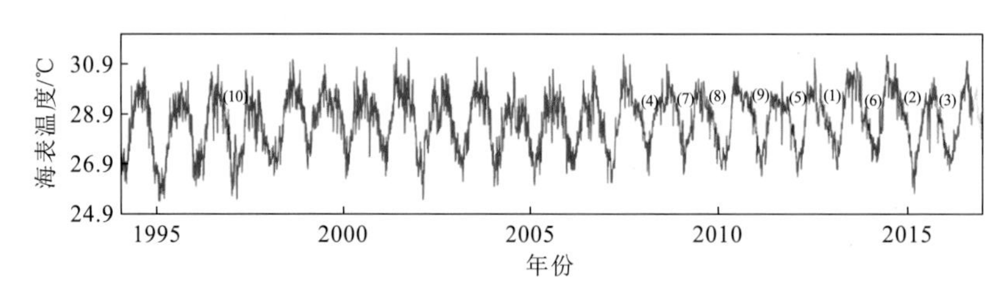

图 6.28　全球海表温度（1994～2016 年）判断相似准则的选取结果

由搜寻出的 10 组匹配时间序列数据，选取前 5 个相似度最高的序列，以此序列后续的海表温度变化，叠加权重。为验证模型在大面上的预报精度，采用 1994 年 1 月 1 日～2018 年 10 月 24 日的卫星遥感海表温度背景场数据，预测了 2018 年 10 月 25 日～10 月 29 日共 5 天的海表温度分布，并对这 5 天的海表温度预测结果与获得的卫星遥感数据进行结果比对验证。

将两天的预报结果与后续获得的卫星资料进行比对，结果表明，预报结果比遥感观测值整体偏低，存在低估预测，同时随着预测时长的增加，误差值也逐渐加大。由图 6.29 和

图 6.30 可知，2018 年 10 月 25 日的预报海表温度绝对误差为 0.476 ℃，均方根误差为 0.385 ℃，标准差为 0.486；2018 年 10 月 26 日的预报海表温度绝对误差为 0.543 ℃，均方根误差为 0.499 ℃，标准差为 0.563。

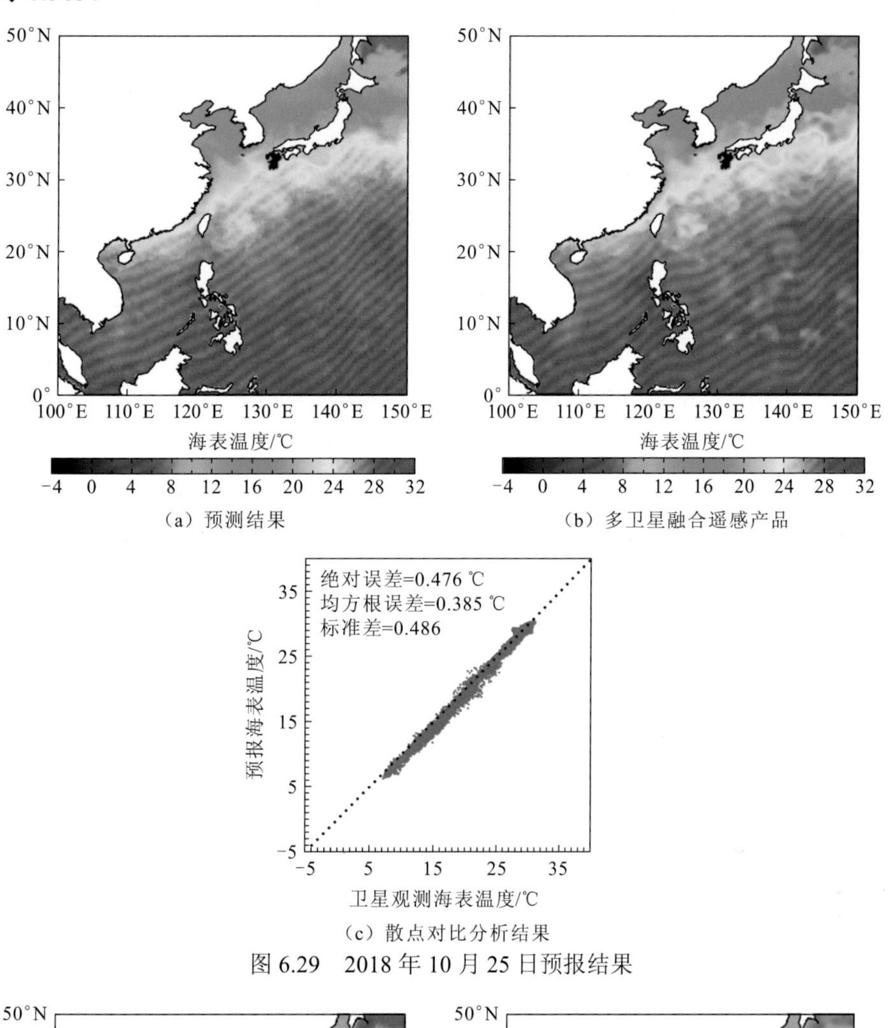

（a）预测结果

（b）多卫星融合遥感产品

（c）散点对比分析结果

图 6.29　2018 年 10 月 25 日预报结果

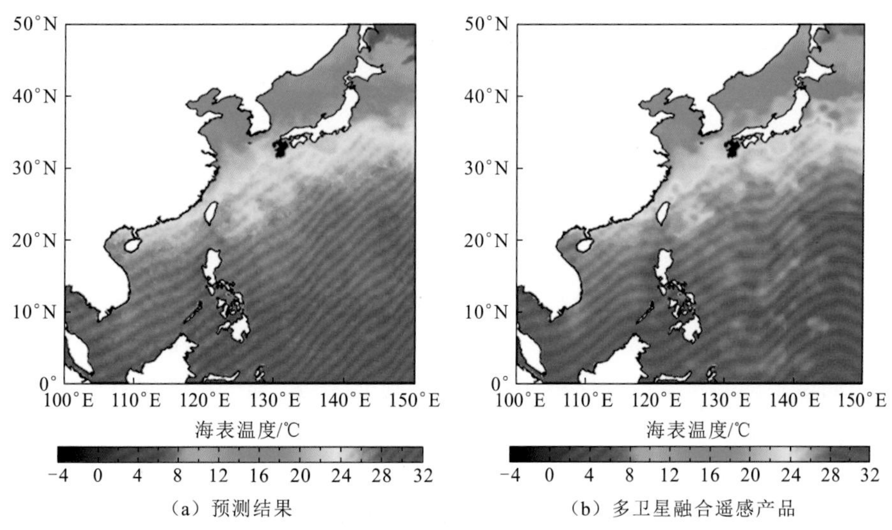

（a）预测结果

（b）多卫星融合遥感产品

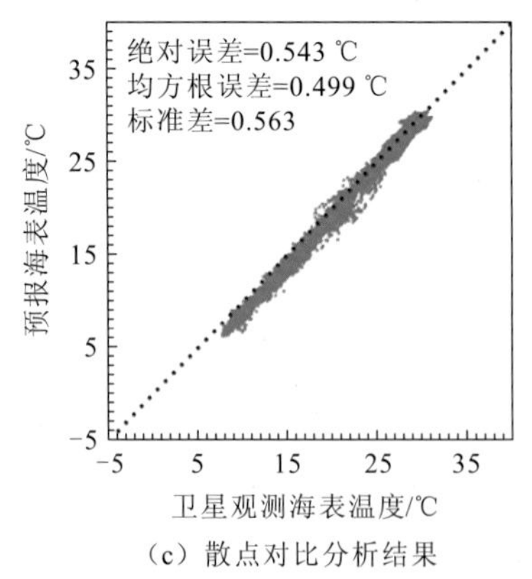

（c）散点对比分析结果

图 6.30　2018 年 10 月 26 日预报结果

6.4.2　基于时空注意力机制的海表温度大数据分析预报模型

考虑海表温度的变化主要体现在时间尺度和空间尺度上，本小节结合海表温度周期性变化的特点，利用时空信息构建时空注意力网络（spatiotemporal attention network，STNet）模型用以进行未来海表温度的预测，模型结构如图 6.31 所示。

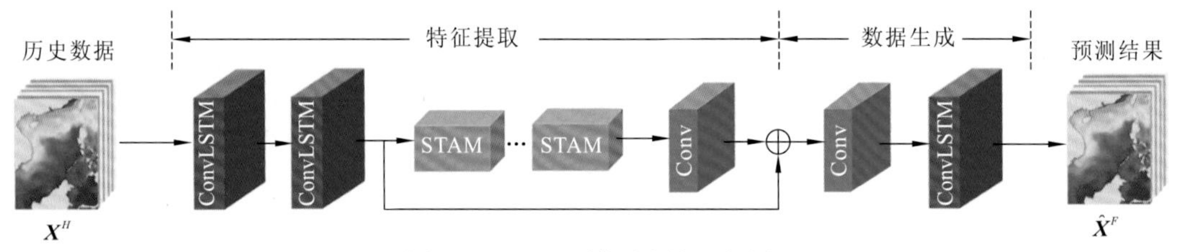

图 6.31　STNet 模型结构示意图

STNet 模型可分为特征提取和数据生成两部分。模型输入为连续 n 个时间步长（如小时、日等）的三维海表温度序列 $\boldsymbol{X}^H = X_1, X_2, \cdots, X_n$，输出为未来 k 个时间步长的海表温度序列 $\hat{\boldsymbol{X}}^F = \hat{X}_{n+1}, \hat{X}_{n+2}, \cdots, \hat{X}_{n+k}$，$\boldsymbol{X}^H, \hat{\boldsymbol{X}}^F \in \mathbf{R}^{H\times W\times T}$，$\mathbf{R}^{H\times W\times T}$ 表示序列大小为 $H\times W\times T$，如图 6.32 所示，H、W、T 分别为网格化区域海表温度序列的长度、宽度和时间长度。

在特征提取部分，模型首先通过两层 ConvLSTM 网络提取序列的初始特征图，提取得到的初始特征图保留了相邻时刻间的时间相关性，如式（6.5）所示：

$$\boldsymbol{F}_0 = f_{\mathrm{CL}}(f_{\mathrm{CL}}(\boldsymbol{X}^H)) \tag{6.5}$$

式中：$f_{\mathrm{CL}}(\cdot)$ 为 ConvLSTM 网络，卷积核大小为 3×3，步长为 1，采用四周对称补零的策略，使网络输入输出的长宽一致；$\boldsymbol{F}_0$ 为提取到的初始特征图。

$\boldsymbol{F}_0$ 被送到 R 个堆叠的时空注意力模块（spatiotemporal attention module，STAM）进行时间域和空间域上的多尺度深层次特征抽象，得到 $\boldsymbol{F}_R$，$\boldsymbol{F}_R$ 与一层卷积层相连。模型使用全局跳跃连接将更新后的特征添加到 $\boldsymbol{F}_0$ 中，得到 $\boldsymbol{F}_f$，使 $\boldsymbol{F}_f$ 中既有携带历史海表温度的初始特征又具有通过时空注意力机制学习得到的多尺度深层次特征，如式（6.6）所示：

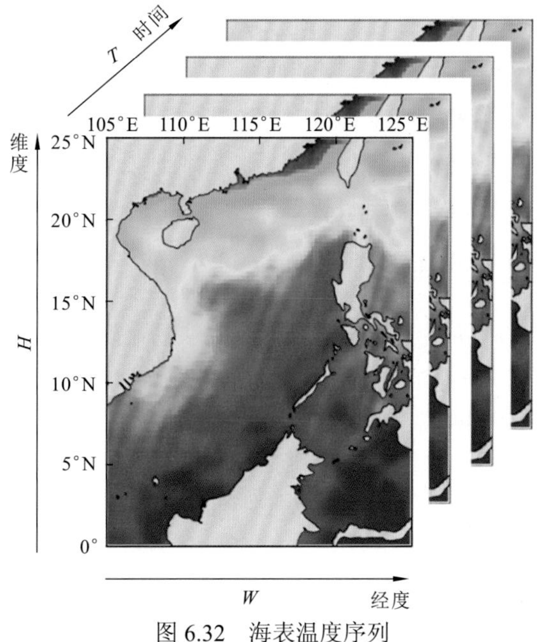

图 6.32　海表温度序列

$$\boldsymbol{F}_f = \boldsymbol{F}_0 + f_f(R_R(R_{R-1}(\cdots R_1(\boldsymbol{F}_0)\cdots))) \tag{6.6}$$

式中：$f_f(\cdot)$ 为卷积操作；$\boldsymbol{F}_f$ 为结合时空注意力机制学习到的海表温度特征。

数据生成部分为一层卷积层和 ConvLSTM 网络，将编码得到的历史时空信息映射到待预测的海表温度序列上，得到预测结果，如式（6.7）所示：

$$\hat{\boldsymbol{X}}^F = f_{\mathrm{CL}}(f_f(\boldsymbol{F}_f)) \tag{6.7}$$

在上述流程中，STNet 模型通过堆叠的 STAM 实现对初始海表温度特征图的多尺度深层次抽象，STAM 结合了时间域上的注意力机制和空间域上的注意力机制，通过 Sigmoid 函数缩放后对原输入特征序列进行加权，采用残差网络[43]的思想，使用跳跃连接与原输入特征融合，增强了模块的稳健性，较好地解决了深度神经网络中网络层数增加导致的网络性能退化问题。STAM 结构如图 6.33 所示。

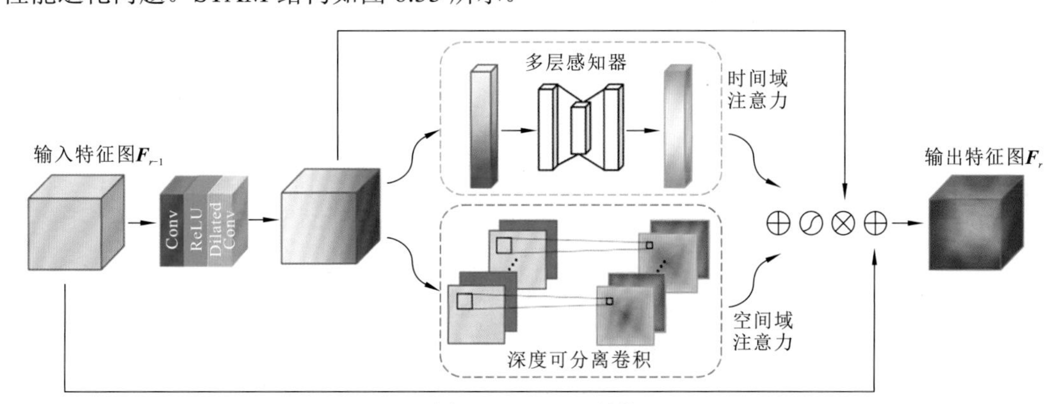

图 6.33　STAM 结构

令 $\boldsymbol{F}_{r-1}$ 和 $\boldsymbol{F}_r$ 分别为第 r 个 STAM 的输入和其输出的特征图，模块结构也可表示为

$$\boldsymbol{F}_r = R_r(\boldsymbol{F}_{r-1}) = \boldsymbol{F}_{r-1} \oplus f^{\mathrm{STA}}(\boldsymbol{P}_{r-1}) \tag{6.8}$$

$$\boldsymbol{P}_r = f_{\text{trans}}(\boldsymbol{F}_r) \tag{6.9}$$

式中：$R_r(\cdot)$为第 r 个 STAM；$\oplus$为按元素相加；$f^{\text{STA}}(\cdot)$为时空注意力机制；$f_{\text{trans}}(\cdot)$为第 1 次卷积、ReLU 激活、空洞卷积[44]等在注意力机制前的预处理操作；$\boldsymbol{P}_r$为预处理后的结果，$\boldsymbol{P}_r \in \mathbf{R}^{H\times W\times T}$。空洞卷积的卷积核大小为 3×3，膨胀率为 2，使用空洞卷积能增大卷积操作的视觉感受野，通过 STAM 的堆叠可以提取原特征图的多尺度空间信息。

1. 时间域上的注意力机制

类比于 LSTM 网络，时间域上的注意力机制关注的是输入序列中哪些时刻携带的信息对未来海表温度的变化意义更大。为有效地计算时间域上的注意力图，需对输入序列在空间域上进行压缩。与传统时间域上的注意力机制不同，本小节采用全局方差池化方法而不是惯用的平均值池化或最大值池化方法来聚合空间信息。海表温度特征序列中包含丰富的极值信息，而对应的海表温度极值通常是某些物理海洋现象的重要表征之一。因此若简单地采用平均值池化或最大值池化的方法，这种空间上不同点信息的差异性难以得到较好地体现。采用方差池化的方法对空间信息进行聚合后再计算时间域上的注意力图可以保留不同海表温度分布的离散程度。

$$\boldsymbol{T}_r = \text{VarPool}(\boldsymbol{P}_r) \tag{6.10}$$

$$\boldsymbol{M}_r^{\text{TA}} = \text{MLP}(\boldsymbol{T}_r) = \boldsymbol{W}_U(\boldsymbol{W}_D(\boldsymbol{T}_r)) \tag{6.11}$$

式中：$\boldsymbol{P}_r$为预处理后的结果；VarPool$(\cdot)$为全局方差池化；$\boldsymbol{M}_r^{\text{TA}}$为时间域上注意力图；MLP 为多层感知器；$\boldsymbol{W}_D$、$\boldsymbol{W}_U$为全连接层；$\boldsymbol{T}_r, \boldsymbol{P}_r, \boldsymbol{M}_r^{\text{TA}}, \boldsymbol{W}_U \in \mathbf{R}^{1\times1\times T}$，$\boldsymbol{W}_D \in \mathbf{R}^{1\times1\times T/\alpha}$。对预处理后的结果进行全局方差池化，通过压缩率的全连接层进行时间域的下采样，使用 ReLU 函数激活后，通过释放率的全连接层进行时间域的上采样得到时间域上的特征图。

2. 空间域上的注意力机制

从空间域上来看，海表温度包含丰富的空间信息，对海表温度特征序列而言，不同区域的海表温度在图像上的纹理特征和分解后的模态成分是不同的。常见的物理海洋现象，如环流、涡旋、海洋锋等，都有其特定的空间分布特征及模态分布情况。因此空间域上的注意力机制采用深度可分离卷积对海表温度特征序列进行模态分解，得到空间域上的注意力图。

$$\boldsymbol{M}_r^{\text{SA}} = \text{Conv}_{\text{DW}}(\boldsymbol{P}_r) \tag{6.12}$$

式中：$\boldsymbol{M}_r^{\text{SA}}$为空间域上的注意力图，$\boldsymbol{M}_r^{\text{SA}} \in \mathbf{R}^{H\times W\times T}$；$\text{Conv}_{\text{DW}}(\cdot)$为深度可分离卷积，窗口大小为 3×3。对预处理后的结果进行深度可分离卷积，得到空间域上的特征图。

3. 时空注意力机制

将时间域上的注意力图与空间域上的注意力图融合后经过 Sigmoid 函数缩放，就得到时空注意力特征图：

$$\boldsymbol{M}_r^{\text{STA}} = f^{\text{STA}}(\boldsymbol{P}_r) = \sigma(\boldsymbol{M}_r^{\text{TA}} \oplus \boldsymbol{M}_r^{\text{SA}}) \tag{6.13}$$

式中：$\boldsymbol{M}_r^{\text{STA}}$为时空注意力图，$\boldsymbol{M}_r^{\text{STA}} \in \mathbf{R}^{H\times W\times T}$；$\sigma(\cdot)$为 Sigmoid 函数。

将式（6.13）代入式（6.8），则第 r 个 STAM 输出的特征图 $\boldsymbol{F}_r$[45]为

$$\boldsymbol{F}_r = \boldsymbol{F}_{r-1} \oplus \sigma(\boldsymbol{M}_{r-1}^{\text{TA}} \oplus \boldsymbol{M}_{r-1}^{\text{SA}}) \otimes \boldsymbol{P}_{r-1} \tag{6.14}$$

式中：⊗表示按元素相乘。

实验中 STNet 模型基于 Keras 框架[46]搭建，采用 Adam 优化器[47]进行优化，损失函数为 L1 loss，实验环境为 CentOS 7+NVIDIA Tesla P40 GPU。

实验基于 2010 年 1 月 1 日～2019 年 12 月 31 日共 10 年的最优插值海表温度构建南海数据集（105°E～125°E，0°～25°N）。使用前 K 日的历史海表温度来预测未来 L 日的海表温度，划分训练集∶验证集∶测试集的比例为 7∶1∶2。

实验中对原始数据陆地区域的海表温度无效值采用最邻近插值法进行插值填充后形成完整的时空数据集，对数据进行 z-scores 标准化后，再送入模型进行训练，模型预测完成后将被插值区域剔除，使之不参与性能评价，实施中 $K=28$、$L=5$、$R=4$。

一般地，采用某日的平均绝对误差（mean absolute error，MAE）和某日绝对误差的标准差（standard deviation，STD）（以衡量误差的波动情况）来评价预测结果。考虑海表温度预测问题，短期的海表温度预报对辅助人类决策更为重要，为了整体上评价模型的预测结果，采用权重化的 MAE 和 STD 进行评价，W_{MAE} 和 W_{STD} 定义如下：

$$W_{\mathrm{MAE}}=\frac{2}{L(L+1)}\sum_{i=1}^{L}\mathrm{MAE}_i(L-i+1) \tag{6.15}$$

$$W_{\mathrm{STD}}=\frac{2}{L(L+1)}\sum_{i=1}^{L}\mathrm{STD}_i(L-i+1) \tag{6.16}$$

式中：MAE_i 和 STD_i 分别表示第 i 日的平均绝对误差和标准差。

由于海表温度是海洋环流、涡旋、海洋锋结构等研究中一种直观的指示量，模型是否能反映环流、涡旋等随时间的演变情况也是考查模型预测性能的重要方面。考虑这些海洋动力过程尺度往往不尽相同，本小节采用多尺度结构相似性（multiscale structural similarity，MS-SSIM）[48]来刻画海表温度的结构相似程度，MS-SSIM 取值为[0, 1]，当预测结果与观测结果完全相同时，MS-SSIM=1。

实验使用南海数据集训练模型，并将测试集上预测结果与以下几种模型结果进行比较。

（1）FC-LSTM[49]模型由两层 LSTM 层和全连接层组成，隐含神经元数目为 100。

（2）ConvLSTM[37]模型在 LSTM 的基础上加上卷积操作捕捉空间特征，并将状态与状态之间的切换使用卷积计算替代，可以表达出数据间的时空相关性。

（3）CA+ConvLSTM[39]模型通过卷积层学习海表温度序列的初始特征后，使用时间域上的注意力机制进行加权，输入 ConvLSTM 网络中得到预测结果。

实验训练过程中，除 FC-LSTM 模型外，均对原始数据进行过插值处理，比较结果（与海表温度插值比较得到）如表 6.5 所示。

表 6.5　不同模型的预测性能比较

模型	W_{MAE}	W_{STD}	MS-SSIM
FC-LSTM	0.3016	0.2875	0.9385
ConvLSTM	0.4566	0.3736	0.9237
CA+ConvLSTM	0.3591	0.3450	0.9312
STNet	**0.2915**	**0.2762**	**0.9428**

由表 6.5 可知，STNet 模型的 W_{MAE}、W_{STD}、MS-SSIM 指标均在同类模型中表现最优。由于南海处于印度季风与亚洲季风的中间地带，较强的海面风场是影响海表温度变化的主要因素

之一。每年南海夏季风爆发前后，也是海表温度快速变化的时期。资料表明，2018 年 6 月第 1 候（1～5 日），南海夏季风爆发。又因 2018 年 6 月 5 日，台风“艾云尼”在南海海面生成，台风带来的海表温度降温会对模型预测性能评价造成影响，因此取南海夏季风爆发前 3 日（5 月 28 日～6 月 2 日）与不同模型连续 5 日的预测情况进行对比，如图 6.34 所示。

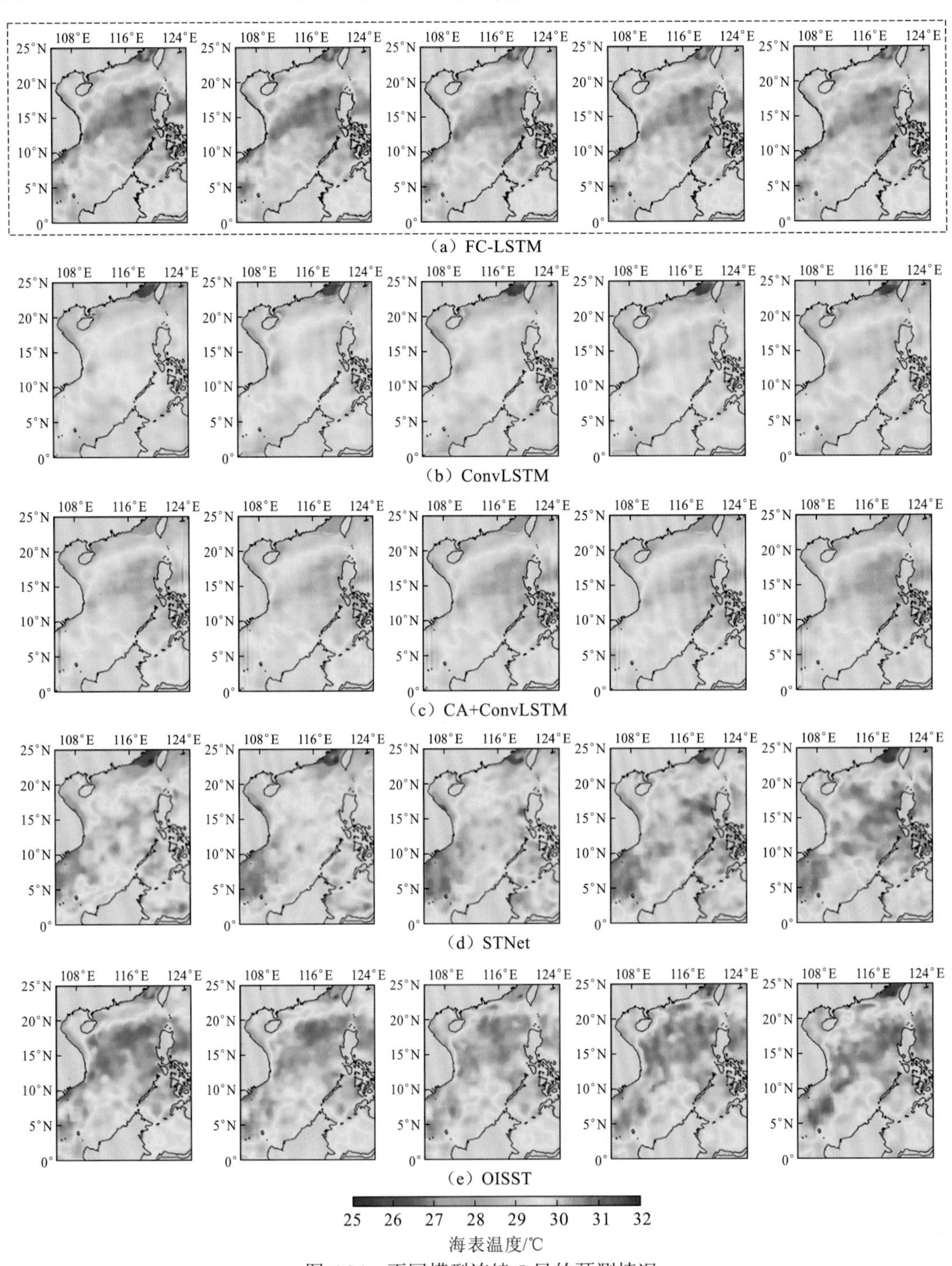

图 6.34　不同模型连续 5 日的预测情况

最优插值海表温度显示，南海夏季风爆发前，南海大部分区域海表温度超过 29℃，加里曼丹岛沿岸为海表温度相对低值区。南海北部等温线十分密集，5 月 28 日珠江口附近海域海表温度为 28℃左右，随着暖中心的北移，6 月 2 日海表温度已在 30℃以上。STNet 模型预测结果较好地刻画了这一快速升温过程，等温线的分布也与最优插值海表温度较接近，而 FC-LSTM 模型和 ConvLSTM 模型的预测结果显示 6 月 2 日前后珠江口附近海域海表温度仍小于 29℃，CA+ConvLSTM 模型在 5 月 28 日就已预测台湾海峡海表温度将超过 27℃，与最优插值海表温度差异较大。

综上所述，STNet 模型综合利用了海表温度序列的时空信息，模型相对易于训练，精度在同类模型中表现最优，其中 W_{MAE} 指标比只考虑时间域上注意力机制的 CA + ConvLSTM 模型提高了 17.6%，其他精度指标也有明显的提高。因此，STNet 模型适用于海表温度的预测工作。

实验采用前述的模型结构对南海数据集进行训练，迭代 100 个轮次后对 2018 年全年的海表温度进行了预报，输入数据为前 28 日的观测结果，模型训练时间为 3.2 h、预报时间为 0.3 min。模型训练完成后，对待预测海域可实现分钟级别的预报。

图 6.35 展示了 2018 年 4 个季节连续 5 日的海表温度变化情况，其中，冬季以 1 月第 1 候（1～5 日）为例，春季以 4 月第 1 候为例，夏季以 7 月第 1 候为例，秋季以 10 月第 1 候为例。

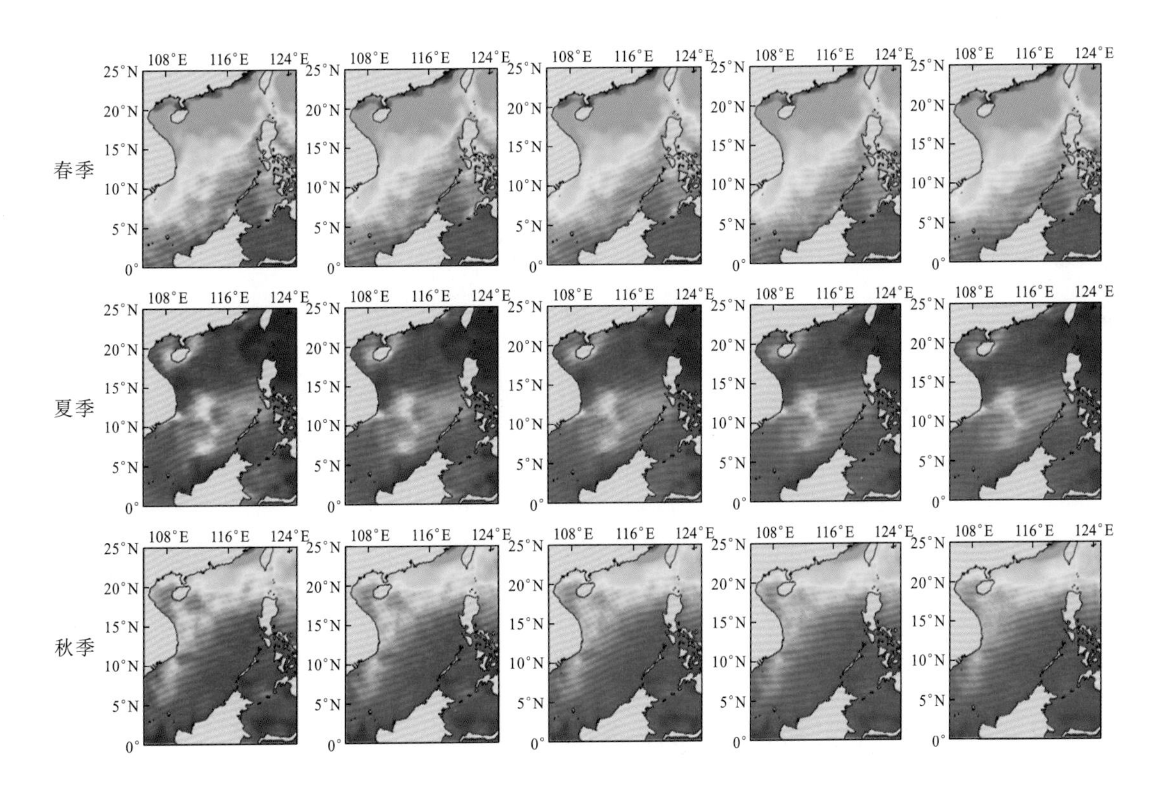

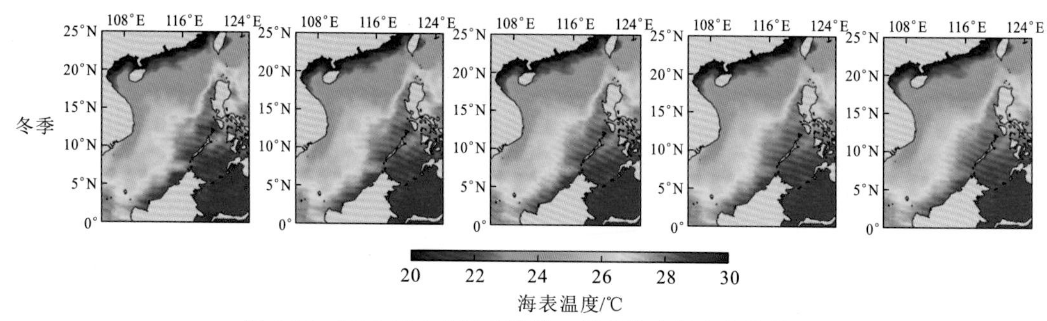

图 6.35　2018 年 4 个季节连续 5 日的海表温度变化情况

由图 6.35 可知，尽管南海区域月平均海表温度变化范围不大，但夏、冬两季的海表温度分布仍有明显差异：由于夏季强烈的太阳辐射，整个海区表层温度分布趋于一致，海表温度变化仅为 1～2℃。在越南金兰湾外，由于上升流的存在，可观测到较为明显的“越南冷涡”，使该海域海表温度低于 27℃；冬季经向上有 8℃左右的差异，等温线大致为东北—西南方向，海区北侧温度较低，等温线密集，水平温差较大，东南侧温度较高，等温线稀疏，水平温差较小。春、秋两季为南海季风转型的季节，整体等温线趋于冬季东北—西南的形态，由春、秋两季的海表温度分布可观测到黑潮由菲律宾群岛以东海域沿台湾岛东岸向东北方向延伸。春季南海近岸海域海表温度较低，秋季高温水舌集中在加里曼丹岛北部海域和菲律宾群岛附近。

采用未来 5 日的最优插值海表温度对 2018 年的预测结果进行评价，图 6.36 为 2018 年 4 个季节连续 5 日海表温度预报误差情况。结果显示，预报时间越短，预报结果与最优插值海表温度越接近，第 1 日的平均绝对误差约为 0.2℃，随着预报时长的增加，误差逐渐累积，第 5 日的南海最大预报误差在 1.1℃左右，对比不同季节的预报情况，模型在秋季的预报误差要小于其他季节，最大预报误差约为 0.7℃，体现出模型具有较好的预报能力。

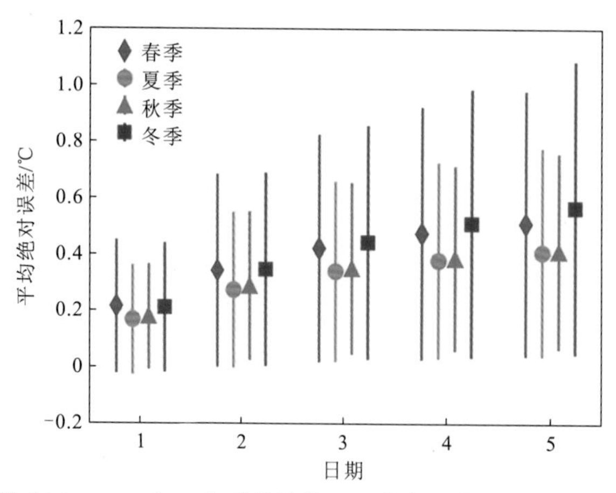

图 6.36　2018 年 4 个季节连续 5 日海表温度预报误差情况

6.4.3　海表温度大数据预报示范应用

采用全球海表温度数据，研发构建海表温度大数据预报系统（big data forecast system，BDFS）进行全球海表温度示范预报。输出的全球海表温度预报产品，空间分辨率为 10 km，预报时效为 7 天。其中 2021 年 5 月 2 日的预报结果如图 6.37 所示。

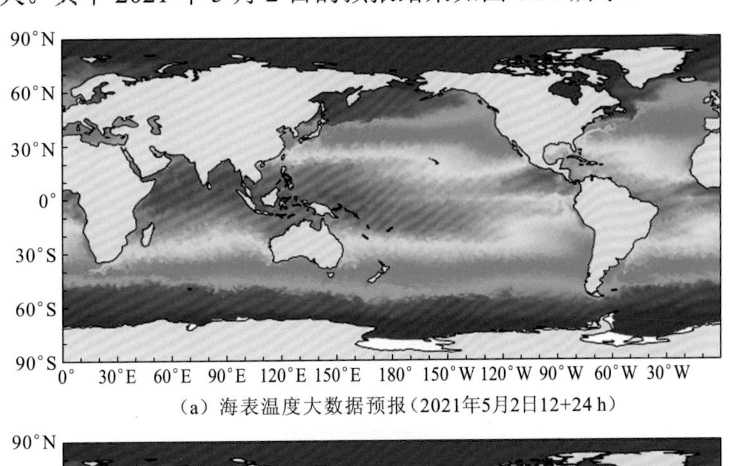

（a）海表温度大数据预报（2021年5月2日12+24 h）

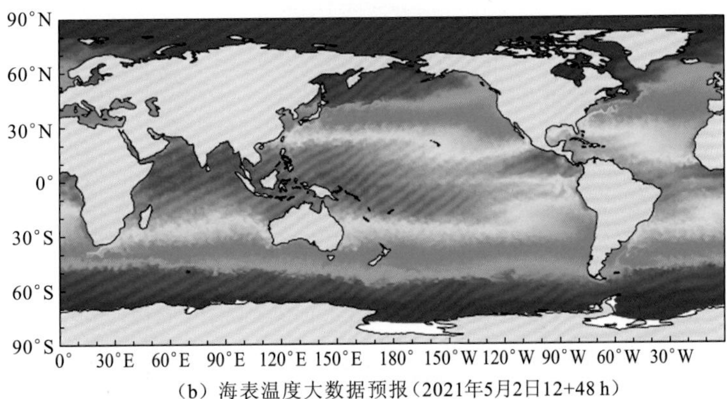

（b）海表温度大数据预报（2021年5月2日12+48 h）

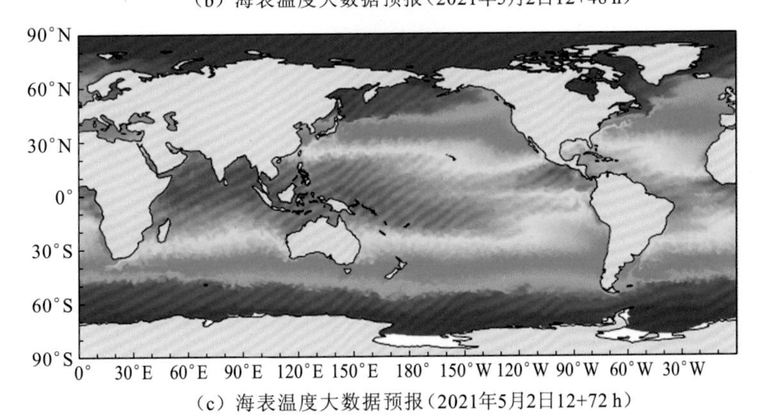

（c）海表温度大数据预报（2021年5月2日12+72 h）

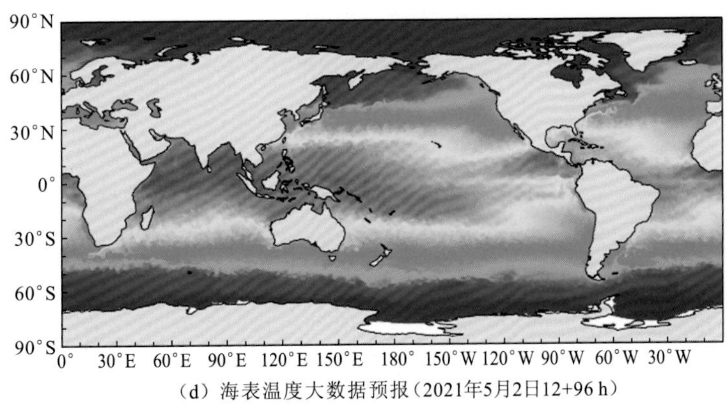

（d）海表温度大数据预报（2021年5月2日12+96 h）

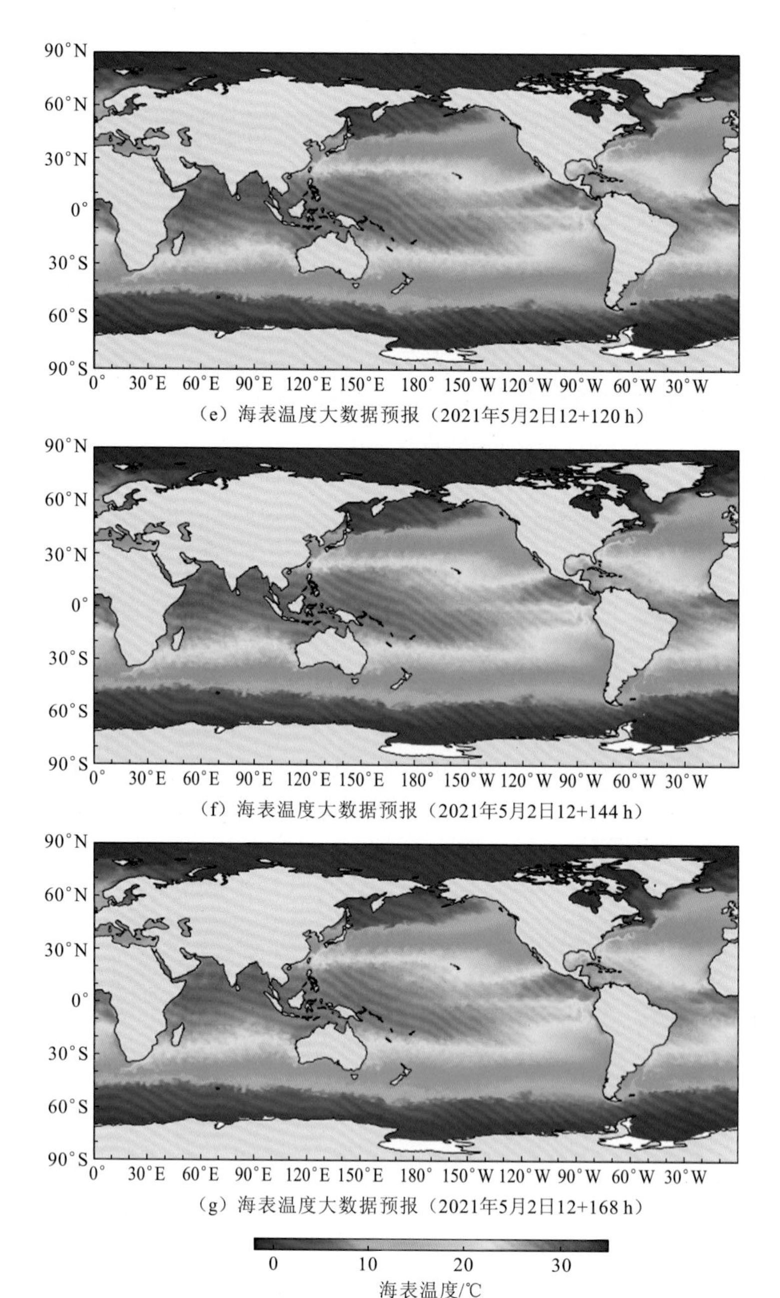

（e）海表温度大数据预报（2021年5月2日12+120 h）

（f）海表温度大数据预报（2021年5月2日12+144 h）

（g）海表温度大数据预报（2021年5月2日12+168 h）

图 6.37　2021 年 5 月 2 日预报结果（24～168 h）

对预报结果采用实测数据分析评价模型精度，并对比数值模式预报结果，基本流程如下。

1. 验证分析

采用全球浮标观测数据，对于大数据分析预报模型输出 UTC12 时的海表温度预报产品，查找对应经纬度和时间窗口（一般选前后 1 h）的浮标观测数据，再遴选深度小于 1 m 的观测结果作为真值，按不同预报时长分别计算每日的平均绝对误差、均方根误差和标准差，得到不同预报时长的精度情况；对模型输出结果按经纬度划分不同大洋，计算各大洋的 MAE、STD、R^2，评价模型在不同大洋的预报情况。

2. 对比分析

将模式预报结果和再分析结果按同样方式计算每日 MAE、RMSE 和 STD，对不同模型/模式/再分析海表温度制成图，对比大数据模型和数值模式、再分析结果的精度情况。

全球浮标观测数据收集自 NOAA *iQuam* 经质量控制的原位海表温度数据。实验选择最佳质量级别的浮标[包括漂流浮标、Argo 浮标、热带锚系浮标（tropical moored buoys）、高分辨率浮标（Hi-Res drifters）等]观测数据对模型预报结果进行精度分析，其中 2021 年 1 月 1 日～5 月 14 日测量深度小于或等于 1 m 最佳质量等级的全球可用浮标位置如图 6.38 所示，在此基础上，遴选 UTC 11～13 时的观测数据共 9 342 270 组。

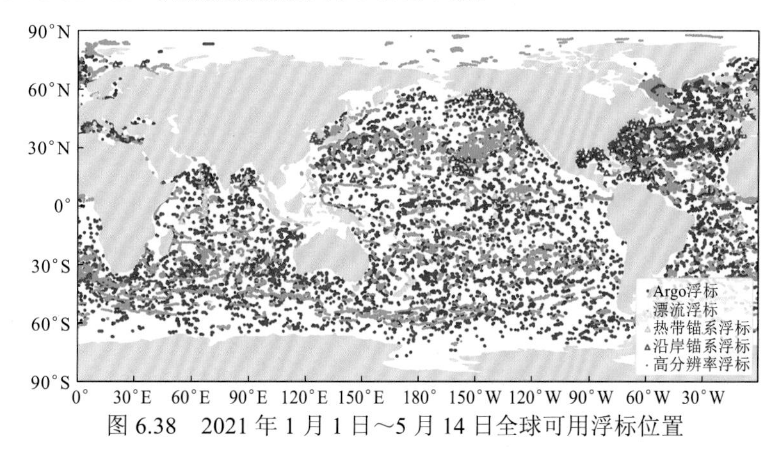

图 6.38　2021 年 1 月 1 日～5 月 14 日全球可用浮标位置

将不同位置的浮标观测结果分别与不同预报时长下的该位置的大数据分析预报模型输出结果进行对比，结果如图 6.39 所示。

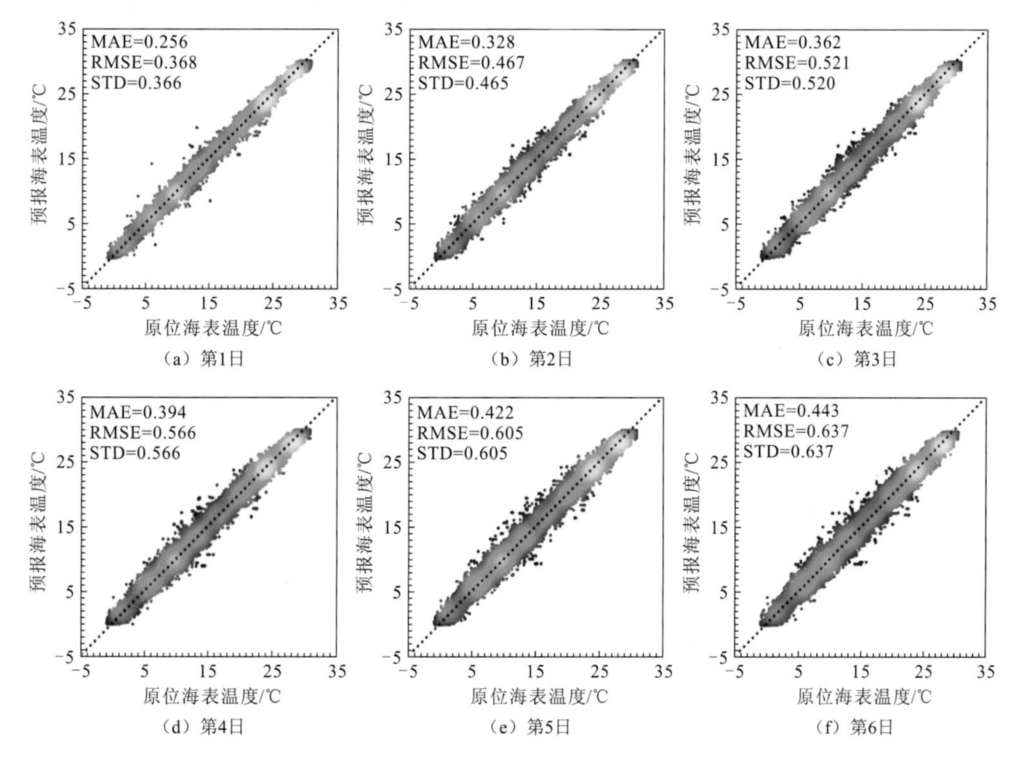

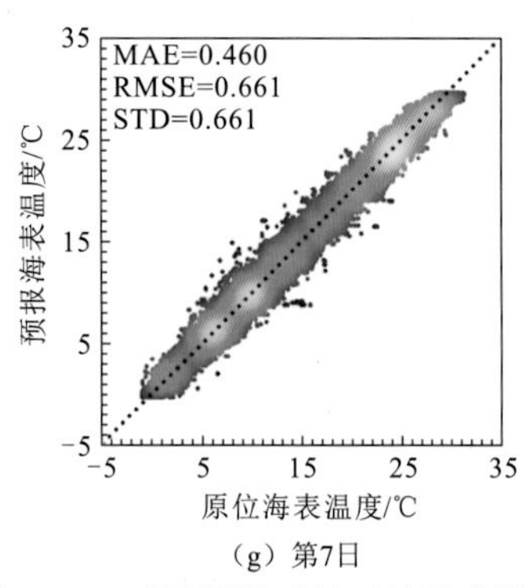

（g）第7日

图 6.39　不同预报时长下的精度情况

由图 6.39 可知，模型 3 日内预报误差小于 0.4℃，7 日内预报误差小于 0.5℃，7 日内模型性能总体稳定，没有出现与浮标观测结果相差过大的情况。

根据不同的经纬度范围，将全球海域大致划分为 4 个大洋（太平洋：105° E～75° W，66.5° S～66.5° N；大西洋：100° W～40° E，66.5° S～66.5° N；印度洋：30° E～135° W，66.5° S～30° N；北冰洋：66.5° N～90° N），对比浮标观测结果统计不同大洋的连续 7 日的平均 MAE、STD 和 R^2，绘制平均精度图如图 6.40 所示。

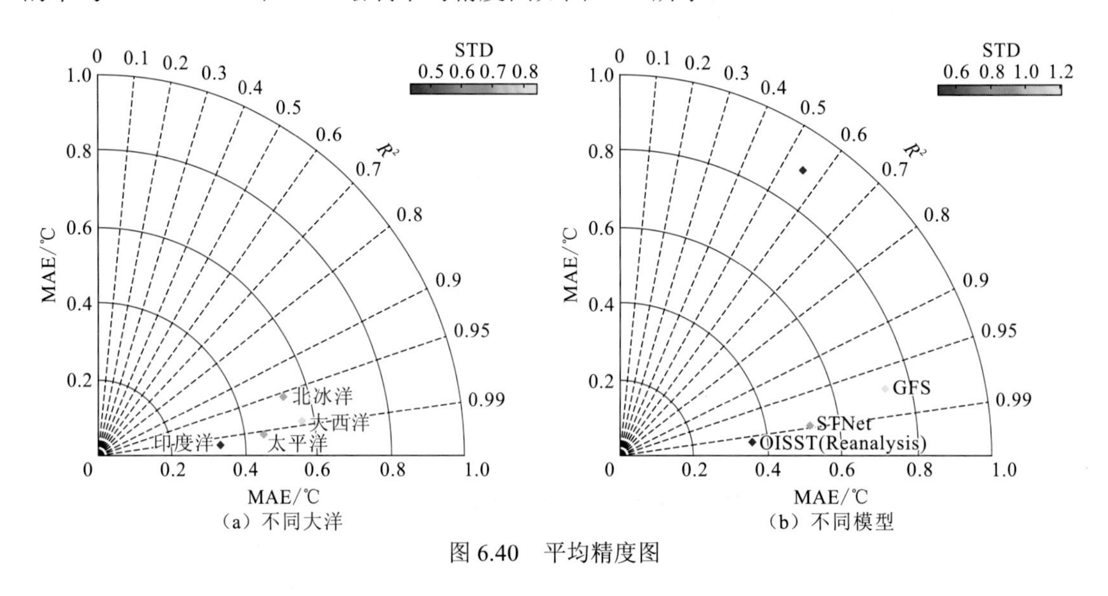

（a）不同大洋　　（b）不同模型

图 6.40　平均精度图

由图 6.40 可知，模型在印度洋海域精度最高，在极地精度较低，在较为开阔的太平洋精度较高。

使用自然资源部东海预报中心提供的位于南通以东海域（32.1° N，123.5° E）、南麂岛 （27.46° N，121.08° E）、平潭县（25.46° N，119.85° E）2021 年 1 月 1 日～3 月 26 日浮标观测数据对模型近海的预报能力进行评测，结果如图 6.41 和图 6.42 所示。

对比东海三个站点的浮标观测结果，模型 3 日的平均误差为 0.6℃左右，三个站点偏差接近。在以东海为代表的近海区域，模型同样拥有较好的预报精度，模型预报结果可应用于近海海洋环境监测、渔业养殖等领域。

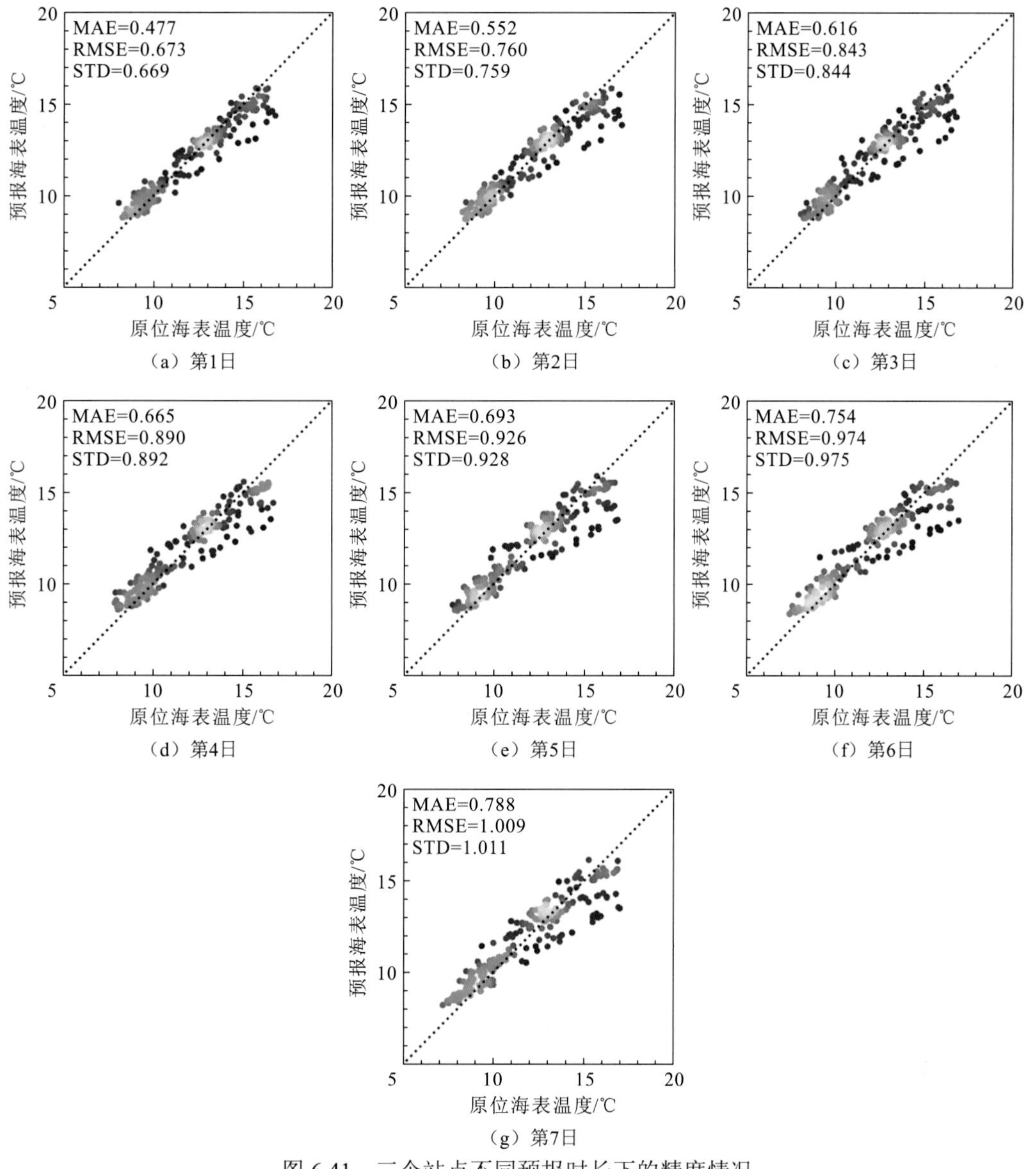

图 6.41　三个站点不同预报时长下的精度情况

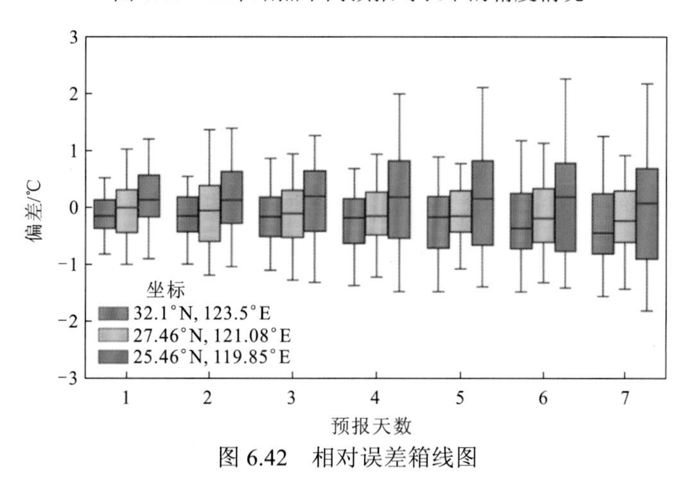

图 6.42　相对误差箱线图

对比欧洲 Mercator 预报系统、美国 GOFS 和 RTOFS 预报系统、我国 NMEFC 预报系统输出的海表温度预报产品，各系统时空分辨率等信息如表 6.6 所示。

表 6.6　不同海表温度预报产品基本信息

模型/模式	空间分辨率/（°）	时间分辨率/h	网格	起报时间	预报时效/天
BDFS	0.1	24	规则网格	UTC 12 时	7
Mercator	1/12	24	规则网格	UTC 0 时	10
RTOFS	1/12	1（0～72） 3（75～192）	不规则网格	UTC 0 时	8
GOFS	0.08×0.04	3	规则网格	UTC 12 时	7
NMEFC	0.1	24	规则网格	UTC 0 时	5
OISST	0.25	24	规则网格	—	—

选择各模型/模式输出的 2021 年 5 月 1～7 日的预报结果进行对比，按相同方式将不同位置的浮标观测结果分别与不同预报时长下该位置的模式输出结果进行对比，结果如图 6.43 和图 6.44 所示。

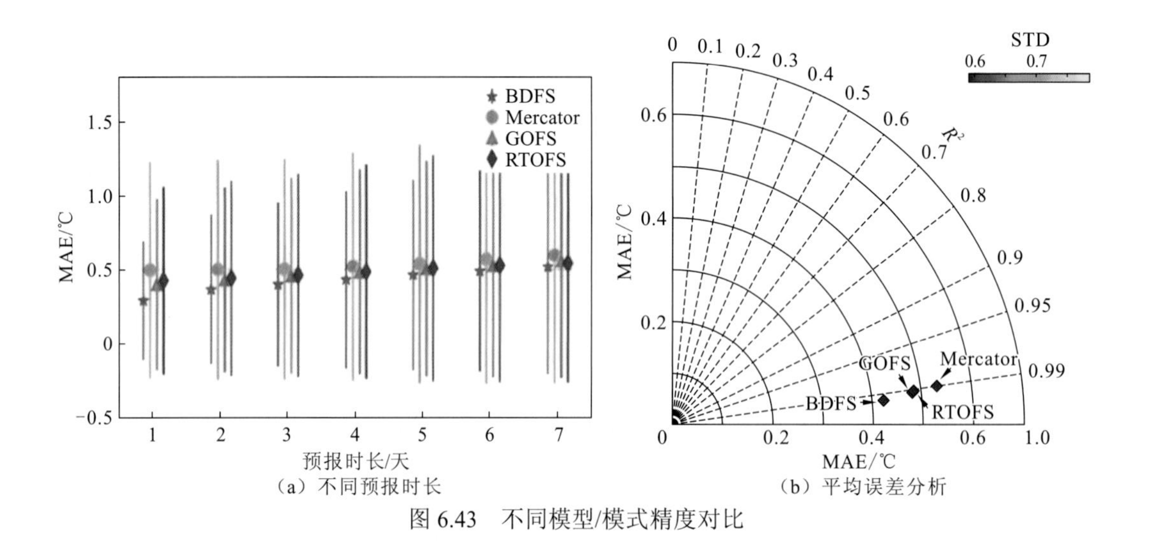

（a）不同预报时长　　（b）平均误差分析

图 6.43　不同模型/模式精度对比

由图 6.43 和图 6.44 可知，大数据预报系统（BDFS）输出的海表温度预报产品精度要优于同类数值模式的海表温度预报产品，平均绝对误差和标准差均较小，反映模型预报结果与真实结果更接近，没有出现某些站点偏离过大的现象。

以 2021 年 5 月 2 日的预报结果为例，绘制不同模型、模式和再分析结果的海表温度空间分布图，如图 6.45 所示。

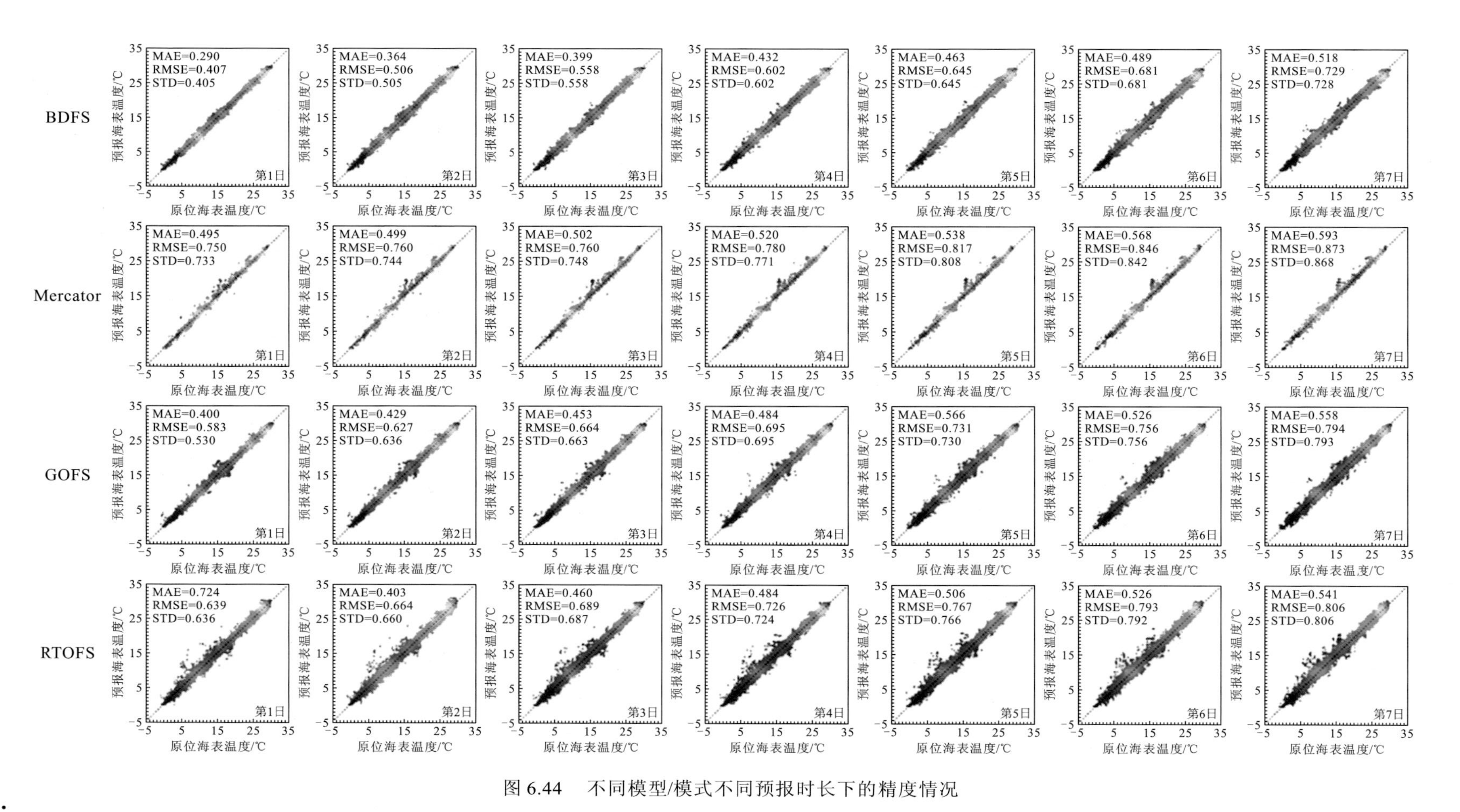

图 6.44　不同模型/模式不同预报时长下的精度情况

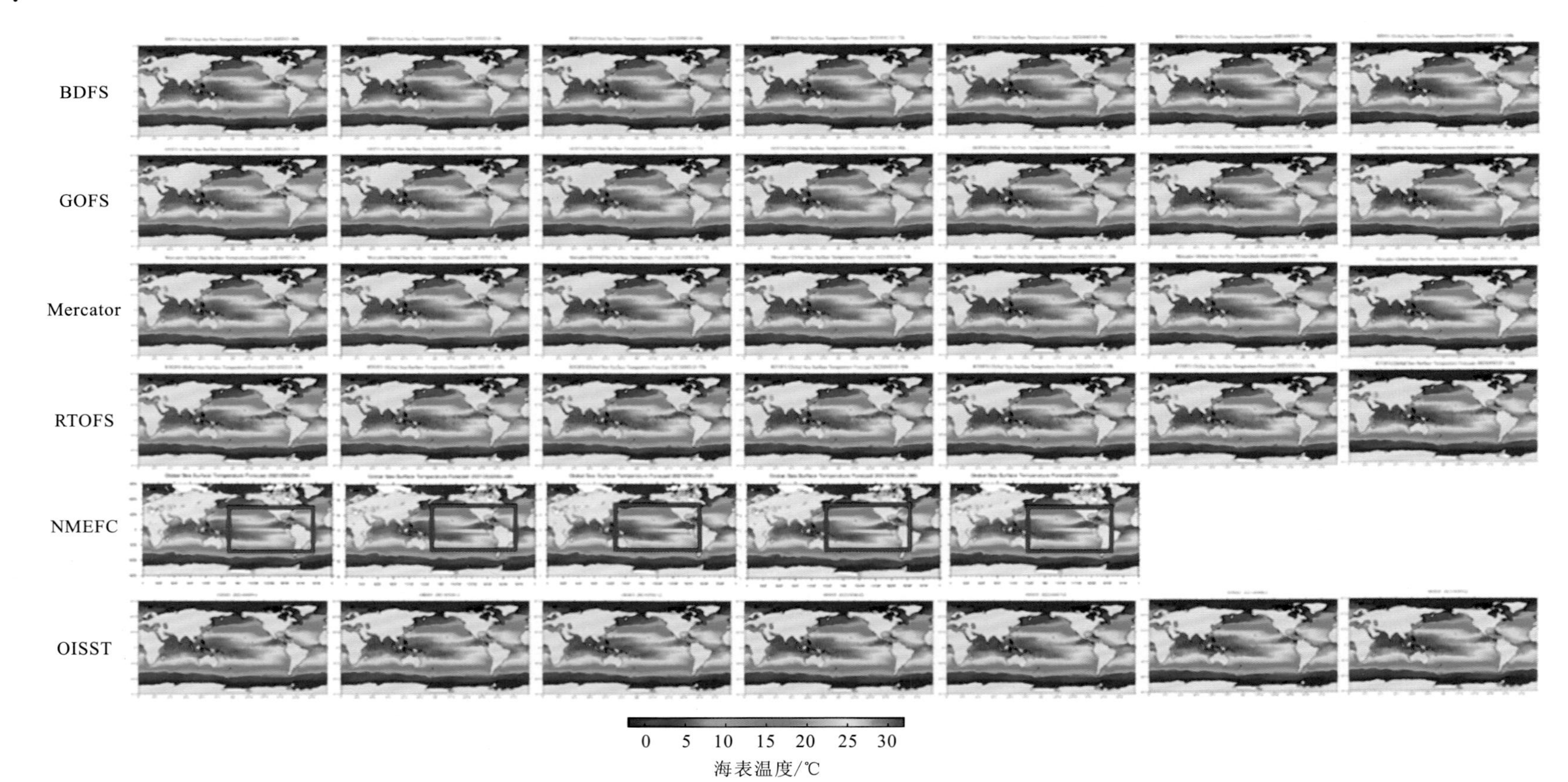

图 6.45　2021年5月2日各系统预报结果与再分析结果对比（24~168 h，其中NMEFS只有120 h的预报结果）

整体上来看，各系统的预报结果基本都能反映海表温度的空间分布状态，并对未来一段时间内的变化情况进行模拟。但较为明显的是，NMEFC 预报系统输出的海表温度预报产品平滑了中小尺度的信息，对红框所示的热带不稳定波的模拟与其他系统预报结果、再分析产品的差异较大。

图 6.46 和图 6.47 所示为各系统黑潮和墨西哥暖流区的 24 h 预报结果。分析各系统对具体物理海洋现象的模拟能力可知，大数据预报系统（BDFS）能较好地刻画两支典型暖

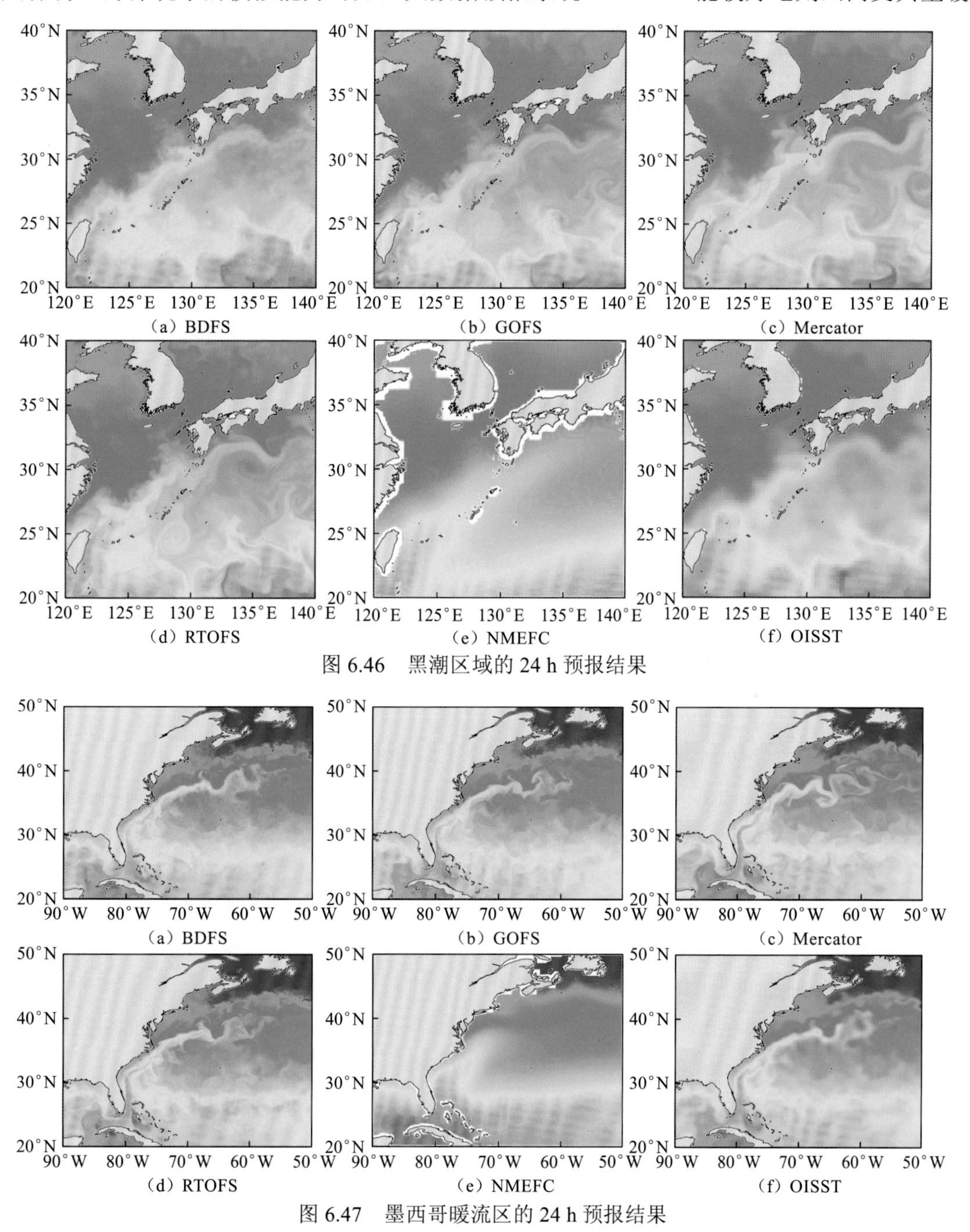

（a）BDFS （b）GOFS （c）Mercator

（d）RTOFS （e）NMEFC （f）OISST

图 6.46 黑潮区域的 24 h 预报结果

（a）BDFS （b）GOFS （c）Mercator

（d）RTOFS （e）NMEFC （f）OISST

图 6.47 墨西哥暖流区的 24 h 预报结果

流的流系特点，国外数值预报结果在不同程度上过度估计了涡旋的分布状态，而国内同类模式平滑了海表温度信息，只能大致反映流系趋势。

参考文献

[1] 鲍献文, 万修全, 高郭平, 等. 渤海、黄海、东海 AVHRR 海表温度场的季节变化特征[J]. 海洋学报, 2002(5): 125-133.

[2] 潘德炉. 海洋遥感基础及应用[M]. 北京: 海洋出版社, 2017.

[3] 贺琪, 查铖, 孙苗, 等. Spark 平台下的海表面温度并行预测算法[J]. 海洋通报, 2019, 38(3): 280-289.

[4] 张建华. 海温预报知识讲座: 第一讲 海水温度预报概况[J]. 海洋预报, 2003, 20(4): 81-85.

[5] KUG J, KANG I, LEE J, et al. A statistical approach to Indian Ocean sea surface temperature prediction using a dynamical ENSO prediction[J]. Geophysical Research Letters, 2004, 31(9): L09212.

[6] 张建华. 海温预报知识讲座: 第二讲 数理统计方法在海温预报中的应用[J]. 海洋预报, 2004, 21(1): 85-90.

[7] SHARMA R, BASU S, SARKAR A, et al. Data-adaptive prediction of sea-surface temperature in the Arabian Sea[J]. IEEE Geoscience and Remote Sensing Letters, 2010, 8(1): 9-13.

[8] COLLINS D C, REASON C J, TANGANG F. Predictability of Indian Ocean sea surface temperature using canonical correlation analysis[J]. Climate Dynamics, 2004, 22(5): 481-497.

[9] 田纪伟, 孙孚, 楼顺里, 等. 相空间反演方法及其在海洋资料分析中的应用[J]. 海洋学报, 1996, 18(4): 1-10.

[10] 魏恩泊, 田纪伟, 李凤歧, 等. 相空间反演方法在表层水温预报中的应用[J]. 海洋与湖沼, 1997, 28(3): 315-319.

[11] XUE Y, LEETMAA A. Forecasts of tropical pacific SST and sea level using a Markov model[J]. Geophysical Research Letters, 2000, 27(17): 2701-2704.

[12] 邓杰. 时间序列分析在海表温度定量研究中的应用[D]. 杭州: 杭州电子科技大学, 2016.

[13] 孔亚珍. 海洋时间序列的谱分析方法[J]. 华东师范大学学报(自然科学版), 1997(3): 60-68.

[14] BELL M J, LEFÈBVRE M, LE TRAON P Y, et al. GODAE: The global ocean data assimilation experiment[J]. Oceanography, 2009, 22(3): 14-21.

[15] 王延强, 张宇, 林波, 等. 基于 NEMO 的全球海洋环境预报模式在超算集群的计算性能优化[J]. 海洋预报, 2018, 35(3): 41-47.

[16] BLECK R. An oceanic general circulation model framed in hybrid isopycnic-Cartesian coordinates[J]. Ocean Modelling, 2002, 4(1): 55-88.

[17] MELLOR G L, YAMADA T. A hierarchy of turbulence closure models for planetary boundary layers[J]. Journal of the Atmospheric Sciences, 1974, 31(7): 1791-1806.

[18] GRIFFIES S M, HARRISON M J, PACANOWSKI R C, et al. A technical guide to MOM4[R]. GFDL Ocean Group Technical Report NO. 5, 2008.

[19] MARSHALL J, HILL C, PERELMAN L, et al. Hydrostatic, quasi-hydrostatic, and nonhydrostatic ocean modeling[J]. Journal of Geophysical Research: Oceans, 1997, 102(C3): 5733-5752.

[20] STORKEY D, BLOCKLEY E W, FURNER R, et al. Forecasting the ocean state using NEMO: The new

FOAM system[J]. Journal of Operational Oceanography, 2010, 3(1): 3-15.

[21] 方长芳, 张翔, 尹建平. 21 世纪初海洋预报系统发展现状和趋势[J]. 海洋预报, 2013, 30(4): 93-102.

[22] WOLFF S, O'DONNCHA F, CHEN B. Statistical and machine learning ensemble modelling to forecast sea surface temperature [J]. Journal of Marine Systems, 2020, 208: 103347.

[23] 应晨璐, 董庆, 薛存金, 等. 大区域海洋遥感数据处理方法[J]. 海洋科学, 2014, 38(8): 116-125.

[24] HE Q, ZHA C, SONG W, et al. Improved particle swarm optimization for sea surface temperature prediction[J]. Energies, 2020, 13(6): 1369.

[25] LINS I D, ARAUJO M, MOURA M C, et al. Prediction of sea surface temperature in the tropical Atlantic by support vector machines[J]. Computational Statistics and Data Analysis, 2013, 61: 187-198.

[26] SU H, LI W, YAN X H. Retrieving temperature anomaly in the global subsurface and deeper ocean from satellite observations[J]. Journal of Geophysical Research: Oceans, 2018, 123(1): 399-410.

[27] GARCIA-GORRIZ E, GARCIA-SANCHEZ J. Prediction of sea surface temperatures in the western Mediterranean Sea by neural networks using satellite observations[J]. Geophysical Research Letters, 2007, 34(11): L11603.

[28] TANGANG F T, HSIEH W W, TANG B. Forecasting the equatorial Pacific sea surface temperatures by neural network models[J]. Climate Dynamics, 1997, 13(2): 135-147.

[29] WU A, HSIEH W, TANG B. Neural network forecasts of the tropical Pacific sea surface temperatures[J]. Neural Networks, 2006, 19(2): 145-154.

[30] TRIPATHI K C, RAI S, PANDEY A C, et al. Southern Indian Ocean SST indices as early predictors of Indian Summer monsoon[J]. Indian Journal of Geo-Marine Sciences, 2008, 37(1): 70-76.

[31] WEI L, GUAN L, QU L. Prediction of sea surface temperature in the South China Sea by artificial neural networks[J]. IEEE Geoscience and Remote Sensing Letters, 2020, 17(4): 558-562.

[32] HOCHREITER S, SCHMIDHUBER J. Long short-term memory[J]. Neural Computation, 1997, 9(8): 1735-1780.

[33] ZHANG Q, WANG H, DONG J, et al. Prediction of sea surface temperature using long short-term memory[J]. IEEE Geoscience and Remote Sensing Letters, 2017, 14(10): 1745-1749.

[34] LIU J, ZHANG T, HAN G, et al. TD-LSTM: Temporal dependence-based LSTM networks for marine temperature prediction[J]. Sensors, 2018, 18(11): 3797.

[35] XIAO C, CHEN N, HU C, et al. Short and mid-term sea surface temperature prediction using time-series satellite data and LSTM-AdaBoost combination approach[J]. Remote Sensing of Environment, 2019, 233: 111358.

[36] YANG Y, DONG J, SUN X, et al. A CFCC-LSTM model for sea surface temperature prediction[J]. IEEE Geoscience and Remote Sensing Letters, 2018, 15(2): 207-211.

[37] XIAO C, CHEN N, HU C, et al. A spatiotemporal deep learning model for sea surface temperature field prediction using time-series satellite data[J]. Environmental Modelling and Software, 2019, 120: 104502.

[38] SHI X, CHEN Z, WANG H, et al. Convolutional LSTM network: A machine learning approach for precipitation nowcasting[J]. arXiv preprint arXiv: 1506. 04214, 2015.

[39] 贺琪, 查铖, 宋巍, 等. 一种结合注意力机制的区域型海表面温度预测方法: CN110197307A[P]. 2019-09-03.

[40] ZHENG G, LI X, ZHANG R H, et al. Purely satellite data-driven deep learning forecast of complicated tropical instability waves[J]. Science Advances, 2020, 6(29): 1482.
[41] LIANG X, KLEEMAN R. Information transfer between dynamical system components[J]. Physical Review Letters, 2005, 95(24): 244101.
[42] BURG J P. Maximum entropy spectral analysis[M]. Palo Alto: Stanford University, 1975.
[43] HE K, ZHANG X, REN S, et al. Deep residual learning for image recognition[C]. Proceedings of the IEEE Conference on Computer Vision and Pattern Recognition, 2016: 770-778.
[44] YU F, KOLTUN V. Multi-scale context aggregation by dilated convolutions[J]. arXiv Preprint arXiv: 1511. 07122, 2015.
[45] KIM J, CHOI J, CHEON M, et al. RAM: Residual attention module for single image super-resolution[J]. arXiv Preprint arXiv: 1811. 12043, 2018.
[46] CHOLLET F, et al. Keras. [EB/OL]. http:// github.com/keras-team/keras. [2022.3.31].
[47] KINGMA D P, BA J. Adam: A method for stochastic optimization[J]. arXiv preprint arXiv: 1412. 6980, 2014.
[48] WANG Z, SIMONCELLI E, BOVIK A. Multiscale structural similarity for image quality assessment[C]. Asilomar Conference on Signals, Systems and Computers, 2003: 1398-1402.
[49] SRIVASTAVA N, MANSIMOV E, SALAKHUDINOV R. Unsupervised learning of video representations using LSTMS[C]. International Conference on Machine Learning. PMLR, 2015, 37: 843-852.

▶▶▶ 第 7 章　海面高度大数据分析预报

7.1　海面高度预报概况

目前海面高度异常（SLA）等表层海洋动力环境要素预报技术以数值预报和经验统计预报为主，主要基于对典型物理过程的认识，构建数值预报和统计预报模型，开展预报工作。经过长时间的发展，海洋环境数值预报系统不断升级进步，已经达到了良好的预报效果，可以为海洋环境保障提供一定的预测依据。随着海洋环境保障能力的重要性与日俱增，表层海洋动力环境要素在计算资源有限情况下的快速智能化预报越来越重要。

7.1.1　统计预报

常用的海面高度统计预报方法主要包括惯性预报（persistence forecast）和气候态预报（climatology forecast）。惯性预报的前提假设为海洋初始状态在较短的一段时间内（一周左右）保持不变或变化较小，因此可以当前时刻的海面高度初始状态场作为未来预报时效内的预报结果[1]。气候态预报以训练数据集的不同时间尺度为划分原则，主要包括年均气候态预报、月均气候态预报、周均气候态预报和日均气候态预报。周均气候态预报和日均气候态预报由于考虑了海洋变量的周期性变化，通常情况下优于年均气候态预报和月均气候态预报。惯性预报和气候态预报提供了一种非常经济实用的预报方法[2]，在计算资源有限的情况下，可为岸基海洋水文、海洋气象和水声环境有关保障部门提供海洋环境保障产品，同时可为舰艇平台提供自主保障。另外，海面高度的惯性预报在科学研究中一直作为基准模型来评判其他系统的预报效果[3]，因此有用的预报系统应该优于惯性预报和气候态预报。

7.1.2　数值预报

海洋数值模拟是利用日益先进的计算机技术，通过数学方程建模及差分或有限元方法编制程序，实现对物理海洋学及相关交叉学科的环境要素的数值模拟，从而分析由理论研究、实验研究和海洋调查结果中得到的现象的动力学和热动力学机制。1984 年，Robinson 等[4]第一次使用观测网络，各向异性混合时空目标分析方案的统计模型及准地转斜压动力模型，发布了中尺度涡预报系统，并且在两周的预报时效内，成功地预测加利福尼亚海流中反气旋涡旋的合并、减弱和消失过程，以及另一气旋涡旋的扩大和加强过程。1994年，Masina等[5]通过客观分析技术提出了具有规则网格的亚得里亚海区域准地转数值模型，并对涡流进行了30天的动态预测。Shriver等[2]基于NLOM与最佳插值（optimal interpolation，OI）相结合的方法，将预报系统的分辨率从1/16°提高到1/32°，每周进行30天的预报，在比较西北阿拉伯海和阿曼湾的水色卫星图像的基础上，定量评估了中尺度涡旋系统的预测误差。

世界各国均十分注重发展数值预报模型，通过提高卫星遥感等新观测手段获取与利用数据的能力，不断改进数值同化技术，提高预报产品的水平分辨率和垂直分辨率。全球的海洋业务化数值预报可以提供天气尺度的从一千米分辨率到几十千米分辨率的全球季节预报[6-9]。海水的温盐结构、潮汐、海流、海洋中锋和涡旋的位置等海洋各个环境要素的实时、精准、快速预报对维护国家安全至关重要，世界各国都在大力构建业务化海洋预报系统。2009年国家海洋信息中心基于普林斯顿广义坐标海洋模式，发展多重网格3DVAR方法，建立了中国近海及邻近海域海洋再分析和预报系统[10-12]。国家海洋环境预报中心2011年基于多种海洋模式，利用集合最优插值和3DVAR方法建立了全球-大洋-近海三级嵌套的全球业务化海洋学预报系统体系[13]。国际上越来越多的科学家致力于数值预报方法的研究[14-15]。

随着高性能计算和观测系统的发展，包括物理参数化方案在内的不确定性和计算效率的约束为海洋数值预报提出了更多的科学挑战[16]。在物理参数化方面，由于模式分辨率不足等原因，对次网格尺度的物理过程不能给予很好的描述，需要将海洋内部的中尺度和亚中尺度过程、海浪和内波等小尺度过程对大尺度环流运动的作用进行参数化处理，但关键物理过程的参数化具有很大的不确定性，这也是海洋数值模式发展的核心问题。在资料同化方面，随着沿海观测数量飞跃式发展，以及超高分辨率数值模式的建立，每天产生与预报相关的海洋数据已达太字节（TB）量级，充分利用这些海洋大数据中所包含的信息，成为提高海洋环境预报精度的重要途径[17]。在计算效率方面，尽管现在的海洋数值模式和资料同化已经很复杂，但随着新观测数据的不断增加，可用的计算资源将会继续成为约束条件，计算和同化效率等方面还有待于借助新的科学技术来进一步提高和发展。

7.1.3 大数据预报

大量多源观测资料的积累、计算能力的提高及深度学习的发展，为从数据中扩展对海面高度异常和海表温度预报的认识提供了新方法和新理解[18-20]。海洋气象预报方面的相关研究[21-24]表明，基于深度学习的预报性能较传统统计预报和数值预报方法都有很大的改进，关键物理过程的参数化更加准确，大数据背景下计算更加节能高效。

在时间序列预测方面，Ham等[25]利用迁移学习的CMIP5结果训练CNN，将ENSO预报时效提前到1年半，全季节的Nino3.4指数相关技巧远高于目前最优的动力预报系统，同时CNN模式对海表温度的纬向分布细节预报良好。Shao等[26]利用指数平滑和自回归统计预测方法对南中国海月均海面高度异常资料进行了预报，结果显示有效预报时效提前了7个月。Zhang等[27]基于前30天NOAA高分辨率海表温度资料，对渤海5个随机点进行了 7 天预报。基于注意机制的 RNN 编码器-解码器模型也达到了新的水准[28]。Guo 等[29]利用改进的基于经验模式分解的前馈神经网络对月均和日均风速进行了多步预测分析，结果显示经验模式分解可以有效降低误差。Liu 等[30]针对高频风速随机和高频的特点，开发了深度学习混合预报模型，利用经验小波变换（empirical wavelet transform，EWT）分解原始风速资料，并对高频和低频分解量分别利用 Elman 递归网络和 LSTM 进行预报。在实际预报中，混合预报模型表现优于其他模型。

此外，深度学习在时空序列短时预测方面已经取得了一系列重要的进展，海洋动力环境要素长期预报还处于初步阶段。Shi 等[31]提出一种卷积长短期记忆（ConvLSTM）网络，它是专门针对时空序列设计的一个网络结构，使用卷积而不是全连接作为不同状态之间的转换，将降水临近预报问题转换为端到端的学习框架下的时空序列预测问题，首次将多层 ConvLSTM 网络对多普勒雷达回波数据进行了训练，以此对香港地区的降水进行临近预报，预报精度相比于传统的光流法有显著提高。ConvLSTM 网络对后续的时空序列预报研究产生了巨大影响。针对 ConvLSTM 网络在状态转换中使用卷积导致循环连接变成时空恒定结构的问题，Shi 等[32]提出了升级的轨迹 GRU（trajectory GRU）网络，在递归连接中主动学习局地变化特征。Ma 等[33]利用改进的 ConvLSTM 模型，采用循环预报的方法对南海涡旋进行了临近预报研究，模型预报结果显示，预报第 7 天的误差为 3.28 cm，对直径大于 100 km 的涡旋匹配率大约为 60%。Yang 等[34]综合了海温时间和空间分布特点，结合 FC-LSTM 和卷积神经网络构造了一个 CFCC-LSTM 模型来解决海温时空序列预报问题。虽然 ConvLSTM 网络在时空监督学习中展现出良好效果，但是网络层之间的记忆单元是相互独立的，而且只是在时域上更新。最近的研究进展显示[35-36]，PredRNN 和 PredRNN++网络通过增加外部记忆单元，将记忆单元在垂直和水平方向均传递给各个网络层。与 ConvLSTM 模型不同，PredRNN 和 PredRNN++网络可以回忆和更新时间相关性，并在临近降水预报中显示出更好的性能。但是以上研究的单模态时空序列预报网络复杂的结构依旧受梯度消失难题的困扰，通过时间的反向传播，梯度的幅度呈指数衰减，对长时间预报的依赖和训练容易造成梯度消失的问题[37]，难以对海面高度异常做出准确而全面的长期预报。

目前的时空序列预测直接将从各类单模态数据中提取的特征组合在一起，以强调模态间的相互作用，但由于模态间的相互作用较为复杂，其输出值组合能力有限。多模态机器学习（multimodal machine learning，MMML）旨在通过机器学习或深度学习的方法实现处理和理解多源模态信息的能力[38]。多模态融合（multimodal fusion）负责将多个模态信息整合以得到一致、公共的模型输出，以进行目标预测（分类或回归），属于 MMML 最早的研究方向之一，也是目前应用最广的方向。多模态信息的融合能获得更全面的特征，提高模型鲁棒性，并且保证模型在某些模态缺失时仍能有效工作。Li 等[39]提出一种新型端到端的深度融合卷积神经网络，将二维与三维数据输入网络进行特征提取和融合，进而获得高度集中的特征表示，进行人脸表情识别。Jin 等[40]提出了一种带注意力机制的递归神经网络，利用 LSTM 网络融合文本和社交上下文特征，再利用注意力机制将其与图像特征融合，进行端到端的谣言预测。He 等[41]介绍了一种基于 CNN 的多模态框架下的小样本卫星遥感影像分类。该方法从高分辨率和低分辨率遥感影像中提取特征，将两种类型的特征在算法层融合并用于训练分类器。这种方法的新颖之处在于它不仅考虑了两种模态之间的互补关系，还可以提高少量样品的价值。

综上所述，得益于海洋大数据的发展、深度学习技术的进步和GPU超算能力的利用，国内外学者基于深度学习的海洋环境预报已经进行了初步的研究工作，并取得了一定成果，关键物理过程的参数化更加准确，大数据背景下计算更加节能高效，特定情境下预测比目前最优的动力预报系统更加可信。然而，受到长时间、高质量、多元观测资料不足和GPU计算资源短缺的影响，目前研究主要是单要素、单模态、单步预报等试验性研究，考虑的预报因子较少，并且主要是针对单一模式的改进，没有与数值模式和同化方法结合，预报时效较短且近岸误差较大的问题还有待深入探讨。

7.2 海平面高度多尺度时空特征和规律分析

利用卫星遥感月融合数据开展海平面高度的年、季变化特征，利用再分析数据研究海平面高度的月、季和年变化特征，结合站点浮标长时间测量的海平面高度数据开展日变化特征研究，掌握不同时间尺度上海平面高度和海面高度异常的时空分布特征；利用长时序海平面高度数据，采用时空统计分析研究中尺度涡的时间演变和空间分布，研究海平面高度的小区域扰动特征。

7.2.1 全球海平面高度变化规律

根据政府间气候变化专门委员会第五次评估报告（IPCC AR5，2013），1901～2010年全球平均海平面高度上升了19 cm，上升速率为1.7 mm/年，1971～2010年全球平均海平面高度上升速率为2.0 mm/年，1993～2010年全球平均海平面高度上升速率为3.2 mm/年，呈加速上升趋势（图7.1）。根据世界气象组织发布的《2018年全球气候状况声明》，2018年全球平均海平面高度比2017年高约3.7 mm，较1993～2011年平均值高约5.4 cm，处于有观测记录以来的最高位。1993～2018年，全球平均海平面高度上升速率为3.15 mm/年，加速度约为0.1 mm/年。

全球的海平面高度变化存在明显的区域特征。从AVISO卫星官方网站发布的1993～2017年全球卫星高度计海平面高度上升趋势空间分布可以看出，线性趋势的空间分布是不均匀的。北半球的海平面高度上升中纬度（20° N～50° N）海域较快，高纬度（>50° N）海域较慢；而在南半球的中高纬度海域（20° S～60° S）的海平面高度上升速率都很快。南大洋的大部分海域都呈上升趋势，太平洋西部、印度洋东部和大西洋除湾流外的海域海平面高度上升，而太平洋东部、印度洋西部及大西洋湾流处的小部分海域海平面高度有所下降。北太平洋大部分海域海平面高度都存在不同程度的上升，少数海域存在下降趋势：上升区域基本位于洋盆西侧的中低纬度海域，高纬度海域及中低纬度海域的大洋东岸海平面高度在下降[42]。热带西太平洋区域海平面高度上升速率为6～8 mm/年，热带东太平洋海平

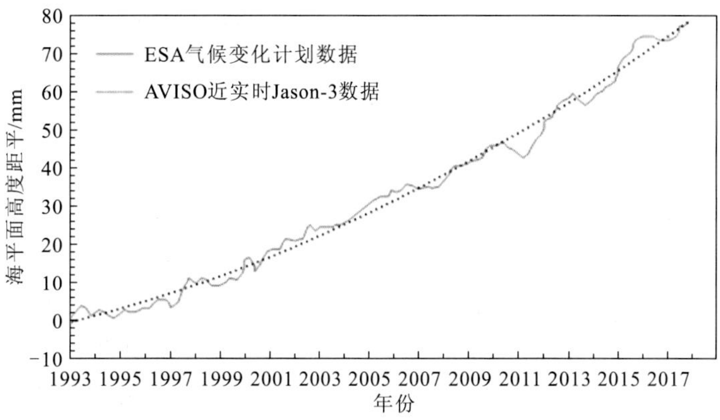

图 7.1　1993～2017 年全球平均海平面高度距平变化曲线

引自世界气象组织《2017 年全球气候状况声明》

面高度存在微弱下降趋势。黑潮延伸体和印太暖池平均海平面高度呈明显的波动上升趋势，上升速率分别为 10.5 mm/年和 4.7 mm/年，明显高于同期全球平均水平。图 7.2 为 1993～2018 年全球海平面高度变化速率分布，图 7.3 为 1993～2017 年海平面高度距平变化曲线。

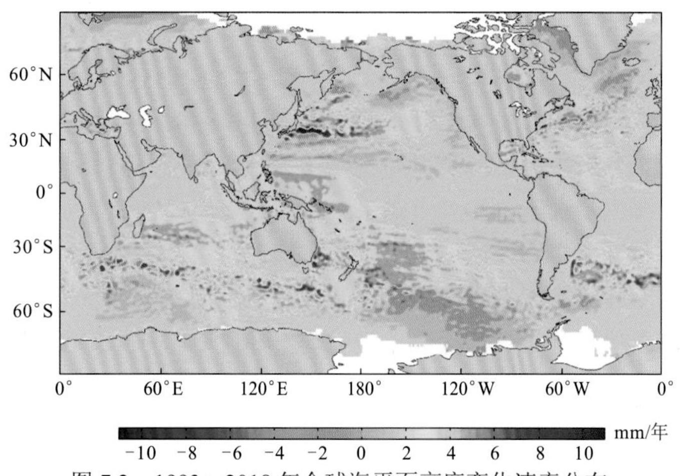

图 7.2　1993～2018 年全球海平面高度变化速率分布

资料来源：法国国家空间研究中心

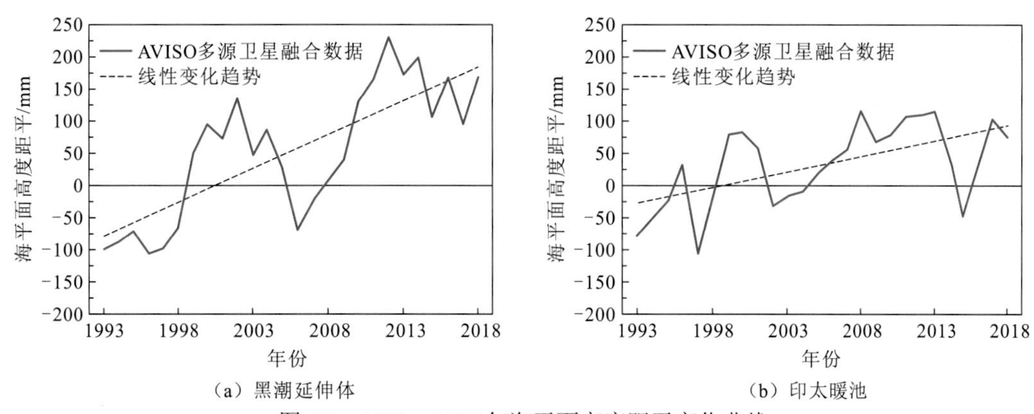

（a）黑潮延伸体　（b）印太暖池

图 7.3　1993～2017 年海平面高度距平变化曲线

相对于 1993～2011 年平均值

结合验潮资料、卫星资料和模式数据分析，20 世纪以来全球平均海平面高度以 1.0～2.0 mm/年的速度上升，中值为 1.5 mm/年，其中，1901～2010 年全球平均海平面高度上升了 19 cm。工业时代前的 2000 年间，全球海平面高度的波动范围约为±8 cm，而 20 世纪的上升幅度约为 14 cm[43]，器测数据分析表明，20 世纪以来全球平均海平面高度上升速率呈现加速趋势。1901～2010 年全球平均海平面高度上升速率为 1.7 mm/年，而 1971～2010 年和 1993～2010 年分别为 2.0 mm/年和 3.2 mm/年，增速明显。同时，高质量的海平面高度卫星观测资料显示，1993 年以来全球平均海平面高度上升速率逐渐增大：1993～2003 年约为 3.1 mm/年，1993～2010 年约为 3.2 mm/年，而 1993～2015 年约为 3.4 mm/年。然而，Dieng 等[44]发现卫星高度计存在系统性偏移，在 1993～2004 年的观测数据偏高，经过订正的集合卫星数据统计结果，1993～2015 年的全球海平面高度上升速率约为 3.03 mm/年。

7.2.2 我国海平面高度变化规律

在气候变暖背景下，全球平均海平面高度呈持续上升趋势，给人类社会的生存和发展带来严重挑战，海平面高度变化已成为当今国际社会普遍关注的全球性热点问题。我国沿海地区经济发达、人口众多，是易受海平面高度上升影响的脆弱区。自然资源部组织开展了海平面高度监测、分析预测、海平面高度变化影响调查及评估等业务化工作。高海平面高度加剧了我国沿海风暴潮，滨海城市洪涝、咸潮、海岸侵蚀及海水入侵等灾害，对沿海地区社会经济发展和人民生产生活造成了不利影响。

全球气候变暖是导致我国海平面高度上升、海水温度和盐度发生变异的重要原因。我国沿海海平面高度总体呈波动上升趋势，且平均上升速率高于全球海平面高度平均上升速率，具有明显的区域特征，且近期海平面高度有加速上升趋势。我国近海海平面高度变化除受全球气候变暖影响外，局地海温、海流、风、气温、气压和降水等水文气象要素及地面沉降是引起区域性海平面高度变化的重要原因。河口三角洲地区地面存在压实效应，大型建筑物群增加的地面负荷和地下水开采等因素，加速了地面沉降，间接造成了海平面高度上升。

《2018 年中国海平面公报》显示，我国沿海海平面高度变化总体呈波动上升趋势。1980～2018 年，我国沿海海平面高度上升速率为 3.3 mm/年，高于同期全球平均值，且呈现显著的区域差异。2018 年，中国沿海海平面高度较常年高 48 mm，比 2017 年低 10 mm，为 1980 年以来第 6 高。我国沿海近 7 年的海平面高度均处于近 40 年来的高位，海平面高度从高到低排名前 7 位的年份依次为 2016 年、2012 年、2014 年、2017 年、2013 年、2018 年和 2015 年。1993～2001 年，中国近海海平面高度上升较快，升幅为 67 mm；2001～2005 年，海平面高度连续下降，降幅为 44 mm；2005～2012 年，海平面高度波动上升明显，升幅为 75 mm；2012～2015 年，海平面高度略有下降，2015 年至今海平面高度继续升高（图 7.4）。

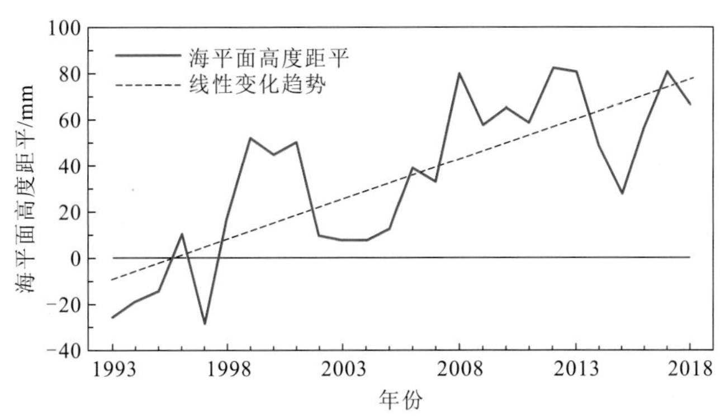

图 7.4　1993～2018 年我国近海海平面高度距平变化曲线

相对于 1993～2011 年平均值

1993～2018 年，我国近海海平面高度总体呈现明显的上升趋势，且区域分布特征明显。我国近海海平面高度平均上升速率为 3.8 mm/年，在日本东部区域海平面上升和下降都较为明显，极值分别超过 12 mm/年和−6 mm/年；在我国三沙市海域、菲律宾岛屿周边及东部大面区域海平面高度上升明显，海平面高度的上升速率超过 6 mm/年。

7.2.3　南海海平面高度变化规律

我国南海海域海平面存在显著的季节变化规律，且区域特征明显[45]。在西沙群岛周边海域，季节性海平面变化基本一致，海平面在 7～8 月达到全年的最高，在 1～2 月为全年的最低，海平面的年变化幅度为 21 cm 左右。对卫星高度计测高数据和西沙验潮站的潮位观测数据进行分析发现，2010 年 6 月西沙群岛周边海域的海平面略有下降，较常年同期偏低 6 cm，之后海平面迅速上升，至 7 月海平面较常年同期高近 20 cm，8 月海平面持续升高，海平面较常年同期高 34 cm，6～8 月升幅达 43 cm，超过该区域年变化幅度的 2 倍。之后，海平面开始持续下降，12 月海平面逐渐接近正常水平。

图 7.5 所示为 1993～2019 年的日均卫星高度计资料经验正交函数（empirical orthogonal function，EOF）分解。结果显示：我国南海第一模态（EOF1）28.7%的方差贡献率，主要表征了南海北部和西部近岸浅海区域是海面高度变化的显著区域，且海平面高度的变化总体呈现明显上升趋势；第二模态（EOF2）23.9%的方差贡献率，主要表征了南海开阔大洋区域海平面高度的年际异常变化状况；第三模态（EOF3）4.7%的方差贡献率，主要表征了吕宋海峡东部和越南沿海东经 110°～114°、北纬 8°～17° 区域分别有一明显高值区和低值区空间分布。

为了进一步找出南海海域海平面异常升高的区域范围，使用卫星测高数据分别统计了 2010 年 7 月和 8 月的南海海域海平面高度距平场，2010 年 7 月和 8 月南海海域海平面高度较 2009 年 7 月和 8 月海平面高度的差值（常年使用了 1993～2011 年海平面的同期平均值）。从图 7.6 可以看出，2010 年 7 月，在越南东部近海区域至西沙群岛周边海域，海平面形成了两个较为明显的高值区域，最高值在越南东部近海海域，海平面高度距平值达 45 cm，西沙群岛周边海域海平面高度距平值达 30 cm。2010 年 8 月，海平面高度距平高值区域发生转移，最高值盘踞在西沙群岛周边海域，海平面高度距平值达 45 cm。两个月的海平面高度距平在西沙群岛周边海域与图中的结果相吻合。

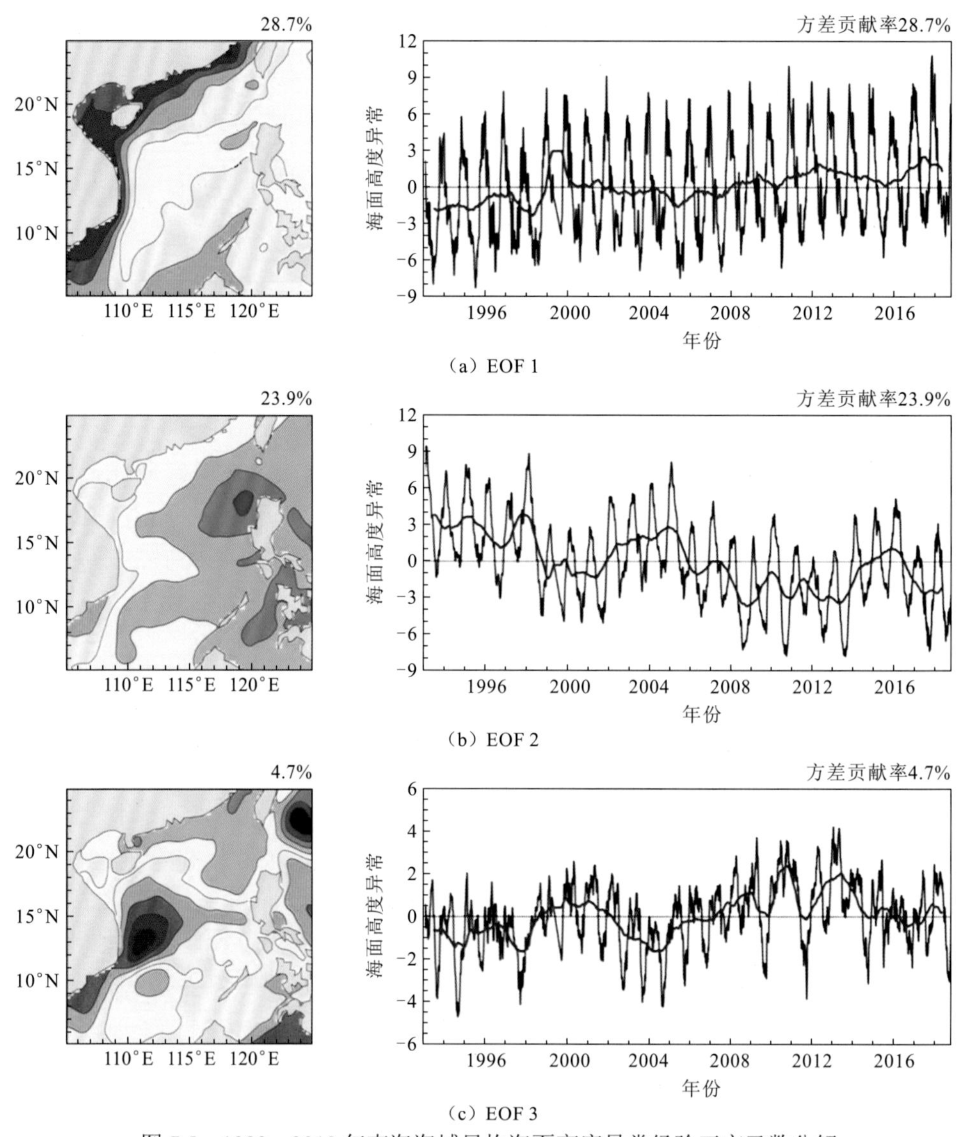

（a）EOF 1

（b）EOF 2

（c）EOF 3

图 7.5　1993～2019 年南海海域日均海面高度异常经验正交函数分解

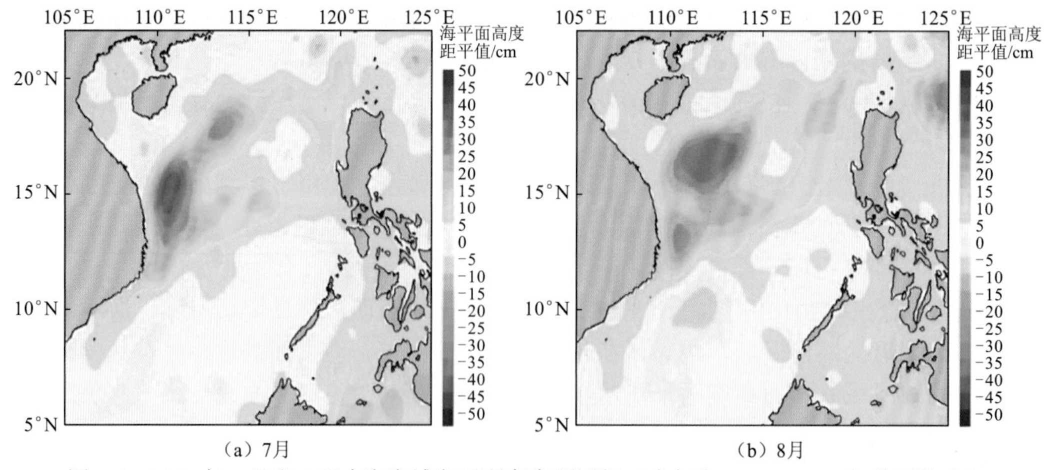

（a）7月　　（b）8月

图 7.6　2010 年 7 月和 8 月南海海域海平面高度距平场（常年为 1993～2011 年的平均值）

从 2010 年 7 月和 8 月南海海域海平面高度场与 2009 年同期海平面高度场的差值(图 7.7)可以看出，海平面高值区域与卫星测高显示的区域范围极为接近，另外，除了盘踞在越南东部海域至西沙群岛周边海域的高海平面涡旋，三沙市南部海域的海平面较 2009 年同期均偏低。特别是 8 月，在以（112° E、16.50° N）和（112° E、10° N）为中心的区域形成两个明显的高海平面涡旋和低海平面涡旋区域，高度差达到 70～80 cm。

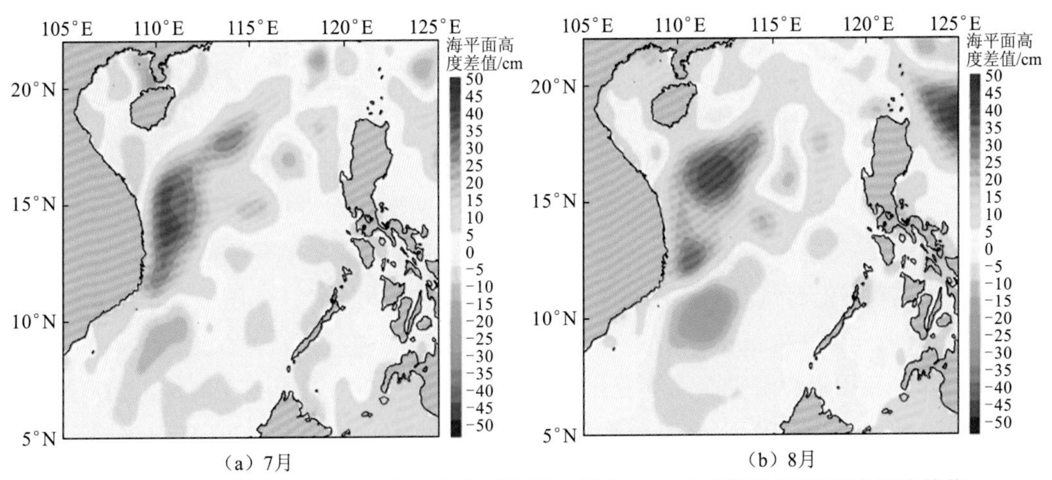

图 7.7　2010 年 7 月和 8 月南海海域海平面高度场与 2009 年同期海平面高度场的差值

7.3　海面高度动力环境要素关联关系分析

7.3.1　基于关联分析的海气界面多物理过程对海平面高度的影响分析

本小节从输入输出角度，考虑海气交换等多物理过程，以浮标、数值模式数据为主，分析表面潜热和 ENSO 变化与海面高度的关联，以遥感数据为主，分析中尺度涡旋和热带气旋等与海面高度的关联及特征。本小节所用的关联分析方法主要包括时序关联、简单关联、因果关联等，在研究海面高度影响关联分析中，采用的研究方法包括单要素时空关联分析、多要素数据强弱关联分析和基于信息流的关联分析等。

全球海平面高度上升是由气候变暖导致的海水升温膨胀、陆源冰川和极地冰盖融化等因素造成的。2016 年全球平均陆地和海洋表面温度比 1981～2010 年的平均值升高 0.45～0.56℃，再次达到历史新高。自 20 世纪 60 年代以来，从表层到深层海水热量都在增大。1900～2016 年，表层海水温度升高了约 0.7℃。预计未来在最高情景下 RCP8.5（最高的温室气体排放情景），全球平均海表温度到 2100 年将升高 2.7℃。在过去的 30 年里，北极陆地冰持续损耗。自 20 世纪 80 年代以来，年平均北极海冰以每十年 3.5%～4.1%的速度递减。

在我国沿海区域，短期海平面高度的异常升高与季风的异常变化关系密切，其主要通过表层埃克曼输送（Ekman transport）引起的增减水（包括内区的埃克曼泵吸）和季风海流与地形的相互作用（包括全局尺度的局地响应），导致沿海区域季节性海平面高度的明显升高和降低。在长江口以北沿岸，埃克曼输送引起的增减水并不明显，季风海流引起的端边界海水向岸堆积或离岸流失起着主要作用，而在南海，西部沿岸显著的季节性增减水主要受风表层埃克曼输送支配，区内季风引起的埃克曼泵吸现象十分明显。受东亚强季风控制，冬季（12 月至次年 2 月），我国渤海、黄海和东海盛行西北偏北季风，气压较高，海平面降低；夏季盛行西南偏南季风，气压较低，海平面升高[46]。季节海平面高度的变化包含长期趋势变化和各种周期性低频变化，存在明显的年际和年代变化特征。在我国沿海，海平面高度年际变化的显著周期有准 2 年、4～7 年和 9 年，年代变化显著周期有准 11 年和 19 年[47]。不同的振动周期，其振荡幅度不同，各种周期的振动在不同的时间段里交叉或叠加，对海平面产生抬升或降低的作用[48-49]。

在全球气候变化背景下，我国沿海气温与海温升高，气压降低，海平面高度升高。1980～2017 年，我国沿海气温与海温均呈上升趋势，速率分别为 0.40 ℃/10 年和 0.21 ℃/10 年，气压呈下降趋势，速率为 0.15 hPa/10 年；同期海平面高度呈上升趋势，速率为 3.2 mm/年。2017 年，我国沿海气温与海温较常年分别高 1.0 ℃与 0.9 ℃，气压较常年高 0.8 hPa，海平面高度较常年高 128 mm。

2017 年，我国沿海海平面高度变化时间特征明显，其中：10 月全海域沿海海平面高度达到 1980 年以来同期最高；5 月台湾海峡以北沿海海平面高度达 2001 年以来同期最低。与 2016 年同期相比，5 月海平面高度下降幅度明显，为 100 mm。海温、气温、气压和风等因素是引起海平面高度异常变化的重要原因。2017 年 5 月西北太平洋海域气压距平、风场距平、海面高度异常和流场分布如图 7.8 所示。2017 年 5 月，台湾海峡及以北沿海气压较常年同期偏高 1.0 hPa，降水较常年同期显著偏少。同期，台湾海峡及以北沿海为反气旋式距平风场，东海黑潮主轴偏外海，月平均减水高达 118 mm。在气压、降水和风等因素的综合影响下，台湾海峡及以北沿海海平面高度明显偏低，较常年同期低 19 mm，比 2016 年同期低 104 mm，为 2001 年以来同期最低。

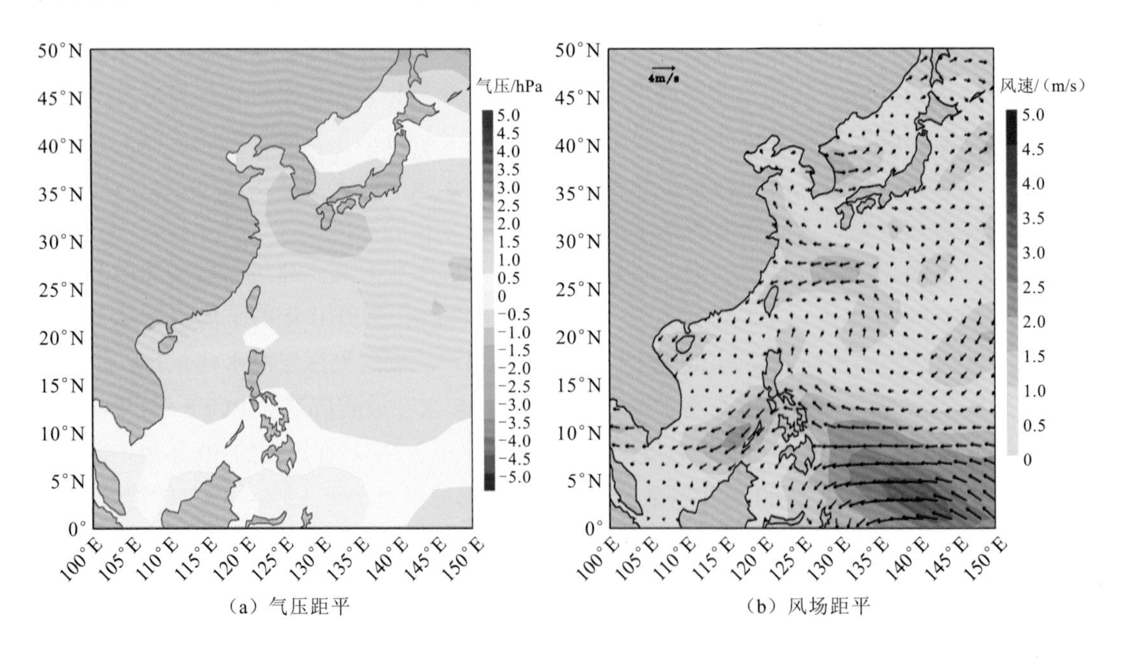

（a）气压距平　　（b）风场距平

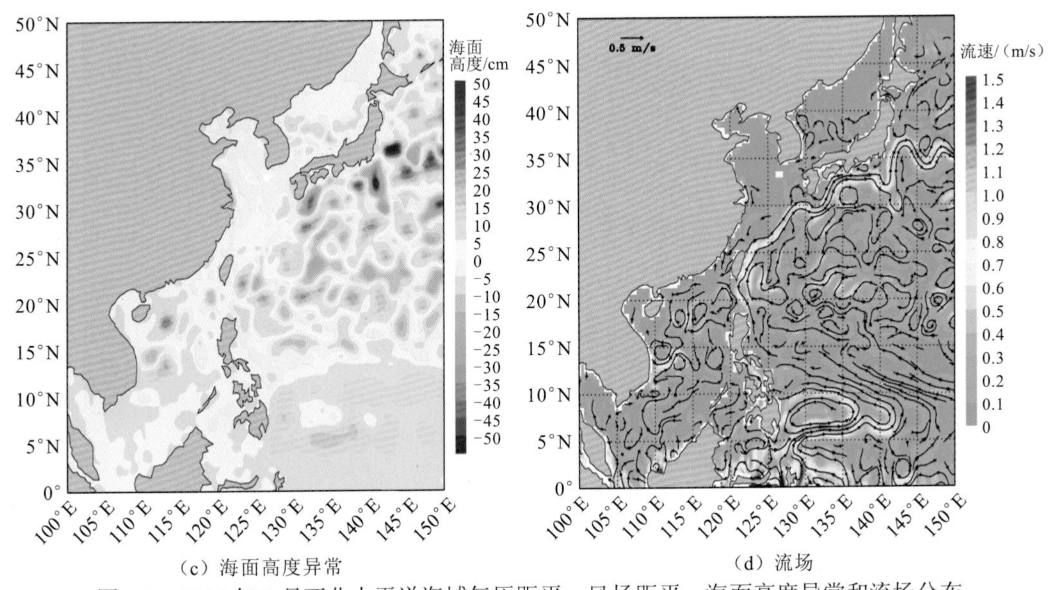

（c）海面高度异常　　（d）流场

图 7.8　2017 年 5 月西北太平洋海域气压距平、风场距平、海面高度异常和流场分布

2017 年 10 月西北太平洋海域气温、气压距平、海表温度和风场距平如图 7.9 所示，其中西太平洋副热带高压显著偏西且强度偏大。黄海南部以南沿海气温和海温较常年同期分别高 0.1 ℃和 0.6 ℃，气压较常年同期低 0.4 hPa，降水较常年同期显著偏多，达 56.8 mm。黄海南部以南沿海为较强的向岸距平风场，风场的异常利于海水向近岸堆积。我国沿海气温较常年同期低 0.2 ℃，海温较常年同期高 0.5 ℃，气压较常年同期高 0.9 hPa。2017 年 10 月，我国沿海海平面高度明显偏高，较常年同期高 143 mm，比 2016 年同期高近 31 mm，为 1980 年以来同期最高。

ENSO 事件与海平面高度异常高低现象有着紧密的联系[50]。ENSO 可以通过南海海域北风异常和北太平洋环流（黑潮）的变化来影响南海海平面高度。ENSO 发生时，东热带太平洋上空的低气压形成自西向东的信风，促使海水向东流，导致东热带太平洋海平面高度升高而西热带太平洋海平面高度降低，而拉尼娜发生时情况相反。在拉尼娜发生期间，菲律宾周围的热带西太平洋海温升高，在此海区就有大量的对流活动产生，从而造成西太平洋副热带高压偏北，这时西北太平洋海温升高，黑潮流动加强，有利于海平面高度上升，海平面高度变化幅度较大。

极端的海洋气候事件对沿海海平面短期变化也有一定的贡献。2012 年，热带气旋登陆我国沿海的时间集中，影响范围广，北上和影响东北地区的台风数量均为历史之最。特别是 2012 年 8 月台风频繁，沿海 6 个热带气旋相继影响我国沿海地区，对当月海平面高度升高有一定影响（图 7.10）。2012 年 8 月，热带气旋带来的长时间增减水对当月海平面高度上升的贡献率约为 14%，其中：受影响较严重的厦门沿海，月平均增减水超过 100 mm，对该区域平均海平面高度的贡献率达 65%；连云港贡献率次之，为 48%；闸坡和海口贡献率较小，均约为 5%；秦皇岛和北海贡献率为负。

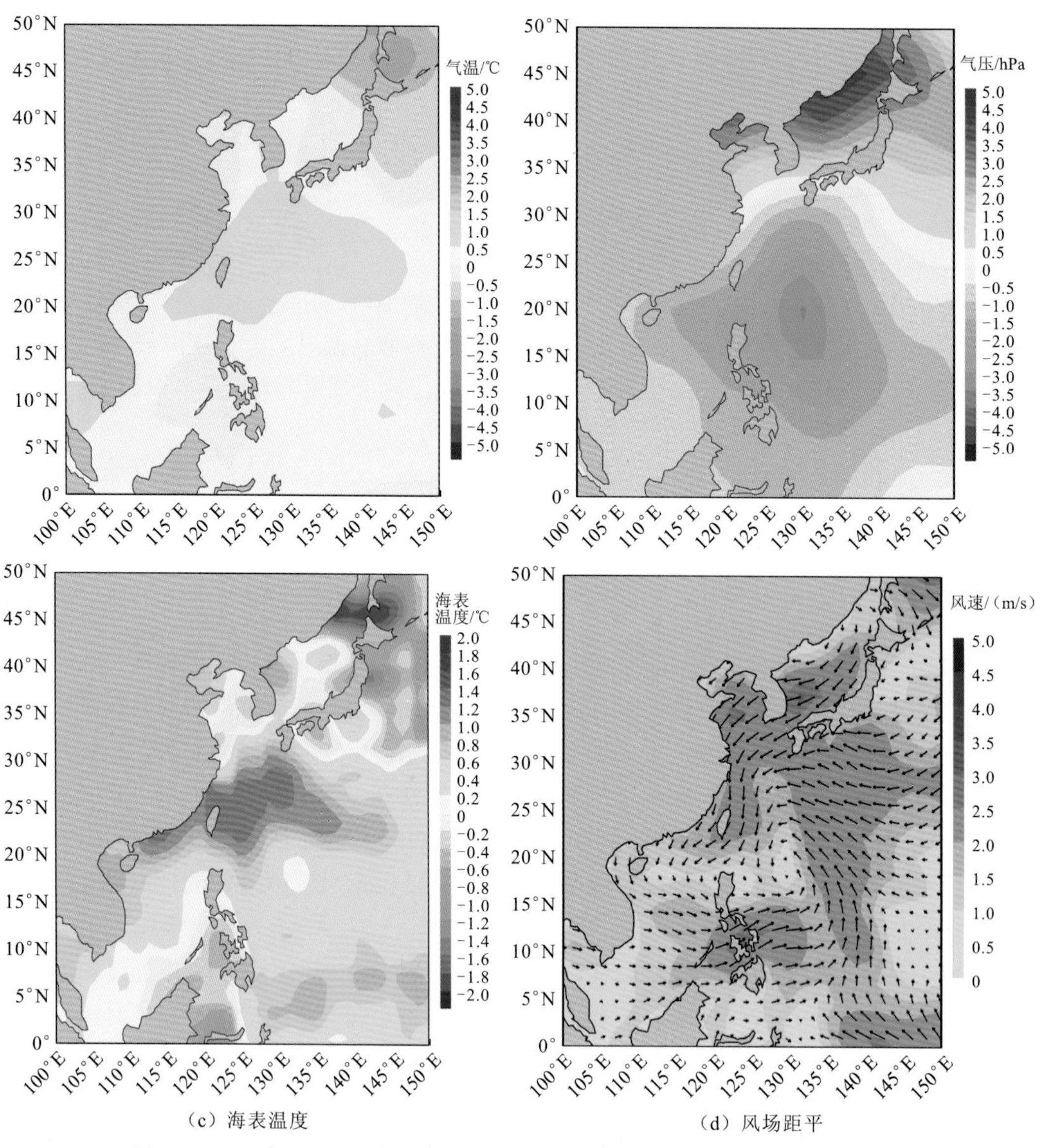

（c）海表温度　　（d）风场距平

图 7.9　2017 年 10 月西北太平洋海域气温、气压距平、海表温度和风场距平

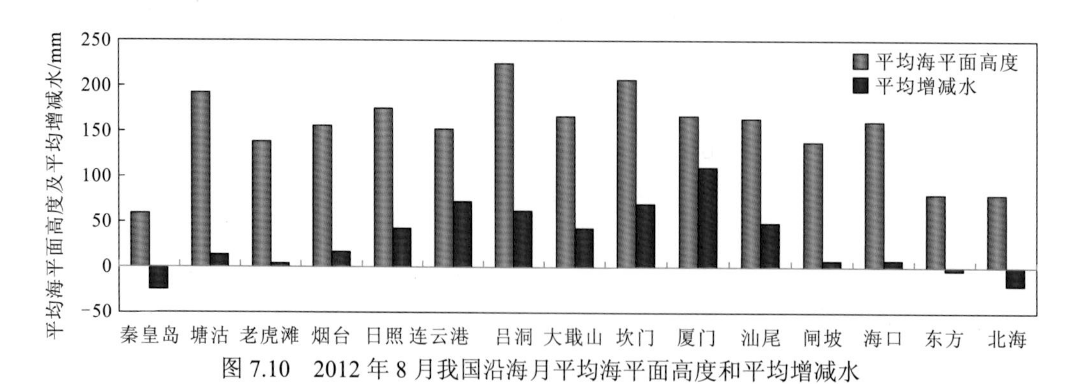

图 7.10　2012 年 8 月我国沿海月平均海平面高度和平均增减水

7.3.2 基于相关分析的上层海洋多环境因子对海平面高度的影响分析

从全球海平面高度上升趋势分布可知，世界大洋的海平面高度变化具有明显的区域特征，太平洋西部、印度洋东部和大西洋的海平面高度上升，而太平洋东部和印度洋西部的海平面高度下降。其中，菲律宾周边海域的海平面高度上升最为显著，我国沿海海域正位于海平面高度上升速率较高区域，海平面高度上升速率较快。

区域海平面高度变化除了受全球海平面高度变化的影响，还受局地海温、海流流速、风速、气温、气压和降水等水文气象要素的影响。气温和海温升高、气压降低，海平面高度升高。短期海平面高度异常偏高或偏低是由非天文因素（气压、风、降水和径流变化等）引起的短期变化或突然变化。海平面高度的突然变化，是低气压、强台风所引起的增水或风暴潮现象，动力作用在于由压力梯度引起的风和流。

自 20 世纪 90 年代以来，极端天气、气候事件频发，导致季节性海平面高度异常出现的次数明显增加，异常值明显增大。异常海平面高度发生期间的气压较常年同期偏低，风多为离岸风或者向岸风，风生流引起水位的变化；而同时段的气温、海温与异常海平面高度的相关系数较低，影响不大。对近年的月均海平面高度异常与月均风距平和风生流分析发现，月均海平面高度的异常变化与风场有密切的关系，由风引起的风生流与海平面高度的高度场变化基本一致。东亚季风的变化是影响我国近海和邻近海域海洋环境要素（如海流、海水温盐、海平面高度等）变化的重要原因。

2012 年，我国南海夏季风于 5 月第 4 候爆发，较常年偏早 1 候；10 月第 2 候结束，较常年偏晚 2 候，季风持续时间较常年偏长。由我国近海月平均风场距平可以看出，2012 年 5～6 月和 8 月，在黄海和东海海域，东北风持续偏强，南海海域南风偏强，风场的异常导致我国黄海、东海和南海沿海海水长时间堆积，是造成海平面高度升高的原因之一。

从对 2012 年 5～6 月、8 月和 10 月我国近海及邻近海域的风及风生流的数值分析（图 7.11 和图 7.12）可以看出：2012 年 5～6 月，由于南海夏季风爆发时间偏早，且强度偏大，同期东海东北风持续偏强，风场的异常有利于东海沿海海水汇聚和向近岸堆积，海平面高度上升较明显的区域是长江口至广东沿海；8 月夏季风持续偏强，在东海沿海形成较强的向岸风，有利于海水向岸堆积，自山东中部沿海至广东沿海，海平面高度升幅较大，

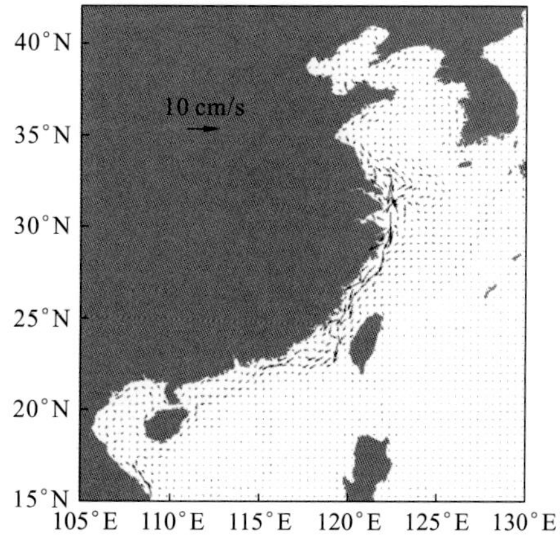

（a）西北太平洋2012年5月较常年同期风海流变化

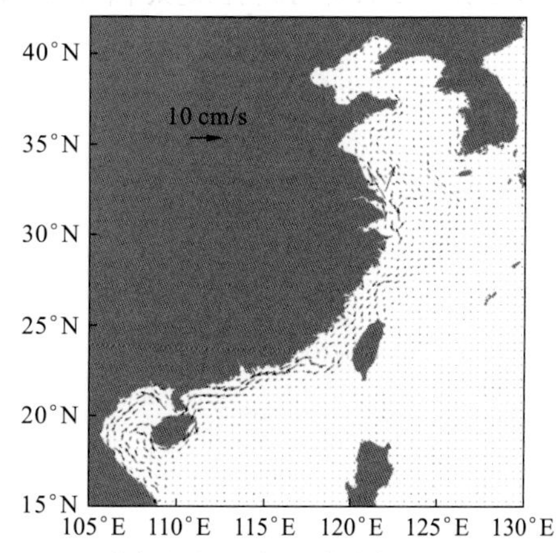

（b）西北太平洋2012年6月较常年同期风海流变化

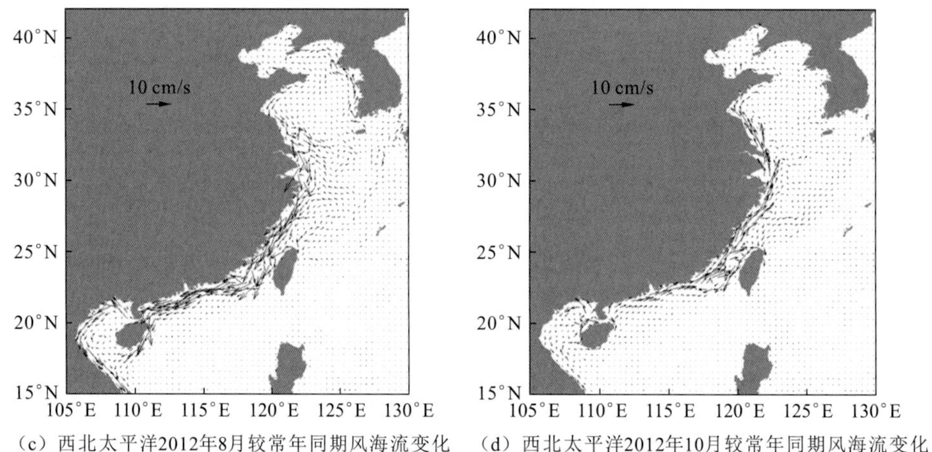

（c）西北太平洋2012年8月较常年同期风海流变化　（d）西北太平洋2012年10月较常年同期风海流变化

图 7.11　2012 年 5～6 月、8 月和 10 月我国近海及邻近海域风生海流平场

由风催生的海平面高度升高 80～150 mm；10 月，由于季风转向，沿海海平面高度仅渤海上升较为明显。该结果与沿海台站各月海平面高度升高幅度基本接近，说明月均海平面高度的异常变化与风场有密切的关系。

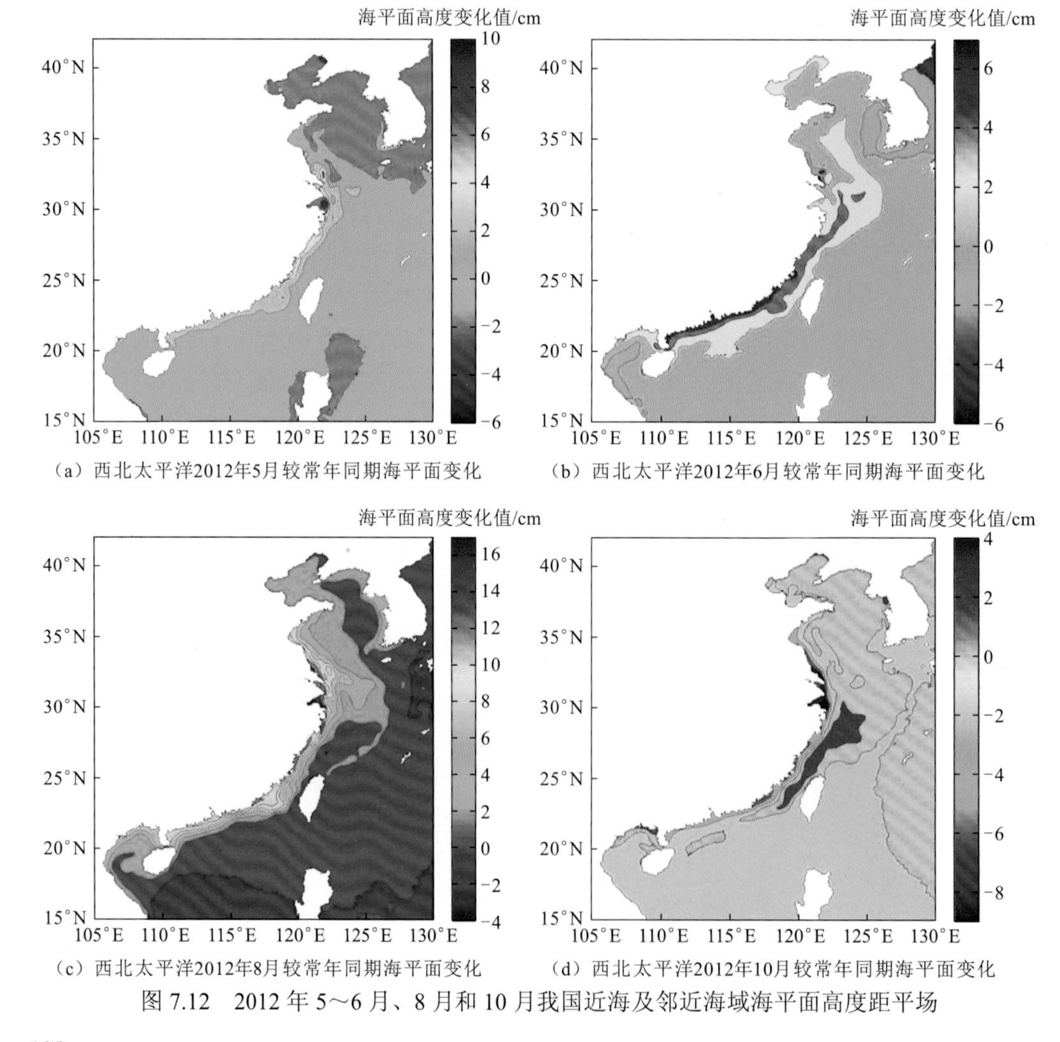

（a）西北太平洋2012年5月较常年同期海平面变化　（b）西北太平洋2012年6月较常年同期海平面变化

（c）西北太平洋2012年8月较常年同期海平面变化　（d）西北太平洋2012年10月较常年同期海平面变化

图 7.12　2012 年 5～6 月、8 月和 10 月我国近海及邻近海域海平面高度距平场

7.4 海面高度大数据预报应用

本节基于海面高度异常的时空分布特征，从遥感和浮标站点数据出发，从关联关系中分析预报海面高度异常场，并通过海洋中尺度涡旋的演变特征修正海面高度异常场；通过遥感和再分析数据，开展年月尺度的海面高度背景场分析；综合而言，研究基于大数据分析的海面高度预报模型，开展预报试验和结果检验，分析预报结果精度和预报时效。

此外，结合海洋大数据的关联性强、时空多尺度变化等特征，针对海面高度表层海洋动力环境要素预报模型构建的特定需求，基于卷积递归深度神经网络深度学习分析技术，重点研究面向海洋大数据的海面高度单要素预测模型等关键算法。研发可运行、可灵活配置、接口开放的算法模块，为海面高度分析预报提供算法和建模工具支撑。

7.4.1 基于通道残差注意力机制的海面高度异常大数据分析预报模型

根据发现的关联因子和量化关系，建立预测模型，研发软件实现模块。在此基础上，输入大数据资源池提供的实时数据，输出预报产品，并与相对应的传统数值预报产品、现场实测数据进行比对，分析预报精度和误差，据此对预报分析模块进行测试和调优，迭代形成完整的大数据分析预报流程和方法，为大数据分析预报系统的业务化运行与示范应用提供预报模型和技术支撑。

采用三种可实时获取的长时间日均卫星遥感融合产品进行深度学习模型训练。其中：海面高度异常资料来自卫星高度计资料，海表温度资料来自 NOAA OI SST V2 数据集[51]，海面风场资料来自 CCMP v2.0 数据集[52, 53]，时间范围为 1993 年 1 月～2017 年 12 月（9131 天），空间分辨率为 0.25°×0.25°，研究区域为我国南海海域。

根据海洋环境预报特点构造训练集，并在训练集数据基础上进行资料预处理操作。预处理方法是对数据的每个特征都进行零中心化，然后将其数值范围都归一化到[−1, 1]。资料预处理操作都只能在训练集数据上进行计算，算法训练完毕后再应用到验证集和测试集上。为了得到训练、测试和验证所需的不相交子集，进行数据集划分：1993～2013 数据为训练集；2014～2015 年数据为验证集；2016～2017 年数据为测试集。使用 30 帧宽的滑动窗口从这些块中分割数据实例。海面高度异常预报数据集包含 8148 个训练序列、2037 个测试序列和 2037 个验证序列，所有序列都是 14 帧长（7 帧用于输入，7 帧用于预测）。多模态融合模型输入要素为前 7 天海面高度、海表温度、风速 3 个变量，模型输出为未来 7 天的海面高度。

相关研究[54]发现，三维卷积非常适合时空特征学习。与二维卷积相比，三维卷积能够更好地模拟时间信息。在三维卷积中，卷积和池化操作在时空中执行，而在二维卷积中，它们仅在空间上完成。应用于图像上的二维卷积将输出一幅图像，应用于多幅图像的二维卷积（将它们视为不同的通道）也会产生图像。因此，二维卷积在每次卷积操作之后立即丢失输入信号的时间信息，而三维卷积保留输入信号的时间信息并且产生输出容量。相同的现象适用于二维和三维池化。

结合三维卷积神经网络，本小节提出一个通道残差注意力机制模型，如式（7.1）所示：

$$
\begin{cases}
\tilde{\chi}_t = f_{3D}(F_t \oplus f_{3D}(\chi_t^{FA} + F_t)) \\
F_t = f_{3D}(\chi_t) \\
\chi_t^{CA} = f_{pool}(f_{3D}(F_t)) \\
\chi_t^{SA} = f_{depth}(f_{3D}(F_t)) \\
\chi_t^{FA} = \sigma(\chi_t^{CA} \oplus \chi_t^{SA}) \otimes f_{3D}(F_t)
\end{cases}
\tag{7.1}
$$

式中：χ_t^{CA}、χ_t^{SA}和χ_t^{FA}分别为通道注意力、空间注意力和融合注意力；f_{3D}、f_{pool}和f_{depth}分别为三维卷积、最大池化和通道层深度可分离卷积。深度可分离卷积对空间和通道分别进行卷积并将两个部分结合起来，用来提取特征。与常规的卷积操作相比，深度可分离卷积参数数量和运算成本比较低。基于通道残差注意力机制的海面高度异常大数据分析预报模型构建和预报流程，以及分析预报结果如图 7.13 和图 7.14 所示。

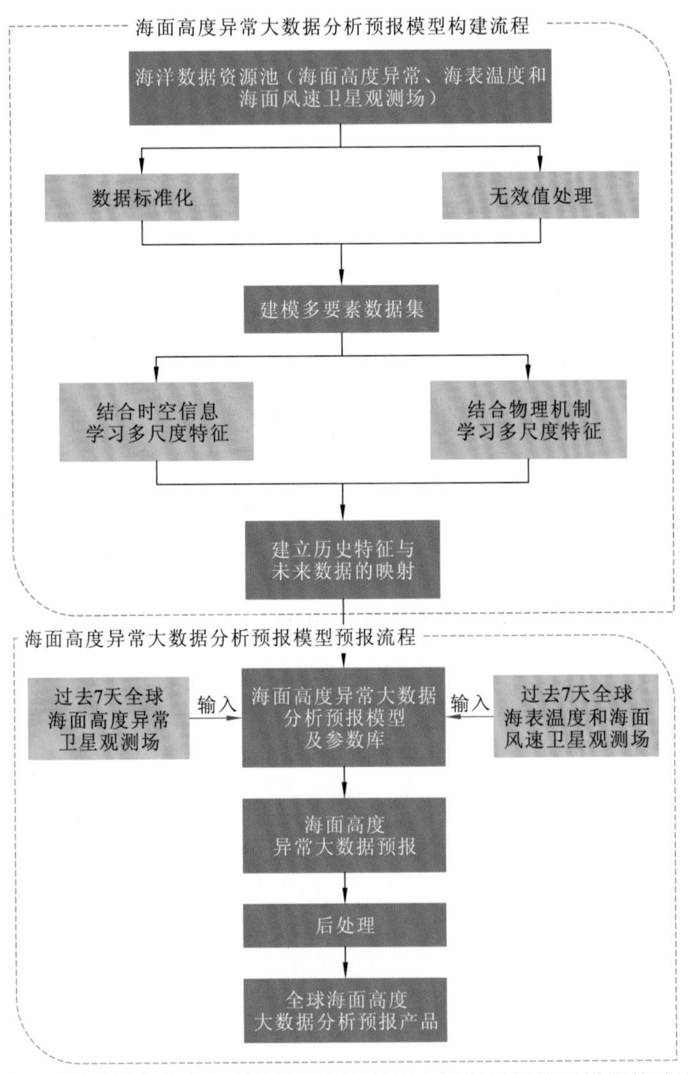

图 7.13　基于通道残差注意力机制的海面高度异常大数据分析预报模型构建和预报流程

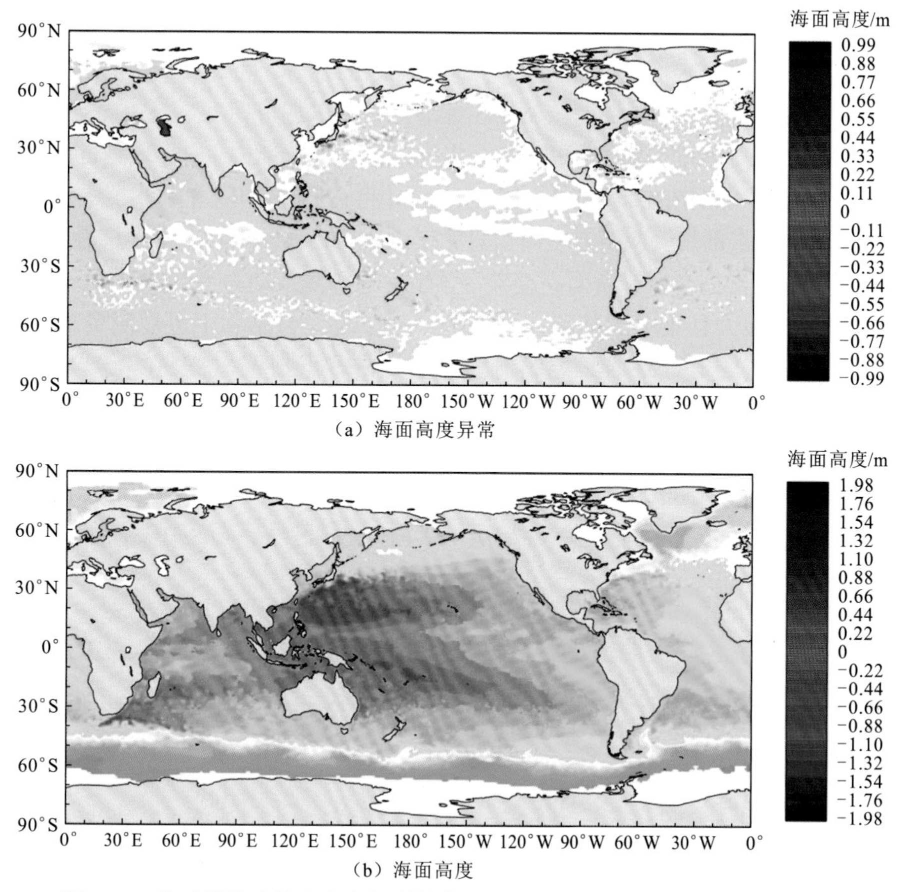

（a）海面高度异常

（b）海面高度

图 7.14 基于通道残差注意力机制的全球海面高度异常大数据分析预报结果

7.4.2 基于多模态融合的海面高度异常大数据分析预报模型

海面高度异常在近岸地区受卫星遥感观测资料质量和局地多尺度非线性动力和热力相互作用（海底陡峭地形和近岸上升流和离岸流等）影响，与大洋相比，近岸误差一般较大。目前常用的业务化运行全球海洋模式常采用混合坐标，在开放的分层海洋中采用等深坐标，在浅海沿岸地区平滑转换为地形跟随坐标，在混合层或未分层的海洋中平滑转换为 z 坐标，将模型地理范围扩展到了沿海浅海和其他未分层的海区。海面高度异常极端误差主要分布在边缘陆域和南海北部。南海吕宋岛西北部海域和水深较浅海域的海平面高度变化普遍较大。本小节提出一种多模式 MRI 融合网络（multi-modality MRI fusion network，MMFnet）的统计预测模型，结合在我国南海开展的 15 天的海面高度异常临近预报试验，分别探索浅海沿岸地区和开阔大洋的海面高度异常预报方法。

首先在研究海域采用基于时空序列模态的 ConvLSTM 深度神经网络结构，然后在浅海沿岸地区采用基于时间序列模态的改进 EEMD-LSTM 网络结构，最后采用基于梯度信息的海洋最优插值同化方案对时间和时空模态的预报结果进行融合。

基于 1993～2016 年多种卫星遥感海面高度异常资料，利用一个改进的 ConvLSTM 建立南海网格化海面高度异常大面积预报模型。深度神经网络结构为 4 个二维 ConvLSTM 层，用 3×3

矩阵对图像进行卷积操作，利用多个卷积层检测海面高度异常高中低阶特征。卷积神经网络的第一个卷积层的滤波器用来检测低阶特征，如边、角、曲线等。随着卷积层的增加，对应滤波器检测的特征就更加复杂。数据经过归一化和标准化后可以加快梯度下降的求解速度，可以使用更大的学习率更稳定地进行梯度传播，甚至提高网络的泛化能力。由于预测目标与输入具有相同的维数，将预测网络中的所有状态连接起来，并将它们输入 1×1 卷积层中生成最终预测结果，输入和输出元素都是保留所有空间信息的三维张量。该网络具有多个层叠的转换层，因此具有很强的代表性，适合研究海面高度异常预报问题等复杂动力系统的预报。

针对误差影响最大且集中的陆架浅海地区，基于近岸台站和卫星观测资料，本小节建立基于经验模式分解的 LSTM 神经网络海面高度异常单点预报（EEMD-LSTM）模型。在 ConvLSTM 大面积预报模型基础上，EEMD-LSTM 在陆架浅海地区选取局部最大误差点（RMSE>0.06），并分别进行 EEMD 分解和 LSTM 预报。

第一步：确定上述 ConvLSTM 模型产生的海面高度局地 RMSE 极值，以此在 5 个敏感区确定 20 个站点的相对最大值（表 7.1），用 EEMD-LSTM 模型构建海面高度异常时间序列预测网络。

表 7.1　20 个定点两种方法的预报误差

敏感区	缩写	纬度/（°N）	经度/（°E）	ConvLSTM	EEMD-LSTM
台湾海峡西部	S1	117.50	24.00	7.95	2.17
	S2	120.00	24.50	7.72	2.18
	S3	118.38	23.88	10.94	2.84
	S4	118.88	24.62	7.76	3.47
广东沿海	S5	116.50	22.84	6.90	1.44
	S6	114.50	22.00	5.41	1.42
	S7	111.80	21.00	6.27	1.44
	S8	112.50	21.50	7.44	2.40
北部湾	S9	108.12	20.38	7.28	2.02
	S10	108.75	21.50	7.42	2.17
	S11	107.12	20.38	6.60	1.80
	S12	107.20	17.50	6.00	1.50
	S13	107.50	18.50	5.48	1.15
	S14	108.20	18.00	5.32	1.10
	S15	107.50	20.50	8.15	2.16
吕宋海峡东部	S16	124.62	17.62	5.02	1.05
	S17	124.62	21.50	5.10	0.98
	S18	124.88	22.12	5.97	0.95
吕宋海峡西部	S19	117.85	21.85	5.07	1.05
	S20	118.63	21.12	7.59	1.64

第二步：将每个站点的原始输入时间序列分解为 5 个固有模态函数，以获得更真实和有物理意义的信号，用于 LSTM 建模。

第三步：分别使用改进的多变量 LSTM 网络来拟合从 $T-14$ 到 T 时刻的每个固有模态函数，并使用相应的 LSTM 网络对海面高度异常时间序列的每个子序列进行预测。

第四步：海面高度异常时间序列的预测结果为每个子序列的预测值之和。

构建的 EEMD-LSTM 模型包含 4 个 LSTM 层、4 个 Dropout 层和 3 个 Dense 层。多个 LSTM 层可以堆叠和临时连接，以形成更复杂的结构。这些模型已经被应用于解决许多现实生活中的序列建模问题[55-56]。

时空序列融合预测是多模态研究中的一个关键问题，它将从不同单模态数据中提取的信息整合到一个紧凑的多模态中表示。深度学习模型可以很好地拟合观测，但由于外推或观测偏差等原因，预测可能在物理上不一致或不可信。通过建立地球系统物理规律的教学模型，整合领域知识，实现物理一致性，可以在观测的基础上提供非常强的理论约束。另外，时间和时空模态的贡献不同，简单地把二者融合可能导致时间模态预报结果被时空模态掩盖，因此通过模式背景梯度信息的最优插值同化方案将以上两种单模态神经网络融合在一起，来学习不同模态的时空关系信息。海洋资料同化方案基本理论是在对每层网格进行优化之前，在预处理过程中，使用映射运算符将观测点之间的观测残差和观测点上所有先前网格层分析的总和投影到当前层网格点，而该映射运算符的空间权重对应于空间网格的距离阈值和梯度阈值。因此，被同化的数据不是观测点上的残差，而是分析网格场上的残差估计。

针对多模态预报模型特点，分别进行调参来得到最好的性能，模型损失函数采用均方根误差进行梯度下降迭代训练，优化器选择 Nadam。采用 Dropout 正则化技术，在训练中每次更新参数按照一定概率随机断开输入神经元，防止过拟合，增强鲁棒性。采用小批次梯度下降方法按批来更新参数，既减少随机性又节省计算量。采用 L2 正则化使网络更倾向于使用所有输入特征，而不是严重依赖输入特征中某些小部分特征，控制神经网络过拟合现象。通过时间反向传播（backpropogation through time，BPTT）的最小化交叉熵损失来训练所有 ConvLSTM 和 EEMD-LSTM 模型，均方根传播（RMS propagation）学习率为 10.3，衰减率为 0.9。由测试结果发现，所产生的数据集中具有较强的非线性，如果不学习系统的内部动力，模型就很难在测试集上给出准确的预测，因此更深层次的模型可以给出更好的结果。多模态融合模型能获得更全面的特征，提高模型鲁棒性，并且保证模型在时间序列模态缺失时仍能有效工作。运算平台为国家海洋信息中心 GPU 图形工作站。基于多模态融合的南海海面高度异常大数据分析预报结果如图 7.15 所示。

7.4.3 海面高度异常大数据预报示范应用

采用均方根误差（RMSE）和异常相关系数（anomaly correlation coefficients，ACC）两种误差统计方法对模型性能进行评估：

$$\mathrm{RMSE}(f,x)=\sqrt{\frac{1}{N}\sum_{i=1}^{N}(f-x)^2} \tag{7.2}$$

$$\mathrm{ACC}(f,x)=\frac{\sum_{i=1}^{N}(f-\overline{f})(x-\overline{x})}{\sqrt{\sum_{i=1}^{N}(f-\overline{f})^2}\sqrt{\sum_{i=1}^{N}(x-\overline{x})^2}} \tag{7.3}$$

式中：N 为统计对象总体数目；f 为预报结果；x 为观测结果；$\overline{f}$ 为预报平均；$\overline{x}$ 为平均观测结果。衡量海面高度异常预报性能时，RMSE 值越低，表示模型预测的海面高度异常精度越高；ACC 数值范围在[0, 1]，ACC 值越接近于 1，表示模型预测的海面高度异常精度越高。

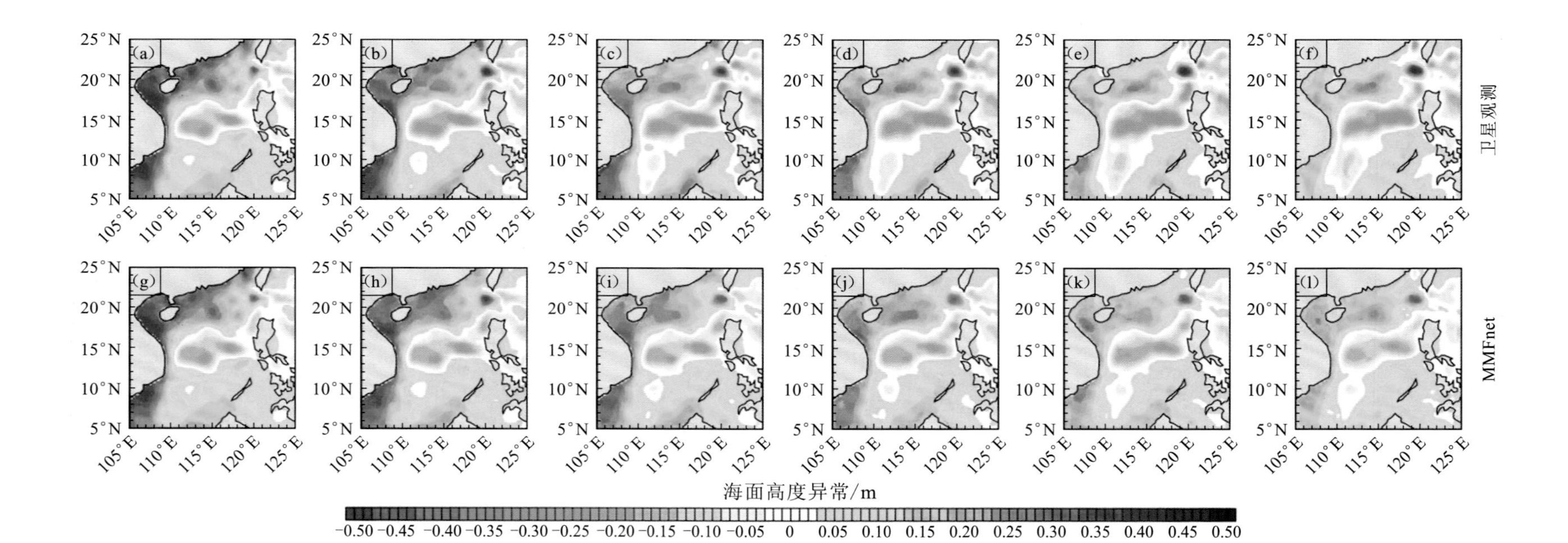

图 7.15　基于多模态融合的南海海面高度异常大数据分析预报结果

我国南海海域海面高度异常的预报统计是按每 15 天预报中的每一天计算的。此外还计算了所有可用 15 天预测的平均预测结果，以 2016 年 1 月 1 日～2017 年 12 月 31 日期间 731 次 15 天预报平均为基础。

改进的 EEMD-LSTM 单点预报模型误差统计结果如图 7.16 所示，其中 Altimeter 表示卫星高度计数据。15 天预报的平均均方根误差为 2.38 cm，与 ConvLSTM 大面积预报结果相比，RMSE 减少了 70.35%。同时 EEMD-LSTM 对于动能弱、变化快的海面高度异常，预测模型很好地再现和准确预测其变化特征。

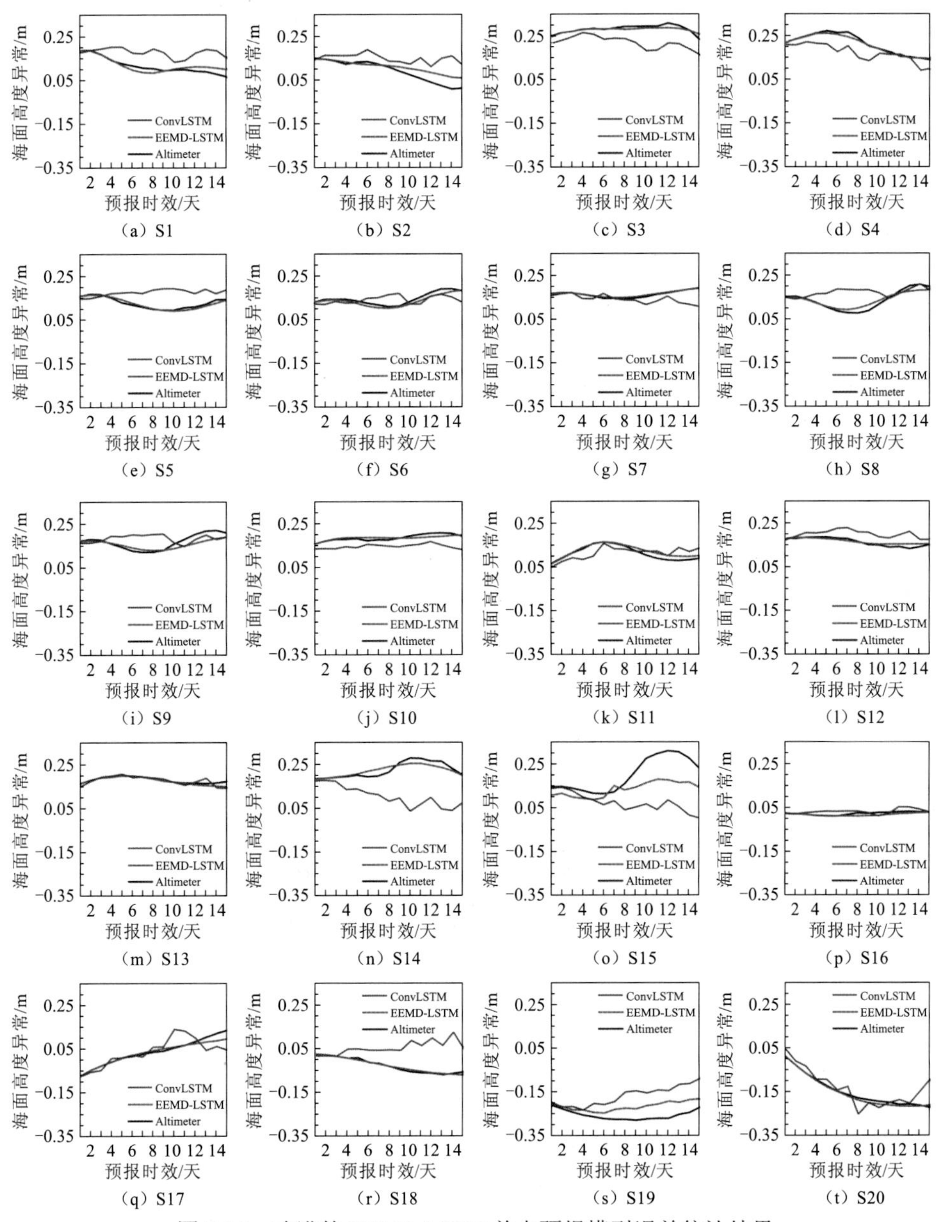

图 7.16 改进的 EEMD-LSTM 单点预报模型误差统计结果

2016～2017 年日均海面高度异常测试集平均均方根误差如图 7.17 所示。结果显示，单模态 ConvLSTM 模型对开阔大洋涡旋具有较好的预报能力，但在边缘和近岸误差较大，

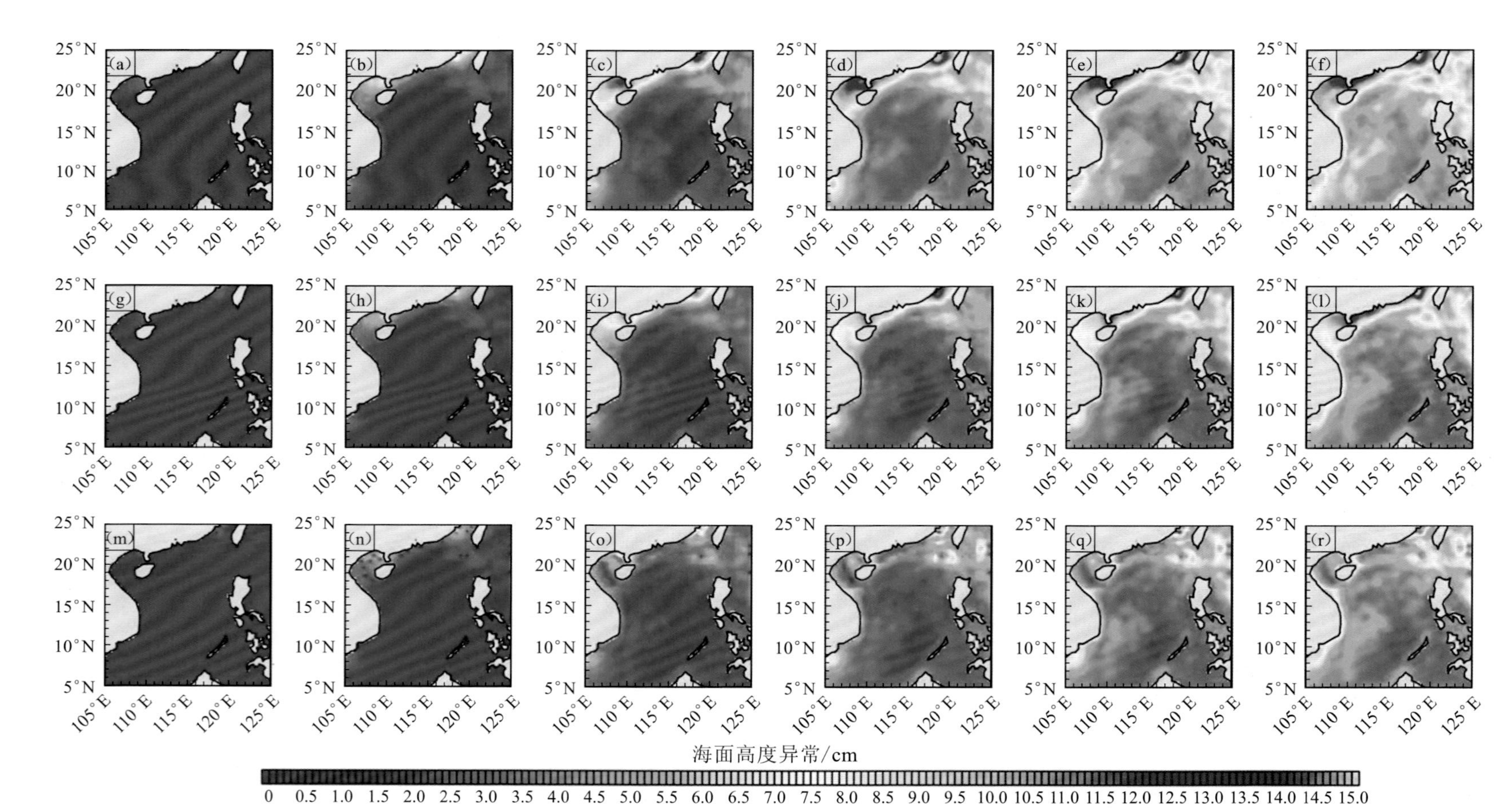

图 7.17　2016～2017年日均海面高度异常测试集平均均方根误差结果

极端误差主要分布在边缘陆域和南海北部，可能与沿岸流和埃克曼输送导致海水在西岸堆积使西岸动力高度相对较高有关。南海吕宋岛西北部海域和水深较浅海域的海平面高度变化普遍较大。MMFnet 模型结果大幅减少了近岸方向误差，与 ConvLSTM 大面积预报结果相比，RMSE 降低了 8.46%。

参 考 文 献

[1] LEVINE R A. Reviewed works: Statistical methods in the atmospheric sciences by Danil S. wilks[J]. Journal of the American Statistical Association, 2000, 95(449): 344-345.

[2] SHRIVER J F, HURLBURT H E, SMEDSTAD O M, et al. 1/32° real-time global ocean prediction and value-added over 1/16° resolution[J]. Journal of Marine Systems, 2007, 65(1-4): 3-26.

[3] ARCOMANO T, SZUNYOGH I, PATHAK J, et al. A machine learning-based global atmospheric forecast model[J]. Geophysical Research Letters, 2020, 47(9): 1-9.

[4] ROBINSON A R, CARTON J A, MOOERS C N K, et al. A real-time dynamical forecast of ocean synoptic/mesoscale eddies[J]. Nature, 1984, 309(5971): 781-783.

[5] MASINA S, PINARDI N. Mesoscale data assimilation studies in the Middle Adriatic Sea[J]. Continental Shelf Research, 1994, 14(12): 1293-1310.

[6]王延强, 张宇, 林波, 等. 基于 NEMO 的全球海洋环境预报模式在超算集群的计算性能优化[J]. 海洋预报, 2018, 35(3): 41-47.

[7] 朱亚平, 程周杰, 何锡玉, 等. 美国海军海洋业务预报纵览[J]. 海洋预报, 2015, 32(5): 98-105.

[8] CUMMINGS J A, SMEDSTAD O M. Ocean data impacts in global HYCOM[J]. Journal of Atmospheric and Oceanic Technology, 2014, 31(8): 1771-1791.

[9] 王辉, 万莉颖, 秦英豪, 等. 中国全球业务化海洋学预报系统的发展和应用[J]. 地球科学进展, 2016, 31(10): 1090-1104.

[10] FU H, CHU P C, HAN G, et al. Improvement of short-termforecasting in the northwest Pacific through assimilating Argo data into initial fields[J]. Acta Oceanologica Sinica, 2013, 32(7): 57-65.

[11] FU H, YANG J, LI W, et al. A potential density gradient dependent analysis scheme for ocean multiscale data assimilation[J]. Advances in Meteorology, 2017: 9315601.

[12] 吴新荣, 王喜冬, 李威, 等. 海洋数据同化与数据融合技术应用综述[J]. 海洋技术学报, 2015(3): 97-101.

[13] 刘娜, 王辉, 凌铁军, 等. 全球业务化海洋预报进展与展望[J]. 地球科学进展, 2018, 33(2): 131-140.

[14] MEHRA A, RIVIN I. A real time ocean forecast system for the North Atlantic Ocean[J]. Terrestrial, Atmospheric and Oceanic Sciences, 2010, 21(1): 211-228.

[15] DRÉVILLON M, BOURDALLÉ-BADIE R, DERVAL C, et al. The GODAE/Mercator-Ocean global ocean forecasting system: Results, applications and prospects[J]. Journal of Operational Oceanography, 2008, 1(1): 51-57.

[16] BAUER P, THORPE A, BRUNET G. The quiet revolution of numerical weather prediction[J]. Nature, 2015,

525(7567): 47-55.
[17] 唐佑民, 郑飞, 张蕴斐, 等. 高影响海-气环境事件预报模式的高分辨率海洋资料同化系统研发[J]. 中国基础科学, 2017, 19(5): 50-56.
[18] LECUN Y, BENGIO Y, HINTON G. Deep learning[J]. Nature, 2015, 521(7553): 436-444.
[19] HINTON G, DENG L, YU D, et al. Deep neural networks for acoustic modeling in speech recognition: The shared views of four research groups[J]. IEEE Signal Processing Magazine, 2012, 29(6): 82-97.
[20] BENGIO Y. Learning deep architectures for AI[J]. Foundations and Trends in Machine Learning, 2009, 2(1): 1-27.
[21] MU B, LI J, YUAN S, et al. NAO index prediction using LSTM and ConvLSTM networks coupled with discrete wavelet transform[C]. Proceedings of the International Joint Conference on Neural Networks. IEEE, 2019: 1-8.
[22] MUHLBAUER A, MCCOY I L, WOOD R. Climatology of stratocumulus cloud morphologies: Microphysical properties and radiative effects[J]. Atmospheric Chemistry and Physics, 2014, 14(13): 6695-6716.
[23] KIM S, HONG S, JOH M, et al. DeepRain: ConvLSTM network for precipitation prediction using multichannel radar data[J]. arXiv Preprint arXiv: 1711. 02316, 2017.
[24] XIAO C, CHEN N, HU C, et al. Short and mid-term sea surface temperature prediction using time-series satellite data and LSTM-AdaBoost combination approach[J]. Remote Sensing of Environment, 2019, 233: 111358.
[25] HAM Y G, KIM J H, LUO J J. Deep learning for multi-year ENSO forecasts[J]. Nature, 2019, 573(7775): 568-572.
[26] SHAO C, ZHANG W, SUN C, et al. Statistical prediction of the South China Sea surface height anomaly[J]. Advances in Meteorology, 2015, 2015: 907313.
[27] ZHANG Q, WANG H, DONG J, et al. Prediction of sea surface temperature using long short-term memory[J]. IEEE Geoscience and Remote Sensing Letters, 2017, 14(10): 1745-1749.
[28] ROITENBERG A, WOLF L. Forecasting traffic with a convolutional GRU decoder conditioned on adapted historical data[J]. ICML 2019 Time Series Workshop, 2019.
[29] GUO Z, ZHAO W, LU H, et al. Multi-step forecasting for wind speed using a modified EMD-based artificial neural network model[J]. Renewable Energy, 2012, 37(1): 241-249.
[30] LIU H, MI X W, LI Y F. Wind speed forecasting method based on deep learning strategy using empirical wavelet transform, long short term memory neural network and Elman neural network[J]. Energy Conversion and Management, 2018, 156(1): 498-514.
[31] SHI X, CHEN Z, WANG H, et al. Convolutional LSTM network: A machine learning approach for precipitation nowcasting[C]. Advances in Neural Information Processing Systems, 2015, 28: 802-810.
[32] SHI X, GAO Z, LAUSEN L, et al. Deep learning for precipitation nowcasting: A benchmark and a new model[C]. Advances in Neural Information Processing Systems, 2017, 30:5622-5632.
[33] MA C, LI S, WANG A, et al. Altimeter observation-based eddy nowcasting using an improved Conv-LSTM

network[J]. Remote Sensing, 2019, 11(7): 783.

[34] YANG Y, DONG J, SUN X, et al. A CFCC-LSTM model for sea surface temperature prediction[J]. IEEE Geoscience and Remote Sensing Letters, 2018, 15(2): 207-211.

[35] WANG Y, LONG M, WANG J, et al. PredRNN: Recurrent neural networks for predictive learning using spatiotemporal LSTMs[C]. Advances in Neural Information Processing Systems, 2017, 30: 879-888.

[36] WANG Y, GAO Z, LONG M, et al. PredRNN++: Towards a resolution of the deep-in-time dilemma in spatiotemporal predictive learning[C]. 35th International Conference on Machine Learning, ICML 2018.

[37] WANG Y, JIANG L, YANG M H, et al. Eidetic 3D LSTM: A model for video prediction and beyond[J]. 7th International Conference on Learning Representations, ICLR 2019, 2019: 10.

[38] MORENCY L P, LIANG P P, ZADEH A. Tutorial on multimodal machine learning[C]. Proceedings of the 2022 Conference of the North American Chapter of the Association for Computational Linguistics, 2022: 33-38.

[39] LI H, SUN J, XU Z, et al. Multimodal 2D+3D facial expression recognition with deep fusion convolutional neural network[J]. IEEE Transactions on Multimedia, 2017, 19(12): 2816-2831.

[40] JIN Z, CAO J, GUO H, et al. Multimodal fusion with recurrent neural networks for rumor detection on microblogs[C]. MM 2017-Proceedings of the 2017 ACM Multimedia Conference. ACM, 2017: 795-816.

[41] HE Q, LEE Y, HUANG D, et al. Multi-modal remote sensing image classification for low sample size data[C]. Proceedings of the International Joint Conference on Neural Networks. IEEE, 2018: 1-6.

[42] 陆青，左军成，吴灵君. 热带太平洋海平面低频变化[J]. 海洋学报, 2017, 39(7): 43-52.

[43] KOPP R E, KEMP A C, BITTERMANN, et al. Temperature-driven global sea-level variability in the Common Era[J]. Proceedings of the National Academy of Sciences of the United States of America, 2016, 113(11): 201517056

[44] DIENG H B, CAZENAVE A, MEYSSIGNAC B, et al. New estimate of the current rate of sea level rise from a sea level budget approach[J]. Geophysical Research Letters, 2017, 44(8): 3744-3751.

[45] WANG H, HAN S, FAN W, et al. Characteristics and possible causes of sea level anomalies in the Xisha sea area[J]. Acta Oceanologica Sinica, 2016, 35(9): 34-41.

[46] 蔡榕硕，齐庆华. 气候变化与全球海洋：影响、适应和脆弱性评估之解读[J]. 气候变化研究进展, 2014, 10(3): 185-190.

[47] 于宜法. 中国近海海平面变化研究进展[J]. 中国海洋大学学报(自然科学版), 2004, 34(5): 713-719.

[48] 王慧，刘克修，范文静，等. 渤海西部海平面资料均一性订正及变化特征[J]. 海洋通报，2013，32(3): 256-264.

[49] 王慧，刘克修，范文静，等. 2012年中国沿海海平面上升显著成因分析[J]. 海洋学报, 2014, 36(5): 8-17.

[50] 王慧，刘克修，张琪，等. 中国近海海平面变化与ENSO的关系[J]. 海洋学报, 2014, 36(9): 65-74.

[51] REYNOLDS R W, SMITH T M, LIU C, et al. Daily high-resolution-blended analyses for sea surface temperature[J]. Journal of Climate, 2007, 20(22): 5473-5496.

[52] ATLAS R, HOFFMAN R N, BLOOM S C, et al. A multiyear global surface wind velocity dataset using SSM/I wind observations[J]. Bulletin of the American Meteorological Society, 1996, 77(5): 869-882.

[53] ATLAS R, HOFFMAN R N, ARDIZZONE J, et al. A cross-calibrated, multiplatform ocean surface wind velocity product for meteorological and oceanographic applications[J]. Bulletin of the American Meteorological Society, 2011, 92(2): 157-174.

[54] JI S, XU W, YANG M, et al. 3D convolutional neural networks for human action recognition[J]. IEEE Transactions on Pattern Analysis and Machine Intelligence, 2013, 35(1): 221-231.

[55] DUO Z, WANG W, WANG H. Oceanic mesoscale eddy detection method based on deep learning[J]. Remote Sensing, 2019, 11(16): 1921.

[56] REICHSTEIN M, CAMPS-VALLS G, STEVENS B, et al. Deep learning and process understanding for data-driven Earth system science[J]. Nature, 2019, 566(7743): 195-204.

第 8 章　海洋三维温盐大数据分析预报

8.1　海洋三维温盐场构建概况

海洋中的现场观测资料存在空间分布不均匀及时间不连续等问题，而海洋中混合层结构、中尺度现象、热含量及内波等方面研究均需要通过时空连续的海洋次表层结构信息来反映。日益增加的 Argo 浮标虽然提高了海洋实测数据的覆盖范围，但仍难以满足大范围、长周期的研究需求。因此，结合海洋观测数据与卫星遥感数据，将海表温度、海面高度等海洋表层状态信息投影为水下环境信息，重构次表层三维结构场，是获取时空连续海洋三维状态信息的有效途径。

8.1.1　统计方法

统计方法主要采用单要素或多要素回归等手段，建立海洋表层信息与次表层的统计关系模型，通过统计模型将卫星遥感数据重构为水下三维场。在早期的研究中，Fiedler[1]分析了加利福尼亚流域次表层温度结构与海表温度之间的关系，发现使用海表温度回归估算的温度场比气候态估算的温度场的误差降低了 20%～30%。Carnes 等[2]采用最小二乘回归方法逐月建立了墨西哥湾流海区动力高度与温度垂向结构正交分解振幅的关系模型，利用模型由海面高度反演的温度场能够再现湾流及涡旋的垂向结构特征。在后续的工作中，Carnes 等[3]进一步建立了以动力高度、海表温度、气温、盐度、时间和经纬度为控制条件的 6 个模型，并采用最小二乘回归求解各模型，该方法重构的西北太平洋与西北大西洋温盐场误差较小，且误差垂向分布特征相似，二者最大误差均分布在 200 m 以上的深度。

由于联合使用海表温度和海面高度比单要素投影的效果好，Fischer[4]采用多变量线性回归方法将海表温度和海面高度异常投影为热带太平洋温度场，并应用于 ENSO 事件研究，结果表明多变量投影温度场的垂向结构更接近实测。在 Carnes 等[3]的研究基础上，美国海军建立了模块化海洋数据同化系统（modular ocean data assimilation system，MODAS），该系统分为静态气候场及动态气候场两个部分，其中动态气候场将历史观测数据的表层温度和动力高度与各个标准层深度的温度分别进行回归分析，通过对目标网格周围观测的回归系数进行时间和空间距离加权计算，建立网格化的回归参数模型，利用该模型可实现海表温度和海面高度到水下温盐场的实时投影。由于 MODAS 动态气候场既提取了历史数据中表层与水下的特征关系，又利用实时卫星遥感数据对各深度层的温度异常进行调整，重构的三维温盐场与海洋实时状态较为接近，能够有效反映海洋中的锋面及中尺度涡结构特征，可作为数值模式的初始场条件，也可直接用于海洋次表层现象及过程研究。

采用类似的线性回归类方法进行的研究还有很多。Willis 等[5]利用海表温度、海面高度及浮标的温度异常重构了西南太平洋的温度场，发现由于海表温度及海面高度均不包含混合层深度信息，反演的温度在 100 m 深度的误差较大，当考虑融合周围的浮标数据时，次表层重构温度场的精度能够显著提高。Guinehut 等[6]同样采用多变量回归方法，利用海表温度、海面高度重构了 200 m 深度大西洋的温度场，并进一步采用最优插值方法融合浮标数据以降低温度场的误差，结果表明，融合了多种数据的重构温度场误差大幅下降。随着 Argo 数据的累积，Guinehut 等[7]将该方法应用到了全球范围，建立了高分辨率的重构温盐场，与气候态相比，该重构场可以反映 50%以上的温度场变化特征。

8.1.2 动力学方法

动力学方法采用数值模型或一定的动力约束条件，如位势涡度守恒方法、水柱绝热垂直调整方法、海面高度与次表层流场关系等方法，将海表温度及海面高度等海表数据转化为动力模型的控制变量，实现表层数据到水下的映射。在早期的研究中，Hurlburt[8-9]利用两层的理想模型，将海面高度向下反演为海洋次表层信息，模型反演的密度跃层深度比气候态结果更加准确。Haines[10]采用 4 层的准地转模型，并假定次表层的位势涡度守恒，将海面高度代表的表层流重构为次表层流场。Cooper 等[11]使用 21 层的涡分辨率模型，依据海面高度表征的表层压力变化来调整次表层的水柱积分压力，将高度计数据代入模型中。上述的方法均基于海洋数值模式，对计算资源有一定的需求，而采用简化的动力学模型方法，既可满足物理框架也能够提高计算效率，其中基于表层准地转（surface quasi-geostrophic，SQG）的理论方法已被广泛应用于气象及海洋研究领域。

由于边界处的密度变化会引起内部流场的改变，当假设内部位势涡度（简称位涡）为零时，利用 SQG 方法可由表层密度变化来计算内部流场的变化，实现表层到次表层的投影。在实际海洋中次表层位涡较大，不能直接将其假定为零，而且位涡难以直接观测获得，因此如何拟合位涡是使用 SQG 方法的关键。Lacasce 等[12]研究发现如果假定海洋内部位涡为零，采用 SQG 方法反演会导致次表层流场的减弱，当建立表层密度与内部位涡的指数衰减关系并引入控制方程后，反演流场的强度及结构更加准确。Lapeyre 等[13]认为在斜压不稳定的区域，表层密度异常和海洋内部位势涡度存在显著的相关关系，利用位涡的可逆性，将动力方程分解为三维位涡控制方程及表层密度控制方程，并假定浮力频率为常数，简化内部与表层方程，发展了有效 SQG（effective SQG，eSQG）方法。Isern-Fontanet 等[14-15]用海表温度观测数据及数值模式结果验证了 eSQG 方法的有效性，研究发现当海表温度是表层密度的决定因素且混合层较深时，反演的次表层流场更为准确。

上述方法均将海面高度与表层密度显著相关作为假设条件，而实际海洋中该条件并不总能满足，存在位涡和表层密度的相关性与位涡和海面高度的相关性不一致的问题，因此后续研究中需要进一步引入海面高度与位涡之间的关系。不同于 Lapeyre 等[13]以表层控制方程为主要动力控制条件，Ponte 等[16]以内部位涡控制方程为主，并假设各深度层的位势涡度异常与参考层的位势涡度异常成比例，建立海面高度与位势涡度的关系方程，而表层密度则作为位涡垂向相关系数的因子，研究结果表明，一般情况下表层密度对位涡影响较小，而当尺度小于 20 km 时，忽略表层密度会引起位涡计算结果偏高。在 SQG 方法的基础上，Wang 等[17]发展了内外表层准地转（interior plus surface quasi-geostrophic，iSQG）方法，该方法用表层密度计算表层准地转方程，并假定正压模态及第一斜压模态对内区起主要作用，利用海面高度异常残差计算内部位涡及流场，通过分别对表层准地转方程与内部方程求解来重构次表层状态场，该方法反演的次表层密度及流场在北大西洋 3 个试验区域均取得了较好的效果。在 Wang 等[17]的研究基础上，Lacasce 等[18]进一步采用混合层与指数层相结合的方法对剖面的混合层与跃层垂向结构进行简化，也获得了较好的效果。Liu 等[19-20]运用两种再分析数据，将海面高度和温盐计算的表层密度代入 iSQG 模型，验证了该方法的效果。研究结果表明 iSQG 方法在强流区的反演效果较好，在冬季混合层较深且层化较弱时效果较好，当使用了高精度海表盐度计算的表层密度后，iSQG 方法反演的结果更接近 Argo 的实测剖面，并且反演精度在层化较强的暖季也得到了提升。

8.1.3 大数据方法构建

随着人工智能技术及算法的发展，神经网络等机器学习方法被广泛应用于数据运算中，海洋观测具有数据储量大、时空规律强等特点，采用机器学习等大数据方法能有效地挖掘海洋数据的关系、提取数据的规律。应用机器学习算法，除能建立线性关系外，还可以提取非线性关系，目前已有研究将该类方法应用于海洋三维温盐构建中。Ali 等[21]使用具有 14 个隐藏单元的单隐藏层 BP 神经网络开展了海表信息投影次表层结构的研究，将海表温度、海面高度、风应力、净辐射通量和热通量等变量作为输入，训练神经网络模型，建立阿拉伯海三维温度场，其平均均方根误差为 0.58 ℃。Wu 等[22]采用由 1600 个神经元构成的自组织特征映射（self-organizing feature map，SOM）神经网络算法，利用 Argo 浮标的表层温度异常、积分动力高度异常和表层盐度异常数据训练神经网络，建立北大西洋温度场，其与观测数据之间的相关系数大于 0.8。Su 等[23]利用支持向量机算法构建了印度洋的三维温盐场，结果表明将海表温度异常、海面高度异常和海表盐度异常同时作为神经网络训练数据，与仅采用海表温度异常和海面高度异常训练相比，温度场误差降低了 12%。Li 等[24]进一步将支持向量回归（SVR）方法应用到全球范围，并引入海表风场训练核函数，结果表明同时考虑 4 种表层要素重构温盐场的效果最好。在后续的研究中，Su 等[25]采用随机森林方法，同时考虑海表风场异常重构了全球温度场，通过与支持向量回归方法的温度场进行比较，发现随机森林方法的结果优于支持向量回归方法。

海表温度和海面高度等表层状态与水下次表层结构密切相关，海表温度可以表征混合层及以上的海温状态，海面高度能够反映海洋跃层处的冷暖结构信息。水下温盐大数据分析预报技术通过采用关联挖掘、深度学习等大数据分析方法及技术，开展三维温盐结构垂向建模技术研究，构建海表信息垂向投影三维温盐关联模型，利用海表信息与水下温盐结构关系模型参数库建立三维温盐分析预报模型，并开展实验，实现水下三维温盐场的预报。

8.2 海洋三维温盐垂向建模及规律分析

8.2.1 多源多要素动态分析垂向建模规律

采用多源多要素动态分析方法，开展海表温度和海面高度与水下三维温盐结构的多源多要素动态分析研究，建立各网格不同时段、不同水深层次上的温盐信息与海表信息间的投影关系。通过对历史温度观测资料中海表温度和次表层温度进行多源多要素动态分析，建立由海表温度投影温度剖面的动态分析模型：

$$T_{i,k}(\mathrm{SST})=\overline{T_{i,k}}+a_{i,k}^{T1}(\mathrm{SST}-\overline{T_{i,1}}) \tag{8.1}$$

式中：$T_{i,k}(\mathrm{SST})$ 为由海表温度重构的格点 i、深度 k 处的温度值；$\overline{T_{i,k}}$ 为温度的平均值；SST 为海表温度；$a_{i,k}^{T1}$ 为回归系数。

通过对历史温盐观测资料计算的动力高度和次表层温度进行多源多要素动态分析，建立由海面高度投影温度剖面的多源多要素动态分析模型：

$$T_{i,k}(h)=\overline{T_{i,k}}+a_{i,k}^{T2}(h-\overline{h_i}) \tag{8.2}$$

式中：$T_{i,k}(h)$ 为由海面高度重构的格点 i、深度 k 处的温度值；$a_{i,k}^{T2}$ 为回归系数；h、$\overline{h_i}$ 分别为动力高度异常及动力高度平均值。动力高度异常由下式计算：

$$h=\int_0^H \frac{v(T,S,p)-v(0,35,p)}{v(0,35,p)}\mathrm{d}z \tag{8.3}$$

式中：v 为海水比容；$v(0,35,p)$ 为海水温度 0℃、盐度 35 PSU 时的海水比容；H 为水深。

进一步通过对历史温盐观测资料中的海表温度和动力高度与次表层温度剖面的多源多要素动态分析，建立由海表温度和海面高度投影温度剖面的多源多要素动态分析模型：

$$T_{i,k}(\mathrm{SST},h)=\overline{T_{i,k}}+a_{i,k}^{T3}(\mathrm{SST}-\overline{T_{i,1}})+a_{i,k}^{T4}(h-\overline{h_i})+a_{i,k}^{T5}[(\mathrm{SST}-\overline{T_{i,1}})(h-\overline{h_i})-\overline{h\mathrm{SST}_i}] \tag{8.4}$$

式中：$T_{i,k}(\mathrm{SST},h)$ 为由海表温度和海面高度异常（动力高度异常）重构的格点 i、深度 k 处的温度值；$a_{i,k}^{T3}$、$a_{i,k}^{T4}$ 和 $a_{i,k}^{T5}$ 为回归系数。

利用同时具备温度和盐度剖面历史观测资料，针对不同区域、不同网格和不同时段，采用多源多要素动态分析方法，建立由温度剖面反演盐度剖面的多源多要素动态分析模型：

$$S_{i,k}(T)=\overline{S_{i,k}}+a_{i,k}^{S1}(T-\overline{T_{i,k}}) \tag{8.5}$$

式中

$$\overline{S_{i,k}}=\frac{\sum_{j=1}^{N^{\mathrm{TS}}}b_{i,j}S_{j,k}^{o}}{\sum_{j=1}^{N^{\mathrm{TS}}}b_{i,j}} \tag{8.6}$$

$$\overline{T_{i,k}}=\frac{\sum_{j=1}^{N^{\mathrm{TS}}}b_{i,j}T_{j,k}^{o}}{\sum_{j=1}^{N^{\mathrm{TS}}}b_{i,j}} \tag{8.7}$$

$$a_{i,k}^{S1} = \frac{\sum_{j=1}^{N^{\mathrm{TS}}} b_{i,j} (S_{j,k}^{o} - \overline{S_{i,k}})(T_{j,k}^{o} - \overline{T_{i,k}})}{\sum_{j=1}^{N^{\mathrm{TS}}} b_{i,j} (T_{j,k}^{o} - \overline{T_{i,k}})^2} \tag{8.8}$$

式中：$b_{i,j}$为局域相关函数，可表示为

$$b_{i,j} = \exp\left[-\left(\frac{x_i - x_j}{L_x} \right)^2 - \left(\frac{y_i - y_j}{L_y} \right)^2 - \left(\frac{t_i - t_j}{L_t} \right)^2 \right] \tag{8.9}$$

式中：x和y分别为东西和南北的位置；t为一年中的时间；L_x、L_y和L_t分别为长度和时间尺度。

海表温度投影温度剖面、海面高度投影温度剖面、海表温度和海面高度联合投影温度剖面三种多源多要素动态分析模型误差分布情况分别如图 8.1～图 8.3 所示，温度投影盐度模型误差如图 8.4 所示，一般情况下模型误差在 100 m 深度的跃层处较大。比较三种方法可知，海表温度与海面高度联合投影方法的精度显著优于其他两种方法。

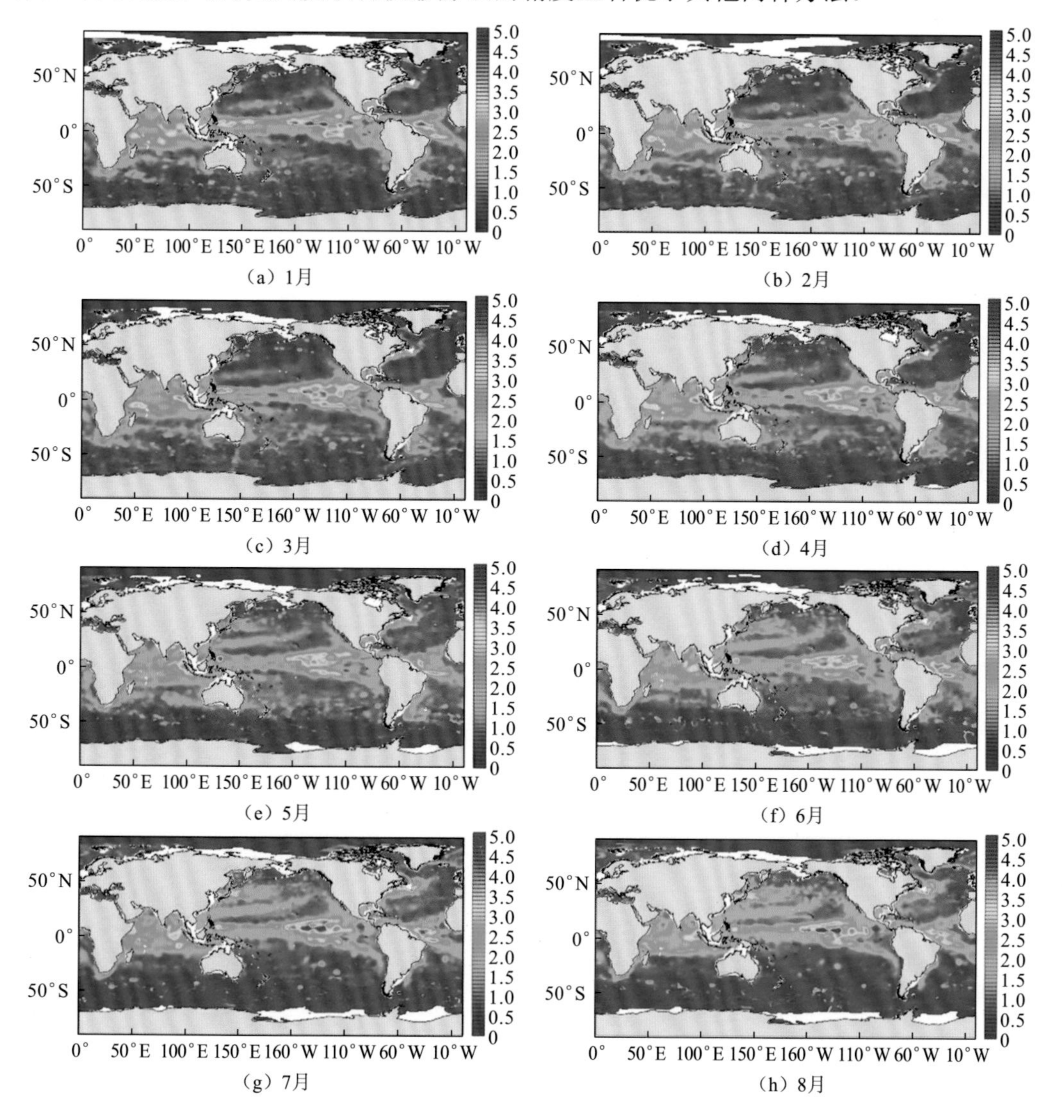

（a）1月

（b）2月

（c）3月

（d）4月

（e）5月

（f）6月

（g）7月

（h）8月

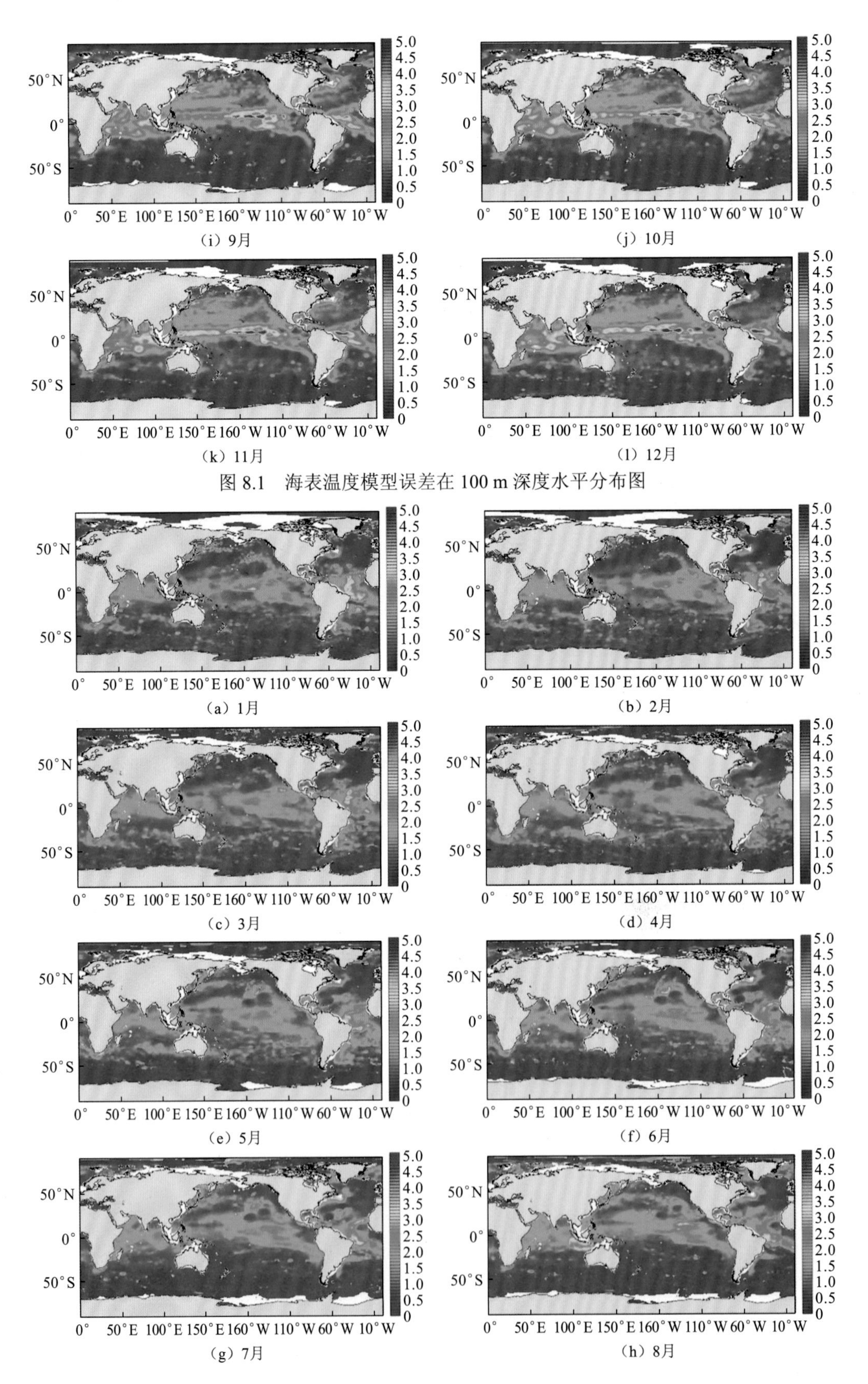

（i）9月

（j）10月

（k）11月

（l）12月

图 8.1 海表温度模型误差在 100 m 深度水平分布图

（a）1月

（b）2月

（c）3月

（d）4月

（e）5月

（f）6月

（g）7月

（h）8月

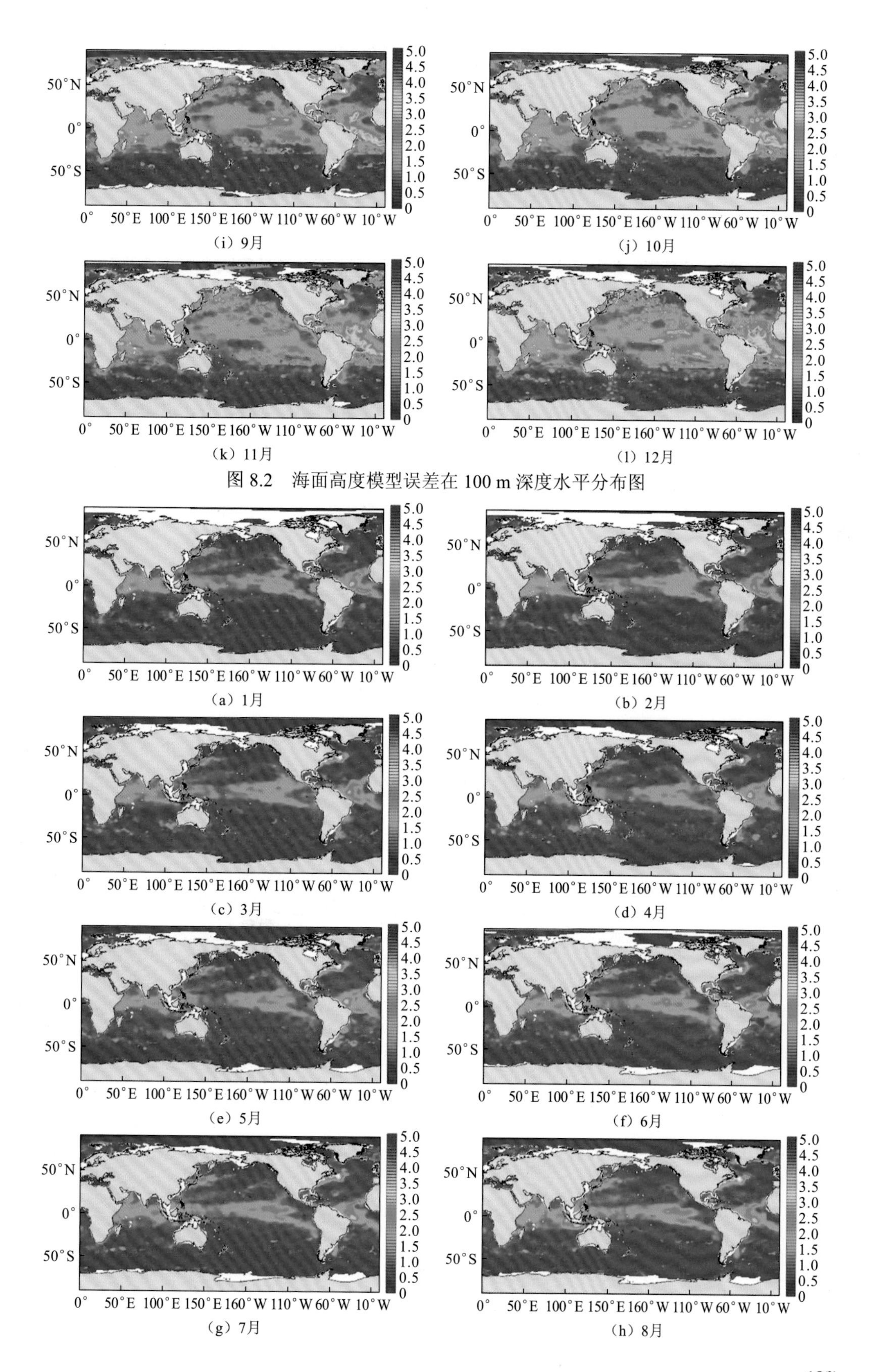

（i）9月　（j）10月

（k）11月　（l）12月

图 8.2　海面高度模型误差在 100 m 深度水平分布图

（a）1月　（b）2月

（c）3月　（d）4月

（e）5月　（f）6月

（g）7月　（h）8月

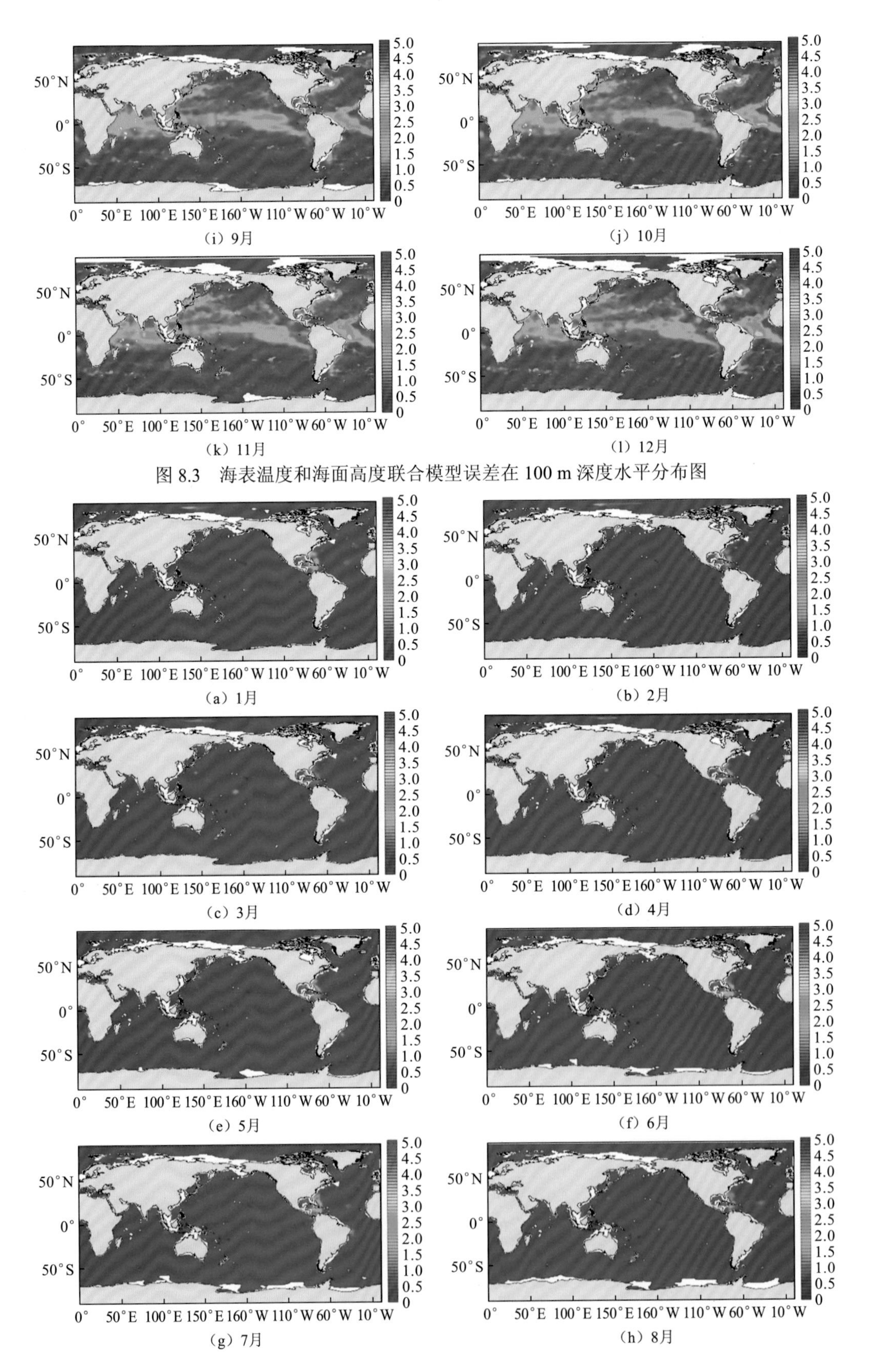

（i）9月

（j）10月

（k）11月

（l）12月

图 8.3　海表温度和海面高度联合模型误差在 100 m 深度水平分布图

（a）1月

（b）2月

（c）3月

（d）4月

（e）5月

（f）6月

（g）7月

（h）8月

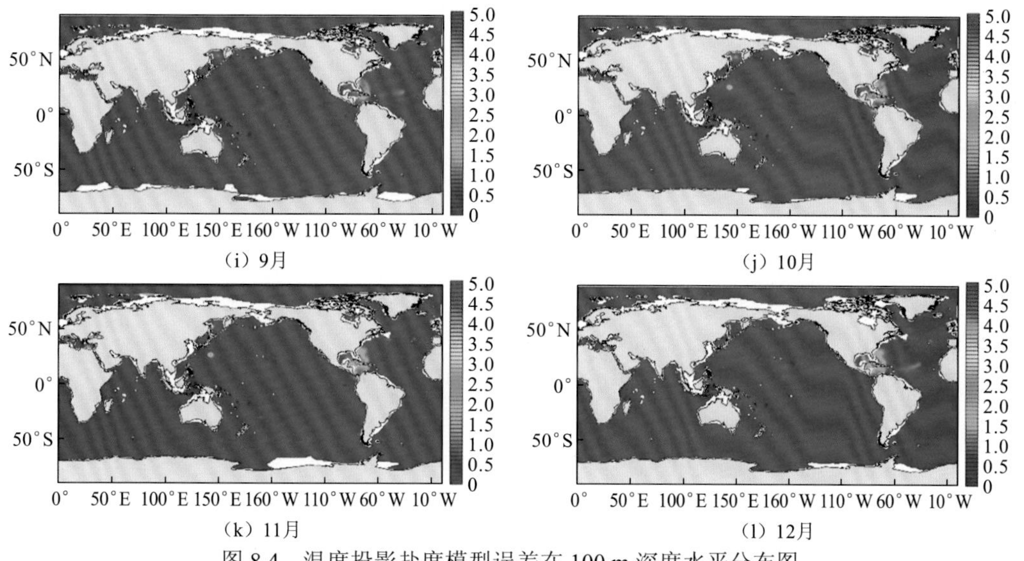

图 8.4　温度投影盐度模型误差在 100 m 深度水平分布图

8.2.2　主模态多约束最优分析垂向建模规律

本小节引入温盐梯度约束，采用主模态多约束最优分析方法，分混合层、跃层和深层三部分开展海表温度和海面高度投影三维温盐场研究。

1. 混合层温盐剖面模型建立

在混合层采用统计回归模型，主要利用温盐剖面历史资料计算出混合层的深度和混合层基底的梯度，建立密度异常与混合层深度、梯度之间的多项式统计关系模型，并建立混合层温度、盐度与密度异常之间的统计关系模型。当输入混合层深度和梯度时，即可获得混合层的温盐剖面。

计算混合层的方法是利用温度和盐度计算位势密度，利用位势密度临界值判定混合层的深度。这个临界值判定方法是将混合层的深度定义为一个指定深度，位势密度比参考层位势密度大一个特定的数量。使用 4 m 水深，而不是使用表层作为参照深度位置，目的是排除海表温度日变化对混合层深度的影响。对于气候态的剖面，采用 10 m 深度作为参考层的深度。使用 0.15 kg/m^3 作为临界密度差异，除非计算的混合层深度大于 400 m；接着将临界值降低到 0.05 kg/m^3。如果使用该临界值计算的混合层深度仍然大于 400 m，则将这个临界值降低到 0.025 kg/m^3；如果仍不满足条件，则再将临界值降低到 0.01 kg/m^3，接着降低到 0.001 kg/m^3，直到混合层的深度在 400 m 以内。

利用混合层深度和梯度数据，采用多项式拟合方法建立混合层内各层密度与混合层深度和混合层基底的梯度之间的多项式关系：

$$\begin{aligned}\Delta\sigma_\theta(z'_k, G_{\text{MLD}}, \text{MLD}) = {} & a_{1,k} + a_{2,k}G_{\text{MLD}} + a_{3,k}G_{\text{MLD}}^2 + a_{4,k}\text{MLD} + a_{5,k}\text{MLD}^2 \\ & + a_{6,k}G_{\text{MLD}}\text{MLD} + a_{7,k}G_{\text{MLD}}^2\text{MLD} + a_{8,k}G_{\text{MLD}}\text{MLD}^2\end{aligned} \tag{8.10}$$

式中：a_1～a_8 为拟合系数；i 为第 i 个剖面；k 为深度层。拟合系数通过最小化式（8.11）

获得：

$$\sum_{i=1}^{N}(\Delta\sigma_\theta(z'_k,G_{\text{MLD}},\text{MLD})-\Delta\tilde{\sigma}_{\theta,i}(z'_k))^2 \tag{8.11}$$

第 i 个剖面的正规化密度异常可表示为

$$\Delta\tilde{\sigma}_{\theta,i}(z'_k)=\frac{\tilde{\sigma}_{\theta,i}(z'_k)-\tilde{\sigma}_{\theta,i}(1)}{\sigma_{\theta,\text{Thresh}}} \tag{8.12}$$

式中：阈值 $\sigma_{\theta,\text{Thresh}}$ 对每个剖面是不同的。

第 k 层的正规化深度可表示为

$$z'_k=\frac{1+\lg[0.1+0.05(k-1)]}{1+\lg(1.1)},\quad k=1,2,\cdots,K \tag{8.13}$$

混合层内各层的位势温度和盐度采用线性回归计算：

$$\theta(z')=\theta(\text{MLD})+a_T(z')[\sigma_\theta(z')-\sigma_\theta(\text{MLD})] \tag{8.14}$$

$$S(z')=S(\text{MLD})+a_S(z')[\sigma_\theta(z')-\sigma_\theta(\text{MLD})] \tag{8.15}$$

式中：a_T 和 a_S 为回归系数。利用上述建立好的数据，采用最小二乘法计算回归系数。

取（30° N，140° E）点处观测进行拟合试验（该点周围观测分布如图 8.5 所示），得到标准化层的位势密度异常。图 8.6 所示为不同位势密度异常对应的标准化位势密度梯度与混合层深度之间的关系，位势密度异常由 -0.1～1.0 间隔 0.1 的等值线表示，散点为实际观测密度异常的分布情况。由图 8.6 可见，当位势密度异常相同，混合层深度较大（小）时，位势密度梯度较小（大）。位势温度和盐度与位势密度异常的相关关系分别如图 8.7 和图 8.8 所示。

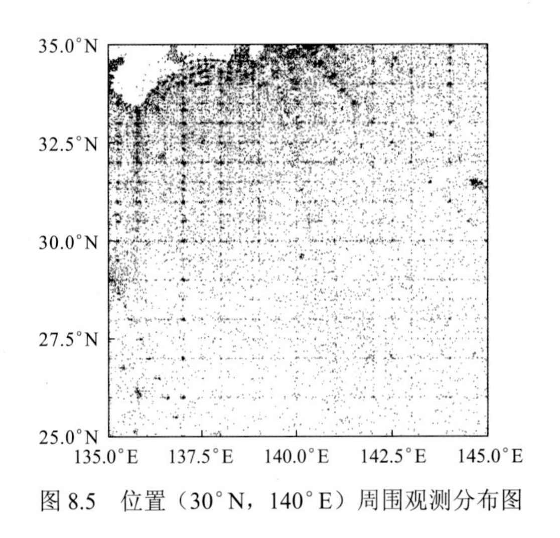

图 8.5　位置（30° N，140° E）周围观测分布图

2. 温跃层温盐剖面模型建立

利用主模态多约束最优分析方法建立以温盐为变量的目标泛函，目标泛函包括背景误差协方差矩阵、观测误差协方差矩阵、温盐垂直梯度约束、卫星海表温度和海面高度约束等。

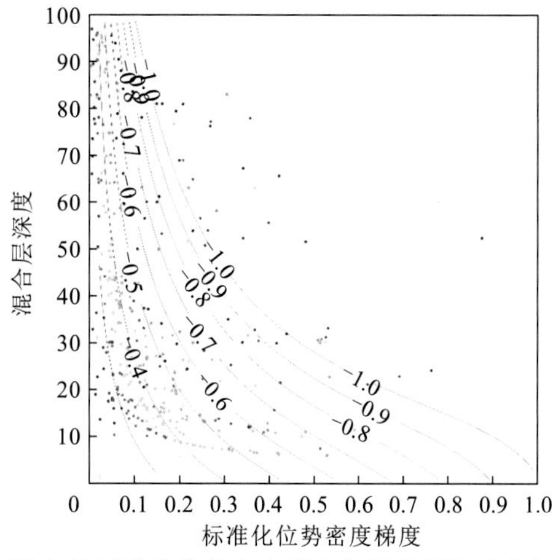

图 8.6　拟合的标准化位势密度梯度与混合层深度之间的关系

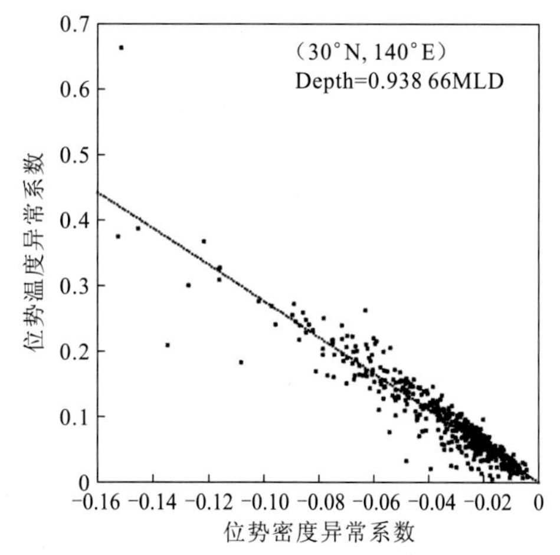

图 8.7　位势温度异常系数与位势密度异常系数在 0.938 66 MLD 深度的相关关系

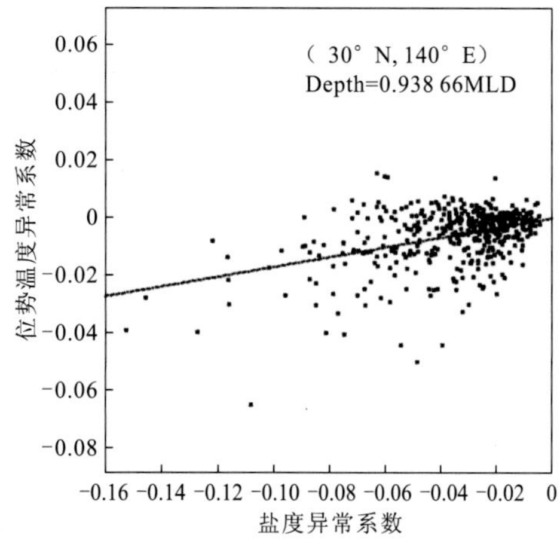

图 8.8　盐度异常系数与位势温度异常系数在 0.938 66 MLD 深度的相关关系

目标泛函可表示为

$$
\begin{aligned}
J = &(\boldsymbol{x}-\boldsymbol{x}_{\mathrm{cl}})^{\mathrm{T}}\boldsymbol{B}^{-1}(\boldsymbol{x}-\boldsymbol{x}_{\mathrm{cl}})+(\boldsymbol{d}-\boldsymbol{d}_{\mathrm{cl}})^{\mathrm{T}}\boldsymbol{B}_{\mathrm{g}}^{-1}(\boldsymbol{d}-\boldsymbol{d}_{\mathrm{cl}}) \\
&+(\boldsymbol{x}_{\mathrm{fg}}-\boldsymbol{x})^{\mathrm{T}}\boldsymbol{R}^{-1}(\boldsymbol{x}_{\mathrm{fg}}-\boldsymbol{x})+(\boldsymbol{d}_{\mathrm{fg}}-\boldsymbol{d})^{\mathrm{T}}\boldsymbol{R}_{\mathrm{g}}^{-1}(\boldsymbol{d}_{\mathrm{fg}}-\boldsymbol{d}) \\
&+\sum_{i=1}^{N}\left(\frac{T_i'-\hat{T}_i'}{u_i}\right)^2+\sum_{i=1}^{N-1}\left(\frac{\Delta T_i'-(\hat{T}_{t+1}'-\hat{T}_i')}{w_i}\right)^2 \\
&+\sum_{i=1}^{N}\left(\frac{S_i'-\hat{S}_i'}{u_{i+N}}\right)^2+\sum_{i=1}^{N-1}\left(\frac{\Delta S_i'-(\hat{S}_{i+1}'-\hat{S}_i')}{w_{i+N-1}}\right)^2 \\
&+\frac{(\tilde{T}_{\mathrm{MLD}}'-\hat{T}_{\mathrm{MLD}}')^2}{\varepsilon_{\mathrm{SST}}^2}+\frac{(\tilde{h}_{\mathrm{MLD}}-\hat{h}_{\mathrm{MLD}})^2}{\varepsilon_h^2}
\end{aligned}
\tag{8.16}
$$

式中：$\boldsymbol{x}$ 为温度或盐度待求解的分析矢量；$\boldsymbol{x}_{\mathrm{cl}}$ 为气候态温度和盐度；$\boldsymbol{x}_{\mathrm{fg}}$ 为温度和盐度初猜场矢量；$\boldsymbol{d}$ 为相邻深度层之间的差值；$\boldsymbol{d}_{\mathrm{cl}}$ 为气候态温盐在相邻深度层之间的差值；$\boldsymbol{d}_{\mathrm{fg}}$ 为气候态温盐初猜场在相邻深度层之间的差值矢量；$\boldsymbol{B}$ 为气候态误差协方差矩阵；$\boldsymbol{B}_{\mathrm{g}}$ 为气候态垂向误差协方差矩阵；$\boldsymbol{R}$ 为初猜误差协方差矩阵；$\boldsymbol{R}_{\mathrm{g}}$ 为垂向初猜误差协方差矩阵；N 为分析剖面的垂向层数；T_i 为第 i 个剖面第 m 个模态的特征函数反演温度；$\hat{T}_i$ 为第 i 个分析温度结果；$T_i'=T_i-T_{\mathrm{cl},i}$，$\hat{T}_i'=\hat{T}_i-T_{\mathrm{cl},i}$，$\Delta T_i'=T_{i+1}'-T_i'$，$T_{\mathrm{cl},\,i}$ 为在第 i 个气候态温度；S_i 为第 i 个剖面的特征函数反演盐度；$\hat{S}_i$ 为第 i 个分析盐度结果；$S_i'=S_i-S_{\mathrm{cl},i}$，$\hat{S}_i'=\hat{S}_i-S_{\mathrm{cl},i}$，$\Delta S_i'=S_{i+1}'-S_i'$，$S_{\mathrm{cl},\,i}$ 为在第 i 个气候态盐度；u_i 为 T_i 和 S_i 第 i 个标准差；w_i 为 T_i 和 S_i 第 i 个的垂向标准差；$\tilde{T}_{\mathrm{MLD}}'$ 为混合层的观测温度异常值；$\hat{T}_{\mathrm{MLD}}'$ 为混合层分析温度异常；$\varepsilon_{\mathrm{SST}}$ 为海表温度的误差协方差。

目标泛函等号右边第 1 项约束温盐剖面到气候背景场，第 2 项约束温盐剖面的梯度到气候背景梯度，第 3 项约束温盐剖面到初猜场，第 4 项约束合成温盐剖面的梯度到初猜场梯度，第 5～8 项约束合成温盐剖面和垂向梯度到观测温盐场的 m 个 EOF 模态，第 9 项和第 10 项为强约束，分别约束混合层温度和跃层海面高度。

第 1～4 项互相关联，且每项都包含矢量 $\boldsymbol{x}$ 和 $\boldsymbol{d}$。分析的变量 $\hat{T}$ 和 $\hat{S}$（或求算的合成方法的变量）用矢量 $\boldsymbol{x}$ 表示为

$$
\boldsymbol{x}=[\hat{T}_1,\hat{T}_2,\hat{T}_3,\cdots,\hat{T}_N,\hat{S}_1,\hat{S}_2,\hat{S}_3,\cdots,\hat{S}_N] \tag{8.17}
$$

矢量 $\boldsymbol{x}$ 的第 1～N 项为温度与气候态之间的偏差，第$(N+1)$～$2N$ 项为盐度与气候态之间的偏差，其中 N 是剖面深度的层数。矢量 $\boldsymbol{d}$ 包含分析变量 $\hat{T}$ 和 $\hat{S}$ 在相邻各层上的差异：

$$
\boldsymbol{d}=[\hat{T}_2-\hat{T}_1,\hat{T}_3-\hat{T}_2,\cdots,\hat{T}_N-\hat{T}_{N-1},\hat{S}_2-\hat{S}_1,\hat{S}_3-\hat{S}_2,\cdots,\hat{S}_N-\hat{S}_{N-1}] \tag{8.18}
$$

第 1～$(N-1)$项变量为温度的差异，而第 N～$(2N-2)$项变量为盐度的差异。矢量 $\boldsymbol{x}_{\mathrm{cl}}$、$\boldsymbol{d}_{\mathrm{cl}}$、$\boldsymbol{x}_{\mathrm{fg}}$ 和 $\boldsymbol{d}_{\mathrm{fg}}$ 与 $\boldsymbol{x}$ 和 $\boldsymbol{d}$ 形式相同，但反映的是气候态和初猜场。气候态（$T_{\mathrm{cl},\,i}$ 和 $S_{\mathrm{cl},\,i}$）是用同时具备温盐的历史观测剖面算得的气候态平均值。初猜场（T_{fg} 和 S_{fg}）使用相对精确的模式预报进行输入。

第 1 项约束合成剖面到气候态并维持 $\boldsymbol{B}$ 矩阵的协方差结构，$\boldsymbol{B}$ 矩阵是由观测数据重构的海洋垂向结构协方差。协方差矩阵 $\boldsymbol{B}$ 由现场观测的相关性矩阵的方法构建：

$$
\boldsymbol{B}=\boldsymbol{UCU} \tag{8.19}
$$

式中：$\boldsymbol{C}$ 为相关性矩阵；$\boldsymbol{U}$ 为标准差的对角矩阵。对角矩阵由对角 $\boldsymbol{B}$ 矩阵各个量的平方根组成。相关性矩阵 $\boldsymbol{C}$ 由全球的历史温盐观测剖面构建。

利用现场温盐观测剖面计算 $\boldsymbol{B}$ 矩阵的方法，采用相关系数而不是协方差的原因是温盐之间的差异较大，且差异随深度变化也较大。如不对相关性矩阵进行标准化，温度的大幅变化和近表层的大幅变化将会主导前几个 EOF 模态的变率，这将引起盐度变率和深度变率 EOF 信号的大幅损失。因此，在 EOF 分析中用相关关系代替协方差是常用的方法。等式的最终形式是使用一套共 m 个 EOF 模态，这些模态具有较大的特征值。最初的系统设置的模态个数为 $m=6$。

为了除去求 $\boldsymbol{C}$ 矩阵逆的烦琐过程，采用乔丹（Jordan）分解的方法，该方法是一个用于分解特征值的特殊方法，当应用于对称矩阵，式（8.19）中的 $\boldsymbol{C}$ 矩阵可以分解为

$$\boldsymbol{B}=\boldsymbol{U}\boldsymbol{\Gamma}\boldsymbol{\Lambda}\boldsymbol{\Gamma}^{-1}\boldsymbol{U} \tag{8.20}$$

式中：$\boldsymbol{\Lambda}$ 为对角矩阵，由元素 λ_i 组成，等同于 $\boldsymbol{C}$ 的独立值，由于 $\boldsymbol{C}$ 是一个相关矩阵，独立值同时也是 $\boldsymbol{C}$ 的特征值；正交矩阵的列 $\boldsymbol{\Gamma}$ 为 T-S 的特征向量，由 $\boldsymbol{C}$ 矩阵的元素 γ_i 组成，于是 $\boldsymbol{B}$ 矩阵的逆矩阵变为

$$\boldsymbol{B}^{-1}=\boldsymbol{U}^{-1}\boldsymbol{\Gamma}\boldsymbol{\Lambda}^{-1}\boldsymbol{\Gamma}^{\mathrm{T}}\boldsymbol{U}^{-1} \tag{8.21}$$

对角矩阵的逆矩阵是将各个元素调整为原来元素逆的对角矩阵，定义 EOF 振幅的矢量为

$$\boldsymbol{\alpha}=\boldsymbol{\Gamma}^{\mathrm{T}}\boldsymbol{U}^{-1}(\boldsymbol{x}-\boldsymbol{x}_{\mathrm{cl}}) \tag{8.22}$$

或以求和的形式表示为

$$\alpha_i=\sum_{k=1}^{2N}\gamma_{ik}u_k^{-1}(\boldsymbol{x}_k-\boldsymbol{x}_{\mathrm{cl},k}) \tag{8.23}$$

式中：$2N$ 为温度和盐度从 0～1000 m 的深度层数（$N=47$）。于是第 1 项变为

$$J_1=(\boldsymbol{x}-\boldsymbol{x}_{\mathrm{cl}})^{\mathrm{T}}\boldsymbol{B}^{-1}(\boldsymbol{x}-\boldsymbol{x}_{\mathrm{cl}})=\boldsymbol{\alpha}^{\mathrm{T}}\boldsymbol{\Lambda}^{-1}\boldsymbol{\alpha}=\frac{\sum_{i=1}^{m}\alpha_i^2}{\lambda_i} \tag{8.24}$$

式中：α_i 为 $\boldsymbol{\alpha}$ 的元素；u_k 为 $\boldsymbol{U}$ 的元素；m 为 EOF 分析保留的模态数；λ_i 为第 i 个特征值。由于振幅 $\boldsymbol{\alpha}$ 是合成剖面求解方法的一部分，α_i 的元素可以通过将目标泛函进行最小化求解获得。

第 3 项约束合成剖面到初猜场，并保持 $\boldsymbol{R}$ 的协方差结构。如果这些是观测剖面而不是模式预报的剖面，观测误差协方差矩阵仅在对角线上非零，模型剖面的误差将预期在深度之间进行关联，简单地假设 $\boldsymbol{R}$ 与 $\boldsymbol{B}$ 成一定的比例，则第 3 项变为

$$J_3=(\boldsymbol{x}_{\mathrm{fg}}-\boldsymbol{x})^{\mathrm{T}}\boldsymbol{R}^{-1}(\boldsymbol{x}_{\mathrm{fg}}-\boldsymbol{x})=F_{\mathrm{fg}}\sum_{i=1}^{m}\frac{a_i^2+\boldsymbol{a}_{\mathrm{fg},i}^2-2a_ia_{\mathrm{fg},i}}{\lambda_i} \tag{8.25}$$

令 $\boldsymbol{x}_{\mathrm{fg}}-\boldsymbol{x}=(\boldsymbol{x}_{\mathrm{fg}}-\boldsymbol{x}_{\mathrm{cl}})-(\boldsymbol{x}-\boldsymbol{x}_{\mathrm{cl}})$，其中 $\boldsymbol{a}_{\mathrm{fg},i}$ 是第 i 个 EOF 振幅矢量：

$$\boldsymbol{a}_{\mathrm{fg}}=\boldsymbol{\Gamma}^{\mathrm{T}}\boldsymbol{U}^{-1}(\boldsymbol{x}_{\mathrm{fg}}-\boldsymbol{x}_{\mathrm{cl}}) \tag{8.26}$$

式（8.26）与式（8.23）的形式类似，但采用温度和盐度的初猜场剖面计算

$$\boldsymbol{a}_{\mathrm{fg},i}=\sum_{k=1}^{2N}\gamma_{ik}u_k(\boldsymbol{x}_{\mathrm{fg},k}-\boldsymbol{x}_{\mathrm{cl},k}) \tag{8.27}$$

初猜场的振幅是最小化计算的输入变量，在对目标泛函进行最小化之前计算。

采用相同的方法，将 J_2 中垂向差异协方差矩阵的逆矩阵进行转换：

$$\boldsymbol{B}_{\mathrm{g}}^{-1}=\boldsymbol{W}^{-1}\boldsymbol{\Phi}\boldsymbol{M}^{-1}\boldsymbol{\Phi}^{\mathrm{T}}\boldsymbol{W}^{-1} \tag{8.28}$$

式中：$\boldsymbol{M}^{-1}$为特征值（元素 μ_i）逆的对角矩阵；$\boldsymbol{\Phi}$为特征向量矩阵（元素为第 i 层第 j 个 EOF 模态的 $\phi_{i,j}$）；$\boldsymbol{W}$为垂向差异标准差的对角矩阵（对角矩阵由上到下为 $\boldsymbol{W}_i$）。与之前类似，将振幅定义为

$$\boldsymbol{b}=\boldsymbol{\Phi}^{\mathrm{T}}\boldsymbol{W}^{-1}(\boldsymbol{d}-\boldsymbol{d}_{\mathrm{cl}}) \tag{8.29}$$

或求和的形式：$b_i=\sum_{k=1}^{2N}\phi_{ik}w_k(\boldsymbol{d}_k-\boldsymbol{d}_{\mathrm{cl},k})$

与矩阵 $\boldsymbol{U}$ 类似，$\boldsymbol{W}$ 的上半部分包含温度的垂向差异标准误差，下半部分包含盐度的垂向差异标准误差。另外假设 $\boldsymbol{B}_{\mathrm{g}}$ 与 $\boldsymbol{R}_{\mathrm{g}}$ 成一定比例关系。第 J_2 项和第 J_4 项可写成

$$J_2=(\boldsymbol{d}-\boldsymbol{d}_{\mathrm{cl}})^{\mathrm{T}}\boldsymbol{B}_{\mathrm{g}}^{-1}(\boldsymbol{d}-\boldsymbol{d}_{\mathrm{cl}})=\sum_{i=1}^{m}\frac{b_i^2}{\mu_i} \tag{8.30}$$

$$J_4=(\boldsymbol{d}_{\mathrm{fg}}-\boldsymbol{d})^{\mathrm{T}}\boldsymbol{R}_{\mathrm{g}}^{-1}(\boldsymbol{d}_{\mathrm{fg}}-\boldsymbol{d})=G_{\mathrm{fg}}\sum_{i=1}^{m}\frac{b_i^2+b_{\mathrm{fg},i}^2-2b_ib_{\mathrm{fg}}}{\mu_i} \tag{8.31}$$

由于垂向的差异幅度 b_i 是合成剖面解的振幅，b_i 的各个元素是未知的，需将目标泛函最小化求解。b_{fg} 是由输入的初猜场剖面计算，可作为进行最小化的输入项，在目标泛函最小化之前计算。

对于式中 J_5～J_8 项，第 m 个 EOF 模态表示的温度 T 和盐度 S 将用于约束合成剖面。温度异常的各项 $T_i'=T_i-T_{\mathrm{cl},i}$，以及盐度异常的各项 $S_i'=S_i-S_{\mathrm{cl},i}$，将用于约束过程中。相似地，使用 $\Delta T_i'=\Delta T_i-\Delta T_{\mathrm{cl},i}$ 和 $\Delta S_i'=\Delta S_i-\Delta S_{\mathrm{cl},i}$ 进行约束。接着，温度和盐度异常及它们的垂向差异异常值可采用 EOF 分解计算：

$$T_k'=\sum_{i=1}^{m}u_ka_i\gamma_{k,i} \tag{8.32}$$

$$S_k'=\sum_{i=1}^{m}u_{k+N}a_i\gamma_{k+N,i} \tag{8.33}$$

$$\Delta T_k'=\sum_{i=1}^{m}w_kb_i\varphi_{k,i} \tag{8.34}$$

$$\Delta S_k'=\sum_{i=1}^{m}w_{k+N-1}b_i\varphi_{k+N-1,i} \tag{8.35}$$

求解合成温度或盐度剖面的方法是根据上述目标泛函方程中的 $\hat{T}_i$ 和 $\hat{S}_i$，使目标泛函的 J_5～J_8 项能够保持最终合成温度和盐度及其垂向误差与 EOFs 的结果相当。

将式（8.32）～式（8.35）代入 J_5～J_8 项，可得

$$J_5=\sum_{i=1}^{N}\left(\frac{T_i'-\hat{T}_i'}{u_i}\right)^2=\sum_{i=1}^{N}\left(\frac{\sum_{k=1}^{m}(u_ia_k\gamma_{i,k})-\hat{T}_i'}{u_i}\right)^2 \tag{8.36}$$

$$J_6=\sum_{i=1}^{N-1}\left(\frac{\Delta T_i'-(\hat{T}_{i+1}'-\hat{T}_i')}{w_i}\right)^2=\sum_{i=1}^{N-1}\left(\frac{\sum_{k=1}^{m}(w_ib_k\varphi_{i,k})-(\hat{T}_{i+1}'-\hat{T}_i')}{w_i}\right)^2 \tag{8.37}$$

$$J_7=\sum_{i=1}^{N}\left(\frac{S_i'-\hat{S}_i'}{u_{i+N}}\right)^2=\sum_{i=1}^{N}\left(\frac{\sum_{k=1}^{m}(u_{i+N}a_k\gamma_{i+N,k})-\hat{S}_i'}{u_{i+N}}\right)^2 \tag{8.38}$$

$$J_8=\sum_{i=1}^{N-1}\left(\frac{\Delta S_i'-(\hat{S}_{t+1}'-\hat{S}_i')}{w_{i+N-1}}\right)^2=\sum_{i=1}^{N-1}\left(\frac{\sum_{k=1}^{m}(w_{i+N-1}b_k\varphi_{i+N-1,k})-(\hat{S}_{t+1}'-\hat{S}_i')}{w_{i+N-1}}\right)^2 \tag{8.39}$$

目标泛函的第 9 项通过分析温度和盐度值$\hat{T}$和$\hat{S}$求解。合成剖面在混合层处的温度可以通过对整个剖面加权求和计算，因此，第 9 项为

$$J_9=\frac{(\tilde{T}_{\mathrm{MLD}}'-\hat{T}_{\mathrm{MLD}}')^2}{\varepsilon_{\mathrm{SST}}^2}=\frac{\left(\tilde{T}_{\mathrm{MLD}}'-\sum_{i=1}^{N}\boldsymbol{Q}_i\hat{T}_i'\right)^2}{\varepsilon_{\mathrm{SST}}^2} \tag{8.40}$$

式中：$\boldsymbol{Q}$ 为线性插值矢量，用于将$\hat{T}$插值到混合层深度，$\boldsymbol{Q}$ 值仅在与混合层邻近的两层不为 0。第 9 项将合成温度约束到混合层基准的特定温度值。

目标泛函约束合成剖面动力高度异常到输入的海面高度异常值。目标泛函的第 10 项在混合层到 1000 m 深度之间应用这个动力高度约束。输入的海面高度异常通过减去表层相对于混合层的预估动力高度异常值，将投影转换为混合层深度，可表示为

$$\hat{h}_{\mathrm{MLD}}=\hat{h}-h_{0\to\mathrm{MLD}} \tag{8.41}$$

式中：$\hat{h}$ 为输入的海面高度异常；$h_{0\to\mathrm{MLD}}$ 为表层投影到混合层动力高度异常。动力高度异常通过初猜场剖面或混合层定常的温盐值进行计算，取决于第一层的选择。

混合层的分析动力高度$\hat{h}_{\mathrm{MLD}}$的计算方法为

$$\hat{h}_{\mathrm{MLD}}=\int_{\mathrm{ref}}^{\mathrm{MLD}}\delta(\hat{T},\hat{S},p)\mathrm{d}z \tag{8.42}$$

通过积分标准化的特征体积异常，可表示为

$$\delta=\frac{v(\hat{T},\hat{S},p)-v(T,35,p)}{v(T,35,p)} \tag{8.43}$$

式中：$\delta(\hat{T},\hat{S},p)$为正规化的海水比容；$v(\hat{T},\hat{S},p)$为某压力下的海水比容；$v(0,35,p)$为海水温度为 0℃、盐度为 35 PSU 时的海水比容；ref 为参考面。利用最优化方法求解目标泛函获得第二层的温盐剖面。

对温盐相关系数矩阵进行 EOF 分解后的特征值及特征向量分布如图 8.9 及图 8.10 所示。使用前 6 个 EOF 经验正交分解模态，即可表征大部分的温盐变化特征，由图 8.9 可见前三个主要模态特征值占比之和在大部分区域已经较高。由图 8.10 可知对应的 160 m 深度特征向量在不同区域呈一定的互补关系。

3. 深层温盐剖面模型建立

利用历史的温盐剖面资料建立 1000 m 层的温度和盐度与 1000 m 以下各层的统计关系模型，当第 2 层利用卫星遥感海面数据获得 1000 m 深度的温盐后，代入该模型即可获得 1000 m 以下各层的温盐。统计模型具体如下：

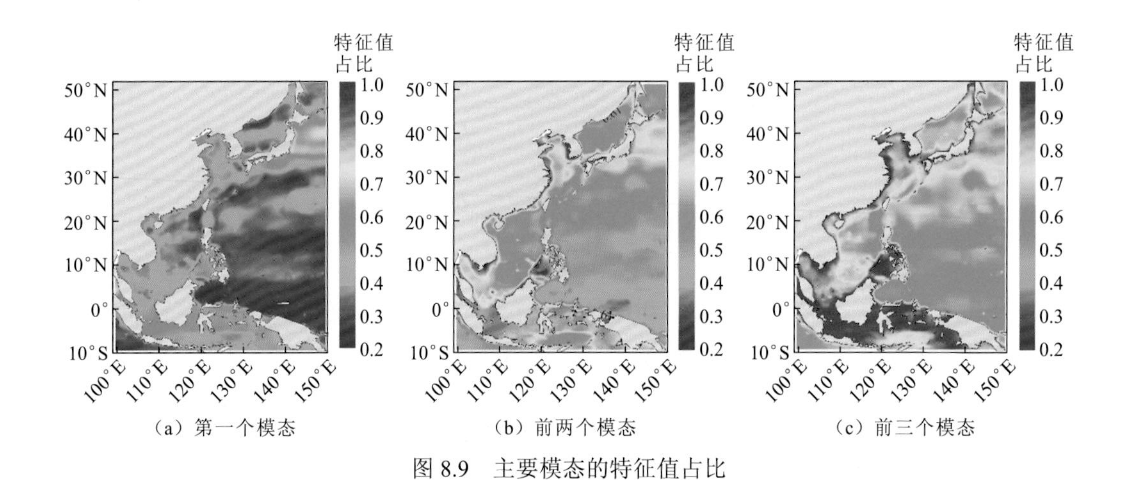

图 8.9　主要模态的特征值占比

$$T_S(z)=T_G(z)+[T_S(1000)-T_G(1000)]F_T(z),\quad z>1000\text{ m} \tag{8.44}$$

$$S_S(z)=S_G(z)+[S_S(1000)-S_G(1000)]F_S(z),\quad z>1000\text{ m} \tag{8.45}$$

式中：$T_S(1000)$ 和 $S_S(1000)$ 为第二层 1000 m 深度的合成温度和盐度；$F_T(z)$ 和 $F_S(z)$ 为衰减系数，在 1000 m 时衰减系数为 1，随着深度的增加衰减系数减小，直到减为 0。衰减系数在 1000～1800 m 深度采用历史观测的线性回归计算：

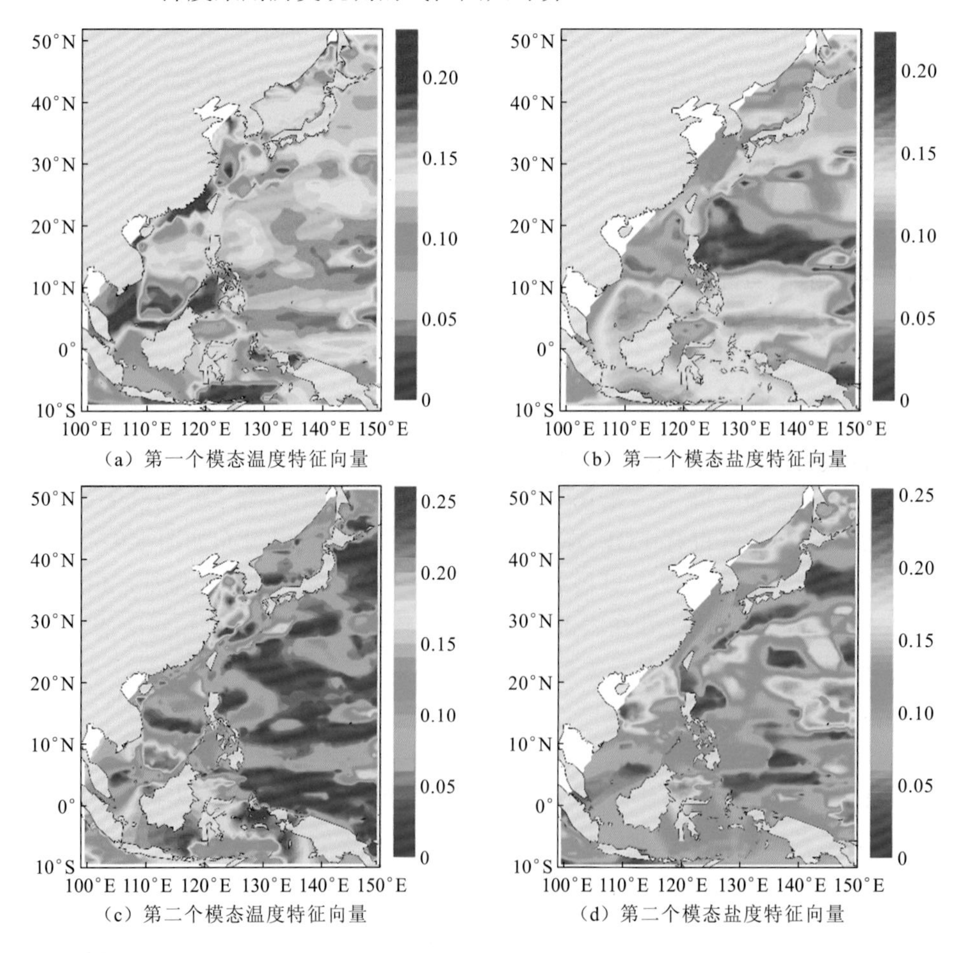

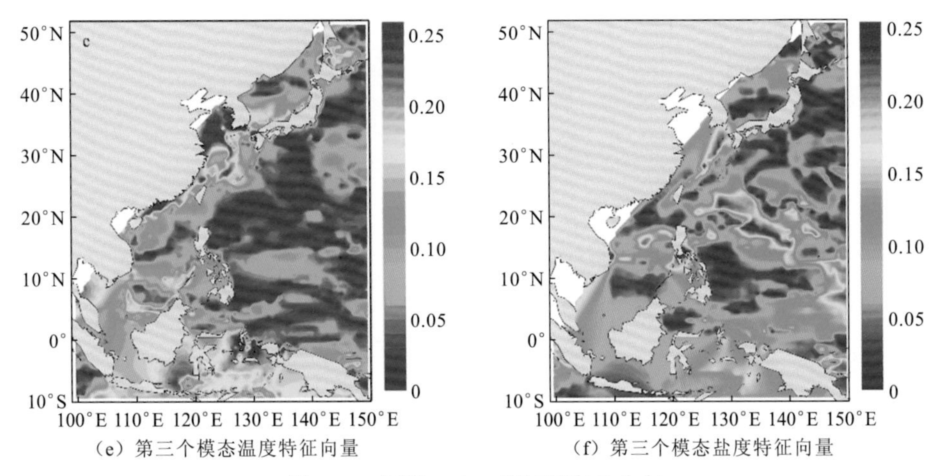

（e）第三个模态温度特征向量　（f）第三个模态盐度特征向量

图 8.10　深度 160 m 的特征向量分布

$$F_T(z)=C_T(z)\frac{\sigma_T(z)}{\sigma_T(1000)},\quad 1100\,\mathrm{m}\leqslant z\leqslant 1800\,\mathrm{m} \tag{8.46}$$

$$F_S(z)=C_S(z)\frac{\sigma_S(z)}{\sigma_S(1000)},\quad 1100\,\mathrm{m}\leqslant z\leqslant 1800\,\mathrm{m} \tag{8.47}$$

式中：回归系数 $C_T(z)$ 和 $C_S(z)$ 采用历史观测计算，算法为

$$C_T(z)=\frac{\sum_{i=1}^{N}(\Delta T_i(z)-\overline{\Delta T}(z))(\Delta T_i(1000)-\overline{\Delta T}(1000))}{\left\{\sum_{i=1}^{N}[\Delta T_i(z)-\overline{\Delta T}(z)]^2\sum_{i=1}^{N}[\Delta T_i(1000)-\overline{\Delta T}(1000)]^2\right\}^{\frac{1}{2}}} \tag{8.48}$$

$$\Delta T_i(z)=\hat{T}_i(z)-T_G(z) \tag{8.49}$$

$$\overline{\Delta T}(z)=\frac{1}{N}\sum_{i=1}^{N}\Delta T_i(z) \tag{8.50}$$

式中：$\hat{T}_i(z)$ 为深度 z 处第 i 个的温度观测值，盐度的计算采用相似的算法。在 1800 m 以下，由于观测点位较为稀疏，衰减系数采用 1000～1800 m 指数趋势的延展计算：

$$F_T(z)=\mathrm{sign}[C_T(1800)]\exp((1000-z)/L_{Tv})(\sigma_T(z)/\sigma_T(1000)),\quad z\geqslant 1800\,\mathrm{m} \tag{8.51}$$

$$F_S(z)=\mathrm{sign}[C_S(1800)]\exp((1000-z)/L_{Sv})(\sigma_S(z)/\sigma_S(1000)),\quad z\geqslant 1800\,\mathrm{m} \tag{8.52}$$

垂向长度尺度计算公式为

$$L_{Tv}=-800/\lg(|C_T(1800)|) \tag{8.53}$$

$$L_{Sv}=-800/\lg(|C_S(1800)|) \tag{8.54}$$

利用上述方法建立（30° N，140° E）点处第三层从 1000 m 到海底的投影模型（对应衰减系数如图 8.11 所示），当从第二层获得 1000 m 深度的温度和盐度时，即可计算 1000 m 以下各层的温度和盐度剖面。

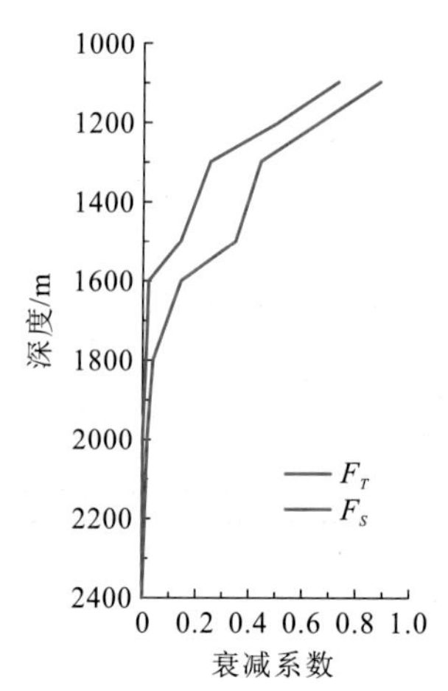

图 8.11 （30°N，140°E）点处衰减系数 F_T 和 F_S 随深度变化

8.2.3 卷积神经网络垂向建模规律

与传统机器学习方法相比，卷积神经网络（CNN）具有更复杂的网络结构和更强大的特征学习、特征表达能力。卷积神经网络的优势在于共享卷积核，处理高维度数据的效率较高，能够自动抽取一些高级特征，减少了特征工程的时间，因此能够提高预测次表层温度的精度。利用表层关联度最高数据特征，使用卷积神经网络构建模型，通过该方法反演水下温盐场具有实际可行性意义。

在太平洋及全球海洋，采用卷积神经网络方法（卷积神经网络拓扑图见图 8.12），研究基于海表多源卫星观测数据，包括海面高度（SSH）、海表温度（SST）、海表盐度（SSS），提出利用周围关联度最高数据点的特征预测中心点海温异常（sea temperature anomaly，STA）的方法。通过构建 12 组不同月的卷积神经网络模型，估算太平洋及全球次表层温度。

对神经网络而言，特征的提取是至关重要的，高效的信息和知识集成技术是处理复杂网络的关键。本小节通过选取与中心点关联度较高的周围点来预测中心点的次表层温度。采用哥白尼（Copernicus）卫星观测数据集及 Argo 实测数据集开展研究，对于海域中的中间数据点，所选取的关联度较高的周围点能够形成比较规则的圆形。对于近海岸区域的数据点，由于存在陆地缺失值，而且太平洋海域海岸线绵长而曲折，存在缺失值的样本数量较多，所以选择与中心点关联度最高的数据点集合，虽然不能形成圆形区域，但是较好地解决缺失值问题。本小节选取与中心点关联度较高的周围点，因此在靠近边界时依然能够很好地处理边界数据。对有缺失值的地方也能够选取关联度较高的实际值，选取集合可以包含单个数据点中不包含的信息，集合可以提供比单个数据点更好的泛化性能。图 8.13 所示为利用海表多源遥感观测数据（SST、SSH、SSS）建立逐月卷积神经网络模型估算太平洋次表层温度的流程图。

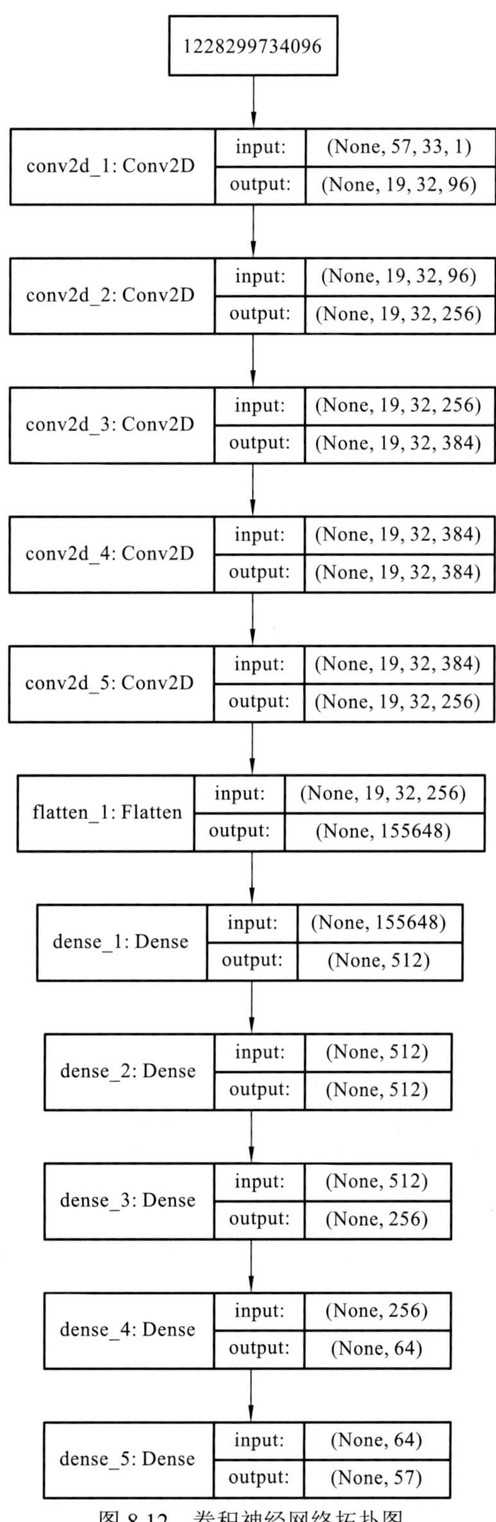

图 8.12　卷积神经网络拓扑图

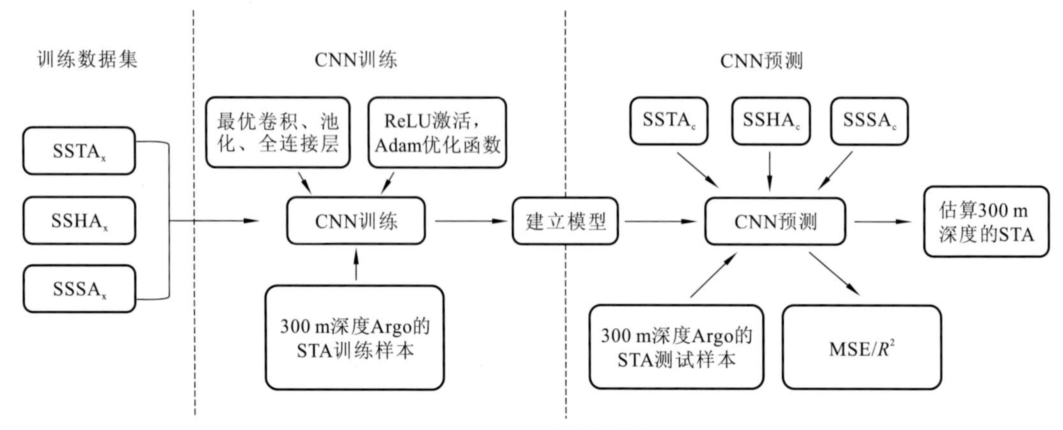

图 8.13　CNN 模型流程图

图 8.14 为本实验随机选取的近海岸点 *a*（21.50° N，122.50° E）和远海岸点 *b*（14.50° N，160.50° E）（2015 年 10 月）在不同深度下实测值和预测值的对比图（*a*、*b* 点的 MSE 分别为 0.198、0.098）。结果显示，利用表层关联度最高数据点的特征来预测中心点的方法不仅对远海岸处规则数据点有好的预测效果，同样也对近海岸处不规则数据点有很好的预测效果，这表明该方法对近海岸不规则数据点也有泛化能力。

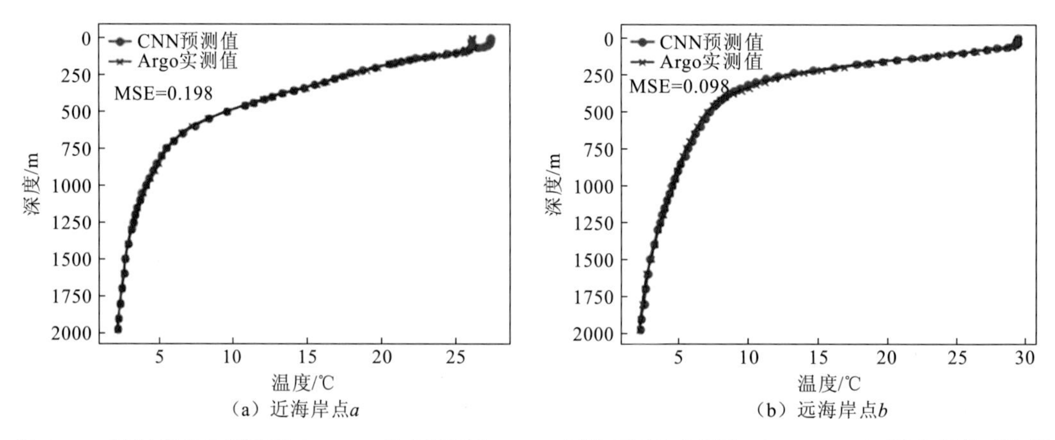

图 8.14　近海岸点及远海岸点 CNN 单点预测和 Argo 实测不同深度层位（5～975 m）温度误差对比图

图 8.15 为 2015 年 4 月不同深度（100 m、300 m、600 m）下 Argo 实测的海温异常和 CNN 预测的海温异常，二者空间吻合度高，预测的海温异常区域和实测的分布较为一致。

8.2.4　长短期记忆网络垂向建模规律

长短期记忆（LSTM）网络通过设计避免长期依赖问题，能够记忆长期信号。LSTM 网络模型首先使用 LSTM 网络来处理和预测时间序列中间隔或延迟较长的重要事件，进而提取时间序列中的时序特征和时间序列中存在的长记忆性和长期依赖特征，更好地挖掘时间序列的深层特征和长时间信号特征。LSTM 网络模型非常适合用于处理与时间序列高度相关的问题。

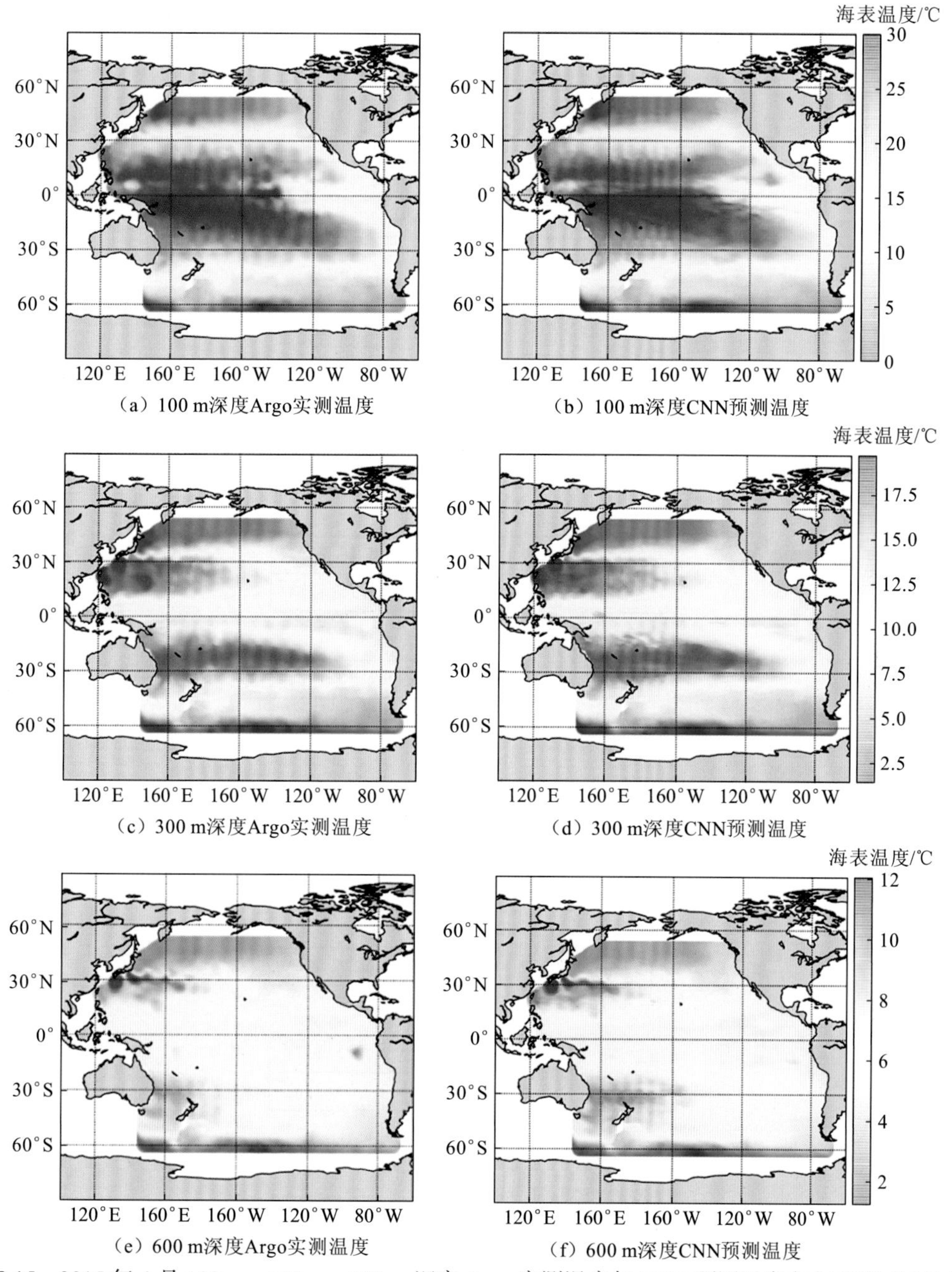

图 8.15　2015 年 4 月 100 m、300 m、600 m 深度 Argo 实测温度与 CNN 预测温度在太平洋区域分布

利用 LSTM 网络模型在预测时间上的优势性，采用逐日数据集，以 7 天为一个时间步长预测次表层温度，实现次表层三维温度场重构的细时空粒度和高精度预测。

设计 5 层 LSTM 网络模型，LSTM 网络模型拓扑图如图 8.16 所示，神经元个数为 128/256/256/128。设计 5 层全连接（神经元个数为 128/64/57），使用优化函数 Adam，迭代 100 次，batch_size=512，时间序列 time_steps=7 天，输入向量维度 input_vector=15（包括 5 个点的 SST/SSS/SSH）。

将 LSTM 网络模型结果与 Argo 实测数据进行比较（图 8.17），并与其他模型进行对比（图 8.18），结果表明，LSTM 网络模型重构的温度结果具有较好的精度。

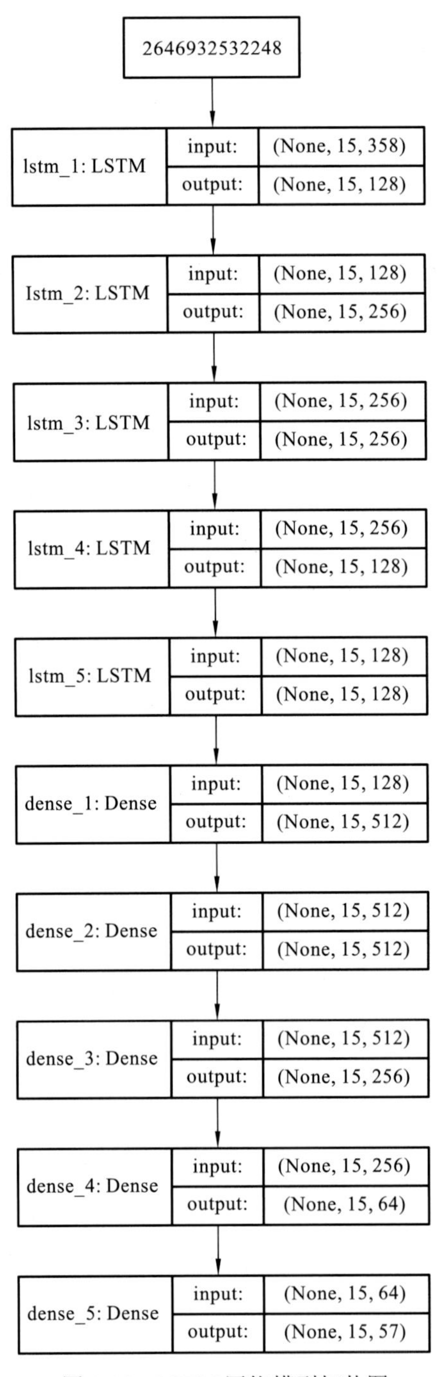

图 8.16　LSTM 网络模型拓扑图

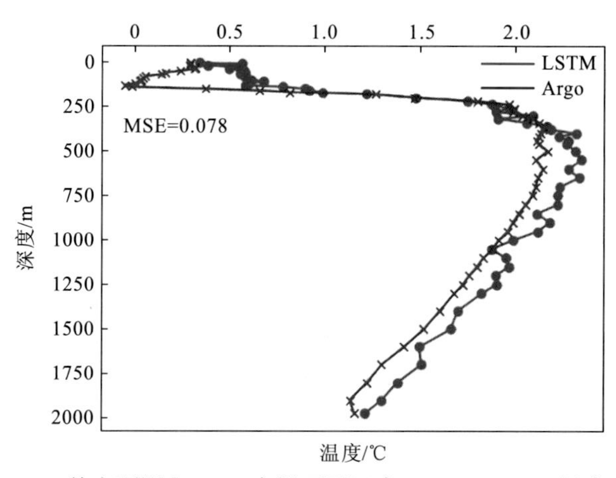

图 8.17　LSTM 单点预测和 Argo 实测不同深度（5～1975 m）温度误差对比图

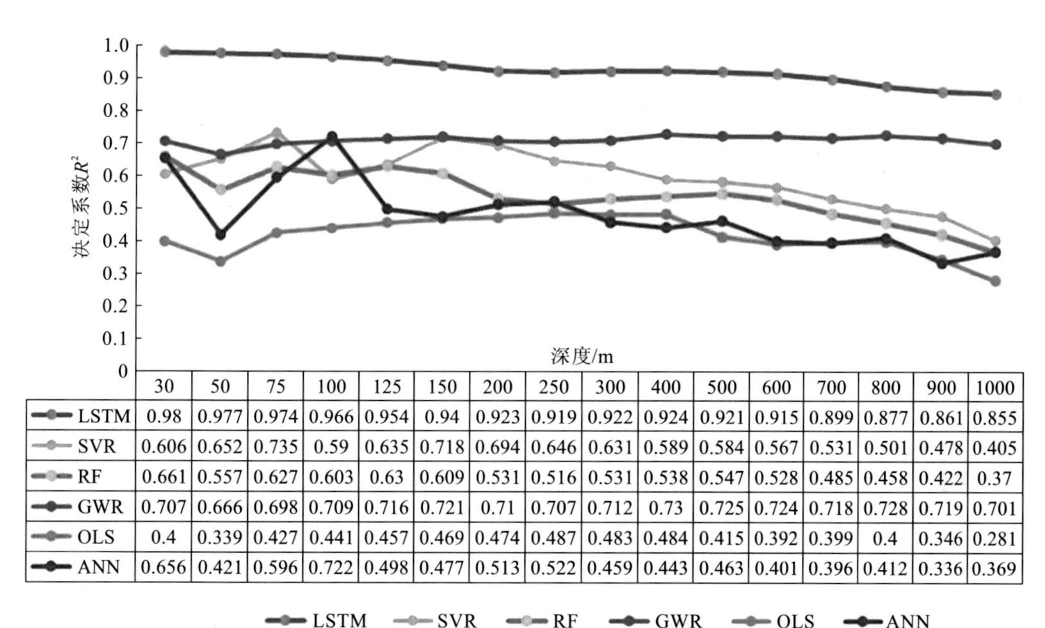

	30	50	75	100	125	150	200	250	300	400	500	600	700	800	900	1000
LSTM	0.98	0.977	0.974	0.966	0.954	0.94	0.923	0.919	0.922	0.924	0.921	0.915	0.899	0.877	0.861	0.855
SVR	0.606	0.652	0.735	0.59	0.635	0.718	0.694	0.646	0.631	0.589	0.584	0.567	0.531	0.501	0.478	0.405
RF	0.661	0.557	0.627	0.603	0.63	0.609	0.531	0.516	0.531	0.538	0.547	0.528	0.485	0.458	0.422	0.37
GWR	0.707	0.666	0.698	0.709	0.716	0.721	0.71	0.707	0.712	0.73	0.725	0.724	0.718	0.728	0.719	0.701
OLS	0.4	0.339	0.427	0.441	0.457	0.469	0.474	0.487	0.483	0.484	0.415	0.392	0.399	0.4	0.346	0.281
ANN	0.656	0.421	0.596	0.722	0.498	0.477	0.513	0.522	0.459	0.443	0.463	0.401	0.396	0.412	0.336	0.369

图 8.18　LSTM 预测 2014 年 10 月在深度 30～1000 m 精度与其他模型精度对比图

8.3　海洋三维动力环境要素关联建模分析

8.3.1　温度和盐度剖面延拓分析

利用海洋数据资源池中的全球温度和盐度剖面观测资料，通过研究不同海域网格内及不同时段的深层剖面温盐垂向结构特征，建立深层剖面与浅层剖面之间的相关关系模型，利用该模型对未达到海底深度的温度和盐度剖面观测资料进行延拓，从而扩充用于构建海表信息垂向投影水下三维温盐结构模型的观测剖面资料集。拟采用 EOF 经验正交函数方法对未达到海底的温盐剖面进行延拓，完整的温度剖面是将合成的温度剖面叠加到短的观测剖面上：

$$T_k = T_k^{\text{syn}} + [T_{k\max}^{o} - T_{k\max}^{\text{syn}}]\exp[-(z_k - z_{k\max})/L_z], \quad z_k > z_{k\max} \tag{8.55}$$

式中：L_z 为垂直长度尺度；T_k^{syn} 为合成温度。

合成温度 T_k^{syn} 是由短的温度剖面观测拟合得到温度平均值 $\overline{T_{i,k}}$ 并叠加最大特征值所对应的经验正交函数 e_k 而计算得到的：

$$T_{j,k}^{\text{syn}} = \overline{T_{i,k}} + g_j e_k \tag{8.56}$$

式中：g_j 为最大的正交函数的振幅，由式（8.57）估计：

$$g_j = \frac{\sum_{k=1}^{M_j} w_k [e_k (T_{j,k}^{o} - \overline{T_{i,k}})]}{\sum_{k=1}^{M_j} w_k} \tag{8.57}$$

式中：权重 w 定义为 $w_k = (z_k - z_{k-1})^{1/4}, k = 2, \cdots, M_j, w_1 = w_2$。

利用经验正交函数延拓模型对未达到海底的温盐剖面进行延拓（图 8.19 和图 8.20）后，进一步对温盐剖面的垂向梯度结构进行修订，温盐修订采用最小二乘法，通过建立目标泛函，最优化求解：

$$J_T = \sum_{k=1}^{N}\left(\frac{\hat{T}_k - T_k}{u_k}\right)^2 + \sum_{k=1}^{N-1}\left(\frac{(\hat{T}_k - \hat{T}_{k+1}) - (T_k - T_{k+1})}{w_k}\right)^2 \tag{8.58}$$

$$J_S = \sum_{k=1}^{N}\left(\frac{\hat{S}_k - S_k}{u_k}\right)^2 + \sum_{k=1}^{N-1}\left(\frac{(\hat{S}_k - \hat{S}_{k+1}) - (S_k - S_{k+1})}{w_k}\right)^2 \tag{8.59}$$

式中：$\hat{T}_k$ 为修订后温度值；$\hat{S}_k$ 为修订后盐度值；T_k 为修订前温度；S_k 为修订前盐度；u 为温度/盐度标准差；w 为温度/盐度梯度的标准差。

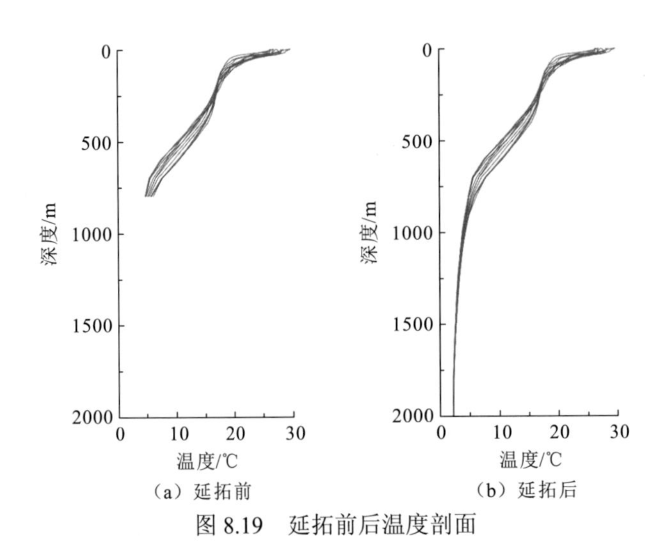

图 8.19　延拓前后温度剖面

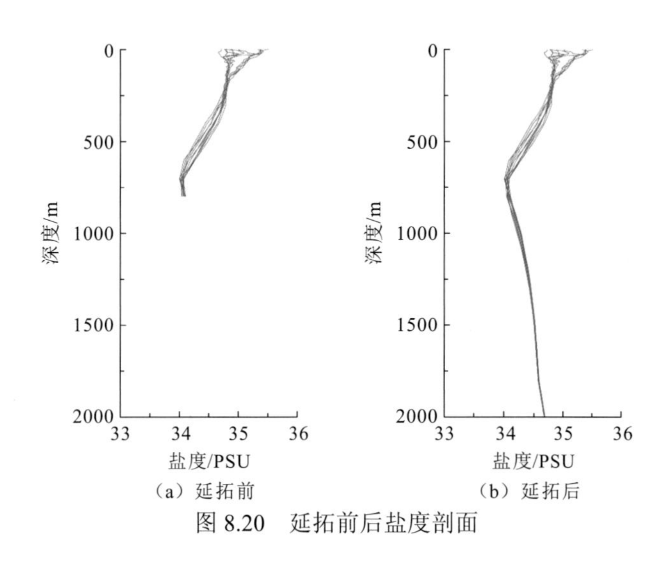

图 8.20　延拓前后盐度剖面

8.3.2　水团模糊聚类分析

基于海洋大数据挖掘分析方法，针对三维网格水团数据，采用 *k*-means 聚类算法快速有效地提取三维水团数据的分布信息，得到三维水团数据，选用光线投射体绘制技术对水团划分的结果进行可视化渲染，直观准确地反映水团数据所提供的温度、盐度信息和水团边界信息。

根据水团定义的“内同性”和“外异性”的原则，在温盐点聚图上依照点集的疏密情况划分水团，是物理海洋学比较常用的划分方法。然而随着温度、盐度坐标比例的变动，点集的疏密情况也会发生改变。为了提供一个客观的、性质相近的度量标准，在温盐点聚图上，把距离相近的点聚合为一个点集，距离近则温盐性质相近，距离远则温盐性质差别大。根据上述思想，针对实际采样得到的多指标海洋水团数据，采用聚类统计量 $D_i(p_i, c_j)$ 的概念比较其相似程度，并进行水团划分。结合实时交互式水团划分的要求和 *k*-means 聚类算法的特点，提出一种新的针对三维网格海洋多指标采样数据的快速水团划分算法。假设要划分的水团共有 n 个样本点，用 d 种指标来表示其相似程度，并且将这些数据分成 k 个水团，水团划分算法如下。

（1）在 n 个样本点上，选择初始水团中心点的理化特征向量 $\boldsymbol{c}_j=(c_{jx1},c_{jx2},\cdots,c_{jxd})$。

（2）遍历 n 个样本点，将各点到 k 个中心点的相似程度 $D_i(p_i, c_j)$的大小作为聚类统计量。根据距离最小的原则，将各样本点归类到各个中心点组成子集。

（3）采用几何平均值的方式，计算新生成的各个子集中心点的理化特征向量，跳转到一直到每个子集的中心点不再变化为止。

根据 *k*-means 聚类的基本原理，在 *k*-means 聚类中的迭代过程是收敛的，并且迭代次数 t 为一个固定的常数。即通过该水团划分算法，可以通过有限次迭代找到所有 k 个水团中心点的位置。同时 *k*-means 聚类在每次迭代过程中需要遍历所有 n 个样本点的理化特性向量，并计算每个样本点与 k 个水团中心点中的哪个相似程度更大，因此需要计算 $n\times d\times k$ 次 $D_i(p_i, c_j)$才能完成一次聚类迭代。于是上述算法的复杂性是 $O(ndkt)$，其中 n 为样本点个数，k 为水团的数量，t 为迭代次数，d 为理化特性向量的维度。

进一步通过 *k*-means 聚类的水团划分模块和基于光线投射体绘制的交互式渲染模块来实现可视化的水团划分。在具有一定先验知识的情况下，选取该数据中最有可能的水团分类数和初始水团中心，通过多次变换输入参数，确定相关水域的合理水团划分，构建基于 *k*-means 聚类的水团划分（k-means water mass division，KWMD）算法。将先验知识有关的改动设计为与用户的交互，既增加了水团划分的交互性，也能在划分算法应用到新海域的水团数据时降低先验知识对水团划分算法普遍性的影响，进一步减少算法的迭代次数，提高算法的效率。KWMD 算法能够保持原有网格数据的空间信息，可直接对划分前和划分后的水团信息分别进行光线投射体绘制渲染，使三维海洋网格数据所蕴含的水团温度、盐度等信息和水团分布的情况更具交互性和真实感。

使用通过海洋数据资源池中的全球温度和盐度剖面观测资料获取的三维规整网格数据，选定经纬度范围为（120° E～130° E，29° N～35° N）、深度为 0～400 m 的区域开展试验。根据先验知识，该水域的水团大体分为 3 类。相关数据的空间结构中采样点按照经度（*x*）、纬度（*y*）、深度（*z*）3 个维度等距离分布，每个维度有 31 个样本点，共有 29 791 个样本点，每个样本点包含温度、盐度两个变量。将温度、盐度特征指标对水团聚类统计量的贡献权数设置为相同值，均为 0.5。

KWMD 算法的迭代次数为常数级别。通过选取 KWMD 算法的初始分类中心，分别运行 5 次 KWMD 算法，其迭代次数的结果见表 8.1。由表 8.1 可以进一步计算平均迭代次数为 25，与算法的数据量 31×31×31 相比，其值较小，且在选取不同的分类中心时，对迭代次数的影响较小。由表 8.1 还可得到算法运行的平均时间约为 2 s，算法速度较快，完全可以在光线投射体绘制渲染的时效范围内提供划分结果，满足交互式水团分析的要求。

表 8.1　KWMD 算法的实验数据与算法性能指标

月份	批次	*n*	*k*	*d*	*t*	时间/s
5	1	31×31×31	2	2	18	1
5	2	31×31×31	3	2	27	2
5	3	31×31×31	4	2	37	3
6	1	31×31×31	2	2	15	2
6	2	31×31×31	3	2	30	2

对采集的 5000 点数据使用 KWMD 算法进行聚类，根据数据中温度和盐度信息得到聚类结果，将聚类结果根据经纬度可视化后，发现温度和盐度的聚类结果与数据点所在纬度具有很大关联，整体分布呈对称状。将数据样本扩大至 10 000 点也能得到同样的实验结果。

水团划分的研究结果表明：KWMD 算法能够有效实现海洋三维数据场的水团划分，并实现划分结果的三维可视化表现。由于聚类算法的时间效能和光纤投射体绘制的真实感，该算法也适用于交互式水团分析的研究和应用。

8.3.3　模型方法比较分析

利用延拓并聚类后的温盐观测数据集，构建各类海表信息垂向映射模型。将温盐场映射方法进行比较和优势分析，选取最适合的三维温盐场映射模型作为全球三维温盐分析预报的主要模型方法。

采用主模态多约束最优分析方法对混合层、温跃层和深层海洋开展区域试验。在混合层中，由于表层到混合层底部的结构相对均一，采用统计回归方法建立密度异常与混合层深度、混合层位势密度梯度之间的多项式统计关系模型，并建立混合层温度、盐度与密度异常之间的统计关系模型，利用混合层深度及位势密度梯度反演温盐结构；在温跃层中，利用变分法建立以温度、盐度为变量的目标泛函，目标泛函包括背景误差协方差矩阵、观测误差协方差矩阵、温盐垂直梯度约束、卫星海表温度和海面高度约束，并通过最优化方法求解目标泛函计算跃层温盐剖面；深层海洋为从 1000 m 深度到海底，采用历史温盐剖面资料建立 1000 m 层的温度和盐度与 1000 m 以下各层间的线性及指数回归模型，利用 1000 m 深度的温度和盐度值进行线性及指数外推的重构。最后将三层剖面进行合成，组成完整的温盐剖面，建立西北太平洋区域的变分三维温盐映射模型。

将主模态多约束最优分析方法的结果与多源多要素动态分析方法映射的三维温盐场进行比较，由图 8.21 可以看出，在 50～1000 m 深度，两种方法的温度分布趋势及涡旋的位置分布比较一致，当深度大于 500 m 时，两种方法得到的温度分布基本相同。在 200 m 以上深度，多源多要素动态分析方法的结果在一些强流区域温度水平梯度变化更大，而主模态多约束最优分析方法构建的温度场细节更多，特别是在印度尼西亚周边海域 150 m 跃层深度表现出明显的温度变化，且水平变化不像多源多要素动态分析方法那么平滑，更接近于实际情况。在盐度方面（图 8.22），主模态多约束最优分析方法的结果与多源多要素动态分析方法在各层的分布也很相近，区别在于主模态多约束最优分析方法在等值线附近盐度表现出更小尺度的变化，这种变化随着深度的增加逐渐减少。

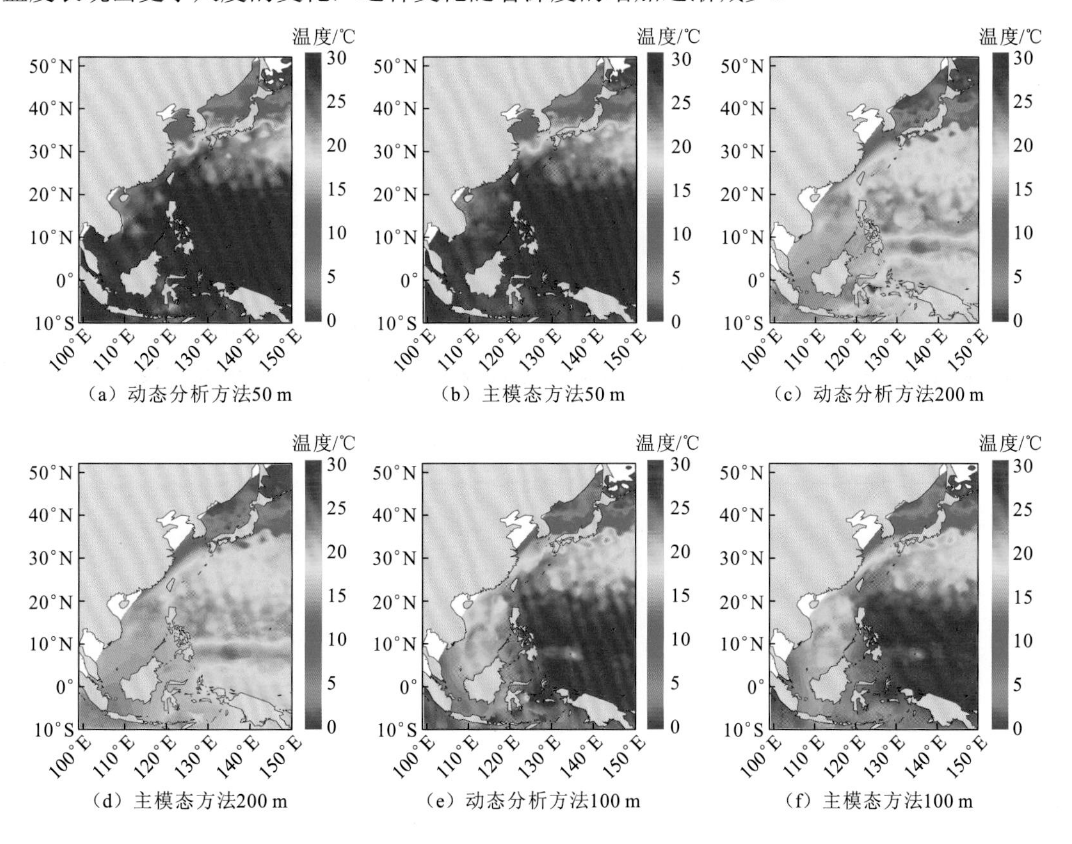

（a）动态分析方法50 m　（b）主模态方法50 m　（c）动态分析方法200 m

（d）主模态方法200 m　（e）动态分析方法100 m　（f）主模态方法100 m

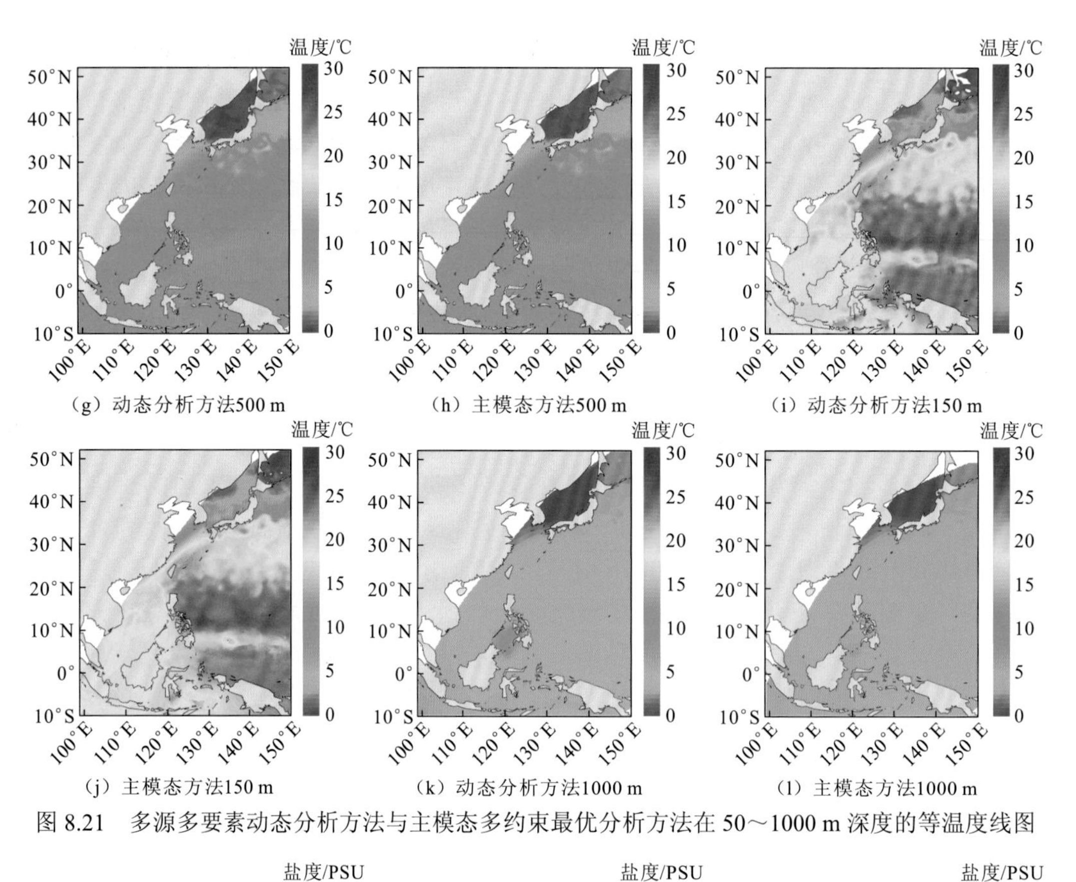

(g) 动态分析方法500 m (h) 主模态方法500 m (i) 动态分析方法150 m

(j) 主模态方法150 m (k) 动态分析方法1000 m (l) 主模态方法1000 m

图 8.21 多源多要素动态分析方法与主模态多约束最优分析方法在 50～1000 m 深度的等温度线图

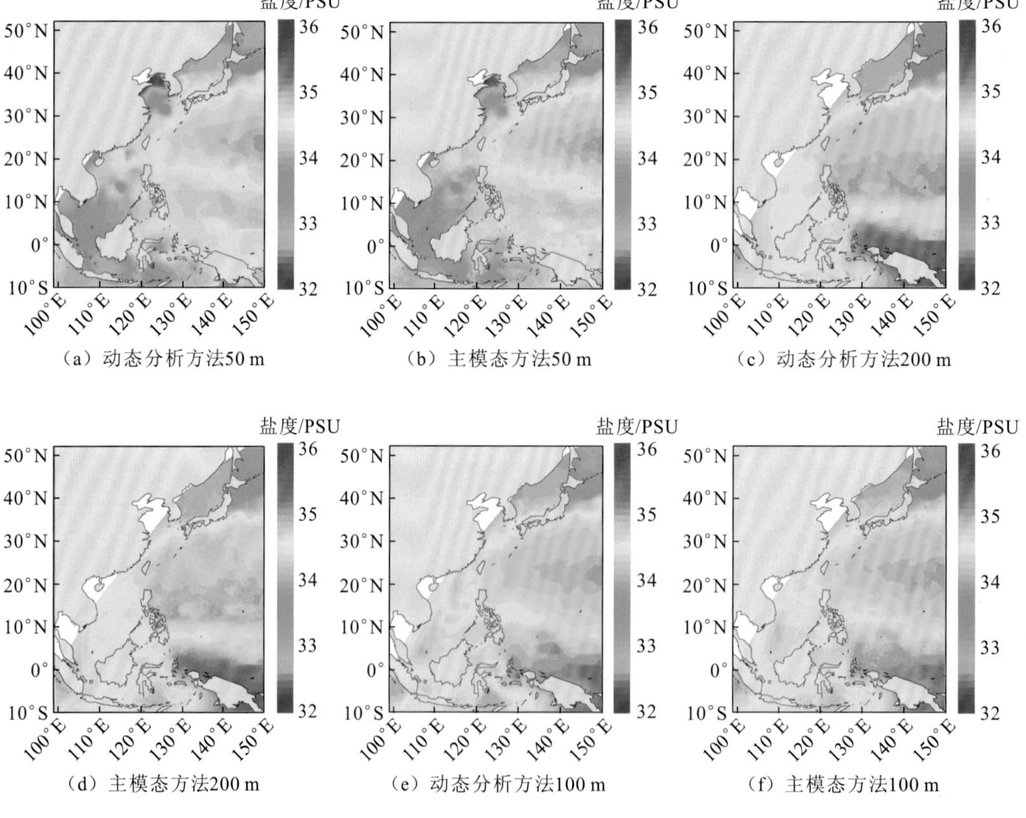

(a) 动态分析方法50 m (b) 主模态方法50 m (c) 动态分析方法200 m

(d) 主模态方法200 m (e) 动态分析方法100 m (f) 主模态方法100 m

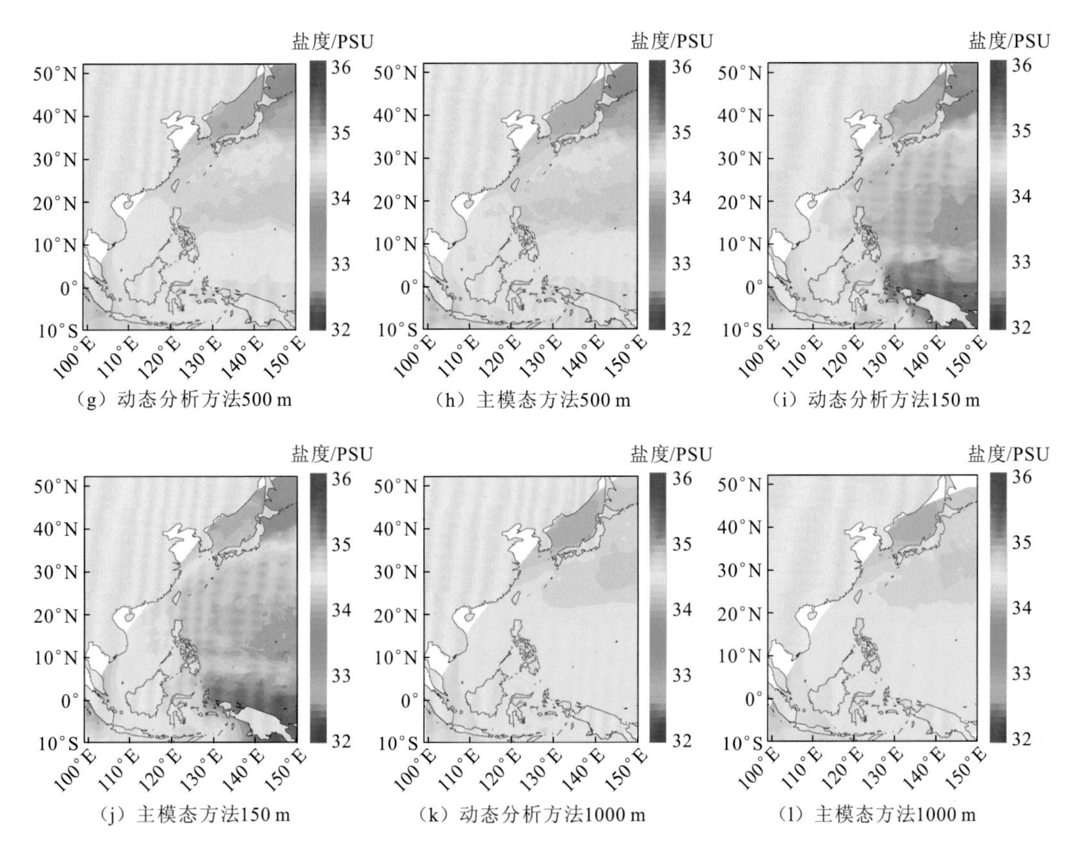

（g）动态分析方法500 m （h）主模态方法500 m （i）动态分析方法150 m

（j）主模态方法150 m （k）动态分析方法1000 m （l）主模态方法1000 m

图 8.22 多源多要素动态分析方法与主模态多约束最优分析方法在 50～1000 m 深度的等盐度线图

比较主模态多约束最优分析方法与多源多要素动态分析方法误差的水平分布情况（图 8.23），主模态多约束最优分析方法重构温度和盐度误差在日本以南、赤道太平洋区域及南海均有一定改善，两种方法的结果均显著优于气候态结果。选取 2019 年 7 月 12 日，日本海以东（35.5° N，145.25° E）温度观测结果进行比较检验（图 8.24），主模态多约束最优分析方法反演的温度剖面与 Argo 观测结果最为接近，多源多要素动态分析方法得到的温度稍偏高，而 WOA18 气候态则完全没有反映出剖面的跃层结构。

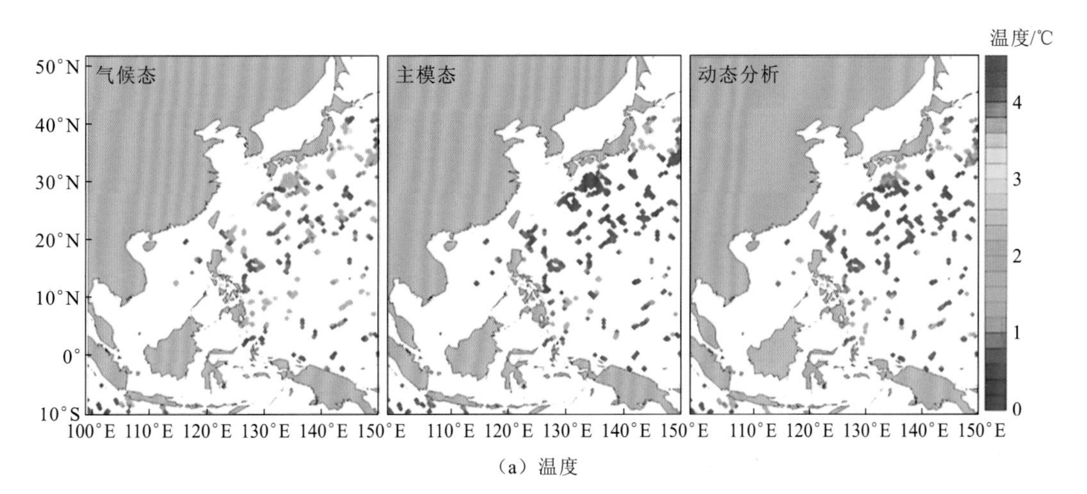

（a）温度

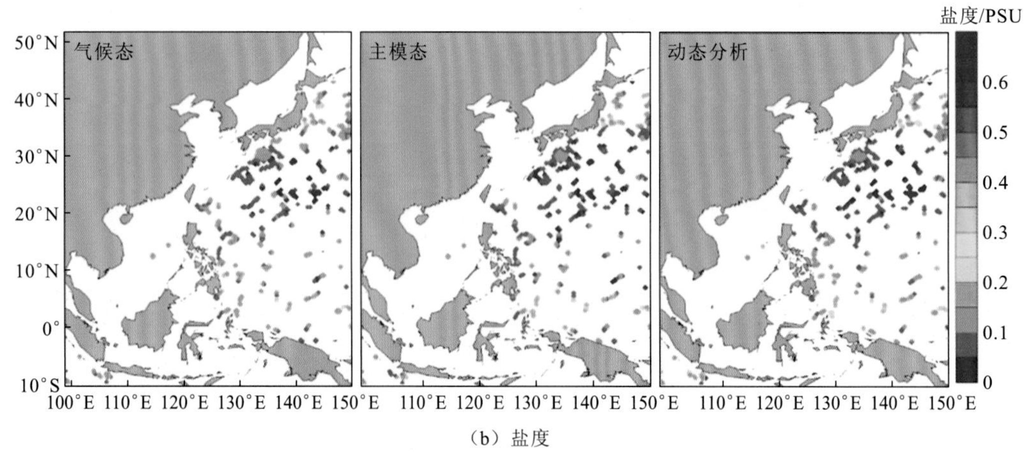

（b）盐度

图 8.23　主模态多约束最优分析方法及多源多要素动态分析方法误差的水平分布情况

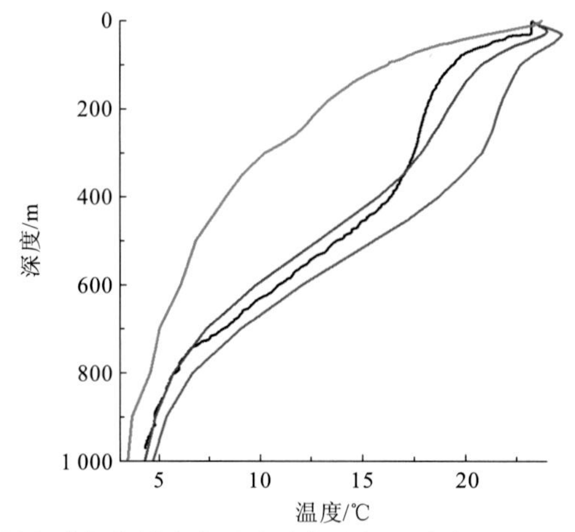

图 8.24　多源多要素动态分析方法与主模态多约束最优分析方法在（35.5°N，145.25°E）点处温度剖面

蓝色线表示主模态多约束最优分析方法，红色表示多源多要素动态分析方法，
黑色线表示 Argo 观测剖面，绿色线表示 WOA18 气候态剖面

与多源多要素动态分析方法相比，主模态多约束最优分析方法对温盐结构有一定改进，但目前该方法仅构建了西北太平洋区域试验模型，全球大范围应用效果还需验证。因此三种方法比较后，全球三维温盐场预报模型优先使用多源多要素动态分析方法构建，后续主模态多约束最优分析方法进一步检验后可在全球范围进行试验。

8.4　海洋三维温盐要素大数据预报应用

8.4.1　基于垂向映射方法的水下三维温盐大数据分析预报模型

采用多源多要素动态分析方法构建全球三维温盐场预报模型，并使用海表温度和海面高度预报数据，对次表层温盐场进行预测，三维温盐场如图 8.25 所示。进一步利用观测数据，对 2017 年 12 月 25～31 日的三维温盐场进行初步检验（图 8.26），其中 50～150 m 跃层处误差较大，平均最大误差小于 1.7 层，盐度误差在表层最大，最大误差小于 0.6 PSU。

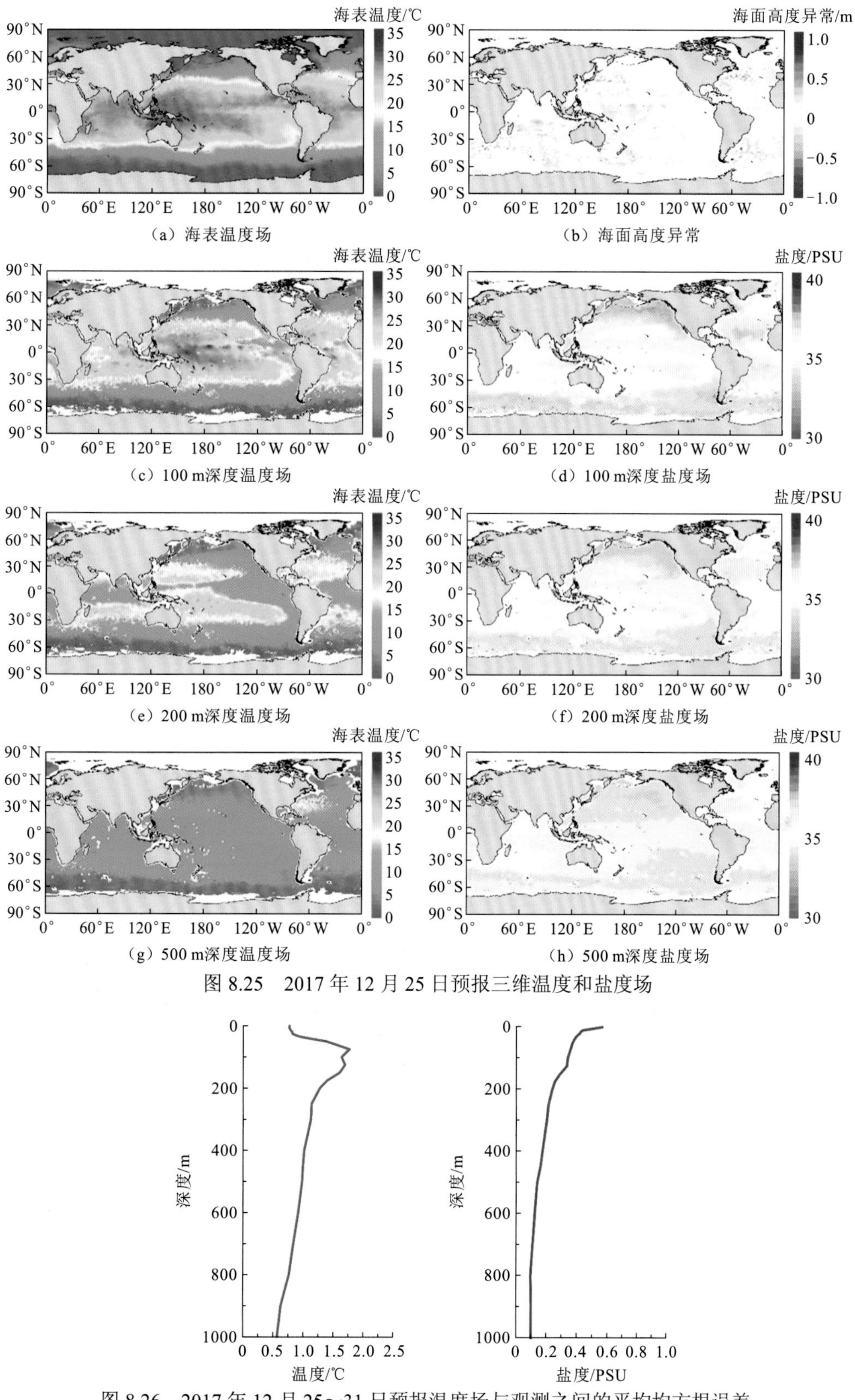

图 8.25　2017 年 12 月 25 日预报三维温度和盐度场

图 8.26　2017 年 12 月 25～31 日预报温度场与观测之间的平均均方根误差

使用卷积神经网络方法构建全球三维温盐预测模型，采用关联模型对全球水下三维温盐场进行分析预报试验，并与 Argo 实测结果进行比较（图 8.27）。

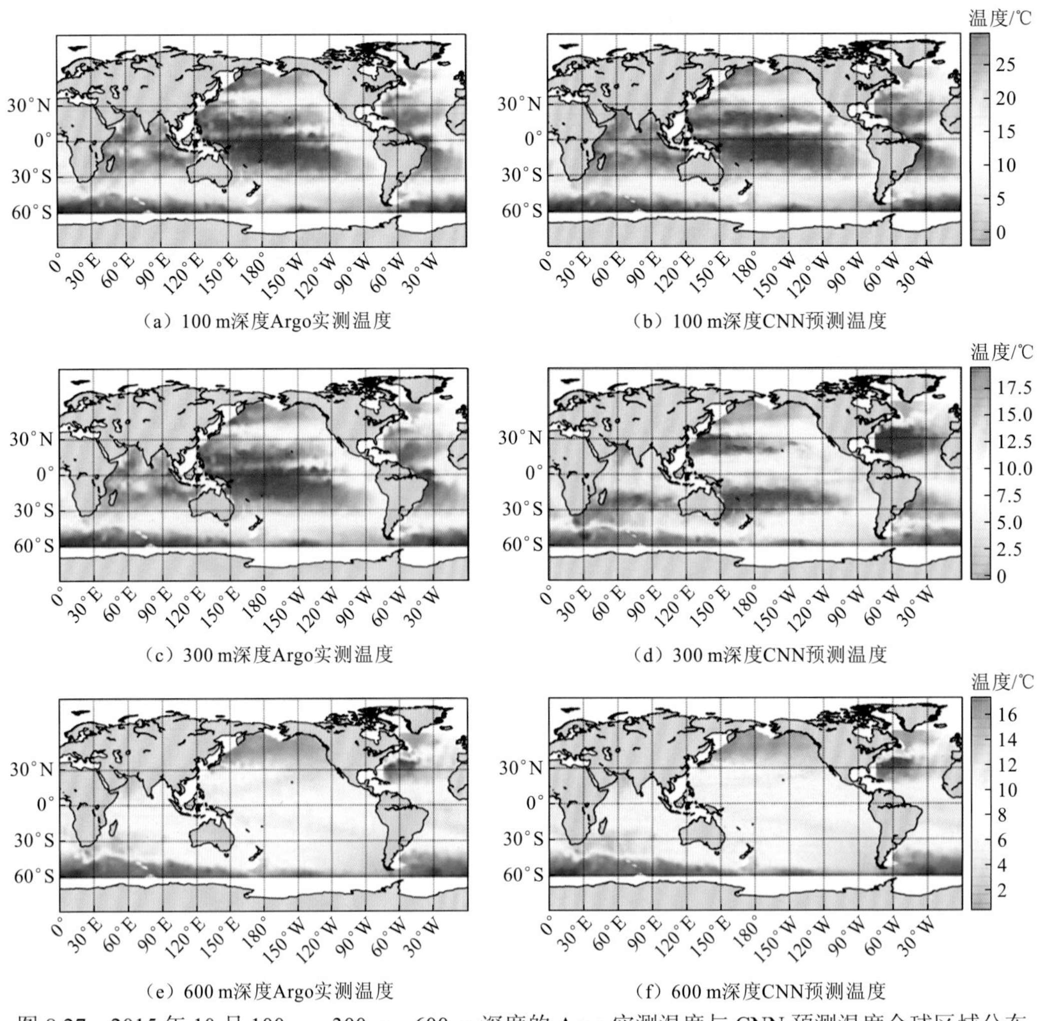

（a）100 m深度Argo实测温度 （b）100 m深度CNN预测温度

（c）300 m深度Argo实测温度 （d）300 m深度CNN预测温度

（e）600 m深度Argo实测温度 （f）600 m深度CNN预测温度

图 8.27 2015 年 10 月 100 m、300 m、600 m 深度的 Argo 实测温度与 CNN 预测温度全球区域分布

8.4.2 海洋三维温盐大数据预报系统业务化运行

1. 三维温盐大数据预报业务化运行

基于大数据云平台，安装部署了多源多要素动态分析方法的全球三维温盐预测模型和卷积神经网络模型，并与海表温度和海面高度预报数据对接，实现 7 天的三维温盐场预报，预报产品如图 8.28 和图 8.29 所示。全球三维温盐大数据分析预报数据产品平均分辨率为 0.25 维，垂向分辨率为 0～1000 m 共 26 层，时间分辨率为逐日，包含要素为温度、盐度、热含量、温度跃层上界、温度跃层厚度、温度跃层梯度、盐度跃层上界、盐度跃层厚度、盐度跃层梯度。

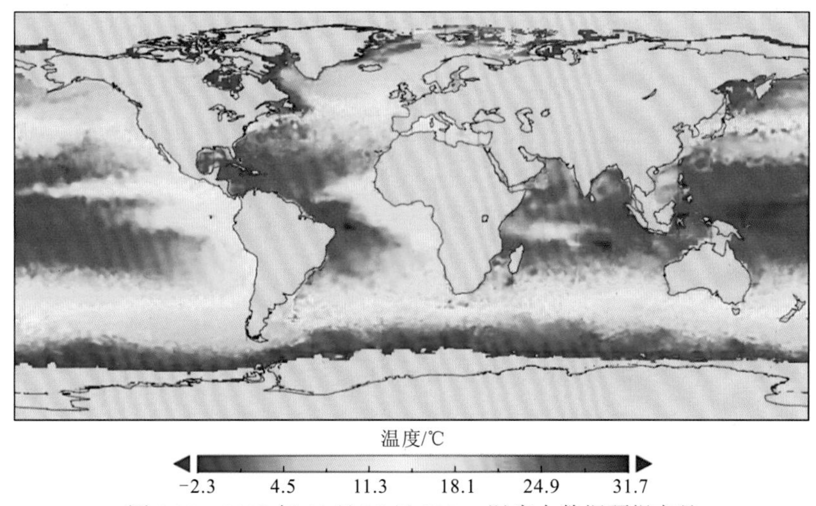

图 8.28　2020 年 11 月 30 日 100 m 温度大数据预报产品

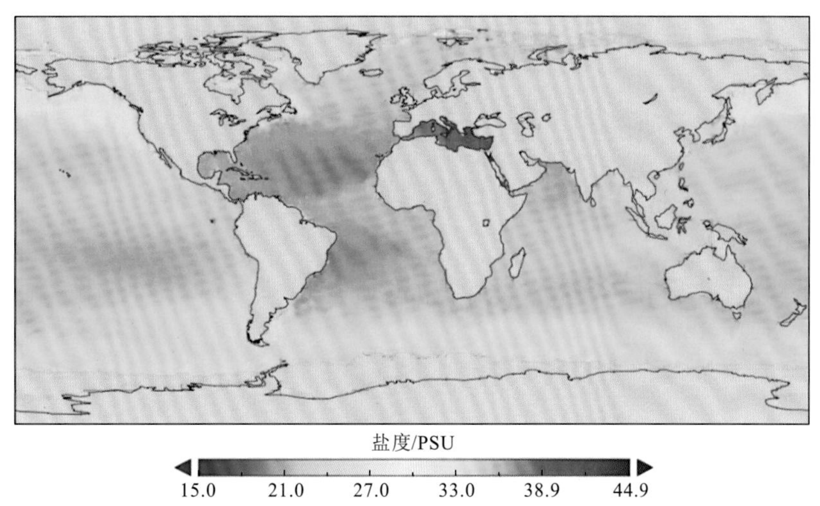

图 8.29　2020 年 11 月 30 日 100 m 盐度大数据预报产品

2. 三维温盐大数据预报业务化产品检验

将全球温盐剖面计划（GTSPP）观测剖面数据进行质量控制，选取 2020 年 11 月 20 日～12 月 27 日的观测数据检验大数据预报产品，并与美国的实时海洋预报系统（RTOFS）预报产品进行比对。其中温度观测剖面共 38 807 个（图 8.30），盐度观测剖面共 12 516 个（图 8.31）。三维温度大数据预报产品结果与 RTOFS 对应的 HYCOM 预报结果相比（图 8.32），垂向误差较为接近，其中 0～50 m 及 150～300 m 大数据预报产品优于模式预报结果，300 m 以下模式预报结果误差低于大数据预报产品误差。三维盐度大数据预报结果与 RTOFS 对应的 HYCOM 预报结果相比（图 8.33），其中 0～70 m 大数据预报产品优于模式预报结果，100～500 m 模式预报误差略低于大数据预报产品误差，大于 500 m 深度误差基本相近。比较大数据预报产品与 RTOFS 数据温度和盐度 7 天预报产品垂向平均均方根误差的变化趋势（图 8.34）。前三天大数据温度预报误差略大于 RTOFS 结果，后 4 天大数据预报误差略小于 RTOFS 结果，大数据温度预报 7 天平均误差为 0.85。大数据盐度 7 天预报产品垂向平均均方根误差的变化趋势与 RTOFS 7 天预报误差变化趋势较为接近，大数据盐度 7 天预报平均误差为 0.28 PSU。

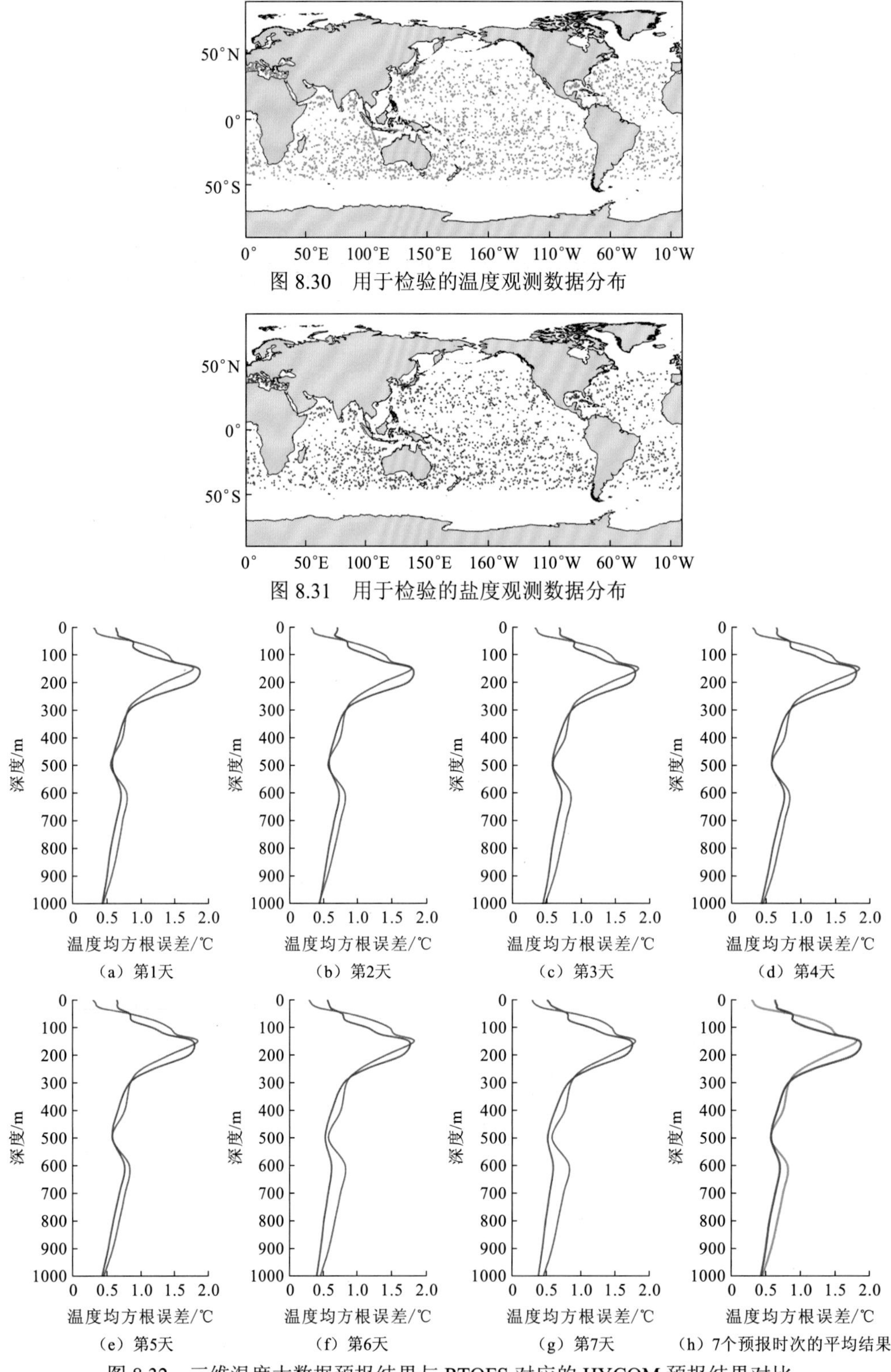

图 8.30　用于检验的温度观测数据分布

图 8.31　用于检验的盐度观测数据分布

图 8.32　三维温度大数据预报结果与 RTOFS 对应的 HYCOM 预报结果对比

图中蓝色线为大数据温度预报产品均方根误差的垂向分布情况，红色线为 RTOFS 预报产品均方根误差的垂向分布

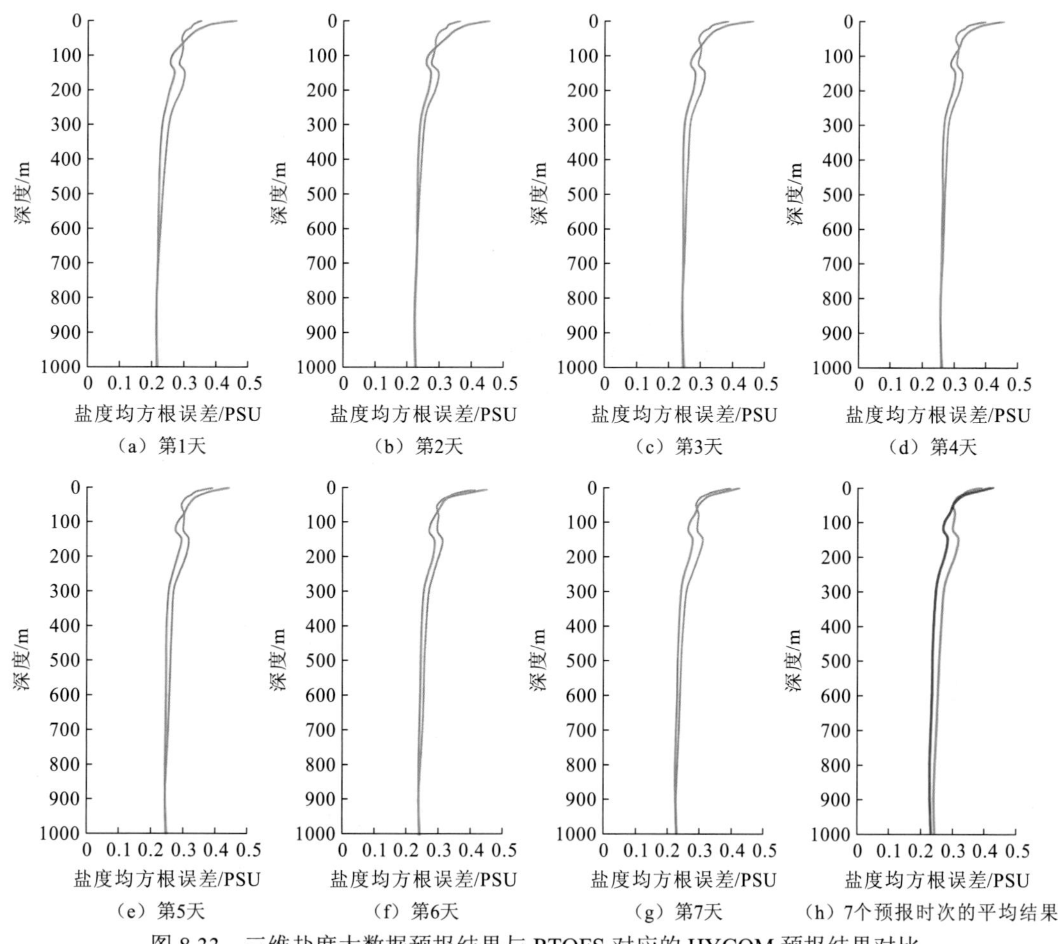

图 8.33　三维盐度大数据预报结果与 RTOFS 对应的 HYCOM 预报结果对比

图中蓝色线为大数据盐度预报产品均方根误差的垂向分布情况，红色线为 RTOFS 预报产品均方根误差的垂向分布

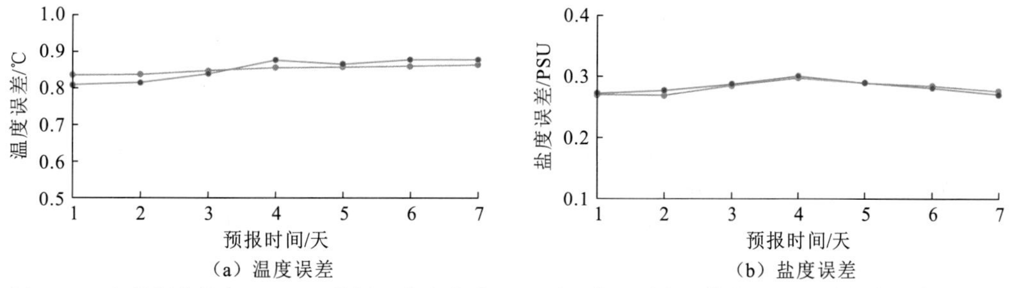

图 8.34　大数据产品与 RTOFS 数据温度和盐度 7 天预报产品垂向平均均方根误差的变化趋势对比

蓝色线为大数据 7 天预报产品垂向平均均方根误差的变化趋势，红色线为 RTOFS 7 天预报误差变化趋势

8.4.3　海洋三维温盐大数据预报示范应用

利用海表温度和海面高度大数据预报产品，实现与多源多要素动态分析三维温盐重构模型的对接，建立南海海域三维温盐大数据预报系统，进行业务化预报产品研制。利用南海海域三维温盐大数据预报系统，提供 2020 年 6 月 28 日～7 月 5 日每天滚动预报 15 天的三维温盐产品（图 8.35），并据此计算声场（图 8.36），开展声学应用（图 8.37），提供辅助决策。

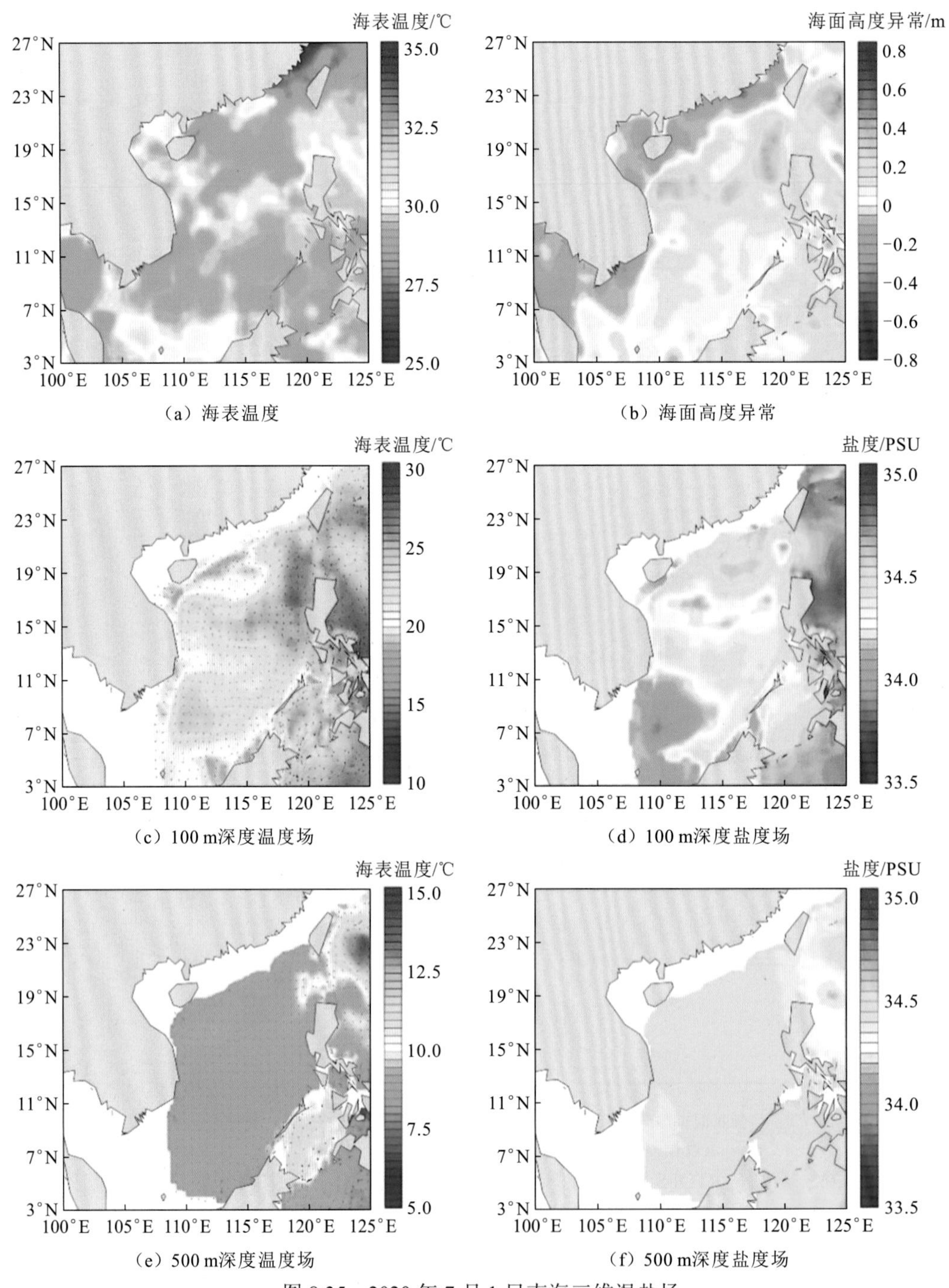

图 8.35　2020 年 7 月 1 日南海三维温盐场

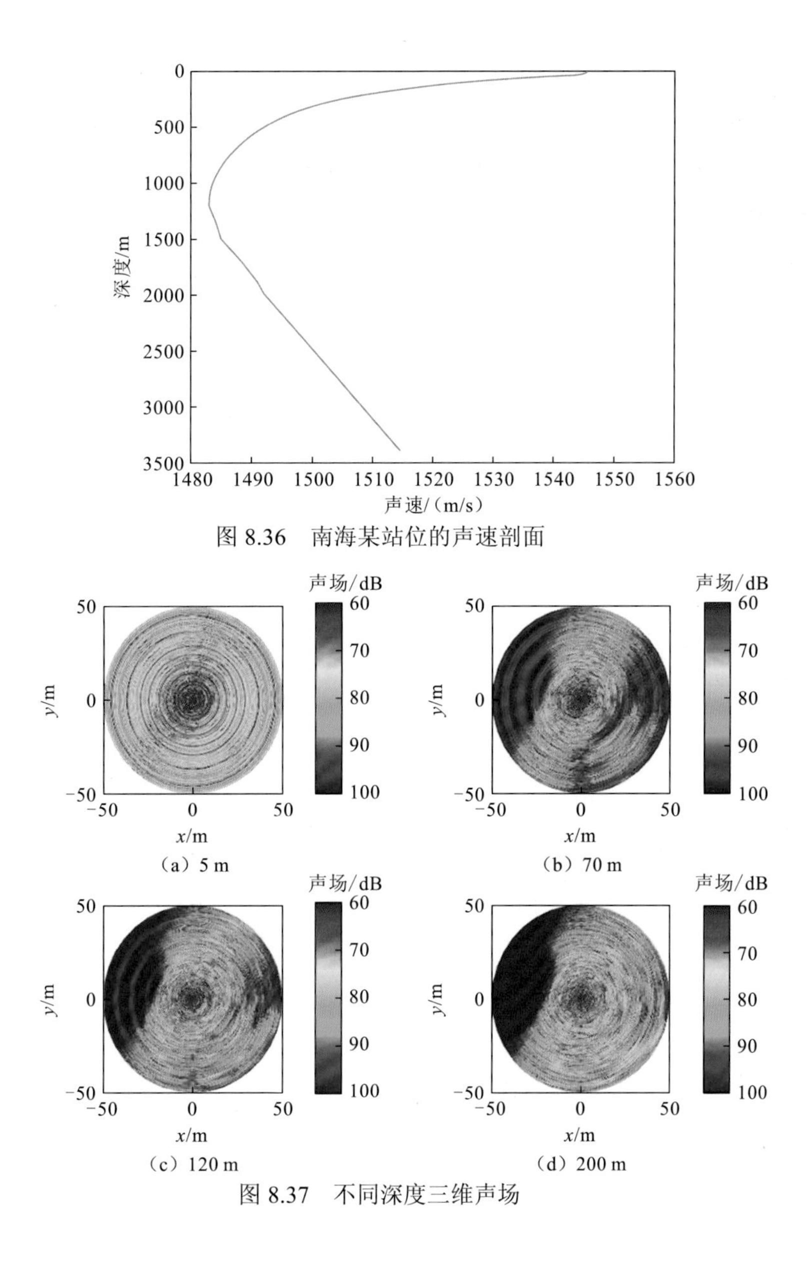

图 8.36　南海某站位的声速剖面

图 8.37　不同深度三维声场

参 考 文 献

[1] FIEDLER P C. Surface manifestations of subsurface thermal structure in the California Current[J]. Journal of Geophysical Research: Oceans, 1988, 93(C5): 4975-4983.

[2] CARNES M R, MITCHELL J L, DE WITT P W. Synthetic temperature profiles derived from GEOSAT altimetry: Comparison with air-dropped expendable bathythermograph profiles[J]. Journal of Geophysical Research: Oceans, 1990, 95(C10): 17979-17992.

[3] CARNES M R, TEAGUE W J, MITCHELL J L. Inference of subsurface thermohaline structure from fields measurable by satellite[J]. Journal of Atmospheric and Oceanic Technology, 1994, 11(2): 551-566.

[4] FISCHER M. Multivariate projection of ocean surface data onto subsurface sections[J]. Geophysical

Research Letters, 2000, 27(6): 755-757.

[5] WILLIS J K, ROEMMICH D, CORNUELLE B. Combining altimetric height with broadscale profile data to estimate steric height, heat storage, subsurface temperature, and sea-surface temperature variability[J]. Journal of Geophysical Research: Oceans, 2003, 108(C9): 3292.

[6] GUINEHUT S, LE TRAON P Y, LARNICOL G, et al. Combining Argo and remote-sensing data to estimate the ocean three-dimensional temperature fields: A first approach based on simulated observations[J]. Journal of Marine Systems, 2004, 46(1-4): 85-98.

[7] GUINEHUT S, DHOMPS A L, LARNICOL G, et al. High resolution 3-D temperature and salinity fields derived from in situ and satellite observations[J]. Ocean Science, 2012, 8(5): 845-857.

[8] HURLBURT H E. The potential for ocean prediction and the role of altimeter data[J]. Marine Geodesy, 1984, 8(1-4): 17-66.

[9] HURLBURT H E. Dynamic transfer of simulated altimeter data into subsurface information by a numerical ocean model[J]. Journal of Geophysical Research: Oceans, 1986, 91(C2): 2372-2400.

[10] HAINES K. A direct method for assimilating sea surface height data into ocean models with adjustments to the deep circulation[J]. Journal of Physical Oceanography, 1991, 21(6): 843-868.

[11] COOPER M, HAINES K. Altimetric assimilation with water property conservation[J]. Journal of Geophysical Research: Oceans, 1996, 101(C1): 1059-1077.

[12] LACASCE J H, MAHADEVAN A. Estimating subsurface horizontal and vertical velocities from sea-surface temperature[J]. Journal of Marine Research, 2006, 64(5): 695-721.

[13] LAPEYRE G, KLEIN P. Dynamics of the upper oceanic layers in terms of surface quasi-geostrophy theory[J]. Journal of Physical Oceanography, 2008, 36(2): 165-176.

[14] ISERN-FONTANET J, CHAPRON B, LAPEYRE G, et al. Potential use of microwave sea surface temperatures for the estimation of ocean currents[J]. Geophysical Research Letters, 2006, 33(24): L24608.

[15] ISERN-FONTANET J, LAPEYRE G, KLEIN P, et al. Three-dimensional reconstruction of oceanic mesoscale currents from surface information[J]. Journal of Geophysical Research: Oceans, 2008, 113(C9): C09005.

[16] PONTE A, KLEIN P. Reconstruction of the upper ocean 3D dynamics from high-resolution sea surface height[J]. Ocean Dynamics, 2013, 63(7): 777-791.

[17] WANG J, FLIERL G R, LACASCE J H, et al. Reconstructing the ocean's interior from surface data[J]. Journal of Physical Oceanography, 2013, 43(8): 1611-1626.

[18] LACASCE J H, WANG J. Estimating subsurface velocities from surface fields with idealized stratification[J]. Journal of Physical Oceanography, 2015, 45(9): 2424-2435.

[19] LIU L, PENG S, WANG J, et al. Retrieving density and velocity fields of the ocean's interior from surface data[J]. Journal of Geophysical Research: Oceans, 2014, 119(12): 8512-8529.

[20] LIU L, PENG S, HUANG R X. Reconstruction of ocean's interior from observed sea surface information[J]. Journal of Geophysical Research: Oceans, 2017, 122(2): 1042-1056.

[21] ALI M M, SWAIN D, WELLER R A. Estimation of ocean subsurface thermal structure from surface parameters: A neural network approach[J]. Geophysical Research Letters, 2004, 31(20): L20308.

[22] WU X, YAN X H, JO Y H, et al. Estimation of subsurface temperature anomaly in the North Atlantic using

a self-organizing map neural network[J]. Journal of Atmospheric and Oceanic Technology, 2012, 29(11): 1675-1688.

[23] SU H, WU X, YAN X H, et al. Estimation of subsurface temperature anomaly in the Indian Ocean during recent global surface warming hiatus from satellite measurements: A support vector machine approach[J]. Remote Sensing of Environment, 2015, 160: 63-71.

[24] 黎文娥, 苏华, 汪小钦, 等. 多源卫星观测的全球海洋次表层温度异常信息提取[J]. 遥感学报, 2017, 21(6): 881-891

[25] SU H, LI W, YAN X H. Retrieving temperature anomaly in the global subsurface and deeper ocean from satellite observations[J]. Journal of Geophysical Research: Oceans, 2018, 123(1): 399-410.

第 9 章 台风路径大数据分析预报

9.1 台风路径预报概况

热带气旋是热带海洋上生成的强烈天气过程。在强风和低压的作用下，热带气旋往往会引发风暴潮、山洪暴发、城市内涝、山体滑坡、泥石流等灾害，对人类生命和财产造成巨大的损害。西北太平洋不仅是世界上热带气旋（以下统称台风）生成数量最多的海盆，也是唯一的一年四季都能观测到台风活动的海盆。据资料统计，我国是全球热带气旋灾害最严重的国家之一，年均有约 7 个台风在我国东南沿海登陆，并造成约 0.4%的国内生产总值（gross domestic product，GDP）的直接经济损失和 9000 余人伤亡（500 余人死亡）[1]。

台风路径的预报是灾害预警中的重要一环，准确的台风路径预报有助于人们提前做好防范，减少损失。台风路径预报是气象预报体系中极为重要的组成部分，也是气象灾害预报技术的难点之一。台风的生成和演变过程十分复杂，许多机理尚不完全清楚，这给台风路径预报带来了一定的困难。随着全球气候变化的影响逐渐加剧，超强台风的发生频率也呈现升高趋势。同时，我国社会经济的快速发展也对台风灾害预防工作提出了更高的要求，给台风路径预报工作带来了严峻的挑战。

目前，国内外应用较为广泛的台风路径预报技术大致可以分为三类，分别是统计预报、基于数值模式的动力预报和主观经验预报[2]。初始气象业务上的台风移动路径短期预报一般采用统计预报技术，通过建立预报因子和台风路径之间的回归模型开展路径预报，常用的建模方法主要是多元分析和时间序列分析方法[3-5]。这类预报方法对计算资源需求不高，但预报精度往往较低。

随着计算机技术的应用和计算能力的逐步提高，数值预报逐渐成为台风路径预报的重要手段[6]。该方法主要利用计算机对复杂的动力学方程组进行数值求解，从而实现台风路径的预报。例如，中国气象局（CMA）研发的全球和区域台风数值预报系统（global/regional assimilation and prediction system，GRAPES）[7]，美国国家环境预报中心（NCEP）研发的全球台风数值预报系统（global forecast system，GFS）[8]，欧洲中期天气预报中心（ECMWF）研发的集成预报系统（integrated forecasting system，IFS）[9]等。近年来，国内外在台风数值预报技术研究方面取得了较大的进展，预报准确率也有了较大提高[10-11]。但由于台风观测资料的稀缺和台风内部机理的复杂性，近年来台风路径预报误差的下降速度明显减缓。一些学者认为，台风路径数值预报精度的提升面临着较大的挑战[12]，数值预报技术在数值模式本身的完善、台风涡旋初始场的改进等方面还有待进一步提升[13]。

台风路径的主观经验预报方法主要依赖预报员的预报经验，结合统计预报或数值模型的预报结果，对台风未来的移动方向做进一步的判断。

上述传统的台风路径预报技术近年来取得了较大的发展，但仍有一定的局限性。例如：数值预报技术需要消耗大量的计算机资源，且易受数据噪声干扰，鲁棒性不强，统计预报方法受限于预报因子的选择[14]；主观预报方法对预报员的专业能力要求非常高。而人工神经网络对不同的数据集有良好的适应性，对数据噪声具备较好的鲁棒性，且算法运行速度较快，非线性拟合能力强。随着人工智能神经网络的兴起和发展，学者们相继提出了基于人工神经网络的台风路径预报技术[15-19]。

吕庆平等[20]采用 BP 神经网络模型，基于台风最佳路径（best track，BT）数据集，将台风位置、强度等信息（以下称台风气候持续因子）作为模型输入，对我国南海台风路径开展了预报研究，24 h、48 h 路径预报平均距离误差分别为 158 km、361 km。同样基于台风最佳路径数据集，Jin 等[21]和 Zhu 等[22]分别利用纯线性神经网络（pure linear neural network，PLNN）和贝叶斯神经网络（bayesian neural network，BNN）建立了南海 24 h 台风路径预报模型，预报的平均距离误差分别降低至 122.8 km 和 125.4 km。之后，Wang 等[23]采用深度信念网络（deep belief network，DBN）提取 500 hPa 大气环流特征（位势高度场），确定相似台风，结合 WPCLPR（西太平洋气候及持续性路径预报）模型，开展了西北太平洋台风路径预报，24 h、48 h、72 h 平均预报误差分别为 185.7 km、372.8 km、585.5 km。Gao 等[24]将长短期记忆网络应用于西北太平洋台风路径预报，24 h 路径预报平均距离误差达 105.7 km。最近，Giffard-Roisin 等[25]从物理角度出发，考虑大气风场和位势高度场对台风路径的影响，建立了基于卷积神经网络的全球台风路径预报模型，24 h 路径后报误差约为 130 km。其研究表明，与仅考虑台风气候持续因子的预报模型相比，考虑了大气环境场的影响后，CNN 模型对全球台风路径的预报精度有所提升。

可见，人工神经网络方法在台风路径预报领域具有较好的发展潜力，但仍存在一些关键问题亟待解决。例如，不同的神经网络方法具有各自的特点，到底哪种方法更适合台风路径的预报，需要基于更多的样本数据进行深入分析。此外，许多大气、海洋要素都会在一定程度上影响台风的移动路径，而目前基于人工智能尤其是深度学习方法的台风路径预报模型中很少考虑这些要素。应该如何充分利用大数据方法，从大量的大气、海洋历史数据中挖掘与台风路径具有高关联的因子，并采用适当的方法将其信息应用于台风路径预报模型中，从而进一步提高预报精度，这些都是本章重点讨论的内容。

9.2　西北太平洋台风移动规律分析

9.2.1　台风路径时空分布特征分析

图 9.1 显示了中国气象局（CMA）、美国台风联合警报中心（Joint Typhoon Warning Center，JTWC）和日本气象厅（JMA）三套台风路径最佳数据集记录的 1951～2019 年西北太平洋台风及“共有台风”每年数量的变化。本小节所讨论的台风是强度达到热带风暴等级以上（即最大持续风速超过 17.2 m/s）且持续时间在 2 天以上的热带气旋。从图中可以看出，台风数量均存在年际变化，三套数据虽有微小的差异但变化趋势基本一致。因此，

不同来源的台风最佳路径数据不会对研究结果造成较大影响，本小节采用来自中国气象局提供的1949～2019年的台风最佳路径数据集开展台风移动规律研究。

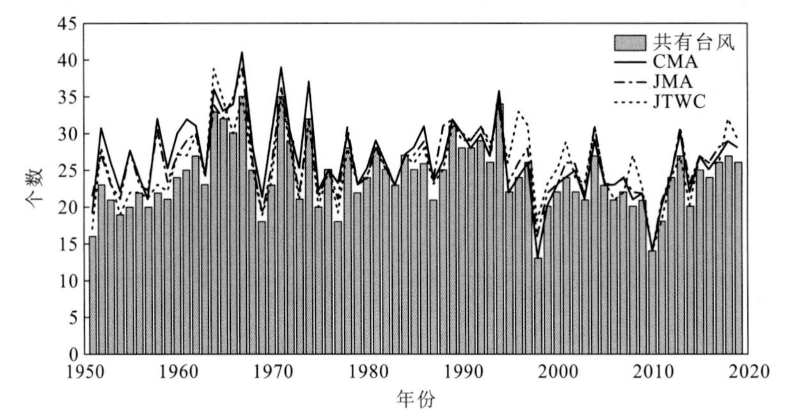

图 9.1　CMA、JMA、JTWC 台风最佳路径数据集中每年记录的西北太平洋台风数量及共有台风数量

CMA 数据集对西北太平洋台风路径的分类多达 13 类，分别为：北上、西北行、西行、东转向（140° E 以东转向）、中转向（125° E～140° E 转向），西转向（120° E～125° E 转向）、南海转向、南海消失、登陆后转向、登陆后西行、登陆消失、回旋、东北行。为便于统计分析，对 13 类路径资料进行适当的归纳。东北行和北上路径台风发生频率较低（年平均 1 个左右），且和东转向路径台风一样对我国的影响都较小；回旋路径台风路径怪异，形成原因复杂。因此，在以下分析中对以上 4 类台风不做考虑，将余下 9 类路径根据其轨迹合并为西北行、西行和转向三大类路径。

图 9.2 显示了西北行、西行和转向这三类路径台风个数的季节变化。可以看出：对应三类路径，台风个数都有明显的季节变化，通常是夏秋季较多，而冬春季较少。西北行路径台风主要发生在 6～9 月的较暖的季节，尤其是 7～8 月最多；西行路径台风主要发生在 6～12 月，在盛夏（7～8 月）和秋季（9～11 月）较多，在较冷的冬季（12 月）也多有发生；转向路径台风则在全年均有发生，主要集中在 5～11 月，以 8～9 月最多。总体来说，西北行路径台风主要发生在暖季，而转向和西行路径台风主要发生在夏秋季，在寒冷的冬季也有发生。

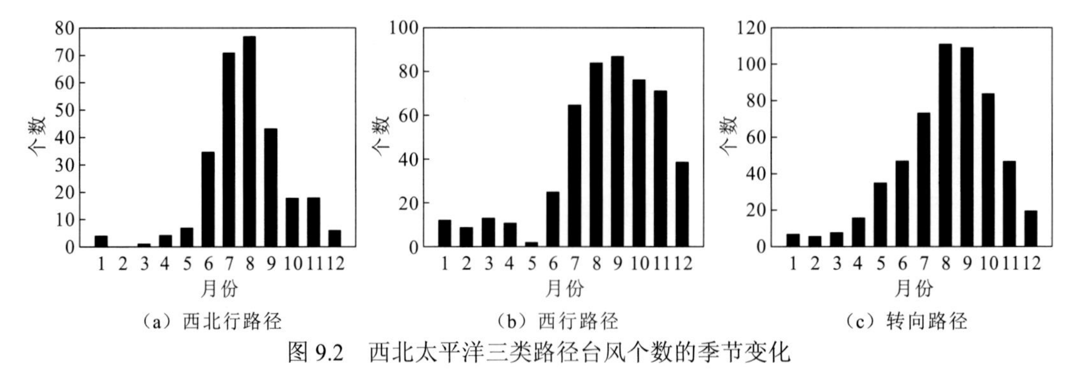

（a）西北行路径　（b）西行路径　（c）转向路径

图 9.2　西北太平洋三类路径台风个数的季节变化

除了季节性变化，三类路径台风频数还存在年际变化，如图 9.3 所示。西北行路径台风发生频数主要表现为年际和年代际变化趋势，20 世纪 50～60 年代中期处于下降阶段，

70年代中期为上升阶段，之后到80年代初下降，80年代初～90年代初期又有所上升，21世纪初期又稍微下降。结合图9.4（a）的小波分析结果，西北行路径台风有小于8年的振荡周期。西行路径台风频数总体显示出显著的下降趋势，还叠加有年代际变化特征，但年代际变化不显著。由图9.4（b）和（c）可以看出，西行路径台风显著周期为小于4年的年际变化，而转向路径台风频数有较为明显的下降趋势，趋势相关系数为-0.31，小波分析结果显示其变化主要为年际变化，有小于8年的显著周期。由以上分析可知，三类路径台风频数的季节变化和年际变化均表现出较大差异，也说明确有必要将台风路径分类进行细致研究。

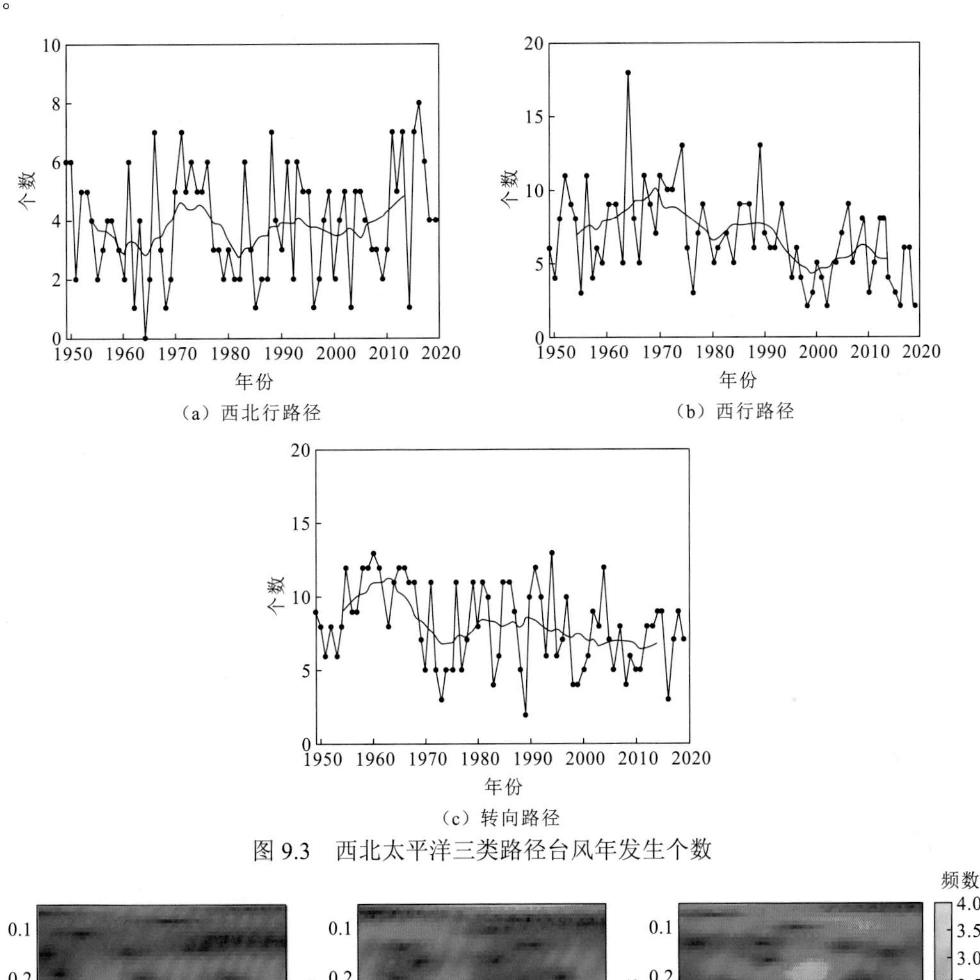

图9.3　西北太平洋三类路径台风年发生个数

（a）西北行路径　（b）西行路径　（c）转向路径

图9.4　西北太平洋三类路径台风频数的小波分析结果

横坐标对应1949～2019年

如图 9.5 所示，不同时期台风发生频数存在明显的年代际变化。与 1970～1989 年相比，1950～1969 年的台风更多发生在 125° E 以东的区域，在我国沿海特别是南海地区的发生频率显著减少。相较于 1970～1989 年，1990～2009 年的台风在广西和越南沿海及台湾以北东海区域的经过频率显著升高，在南海东部和 135° E 以北太平洋区域经过频率显著降低。

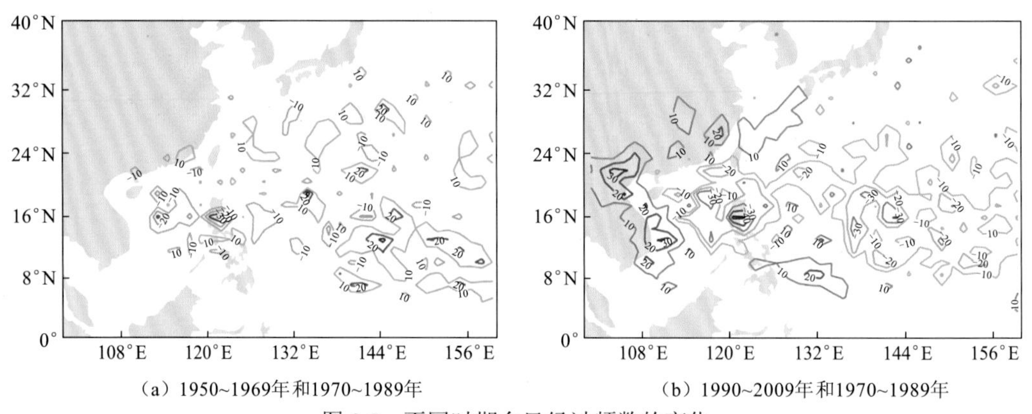

（a）1950~1969年和1970~1989年　（b）1990~2009年和1970~1989年

图 9.5　不同时期台风经过频数的变化

利用台风最佳路径数据集资料分析西北太平洋台风路径的空间分布特征，可以发现其总频数分布有明显的区域差异，如图 9.6（a）所示。为了更为具体和细致地了解其空间差异，将西北太平洋海域（0° N～65° N，90° E～180° E）划分成 5° ×5° 的网格，图 9.6（b）中的数值是该区域台风中心位置年平均记录次数。由图 9.6（b）可知，西北太平洋台风主要路径有 2 个活跃中心，集中在我国南海南部（10° N～25° N，110° E～120° E）、菲律宾至关岛附近洋面（10° N～20° N，125° E～140° E），活跃程度从以上两个海域依次呈辐射状向四周递减，递减速率向西、向南大，向东、向北减小，最小递减速率出现在东北方向。而从纬度分布上看，10° N～20° N 区域台风发生的频率最高，然后向两边递减，向赤道方向减少得更快。

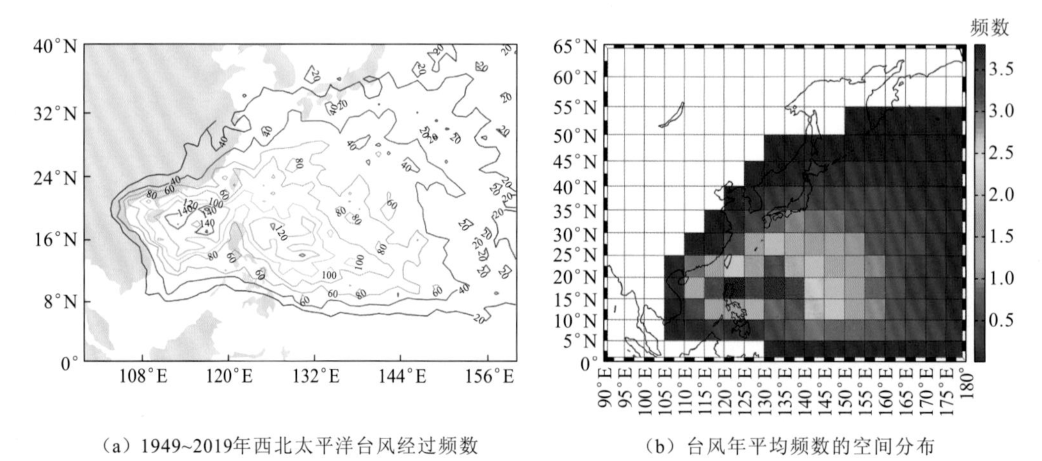

（a）1949~2019年西北太平洋台风经过频数　（b）台风年平均频数的空间分布

图 9.6　台风经过频数的空间分布

西北太平洋台风生成后，通常向西北偏西—东北偏东的方向移动，但其在不同纬度带上有不同的移动方向。进一步分析台风移向的分布特征，如图 9.7 所示。总体上，台风移动方向与纬度有关系：在 18° N 以南区域基本上都为 270° ～360°，从北向南移动方向台风逐渐递减，这与东风气流有较为密切的关系；20° N～32° N 区域内，移动方向主要在180° ～270°，该区域是台风路径较易发生转折的纬度带，也是台风路径预报中难以准确预报的区域；32° N 以北主要为 90° ～180° 的移向。

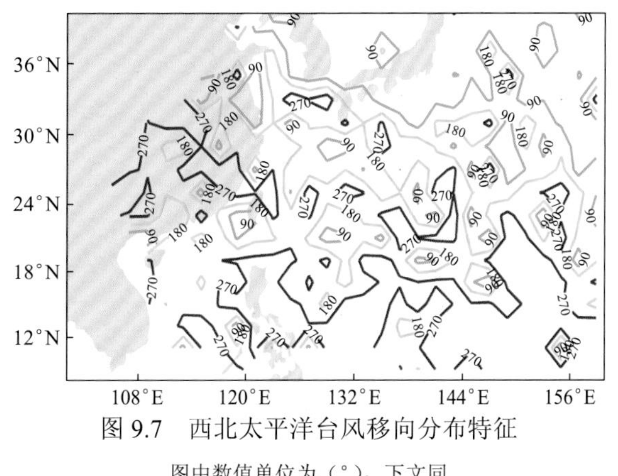

图 9.7　西北太平洋台风移向分布特征

图中数值单位为（°），下文同

ENSO 对台风发生频率影响显著。如图 9.8 所示，在西北太平洋区域，La Niña 年台风发生的频率要高于 El Niño 年，且 La Niña 年台风在我国沿海经过的概率要比 El Niño 年高，特别是福建和广东沿海地区，在大陆架以北区域及南海中心区域台风经过的频率较高。

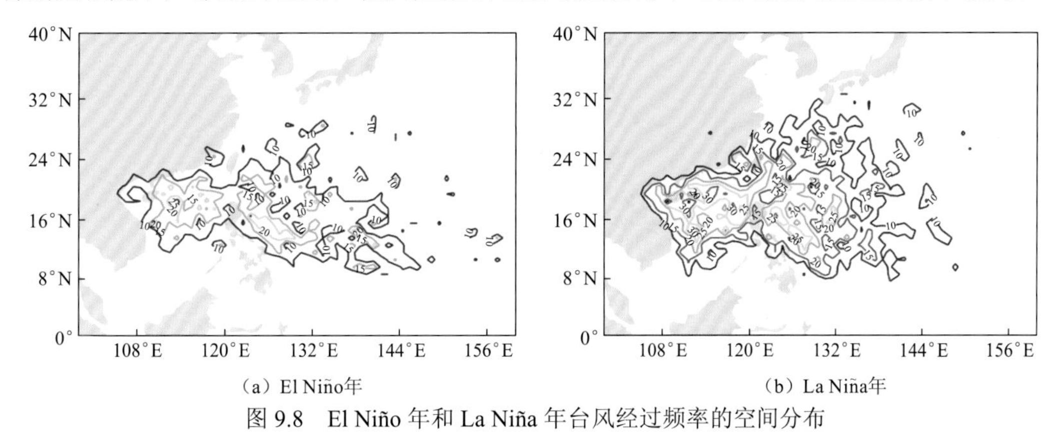

（a）El Niño年　　（b）La Niña年

图 9.8　El Niño 年和 La Niña 年台风经过频率的空间分布

9.2.2　台风路径聚类分析

上述结果表明，三大类台风路径频数的季节变化和年际变化均表现出较大差异。因此，本小节采用聚类分析方法对台风路径进行更细致的讨论与特征分析。基于 CMA 台风最佳路径数据集，在聚类算法模型中设置聚类参数，采用二阶多项式回归，将台风路径聚类成 K 类（K 取 2～15），得到每种聚类结果的对数似然值和类内误差值。从图 9.9 可以看出，聚类数量越多，效果越好，但是超过 8 以后效果提升得已经不显著了，因此，取 6～8 类聚类效果较为合理。在对聚类数量为 6～8 时台风路径的回归曲线（图 9.10）进行对比分析后，发现聚类数量为 7 时最为合理，这也与 Camargo 等[26]的结果较为一致，聚类结果如图 9.11 所示。

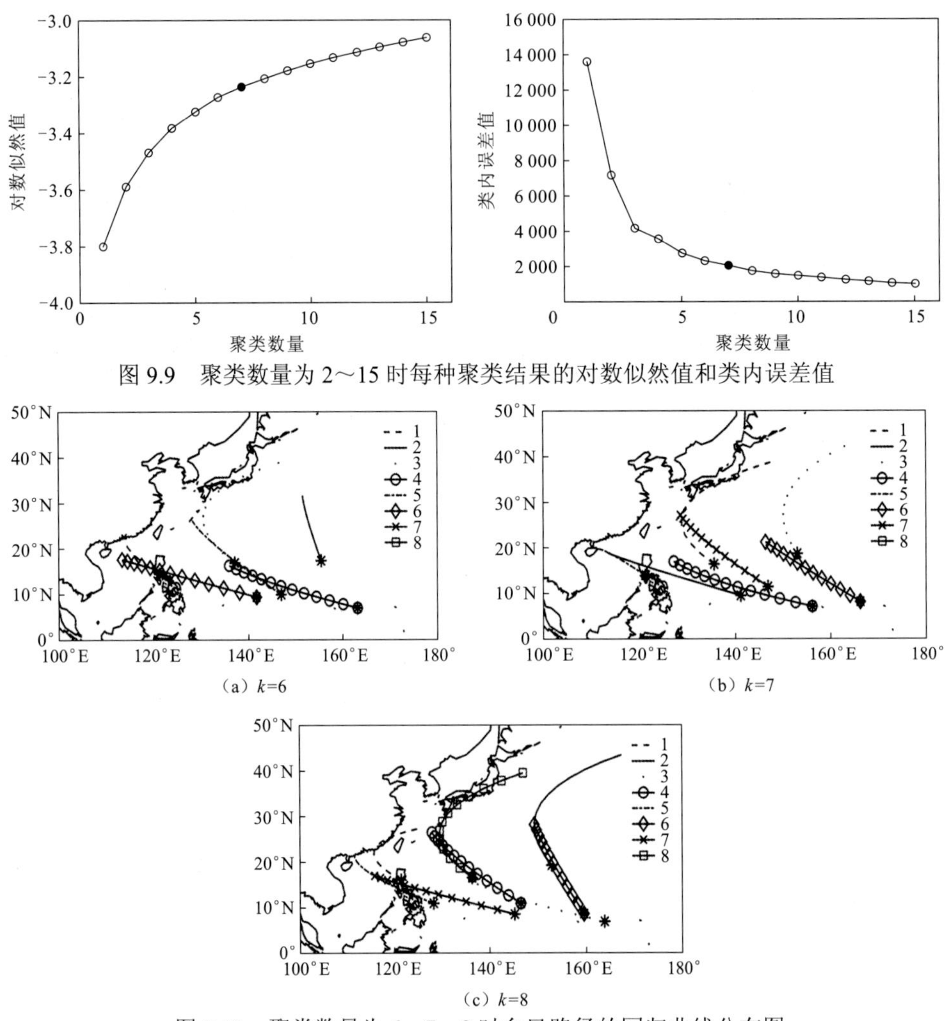

图 9.9　聚类数量为 2～15 时每种聚类结果的对数似然值和类内误差值

图 9.10　聚类数量为 6、7、8 时台风路径的回归曲线分布图

图中数字 1～8 对应的线型代表不同的台风路径类型

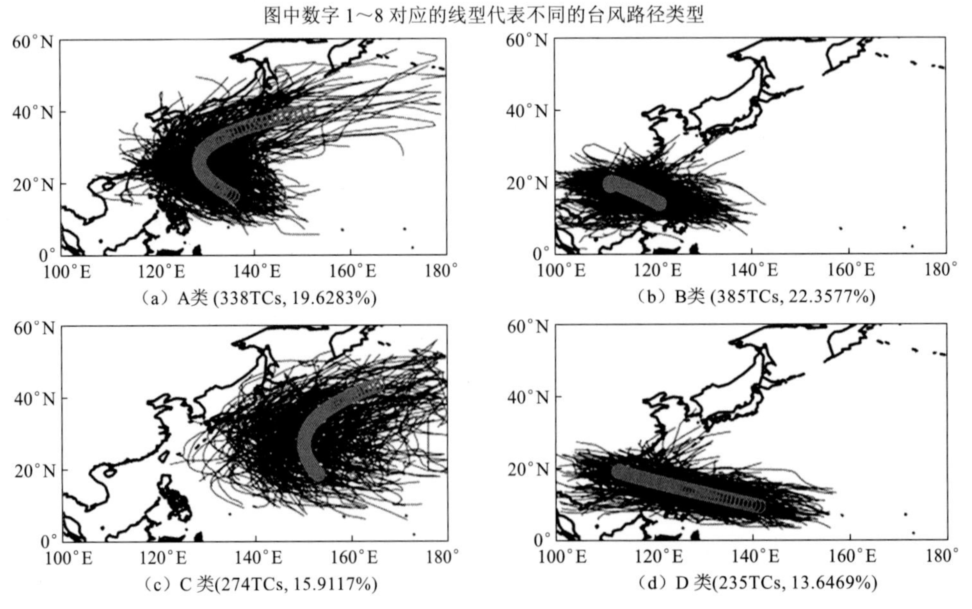

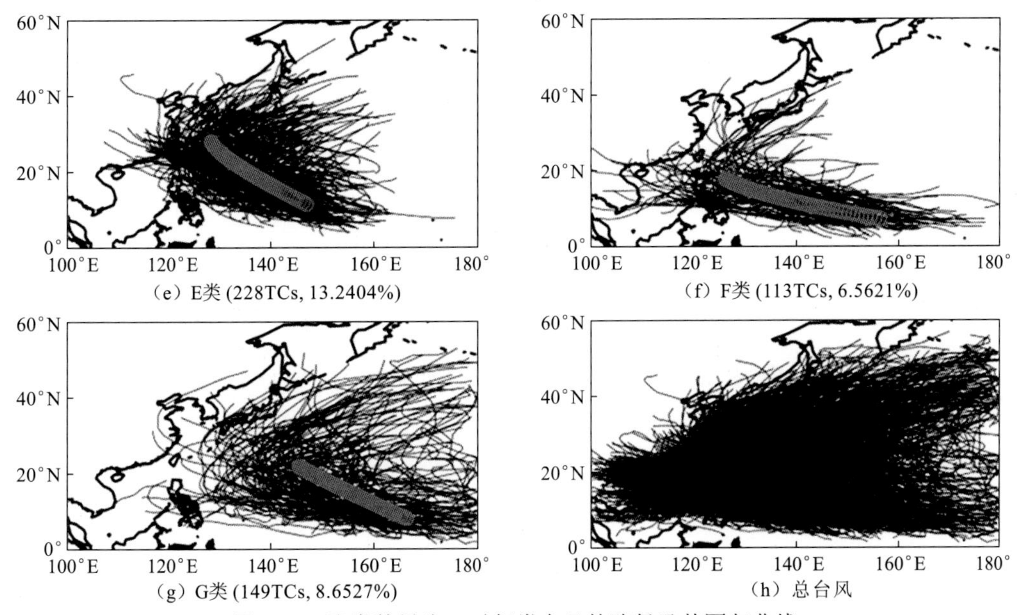

（e）E类 (228TCs, 13.2404%)

（f）F类 (113TCs, 6.5621%)

（g）G类 (149TCs, 8.6527%)

（h）总台风

图 9.11　聚类数量为 7 时每类台风的路径及其回归曲线

在此基础上，本小节统计分析各类台风路径所对应的生成源地、路径、登陆点、强度、季节等特征，以及每类台风路径与其所对应的大气环流场及海表温度异常（sea surface temperature anomaly，SSTA）场的关系，从中挖掘出某类台风与 ENSO 关系密切并受年代际信号调制的现象。图 9.12 显示了每类台风生成源地分布及路径方向，表 9.1 列出了不同强度台风的比例、生命周期长度、季节分布等特征。可以发现：7 类台风的生成源地分布各不相同，集中的海域有所差异；台风移动路径主要以西北方向为主，而转向路径台风在东北方向会出现第二个频数分布极值；有几类台风主要分布在夏秋季节，其他几类在全年各月都会发生，而所有的台风主要集中发生在每年的 7～10 月，这是台风的活跃时期；前几类台风的生命周期普遍偏短，这与它们的生成源地靠岸近、生成到登陆的时间短有关，

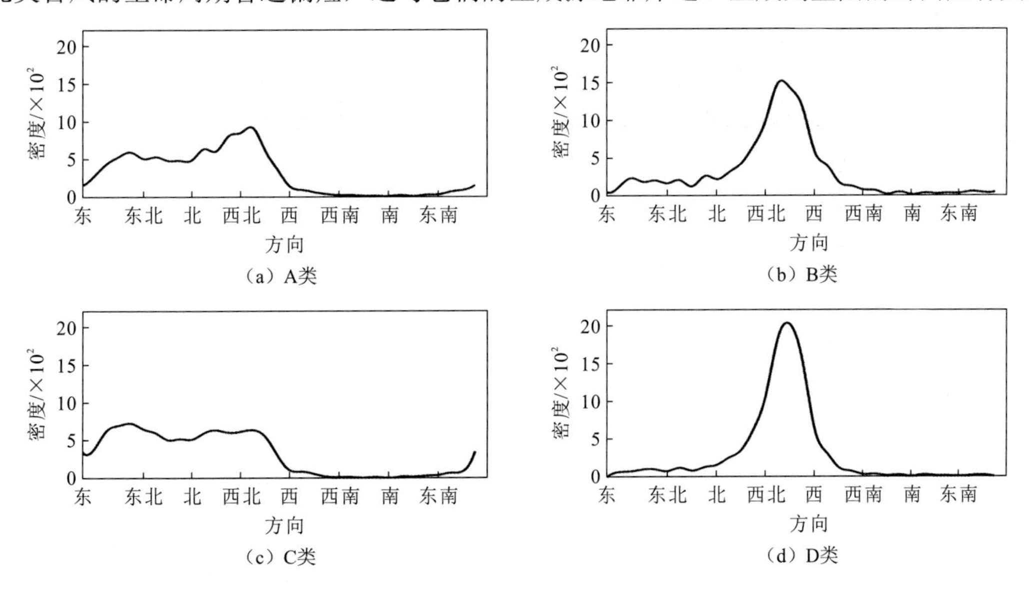

（a）A类

（b）B类

（c）C类

（d）D类

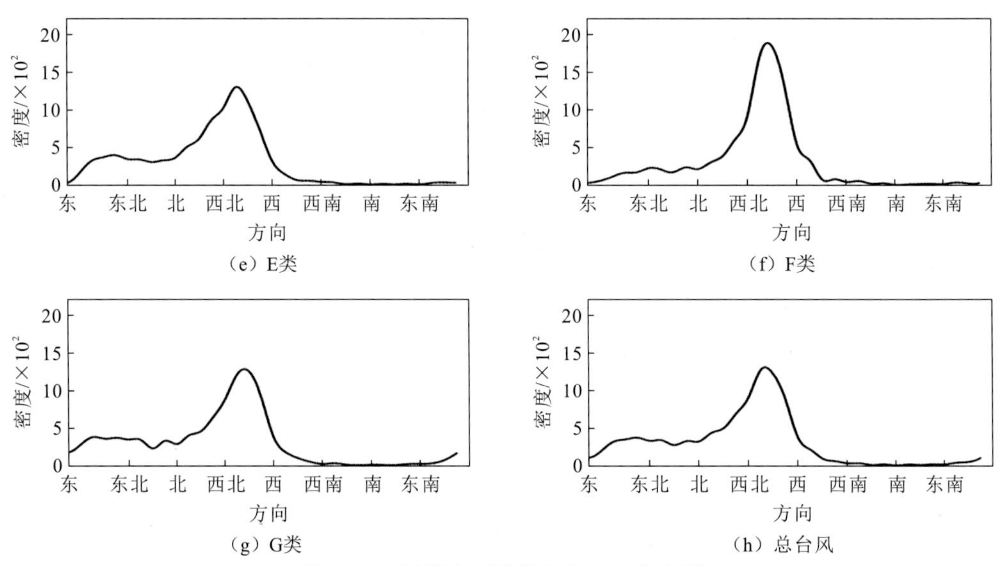

图 9.12　每类台风路径方向比例分布图

而后几类台风的生命周期较长，其生成源地也偏东偏南；与生命周期相对应，台风强度比例也是如此，前几类弱台风普遍偏高，后几类弱台风则偏低。以上结果表明，聚类在很大程度上可以将台风区分开，组成不同特征的几类。

表 9.1　聚类后每类台风的基本特征统计

项目	台风类别							总台风
	A 类	B 类	C 类	D 类	E 类	F 类	G 类	
台风数/百分比	395/23%	302/17%	297/16%	236/14%	232/13%	151/9%	134/8%	1747/100%
平均生成位置	135.0°E 16.8°N	118.4°E 15.0°N	152.8°E 18.8°N	136.5°E 10.3°N	151.7°E 9.1°N	149.8°E 7.1°N	169.0°E 6.8°N	141.5°E 13.1°N
平均最大强度/kt	84.18	62.38	80.15	83.11	110.54	97.22	99.74	85.40
平均生命周期/天	6.84	4.94	6.73	7.17	10.37	10.58	12.54	7.77
登陆台风数（百分比）	244（62%）	255（84%）	26（9%）	199（84%）	91（39%）	109（72%）	27（20%）	951（54%）

注：斜杆“/”后的百分比表示占总台风的比值，括号内的百分比表示占本类台风的比值；1 kt=0.514 44 m/s

利用 NCEP 再分析风场、气压场数据及海表温度数据，进一步统计每类台风对应的大气海洋要素合成场，并分析其特征。以图 9.13 为例，大多类台风的路径受大尺度引导气流的控制，并且台风生成时 850 hPa 的风速相对都是较小的，处于东北侧的东向风和西南侧的西向风的过渡地区，这里存在风的剪切，有利于台风的生成。图 9.13 中均存在一个气旋式异常场，台风大都会在气旋的东南位置生成，其对应的涡度均为正值。如果仅取 850 hPa

的纬向风场来分析，也同样能验证该结果，台风生成大多处于 850 hPa 的东西向风的交界处，西风位于台风南侧，东风位于台风北侧。

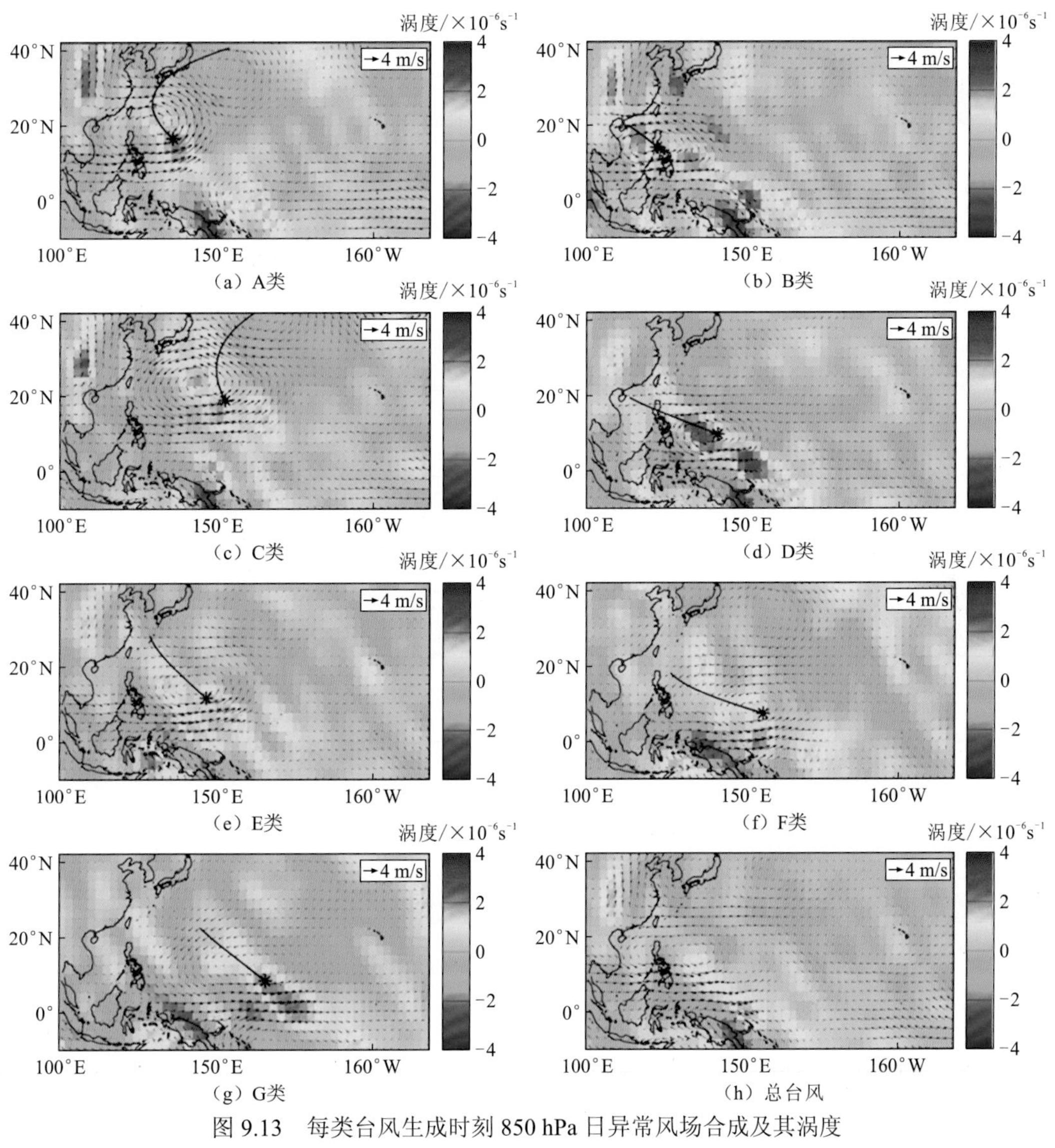

图 9.13 每类台风生成时刻 850 hPa 日异常风场合成及其涡度

填色代表涡度，$10^{-6}\ s^{-1}$

从每类台风生成时刻所在月的海表温度异常合成图（图 9.14）可以看出，前 4 类台风的海表温度异常场在赤道东太平洋表现为异常偏低，A 类最为显著，有 La Niña 现象的海温特征，而 E 类的异常值不明显，F 类表现为一种 El Niño 中部型的海温异常场，G 类则为传统类型的 El Niño 海温异常场，这说明将台风路径进行合理的分类是必要的，通过聚类分析，可将台风路径分为不同 ENSO 位相所对应的路径。

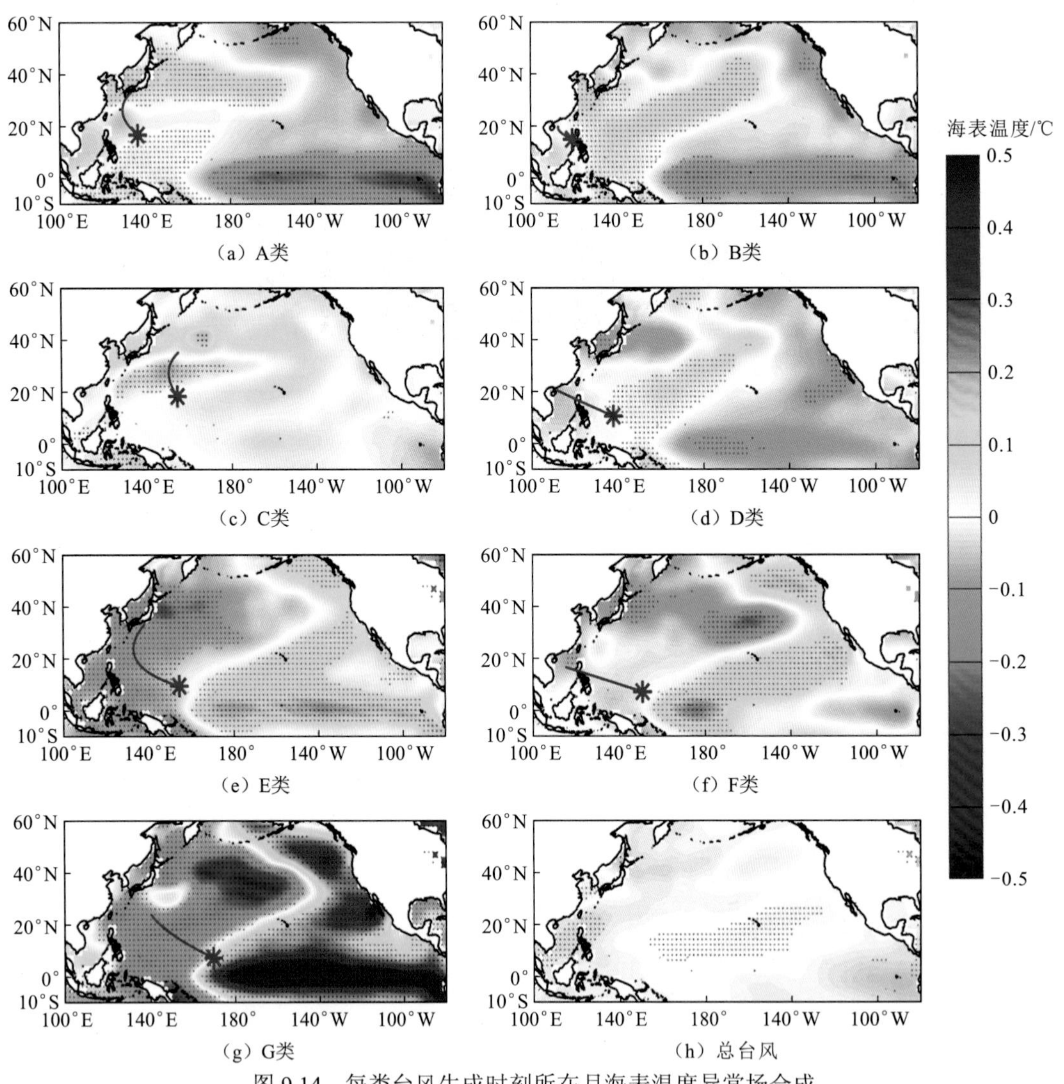

图 9.14　每类台风生成时刻所在月海表温度异常场合成

无论是前人研究结果还是本小节的分析结果，均显示出 ENSO 对台风活动的重要作用。为研究 ENSO 不同位相时每类台风的活动特征，进一步开展不同 ENSO 位相时的特征统计和大气环境场分析。以图 9.15 为例，从该图显示的各类台风每年平均累积气旋能量（accumulated cyclone energy，ACE）的分布能够看出，在不同 ENSO 时期，不同类型的台风其 ACE 分布也是不同的，A 类、D 类的 ACE 在 La Niña 期间更大，C 类、E 类、G 类的 ACE 则在 El Niño 期间更大。这些特征也可以在台风频数的年际变化曲线图（图 9.16）中找到对应关系。基于每类台风在不同 ENSO 位相时的特征统计分析能够发现，El Niño 年更多类型台风的生命周期更长、强度更大。

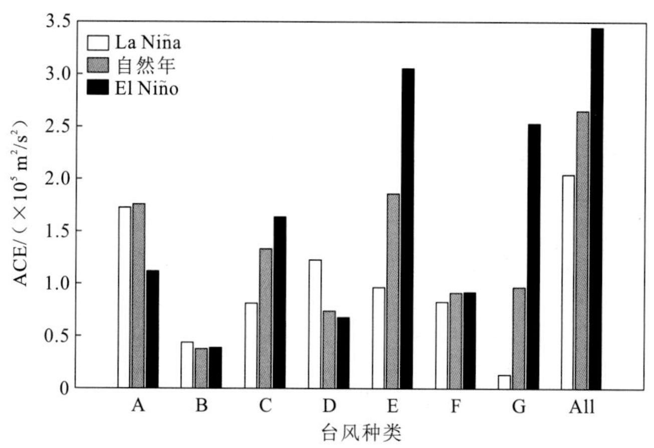

图 9.15　每类台风在不同 ENSO 位相时平均每年的累积气旋能量

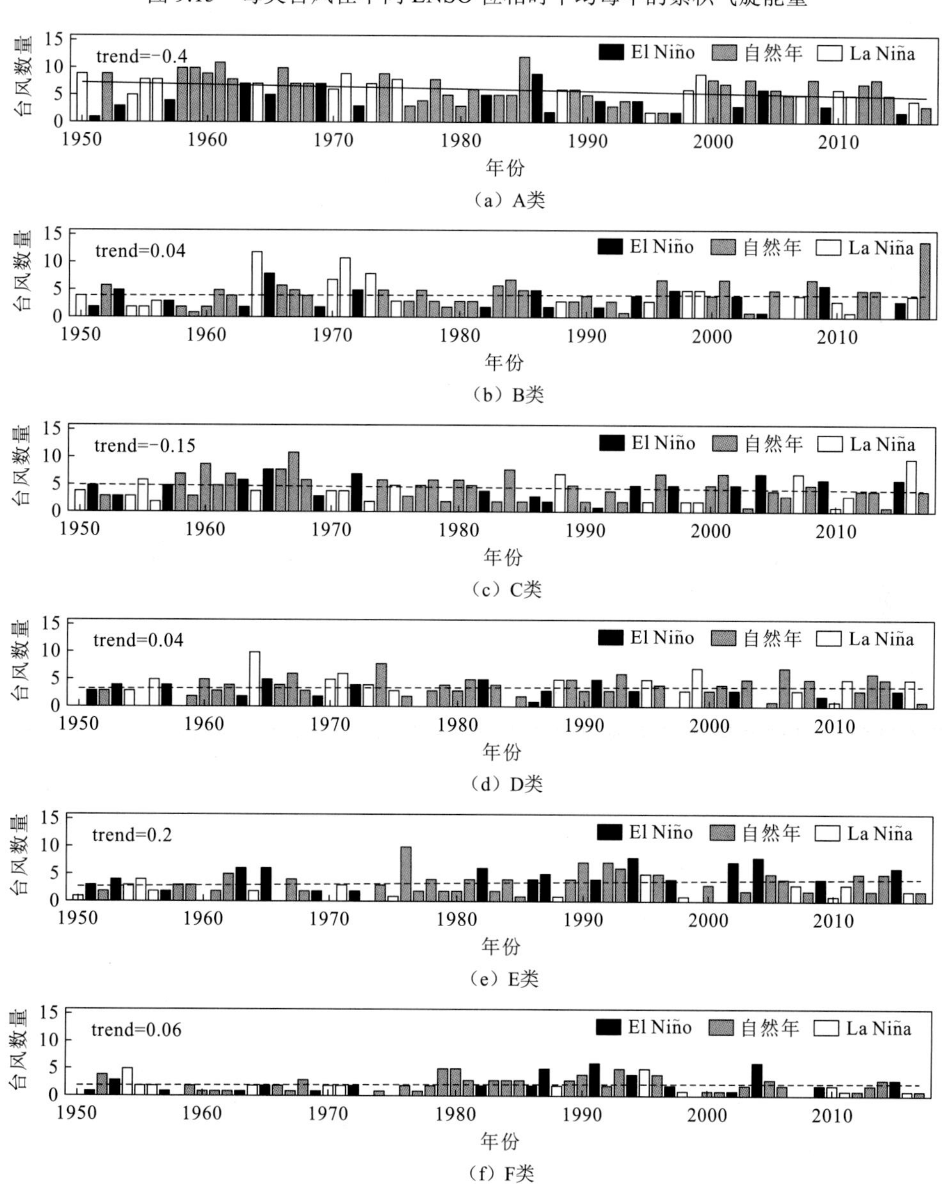

（a）A类

（b）B类

（c）C类

（d）D类

（e）E类

（f）F类

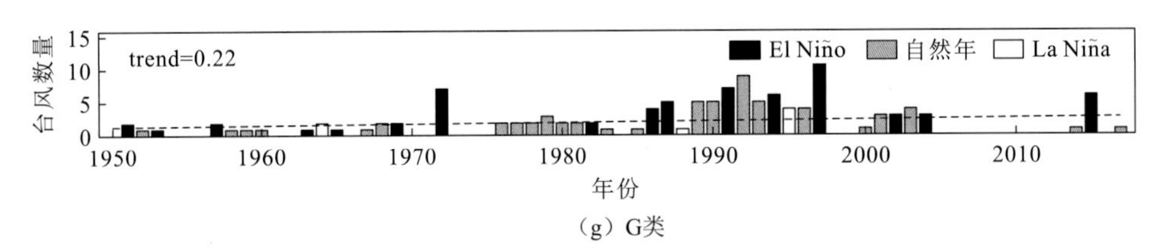

图 9.16　每类台风的年频数时间序列

trend 代表台风数量的变化率（单位：个/十年）

9.3　西北太平洋台风路径关联因子分析

本节结合逐步回归分析、互信息、BP 神经网络、注意力机制等方法，探讨台风路径与气候持续因子及大气、海洋等环境因子的关联关系，筛选台风路径预报关联因子。

9.3.1　逐步回归与互信息结合的大气、海洋因子与台风路径的关联分析

以往研究表明，影响台风移动路径的气象要素主要包括垂向中低层的大气温度、温度差、垂直风切、水平风切、高度差、东西风差、南北风差、散度和涡度、副高面积指数、副高中心强度等，海表温度、海面高度等海洋要素对台风快速增强、台风尺寸、降水范围等具有不同程度的影响，陆地高程、水深等也会对台风的移动产生影响。此外，从大数据角度出发，增加考虑高层大气因子、多层间的垂直风切、海面盐度、海洋上混合层热含量与厚度、26℃等温线深度、26℃等温线以上上层海洋热含量（又称热带气旋热潜势，tropical cyclone heat potential，TCHP）、温跃层以上热含量等多种环境要素及其梯度等对台风路径的可能影响，开展台风路径关联分析。

研究使用的大气数据为台风期间每 6 h 一次的 NCEP 气象要素再分析资料，空间分辨率为 2.5°×2.5°，主要包括 200 hPa、500 hPa、750 hPa、850 hPa 和 1000 hPa 的气压场、风场、位势高度场、大气温度、相对湿度等，同时计算各要素的涡度、散度、垂向各层之间的风切变和引导气流；海洋数据来自混合坐标大洋模式（HYCOM）再分析资料，时间间隔为 6 h，空间分辨率为 1/12°，要素包括海表温度、海表盐度、海面高度异常、海面流场、海面热通量（感热通量、潜热通量、长短波辐射通量等）、温度和盐度剖面等，同时计算混合层和温跃层深度、26℃等温线深度、TCHP 等要素值；台风数据选择热带风暴等级以上的 CMA 台风最佳路径数据集资料。为保证大气、海洋环境场数据的一致性，在关联分析时，NCEP 再分析资料选用与 HYCOM 再分析资料一致的 1993～2012 年连续 20 年的数据。将台风期间大气、海洋环境要素作为自变量，台风中心的经纬度变化作为因变量，分别采用多元逐步回归方法和互信息方法[27-31]，构建台风路径关联模型，分析台风路径与大气、海洋因子的关联关系，通过回归系数和互信息值来判定相关性的强弱。

具体关联计算过程为：选择某个环境因子，以每个台风发生时刻所处位置为中心的一

个 25°×25° 区域为空间窗口，分析该窗口内每个网格点上前一天至台风发生时刻该环境因子与台风经纬度变化的关系，空间窗口随着台风移动而移动，计算得到该因子的最佳关联时空点，将环境因子及台风数据标准化后代入逐步回归和互信息关联模型中，分别计算回归系数和互信息值。

以 200 hPa 东西向风速分量（即 U 分量）为例，图 9.17（a）和（b）分别显示了基于逐步回归和互信息方法计算得到的其与台风纬度变化之间超前关联性的空间分布。可以发现：两种方法都显示该因子与台风路径具有一定的关联性，由互信息方法揭示的这种关联性更强；与其他时刻相比，台风发生时刻 200 hPa 东西向风速分量与移动路径具有更强的关联关系；关联最强的区域并不一定发生在台风中心，也可能发生在台风中心周围区域，如台风西南区域。

为了进一步验证由逐步回归和互信息方法揭示的环境因子与台风移动路径的关联关系，基于 BP 神经网络，构建一个仅考虑台风气候持续因子的 24 h 台风路径预报模型。在此基础上，在 BP 台风路径预报模型中加入大气、海洋因子，通过分析预报模型精度的变化来评估某个因子的引入对台风路径预报的改善程度。将 1993～2010 年数据作为训练集，2011～2012 年数据作为测试集。如图 9.17（c）所示，在仅考虑台风气候持续因子的 BP 预报模型中加入 200 hPa 东西向风速分量后，台风路径预报误差有明显减小（图中深蓝色部分），这从侧面证实了该因子与台风路径具有较强的关联性。

将由逐步回归和互信息方法计算得到的所有环境因子与台风路径的最佳关联大小进行排序，关联较强的大气因子和海洋因子分别如图 9.18（a）和（b）所示。由关联分析结果可知，与台风路径具有较强关联的大气因子包括引导气流、500 hPa 风速和位势高度、200 hPa 风场和位势高度、各层间垂直风切，低层（750 hPa、850 hPa、1000 hPa）风速和

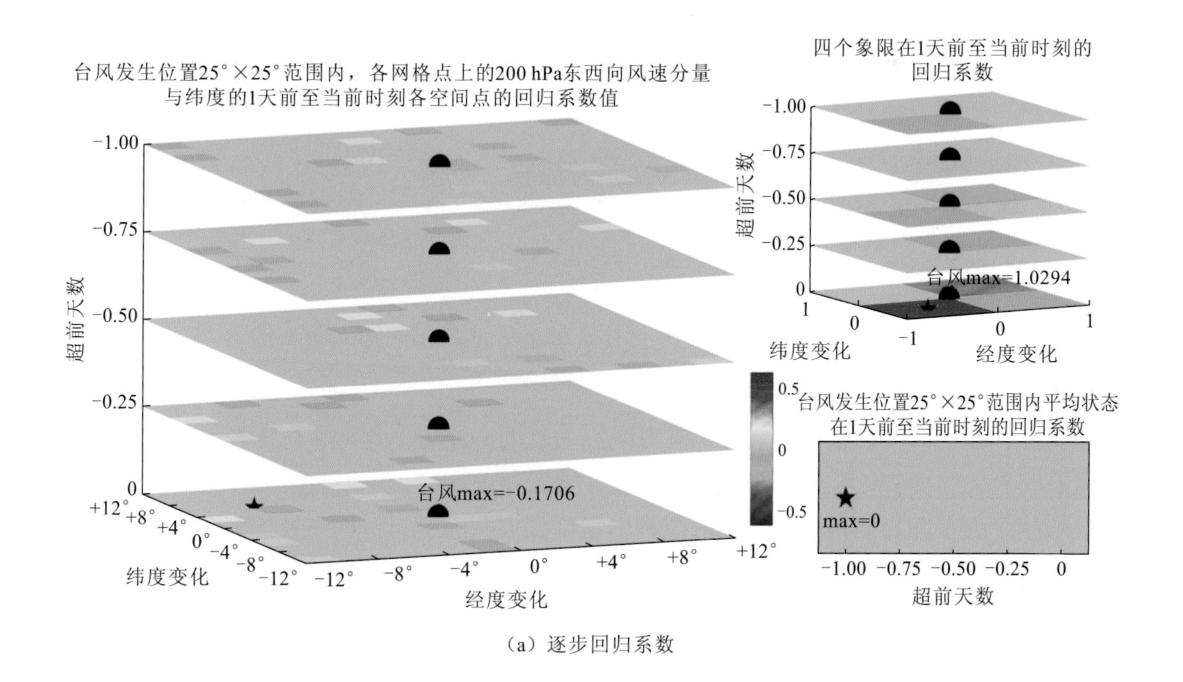

（a）逐步回归系数

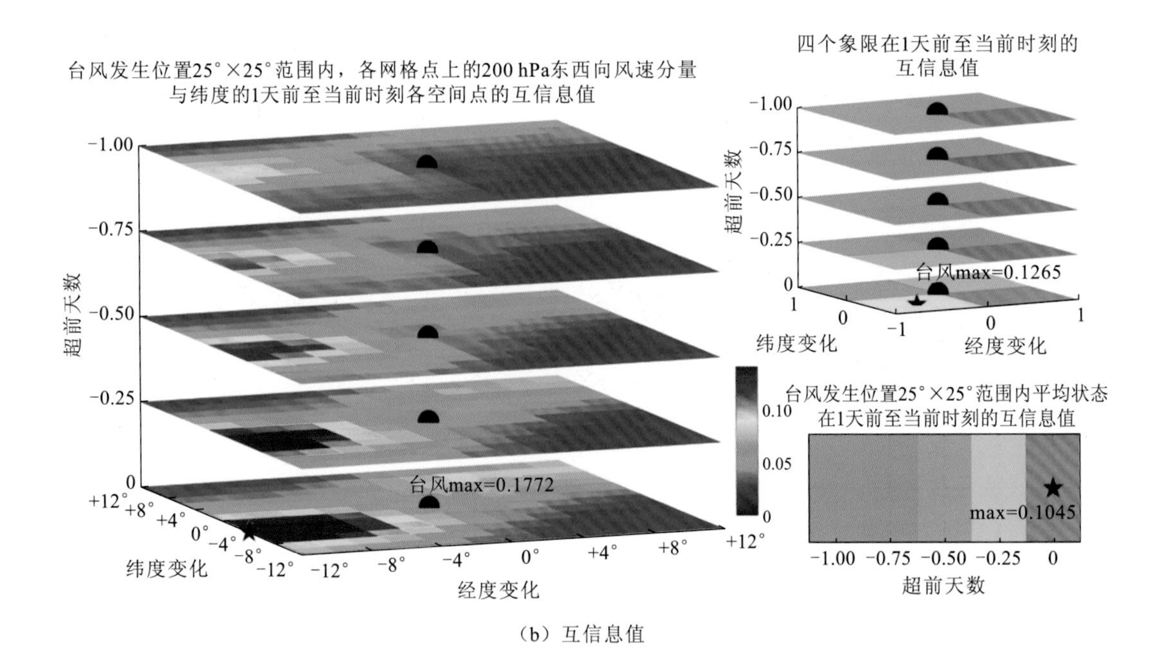

（b）互信息值

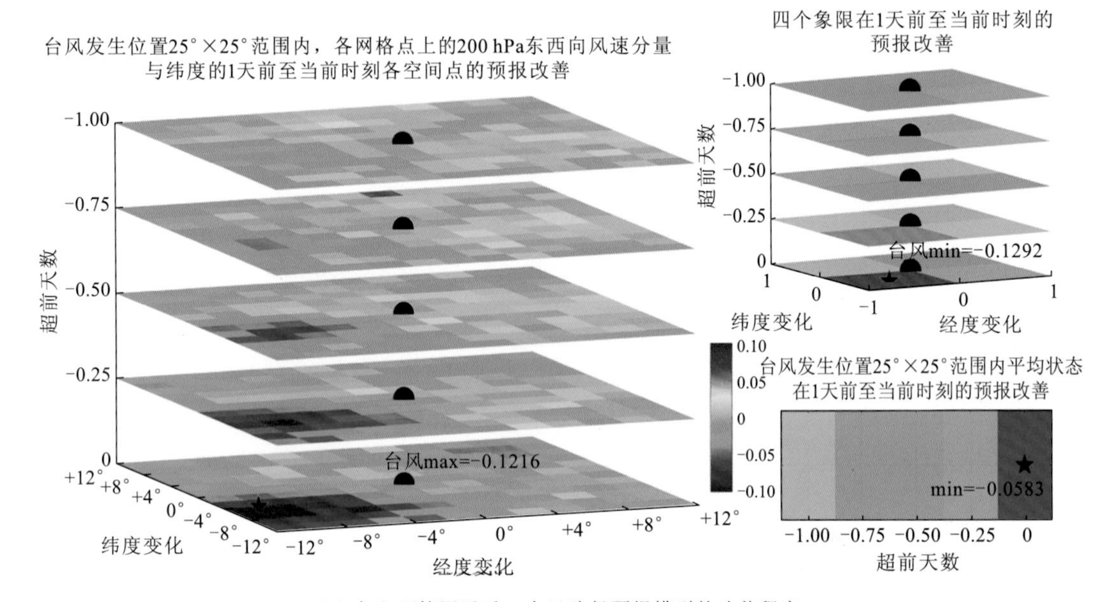

（c）加入环境因子后BP台风路径预报模型的改善程度

图 9.17　利用逐步回归、互信息和 BP 神经网络分析台风纬度变化与 200 hPa 东西向风速分量的关联关系

位势高度、各层涡度、散度和气温，具有较强关联的海洋因子包括海表压及其梯度、海表温度及其南北向梯度、混合层厚度和热含量、温跃层强度等。可以看出，以往研究中提到的环境因子大多都能被两种关联算法挖掘出来，且大气因子与台风路径的强关联关系大多位于台风北侧，而海洋因子强关联关系大多位于台风南侧，这点印证了传统认知。此外，基于大数据分析方法还获得了新的发现，即对流层高层大气场（200 hPa 风场和位势高度）与台风路径具有较强的关联关系。

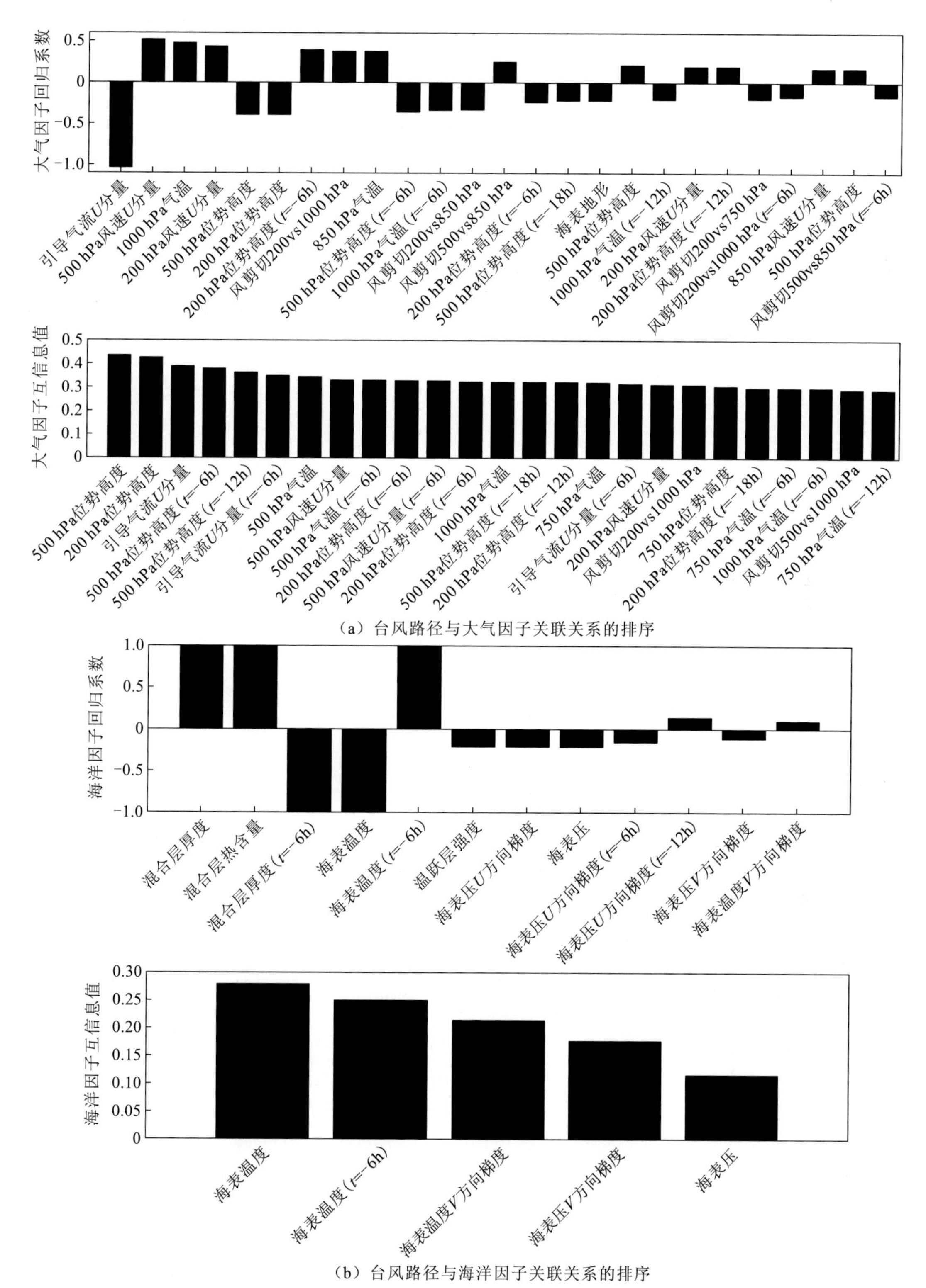

(a) 台风路径与大气因子关联关系的排序

(b) 台风路径与海洋因子关联关系的排序

图 9.18　利用逐步回归和互信息方法计算得到的台风路径与大气因子和海洋因子的关联关系

大气因子数量较多，这里仅展示关联性最强的前 25 个分别按照台风发生月和台风强度等级，深入分析不同时间、不同台风强度下大气、海洋环境因子与台风路径的关联关系。结果表明，在所有月，主要的大气关联要素均表现出与不同强度等级的台风移动路径之间的关联关系，对流层高层 200 hPa 风场和位势高度与台风路径的关联性在 7～10 月更强。此外，尽管针对所有台风的关联分析未发现 TCHP 与台风路径的强关联，但 9 月 TCHP 与台风路径具有较强的关联。

将上述关联分析得到的具有强关联的大气因子和海洋因子加入BP台风路径预报模型，对模型预报精度的变化进行分析。整体上，增加大气因子后，台风路径预报精度均有明显的提升；增加海洋因子（如 TCHP），预报精度提升不大，个别路径异常或沿海台风的预报误差甚至略有升高，这可能与台风时间、路径类型、途经区域及训练组的数量有关。

9.3.2　基于注意力机制的关键因子与台风路径的关联分析

本小节基于 CNN 台风路径预报模型，在大气环境场的输入层后添加通道注意力和空间注意力模块，探讨不同环境因子对模型的贡献，这是一种利用大数据方法进行关联分析的有效手段。这里主要针对上述研究中挖掘出的与台风路径高关联的大气因子，即不同垂向层和不同时刻的风场和位势高度（表 9.2，为了进一步确认高层大气因子与台风路径的强关联性，本小节另外加入 225 hPa 大气因子），来检验并量化关键大气因子与台风路径的关联关系。

表 9.2　注意力机制方法分析的大气因子

序号	t=0 h 因子	序号	t=−6 h 因子	序号	t=−24 h 因子
1	225Z	18	750V	35	1000V
2	225Z	19	200Z	36	1000V
3	500Z	20	200Z	37	300Z
4	500Z	21	850Z	38	300Z
5	750Z	22	850Z	39	400Z
6	750Z	23	1000Z	40	400Z
7	225U	24	1000Z	41	600Z
8	225U	25	200U	42	600Z
9	500U	26	200U	43	700Z
10	500U	27	850U	44	700Z
11	750U	28	850U	45	300U
12	750U	29	1000U	46	300U
13	225V	30	1000U	47	400U
14	225V	31	200V	48	400U
15	500V	32	200V	49	600U
16	500V	33	850V	50	600U
17	750V	34	850V	51	700U

续表

序号	t=0 h 因子	序号	t=−6 h 因子	序号	t=−24 h 因子
52	700U	65	500U	78	1000V
53	300V	66	750U	79	300Z
54	300V	67	225V	80	400Z
55	400V	68	500V	81	600Z
56	400V	69	750V	82	700Z
57	600V	70	200Z	83	300U
58	600V	71	850Z	84	400U
59	700V	72	1000Z	85	600U
60	700V	73	200U	86	700U
61	225Z	74	850U	87	300V
62	500Z	75	1000U	88	400V
63	750Z	76	200V	89	600V
64	225U	77	850V	90	700V

注：因子代号中数字代表垂直层，如 200 即 200 hPa 层；U 和 V 分别代表风速的东西向分量和南北向分量；Z 代表位势高度

每个因子取以 t=0 时刻台风中心为中心的 25°×25° 大小的区域，注意力机制模型中得到的权重超过 0.7 的 10 个因子如图 9.19 所示，其中高层（225 hPa 以上）因子有 3 个，这进一步证实了高层大气因子与台风的移动路径确实有极大的关联性。空间注意力权重分布如图 9.20（a）所示，关联性最高的区域是台风的西北侧，北侧的关联性要高于南侧，这可能与西北太平洋台风主要向西北运动有关，也与前面关联分析得出的结果一致。从空间注意力权重分布中可以看出，关联性最高的区域位于台风眼外围区域。图 9.20（b）和（c）显示了不同季节权重的空间分布，其总体分布趋势与全年平均的结论是一致的：关联性最高的区域位于台风的西北侧，北侧的关联性高于南侧。冬春季台风眼附近呈现大范围的低关联值，表明台风受自身环流影响较小；夏秋季台风眼附近呈现比冬春季高的关联值，且与其他区域权重差值最小，表明台风受自身环流影响较大。

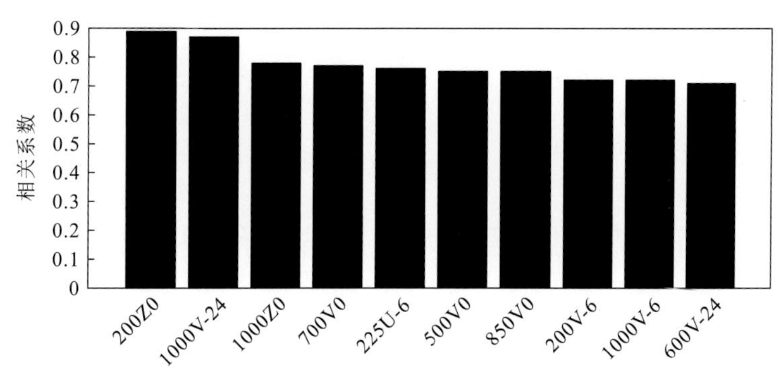

图 9.19　注意力机制模型中得到的权重超过 0.7 的 10 个因子

因子代号中第一个数字代表垂向层，如 200 即 200 hPa 层；最后一个数字代表时刻，如 0 代表 t=0 时刻；U 和 V 分别代表风速的东西向分量和南北向分量；Z 代表位势高度

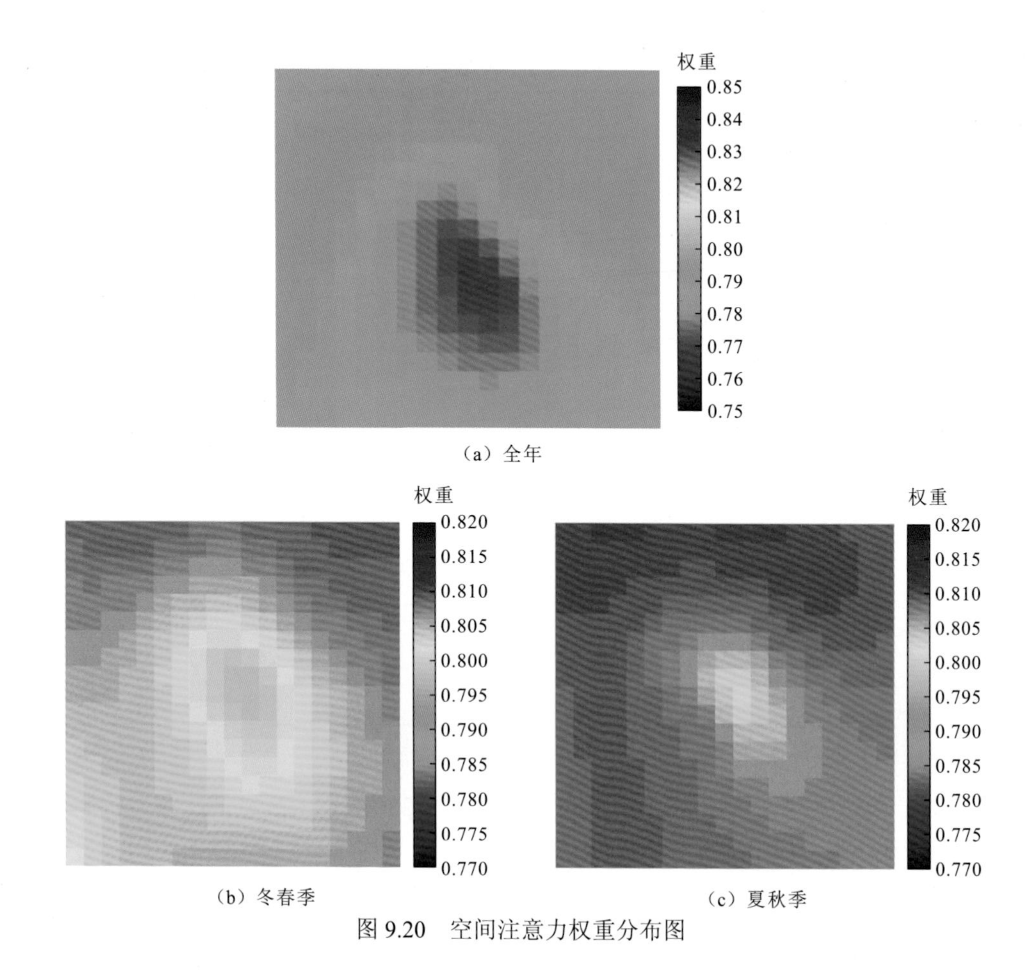

（a）全年

（b）冬春季　　（c）夏秋季

图 9.20　空间注意力权重分布图

9.4　西北太平洋台风路径大数据预报应用

本节分别利用卷积神经网络（CNN）和深度神经网络（DNN）构建台风路径大数据预报模型，实现西北太平洋台风路径预报。首先，基于逐步回归和互信息关联分析得到的台风路径关联因子，在 BP 台风路径预报模型框架的基础上，同时考虑除台风气候持续因子外的大气或海洋环境场对台风路径的影响，利用 CNN 重点开展西北太平洋台风 24 h 路径预报研究。同时，利用 DNN 并结合中国、美国、日本官方机构预报结果，构建西北太平洋 DNN 台风路径超级集合预报模型。

9.4.1　基于 CNN 的台风路径大数据分析预报模型

1. 模型介绍

使用 CNN，可以在进行台风预测时加入大气或海洋环境场数据，使模型学习除台风气候持续因子之外的大气或海洋环境场对台风路径的影响，从而提高模型预报精度。

基于 CNN 构建的台风路径预报模型的输入同时包含三维环境场信息和台风气候持续

因子一维信息，其中，对一维信息的处理采用 DNN，由此形成 CNN-DNN 融合模型。简便起见，仍将该模型称为 CNN 台风路径预报模型，如图 9.21 所示。该模型由两部分组成，分别用于处理一维信息和多维信息，经过模型的初步学习之后拼接成全连接层，继续后面的学习，可适应更加复杂的输入数据，学习更加复杂的特征和规律。

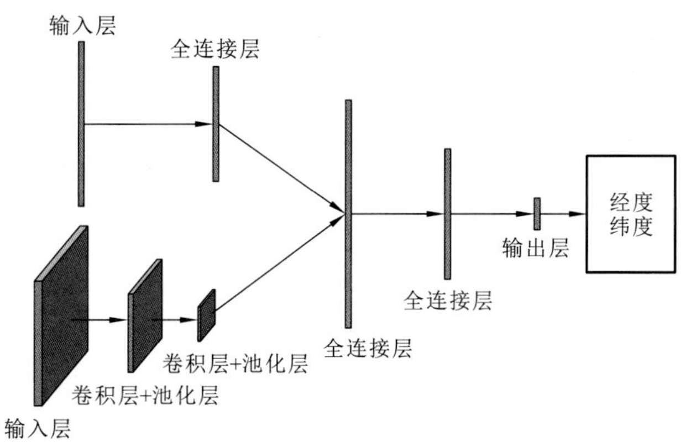

图 9.21　CNN 台风路径预报模型示意图

在 CNN 台风路径预报模型中考虑大气环境因子的影响时，使用 1979～2015 年台风数据进行训练，随机选取 2016～2018 年 10 场台风数据进行检验；继续考虑海洋因子后，由于海洋再分析资料时间序列较短，模型训练数据较少，使用 1993～2011 年数据进行训练，随机选取 2012 年 5 场台风进行检验。CNN 模型输入因子见表 9.3，基于结构较为简单的 BP 神经网络和 CNN 框架，分别建立 2 个 BP 台风路径预报模型和 5 个 CNN 台风路径预报模型，分析不同台风路径关联因子对预报模型性能的影响。大气环境场数据除使用 NCEP 再分析数据外，同时探讨具有较高空间分辨率（1°×1°）的 ECMWF 再分析数据对台风路径预报模型性能的影响。

表 9.3　不同台风路径预报模型设置

模型	模型编号	训练组数据时长	测试组数据时长	预报因子	24 h 预报误差/km
BP 模型	M1	1979～2015 年	2016～2018 年	气候持续因子：$t=-18$ h，-12 h，-16 h，0 时刻台风经度、纬度、最大风速、最低气压，以及相邻两个时刻经/纬度、风速、气压差	99
	M2	1993～2011 年	2012 年		109
CNN 模型	M3	1979～2015 年	2016～2018 年	气候持续因子； 大气因子：850 hPa、500 hPa、200 hPa 风速和位势高度（M3 使用 NCEP 数据，M4 和 M5 使用 ECMWF 数据）	109
	M4	1979～2015 年	2016～2018 年		84
	M5	1993～2011 年	2012 年		106
	M6	1993～2011 年	2012 年	气候持续因子； 海洋因子：TCHP，26 ℃等温线深度，海表温度，海表温度梯度	129
	M7	1993～2011 年	2012 年	气候持续因子； M5 中的大气因子； M6 中的海洋因子	113

从表 9.3 可以看出，训练数据较多（1979～2015 年训练组）的模型（M1 和 M3）精度高于训练数据较少（1993～2011 年训练组）的模型（M2 和 M4）。在 CNN 模型中仅考虑高分辨率的 ECMWF 大气环境场（M4 和 M5）后，路径预报误差显著降低，而低分辨率的 NCEP 大气环境场对模型性能基本没有改善。仅考虑海洋环境场的影响时，CNN 台风路径预报模型（M6）精度有所降低；与考虑了大气环境场影响的模型（M5）相比，在引入海洋因子后，CNN 台风路径预报模型（M7）的性能变化不大，整体精度略有降低。主要原因可能有几个方面：①与高分辨率 ECMWF 再分析数据相比，NCEP 大气再分析数据分辨率较低，难以准确细致地刻画台风特征；②HYCOM 海洋数值模型未针对台风这种极端天气进行单独模拟，使台风期间海洋再分析资料也存在一定误差；③海洋因子对台风路径的影响较为复杂，CNN 模型在目前数据量较少的情况下难以学习这种复杂的规律。

受目前数据量的限制，引入海洋因子不仅会减少训练数据的数量，还会增加一定的不确定性。因此，在接下来的研究中，主要基于高分辨率 ECMWF 大气再分析数据，重点考虑与台风路径关联性较大的大气因子（200 hPa、500 hPa、850 hPa 的风速和位势高度），对 CNN 台风路径 24 h 预报模型进行优化。

2. 台风路径预报误差分析

人工神经网络需要大量的数据才能得到好的结果，仅用西北太平洋的台风数据可能还不够，因此，本小节利用迁移学习的思想，将其他区域的台风数据添加到训练数据，将不同区域和不同风速作为筛选数据，设计表 9.4 中的 6 组敏感性实验，探讨台风发生区域、台风最大风速范围、样本数等对 CNN 台风路径预报模型性能的影响。由 2019 年西北太平洋 9 场台风的 24 h 路径预报平均距离误差可知，训练组加入北半球其他海域热带气旋信息后，CNN 台风路径预报模型的性能有较大提升；训练组加入南半球热带气旋信息，模型性能未有明显改善，这可能是由南北半球热带气旋特征不同造成的。当台风最大风速超过 17 m/s 时，模型有较大改善，而台风业务化预报也是在台风最大风速超过 17.2 m/s 时起报，因此，后续预报分析均采用该起报标准。

表 9.4　CNN 台风路径 24 h 预报模型设置与平均预报距离误差

模型编号	模型输入	区域	样本数	平均误差/km
C1	t=0，−6 h，−12 h，−18 h 的气候持续因子；t=0，−6 h 三维大气（200/500/850 hPa 风速、位势高度）	48 h 警戒线以西	9 000	156
C2		西北太平洋+北大西洋	45 000	116
C3		北半球	59 000	105
C4		全球	90 000	109
C4	t=0，−6 h，−12 h，−18 h 的气候持续因子；t=0，−6 h 三维大气（200/500/850 hPa 风速和位势高度）	北半球	全部	105
C5			>10 m/s	101
C6			>17 m/s	88

以上分析结果均为使用 ECMWF 大气再分析数据得到的后报结果。然而，在实际业务化预报中，该数据难以实时获取，需要使用其他大气数值预报模型（如 GFS）的预报结果来代替。但是，预报结果和再分析数据之间存在差异，这可能会导致最终预报结果也存在一定的差异。针对这个问题，开展对比实验，台风路径预报结果如图 9.22 所示。可以发现，在 CNN 台风路径预报模型中，分别采用 ECMWF 再分析数据和 GFS 实际预报结果作为大气因子输入，模型预报精度有一定差异，但整体差异不大，这为开展基于大气数值模型预报结果的台风路径大数据实时预报提供了重要依据。

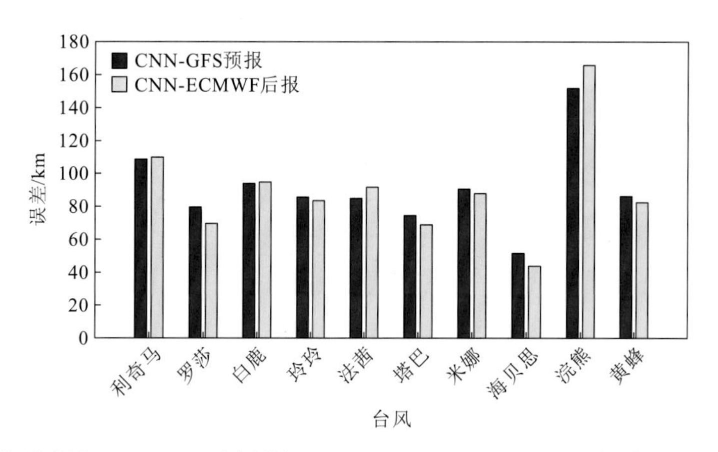

图 9.22　分别采用 ECMWF 再分析数据（CNN-ECMWF）和 GFS 预报结果（CNN-GFS）作为 CNN 模型大气因子输入时的 2019 年 9 场台风 24 h 路径预报平均距离误差

9.4.2　基于 DNN 的台风路径大数据分析预报模型

不同的预报机构进行台风预报使用的方法不同，但大多数机构使用数值模型来辅助预报。台风是一个复杂的天气过程，受到多种非线性关系的影响，每种数值模型中使用的参数化方案难以全面、准确地刻画这种非线性关系，这导致了各模型预报结果的不同，各官方机构发布的台风路径预报结果也有差异。本小节基于不同官方机构的预报结果，利用 DNN 构建台风路径超级集合预报模型，学习各机构预报结果与台风真实路径之间的关系与差异。

1. 模型介绍

在业务化预报中，CMA 和 JMA 基本能在整点之后 1 h 内发布台风路径预报结果，而 JTWC 则在整点之后 2 h 左右发布预报结果。考虑业务预报的需求，建立集合中国和日本官方预报结果的 DNN 台风路径超级集合预报模型。采用 2004～2015 年 CMA、JMA 的台风预报数据进行训练，2016～2018 年随机 10 场台风最佳路径数据集进行测试，分别构建 24 h、48 h、72 h 台风经度和纬度预报模型，模型的输入均为 CMA、JMA 预报的经度、纬度和台风强度信息，输出分别为经度或纬度。

如图 9.23 所示，DNN 包括 1 个输入层、3 个隐含层和 1 个输出层。输入层包括两个神经元，即输入两个变量；第一个全连接层包括 6 个神经元。输入层和第一个全连接层之间由 12 个连接线将其相互连接，共产生 12 个参数。同理，第一个全连接层和第二个全连接层之间产生 24 个参数，第二个全连接层由 4 个参数计算输出。模型全连接层使用的激活函数为“sigmoid”，损失函数为“mae”，优化函数为“SGD”，学习率设置为 0.001，每迭代 500 次降低 50%。

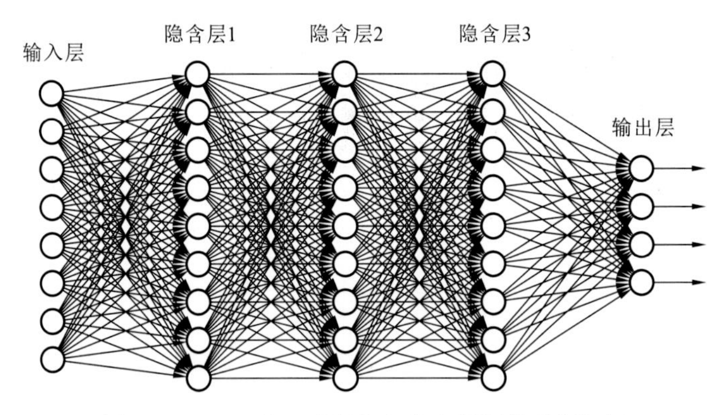

图 9.23　DNN 台风路径超级集合预报模型框架图

2. 台风路径预报误差分析

将 2016～2018 年随机 10 场台风数据作为测试集，DNN 台风路径超级集合预报模型与官方预报机构的同样本预报误差对比结果如表 9.5 所示。DNN 台风路径超级集合预报模型的精度普遍高于官方机构的预报精度，能够对官方机构的预报结果做出优化。

表 9.5　DNN 超级集合预报模型与官方机构台风路径预报平均距离误差对比

机构/模型	24 h 预报误差/km	48 h 预报误差/km	72 h 预报误差/km
CMA	79	117	158
JMA	77	125	180
DNN 台风路径超级集合预报模型	63	106	158

在利用 DNN 和 CNN 台风路径预报模型开展业务化试用前，使用 2019 年 7～10 月台风季的 GFS 预报场数据，对 7 场台风开展了预报条件下台风路径的预报，基于获取的中国 GRAPES-TYM 和日本数值模型的预报结果，进行预报模型性能评估，模型预报精度如图 9.24 所示。CNN 24 h 预报模型平均距离误差为 88 km，高于气候持续模型精度，与数值模型或主观预报精度相当；DNN 超级集合预报模型预报结果整体优于官方机构和部分数值模型预报结果，与中国、美国、日本官方机构预报结果相比，24 h、48 h 和 72 h 台风路径预报平均距离误差分别为 69 km、136 km 和 198 km，精度分别提高 11.9%～12.9%、3.5%～8.7%、4.3%～15.7%。在预报时效和效率上，两类模型的预报时效与主观预报相当，计算效率远高于数值预报，且不需要大量计算资源。

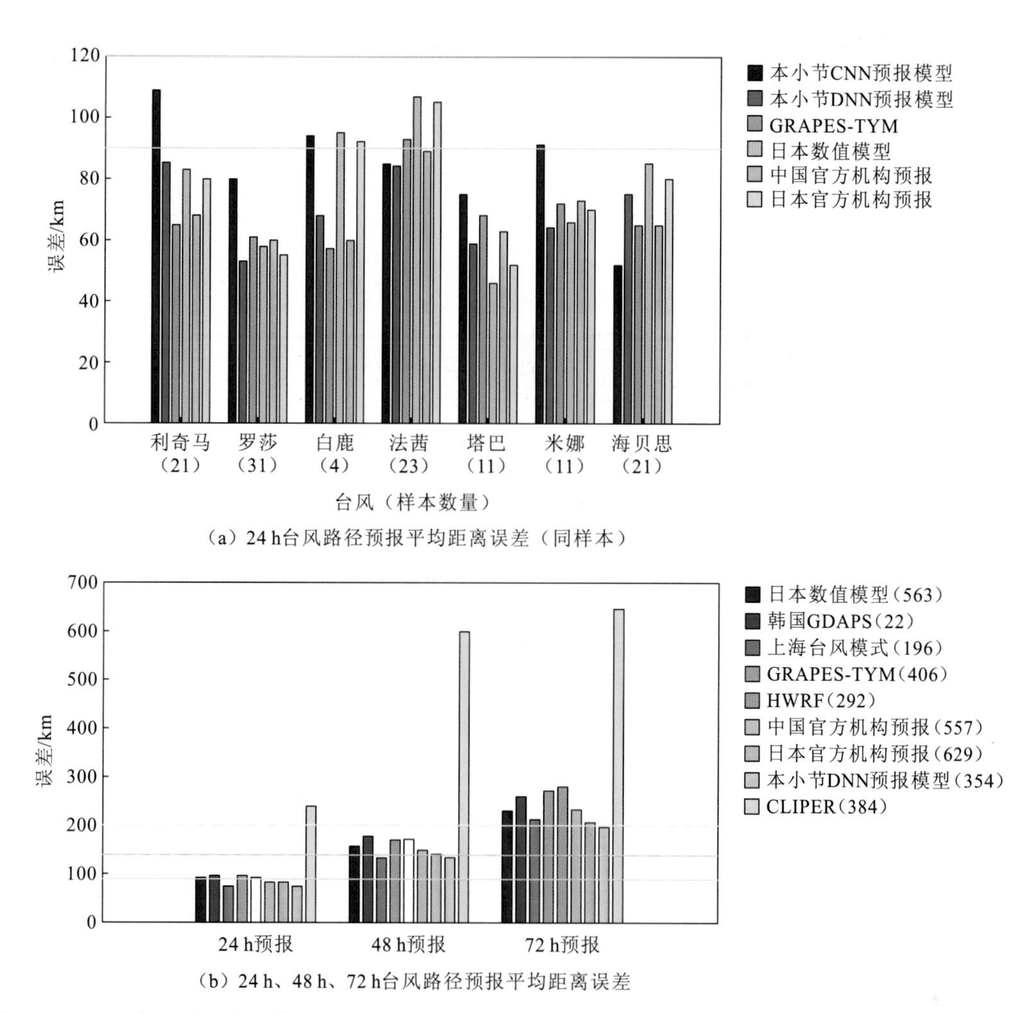

（a）24 h台风路径预报平均距离误差（同样本）

（b）24 h、48 h、72 h台风路径预报平均距离误差

图 9.24　DNN 台风路径超级集合预报模型与 CNN 预报模型及各机构对 2019 年台风路径预报误差的对比

9.4.3　台风路径大数据预报示范应用

1. 示范系统业务化预报功能与子系统介绍

在对 CNN 和 DNN 台风路径大数据预报模型开展业务化试用时，为实现模型输入数据的实时获取，确保台风路径预报具有较高的时效性，首先开发 GFS 大气预报场资料的业务化定时下载系统，将该系统安装于国家海洋信息中心的高性能服务器上。服务器的操作系统为 CentOS-Linux 操作系统，所用的 Fortran 编译器为 pgf77、pgf90、ifort，mpif90 并行运算采用 openMPI-1.4.1，图形绘制软件为美国马里兰大学开发的 GrADS 格点分析与显示系统。预报系统运行实现了全自动化，每天通过服务器的 crontab 命令设置定时启动任务，首先启动数据下载控制脚本，从 GFS 气象网站下载大气场预报产品，然后启动预处理计算脚本，计算得到西太平洋预报未来 96 h 的预报产品，全部计算在早上 6 时左右完成。计算完成后定时将当天的预报结果拷贝到指定文件夹进行分类、打包和备份，便于查看和下载。

2020 年，两套台风路径大数据预报模型（CNN 台风路径 24 h 预报模型和 DNN 超级集合预报模型）分别成功安装到国家海洋信息中心云平台和国家海洋局东海预报中心开发的“海洋大数据分析预报系统”上，开展业务化试用，预报结果实时向公众发布。该台风路径预报系统可实现西北太平洋台风路径的 24 h、48 h 和 72 h 预报。系统网站也同步获取其他预报机构的预报结果，一并展示在网站上，供用户参考。此外，该系统也向用户开放模型的访问权限，可以由用户自定义预报模型参数，运行得到任意时间的台风预报结果（图 9.25）。

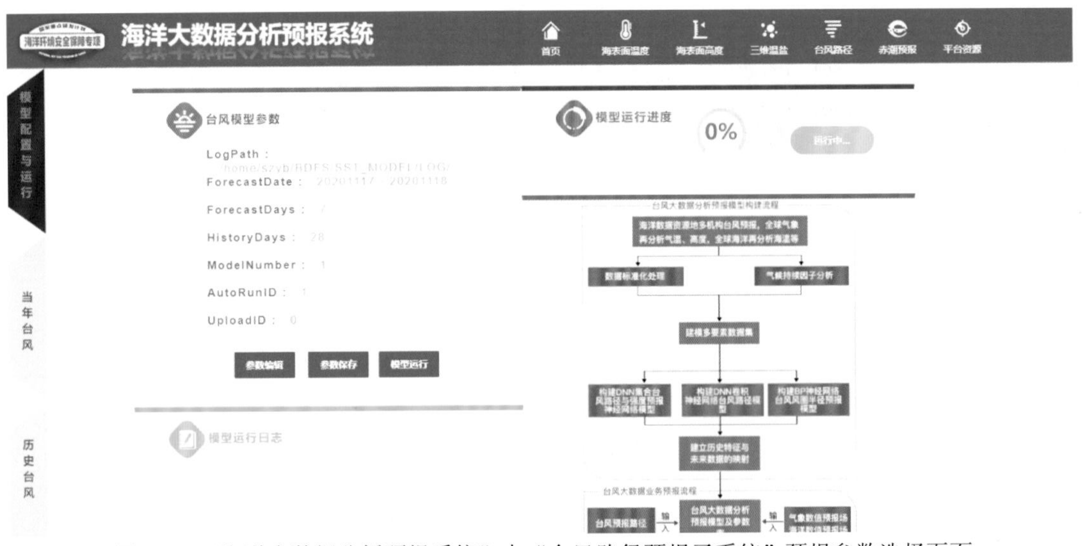

图 9.25 “海洋大数据分析预报系统”中“台风路径预报子系统”预报参数选择页面

2. 预报结果展示与性能评估

系统自 2020 年 4 月业务化试用以来，整体运行效果良好，实现了对 2020 年 21 场台风路径的实时预报（由于平台安全检查和维护及升级需要，未对 202007、202008 号台风路径进行预报）。如图 9.26 和表 9.6 所示，CNN 模型和 DNN 模型 24 h 台风路径平均预报误差分别为 84 km 和 73 km，DNN 模型 48 h、72 h 预报误差分别为 113 km 和 167 km。与中国、美国、日本官方机构预报结果相比，DNN 模型 24 h、48 h、72 h 台风路径预报精度分别提升了 1.4%～5.3%、1.8%～3.4%、5.6%～8.2%。

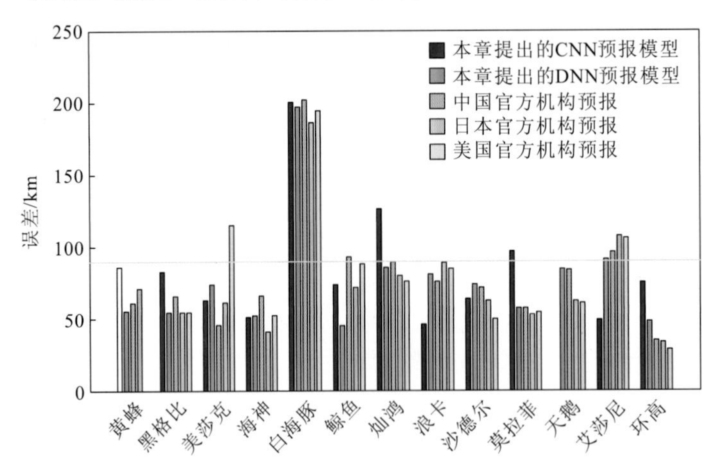

（a）24 h路径预报平均距离误差

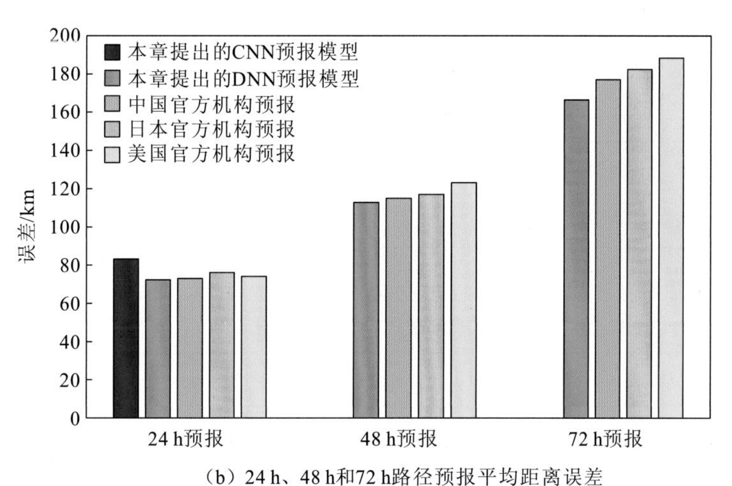

（b）24 h、48 h和72 h路径预报平均距离误差

图 9.26　CNN、DNN 模型和各机构对 2020 年台风路径的预报误差

表 9.6　CNN、DNN 模型和各机构对 2020 年台风的 24 h、48 h 和 72 h 路径预报平均距离误差

（单位：km）

预报时效/h	CNN 模型	DNN 模型	中国官方机构	日本官方机构	美国官方机构
24	84	73	73	75	74
	85	72	73	76	74
48	—	113	115	117	112
72	—	167	177	182	178

注：2020 年台风预报次数>5

需要指出的是，尽管 CNN 台风路径 24 h 预报模型平均误差较中国、美国、日本官方机构预报误差略大，但对某些台风的路径预报精度略优。以 2020 年的 10 号台风海神为例，其 24 h 路径预报平均误差为 51 km，均低于中国和美国官方机构预报误差。

近年来国内外学者尝试了很多神经网络模型用于台风路径预报，包括 BP 模型、PLNN 模型、BNN 模型、DBN 模型、LSTM 模型、GAN 模型、CNN 模型等。表 9.7 列出了上述台风路径大数据预报模型的预报或后报精度。可以发现，多数研究是针对短时效（6 h、24 h）台风路径的预报或后报开展的，且大多数模型中仅考虑了台风气候持续因子，考虑个别大气因子的模型也仅开展了台风路径后报研究，诸多模型对 24 h 台风路径后报/预报的平均误差均高于 105 km，48 h 后报/预报误差均高于 330 km，这也从侧面说明基于大数据技术的台风路径预报仍面临很大的挑战。与国内外已有研究相比，本章提出的 CNN 台风路径 24 h 预报模型业务化试预报误差低于 90 km，DNN 台风路径超级集合预报模型误差均远低于同类模型预报误差，两种模型预报精度均高于国际同类大数据预报模型精度。

表 9.7　国内外基于大数据方法的台风路径预报模型及其平均预报误差

研究来源	方法（模型）	气候持续因子外的输入	区域	6 h 预报误差/km	24 h 预报误差/km	48 h 预报误差/km	72 h 预报误差/km
文献[20]	BP	—	南海	—	158.3	361.8	—
文献[21]	PLNN	—	南海	—	122.8	—	—
文献[22]	BNN	—	南海	—	125.4	—	—
文献[23]	DBN+WPCLPR	500 hPa 位势高度	西北太平洋	—	185.7	372.8	585.5
文献[24]	LSTM	—	西北太平洋	46.0	105.7	332.5	974.5
文献[32]	GAN	卫星云图+风	朝鲜半岛海域	95.6	—	—	—
文献[25]	CNN	风+位势高度	大西洋	32.9	—	—	—
文献[33]	CNN	风+位势高度	全球	—	130	—	—
本章	CNN（2019 年台风）	风+位势高度	西北太平洋	—	88	—	—
	CNN（2020 年台风）			—	84	—	—
	DNN（2019 年台风）	—		—	69	136	198
	DNN（2020 年台风）			—	73	113	167

除 GFS 模型外，国家海洋信息中心与中国气象局合作，获取中国气象局自主研发的全球与区域同化和预报系统（global/regional assimilation and prediction system，GRAPES）在 2020 年台风季期间的大气预报场数据。将该数据输入 CNN 台风路径预报模型，分析基于国产模型实现自主化台风路径预报的可能性。表 9.8 给出了分别基于 GFS 和 GRAPES 大气预报场开展 2020 年台风 24 h 路径预报的误差。可以发现，两个结果十分接近。这说明结合国产模型构建自主可控的台风路径大数据预报模型是可行的。

表 9.8　2020 年台风路径 24 h 预报平均距离误差　　（单位：km）

项目	CNN-GFS	CNN-GRAPES
所有台风	84	88
预报次数不少于 5 次	85	90

参 考 文 献

[1] 雷小途，陈佩燕，杨玉华，等. 中国台风灾情特征及其灾害客观评估方法[J]. 气象学报，2009，67(5): 875-883.

[2] 黄小燕，金龙. 基于主成分分析的人工智能台风路径预报模型[J]. 大气科学, 2013(5): 1154-1164.

[3] NEUMANN C J, LAWRENCE M B. An operational experiment in the satistical-dynamical prediction of tropical cyclone motion[J]. Monthly Weather Review, 1975, 103(8): 665-673.

[4] VEIGAS K W. The development of statistical-physical hurricane prediction model[C]. Final Report, U.S.W.

B. Contract Cwb 10966, Travellers Weather Research Center, Hartford, CT, 1996: 19.
[5] KNAFF J A, SAMPSON C R, DEMARIA M, et al. Statistical tropical cyclone wind radii prediction using climatology and persistence[J]. Weather and Forecasting, 2007, 22(4): 781-791.
[6] JEFFRIES R A, SAMPSON C R, CARR L E, et al. Tropical cyclone forecasters reference guide. 5. numerical track forecast guidance[C]. Technology Report Number: NRL/PU/7515-93-0011. Naval Research Laboratory, Monterey, CA, 1993.
[7] ZHANG R H, SHEN X S. On the development of GRAPES-A new generation of the national operational NWP system in China[J]. Chinese Science Bulletin, 2008, 53(22): 3429-3432.
[8] SAHA S, MOORTHI S, WU X, et al. The NCEP climate forecast system version2[J]. Journal of Climate, 2014, 27(6): 2185-2208.
[9] RADDAWAY B. Newsletter NO. 130-Winter 2011/12[DB/OL]. https: //www. ecmwf. int/node/14592. [2022-10-17]
[10] HAMILL T M, WHITAKER J S, FIORINO M, et al. Global ensemble predictions of 2009's tropical cyclones initialized with an ensemble kalman filter[J]. Monthly Weather Review, 2011, 139(2): 668-688.
[11] PENG X, FEI J, HUANG X, et al. Evaluation and error analysis of official forecasts of tropical cyclones during 2005-14 over the Western North Pacific, Part I: Storm tracks[J]. Weather and Forecast, 2017, 32(2): 689-712.
[12] LANDSEA C W, CANGIALOSI J P. Have we reached the limits of predictability for tropical cyclone track forecasting? [J]. Bulletin of the American Meteorological Society, 2018, 99(11): 2237-2243.
[13] 马鹏辉, 杨燕军, 刘铁军. 台风数值预报技术研究进展[J]. 山东气象, 2015, 35(1): 12-17.
[14] ELSBERRY R L. Recent advancements in dynamical tropical cyclone track predictions[J]. Meteorology and Atmospheric Physics, 1995, 56(1-2): 81-99.
[15] 李祚泳, 邓新民. 人工神经网络在台风预报中的应用初探[J]. 自然灾害学报, 1995, 4(2): 86-90.
[16] BAIK J J, PAEK J S. A neural network model for predicting typhoon intensity[J]. Journal of the Meteorological Society of Japan, 2000, 78(6): 857-869.
[17] LEE R, LIU J. iJADE WeatherMAN: A weather forecasting system using itelligent multiagent-based fuzzy neuro network[J]. IEEE Transactions on Systems, Man, and Cybernetics-Part C: Applications and Reviews, 2004, 34(3): 369-377.
[18] 邵利民, 傅刚, 曹祥村, 等. BP 神经网络在台风路径预报中的应用[J]. 自然灾害学报, 2009, 18(6): 104-111.
[19] VENTURA J C T, COBOSA R B A F, CENIZA A M, et al. Predicting the typhoons in the Philippines using radial basis function neural network[J]. International Journal of Modeling and Optimization, 2017, 7(6): 352-356.
[20] 吕庆平, 罗坚, 朱坤, 等. 基于人工神经网络的热带气旋路径预报试验[J]. 广东气象, 2009, 31(1): 15-18.
[21] JIN J, LI M, JIN L. Data normalization to accelerate training for linear neural net to predict tropical cyclone tracks[J]. Mathematical Problems in Engineering, 2015, 2015: 931629.
[22] ZHU L, JIN J, CANNON A J, et al. Bayesian neural networks based bootstrap aggregating for tropical cyclone tracks prediction in South China Sea[C]. Proceeding of International Conference on Neural

Information Processing, 2016, 9949: 475-482.

[23] WANG Y, ZHANG W, FU W. Back propogation (BP)-neural network for tropical cyclone track forecast[C]. 19th International Conference on Geoinformatics, Shanghai, China, 2011: 1-4.

[24] GAO S, ZHAO P, PAN B, et al. A nowcasting model for the prediction of typhoon tracks based on a long short term memory neural network[J]. Acta Oceanologica Sinica, 2018, 37(5): 8-12.

[25] GIFFARD-ROISIN S, YANG M, CHARPIAT G, et al. Fused deep learning for hurricane track forecast from reanalysis data[C]. Climate Informatics Workshop Proceedings 2018, Boulder, United States.

[26] CAMARGO S J, ROBERTSON A W, GAFFNEY S J, et al. Cluster analysis of typhoon tracks. Part I: General Properties[J]. Journal of Climate, 2007, 20(14): 3635-3653.

[27] 胡良平, 陶丽新. R×C 列联表资料的统计分析与 SAS 软件实现(一)[J]. 联合医学, 2009(8): 784-787.

[28] 杨立娜. 基于相位相关理论的最大互信息图像配准[D]. 西安: 西安电子科技大学, 2010.

[29] 刘青芳. 基于改进互信息的医学图像配准方法研究[D]. 太原: 山西大学, 2010.

[30] 邓彩凤. 中文文本分类中互信息特征选择方法研究[D]. 重庆: 西南大学, 2011.

[31] 范雪莉, 冯海泓, 原猛. 基于互信息的主成分分析特征选择算法[J]. 控制与决策, 2013(6): 915-919.

[32] RÜTTGERS M, LEE S, JEON S, et al. Prediction of a typhoon track using a generative adversarial network and satellite images[J]. Scientific Reports, 2019, 9: 6057.

[33] GIFFARD-ROISIN S, YANG M, CHARPIAT G, et al. Tropical cyclone track forecasting using fused deep learning from aligned reanalysis data[J]. Frontiers in Big Data, 2020, 3: 1.

第 10 章　赤潮发生概率大数据分析预报

赤潮是指海洋中一些微藻、原生动物或细菌在一定环境条件下暴发性增殖或聚集达到某一水平，引起水体变色或对海洋中其他生物产生危害的一种生态异常现象，表现为表层水温升高、海水变色、透明度降低及变化明显，海水出现腥臭味并伴随海面漂浮死鱼、虾等。随着我国沿海海洋变化及人类活动对海洋影响的广度和深度不断增加，赤潮发生频率越来越高，发生面积和造成的经济损失也越来越大，对海洋生态系统、沿海水产养殖业、滨海旅游业及人类生产生活影响也越来越大[1-2]。赤潮影响范围覆盖我国沿海省份[3-7]，是我国主要海洋环境灾害之一[8]，也是当今世界普遍关注的海洋环境问题[9-12]。

10.1　赤潮发生概率预报概况

近年来由于全球变化和人类活动影响，海洋环境污染日益加剧[13]，赤潮灾害多发，特别需要关注的是近年来有毒赤潮的发生，并且呈快速增长态势。2012 年在福建沿海发生的以米氏凯伦藻为优势藻种的有毒赤潮，致使大量养殖鲍死亡，造成直接经济损失超过 20 亿元，对渔业生产、滨海旅游和人类健康都产生了严重影响，是我国近海造成经济损失最严重的一次赤潮[14-16]。

10.1.1　赤潮灾害概况

1. 年际特征

自 2000 年开始，赤潮年均发现次数为 45 次，年均发生面积为 10 587 km^2。2003～2010 年赤潮相对高发。其中：2003 年发现赤潮次数最多，为 77 次；2004 年和 2005 年赤潮发生面积均超过 27 000 km^2；2006 年赤潮发生次数也较高，为 69 次；2009 年赤潮发生面积达到 24 571 km^2，相对较高。2011 年以来，赤潮发生次数大小年特征明显，平均发现 38 次/年，与 2000～2009 年相比，赤潮发生面积相对较小，平均为 4847 km^2/年。2010 年和 2012 年因赤潮灾害造成的直接经济损失远超过其他年份；2010 年直接经济损失超过 2 亿元。

2. 季节和月特征

我国近岸海域发生的赤潮季节特征明显，全年赤潮发生次数、发生面积和直接经济损失趋势相似，均呈单峰型。如图 10.1 所示，全年 12 个月均有赤潮发生，其中 4～8 月为赤潮的高发期，这 5 个月的赤潮发现次数、发生面积和造成的直接经济损失分别占全年的 81%、90%和 99%。5 月最为严重，该月的赤潮发现次数、发生面积分别占全年的 33%和 54%，造成的直接经济损失占全年的 96%。其次为 6 月，该月的赤潮发现次数、发生面积分别占全年的 21%和 25%。赤潮发现最少的是 12 月，仅发现 6 起，累计发生面积 239 km^2，未造成直接经济损失。2000～2017 年我国沿海赤潮发现次数和发生面积逐月占比如图 10.2 所示。

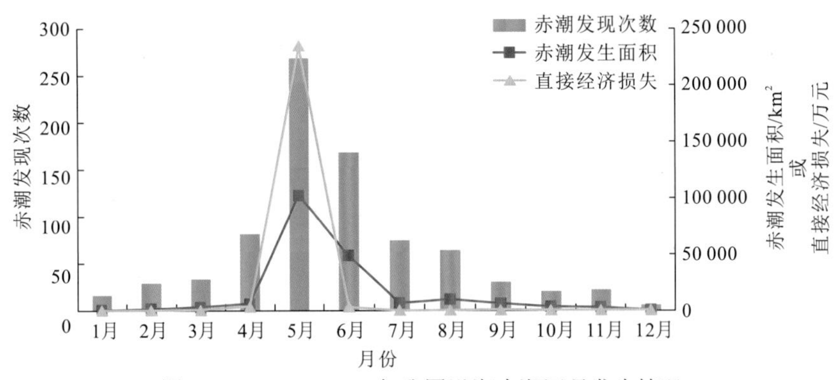

图 10.1 2000～2017 年我国沿海赤潮逐月发生情况

3 次赤潮发生月不详，未纳入统计

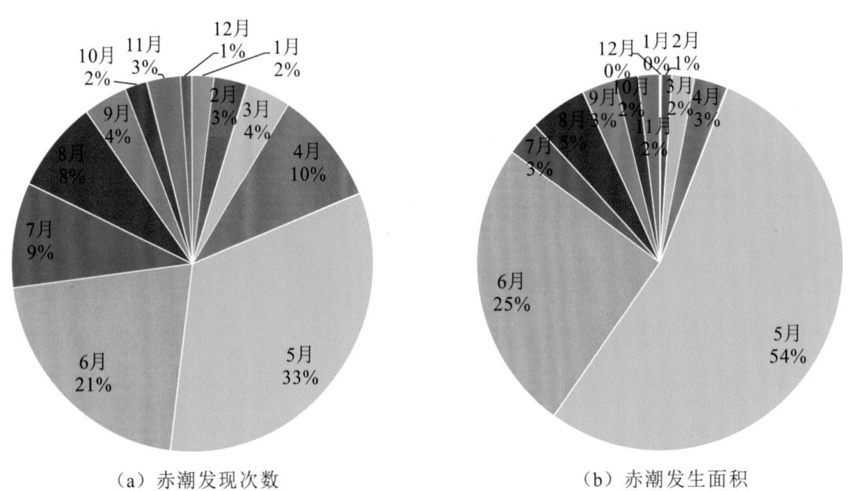

（a）赤潮发现次数　　（b）赤潮发生面积

图 10.2 2000～2017 年我国沿海赤潮发现次数和赤潮发生面积逐月占比

为方便统计，占比百分数经过了修约

3. 引发赤潮生物特征分析

1）主要赤潮生物门类

我国沿海发现的赤潮主要由 7 门 33 属共 70 余种生物引发，包括硅藻门、甲藻门、蓝藻门、绿藻门、着色鞭毛藻门、棕鞭藻门和浮游动物的 1 门。

从赤潮发现次数和发生面积来看，甲藻门生物引发赤潮次数和面积均最高，共引发 462 次，占总次数的 56%，引发面积 106 862 km^2，占总面积的 56%。其次硅藻门生物引发赤潮 188 次，占总次数的 23%；引发面积 27 199 km^2，占总面积的 14%。着色鞭毛藻门生物引发赤潮 80 起，占总次数的 10%；引发面积 11 435 km^2，占总面积的 6%。门类不详的赤潮共 63 起，占总次数的 8%；引发面积 36 179 km^2，占 19%。

2）主要赤潮种

无论从引发赤潮的次数或是面积来看，占比排序前 5 名的赤潮生物都是东海原甲藻、夜光藻、中肋骨条藻、米氏凯伦藻和球形棕囊藻。其中东海原甲藻 2 项占比均最高，引发次数占总次数的 20%，引发面积占总面积的 31%。夜光藻引发次数占总次数的 17%，引发面积占总面积的 8%。中肋骨条藻引发次数占总次数的 12%，引发面积占总面积的 11%。米氏凯伦藻引发次数占总次数的 6%，引发面积占总面积的 13%。球形棕囊藻引发次数占总次数的 6%，引发面积占总面积的 5%。

3）年际特征

从甲藻来看，2002～2006 年甲藻引发的赤潮次数或面积较大；近几年甲藻引发赤潮次数大小年明显，且明显高于其他门类生物；近几年甲藻引发赤潮面积有一定下降趋势。从硅藻来看，硅藻引发的赤潮次数和面积整体呈下降趋势。

4）季节特征

不同类群赤潮生物引发的赤潮具有明显的季节性。甲藻类赤潮高发期在 3～9 月；硅藻类赤潮的高发期在 4～9 月；着色鞭毛藻类赤潮全年表现较为平缓，没有明显的季节差别。

4. 赤潮等级

赤潮所造成的损害主要集中在对海洋生态系统的影响、对海洋经济的影响及对人体健康的危害三个方面。根据对我国多年赤潮发生的规模（面积）、造成的经济损失、对人体健康的影响等方面的统计，将赤潮等级定为 5 级[17]，见表 10.1。

表 10.1 赤潮分级[17]

项目	特大赤潮	重大赤潮	大型赤潮	中型赤潮	小型赤潮
人员伤亡	死亡 10 人以上	死亡 1～10 人	出现贝毒症状的，中毒 50 人以上	中毒 10 人以上	中毒 1～10 人
面积	单次赤潮面积约在 1000 km^2 以上	单次赤潮面积 500～1000 km^2	单次赤潮面积在 100～500 km^2	单次赤潮面积在 50～100 km^2	单次赤潮面积低于 50 km^2
经济损失	5000 万元以上	1000 万～5000 万元	500 万～1000 万元	100 万～500 万元	低于 100 万元

2000～2017 年我国沿海赤潮不同等级占比如图 10.3 所示。由图可知，我国沿海赤潮以小型赤潮为主，共 415 次，占总赤潮次数的 51%；其次是大型赤潮，共 185 次，占总赤潮次数的 23%；中型赤潮 82 次，占比 10%；影响较大的特大赤潮 55 次，占比 7%；重大赤潮 41 次，占比 5%。2012 年 5～6 月福建省沿海发现 10 次米氏凯伦藻赤潮，并造成 20

余亿元经济损失。由于各起事件具体经济损失无记录，将 10 起事件合并为 1 个事件，划分为特大赤潮。

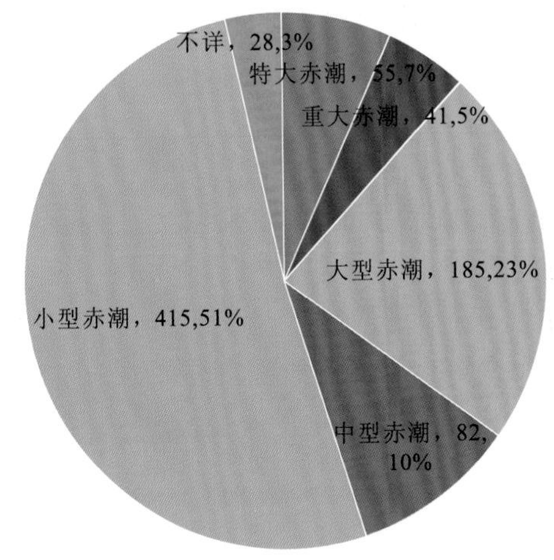

图 10.3　2000～2017 年我国沿海赤潮不同等级占比

10.1.2　分析预报概况

基于现阶段赤潮监测水平以及赤潮发生机理和赤潮发生水动力学研究的水平，目前赤潮发生预报方法可分为以下几种。

1. 经验预测法

经验预测法主要根据赤潮生消过程中环境因子的变化规律进行预测，通常以阈值形式表示，在赤潮预报早期研究中相对多见。

日本学者安达六郎[18]根据日本各海区多次赤潮事件的实例统计，提出以赤潮生物浓度的范围及其种群增长速率作为判断赤潮暴发的标准。陆斗定等[19]提出叶绿素 a 的含量从常量上升至 10 mg/m^3 以上，并有迅速增加的趋势，表示即将发生赤潮。矫晓阳[20]提出采用单一参数叶绿素浓度进行短期赤潮预报，即当叶绿素浓度连续 2 天呈指数增长的趋势，未来 1～3 天可能会发生赤潮；叶绿素浓度小于 1 mg/m^3，2 天内不会发生赤潮。林昱等[21]通过围隔实验推断中肋骨条藻赤潮的可溶性无机磷阈值为 1.2 μmol/L，并将其作为该种赤潮预测预报的参考。王正方等[22]通过长江口及其邻近海域几个站点的采样观测，总结认为溶解氧昼夜变化差值大于或等于 5 mg/dm^3 预示赤潮的发生。矫晓阳[23]提出用透明度值 1.6 m 作为赤潮预警的标准值进行试点。

根据环境因子的应用，经验预测法可分为海水温度变动预测法、气象条件预测法、潮汐预测法、赤潮生物细胞密度预警法、海水透明度预警法、赤潮生物活性预警法、海水溶解氧预警法、生物多样性指数法等[24-26]。经验预测法原理相对简单，容易理解，但多数经验预测法研究基于培养实验或有限的现场观测事件，且通常采用单因子，仅适用于环境条件稳定的特定海域。而赤潮发生机理相当复杂，是多因子综合作用的结果，因季节、区域、种类而异，因此经验预测法的适用范围相当有限。

2. 常规统计预测法

常规统计预测法主要是利用常用的统计学手段来提取赤潮发生诱因。该方法能够综合分析引发赤潮的多个环境因子，从大量赤潮生消过程的监测资料筛选出关键环境因子，并形成一定的判别模式，从而对赤潮的发生进行预测。常规统计预测法主要包括多元（逐步）回归分析法、判别分析法、因子分析法、主成分分析法等，其中主成分分析法、因子分析法也常被用于前端的环境变量简化或共线性处理[27-28]。下面简要介绍逐步回归分析法和判别分析法在赤潮预报中的应用。

逐步回归分析法是应用逐步相关性分析，找出影响赤潮发生的主要环境因子，并建立赤潮生物量或密度与环境因子之间的回归方程，从而根据已知环境因子估算浮游植物生物量或密度来预测赤潮发生的可能性。江兴龙等[29]应用海域赤潮藻类优势种细胞密度及水质理化生物因子等数据，经多元逐步回归分析，建立了泉州湾赤潮藻类优势种各种群的细胞密度多参量回归方程。吴玉芳[30]利用厦门海域 2005～2008 年海洋水质自动连续监测仪器的多年全天 24 h 连续监测数据，以环境要素的日变化量、日变化梯度等作为预报因子，采用逐步回归统计方法建立了 28 h 叶绿素 a 预报方程。

判别分析法是基于已知赤潮、非赤潮样本群对应的关键环境因子，建立赤潮、非赤潮样本的判别方程，进而根据判别方程从未知样本的环境因子预测样本发生赤潮与否的一种方法。黄秀清等[31]在营养盐参数和浮游植物数量之间建立线性判别函数，选择长江口一次中肋骨条藻赤潮过程的环境因子进行赤潮判别，获得了较好的结果。

相对于经验预测法，常规统计预测法通常基于大量的观测数据，加上相对成熟的统计分析手段，其赤潮预测结果具有更强的合理性、准确性。但是由于常规统计预测法缺乏赤潮发生机理的支持，容易导致对环境因子筛选和分析的主观性和盲目性，从而难以得到较为稳定和合理的预测结果。

3. 生态动力学模型预测法

生态动力学模型预测法是深入研究赤潮的形成机制，探索和掌握影响赤潮藻类种群动力学行为关键因子的一种预测方法。该方法将生物本身的生长、死亡、营养等生物因素与食物条件、摄食和环境条件变化等环境因素相关联，实现物理和生物过程定量化，从而事先构造出与赤潮发生有关的生物因素和环境因素的结构关系式，建立相关赤潮生消过程动力学模型，并利用各种数学工具对模型进行分析和求解，了解动力学系统中的参数特性，对模型进行模拟和仿真，以此结合监测数据进行预测。

早在 20 世纪 30 年代，欧洲就已经开始了海洋生态模型的研究。Riley 等[32]最早在海洋生态系统中使用数学模型，对浮游动物和浮游植物生物量及上混合层动力学方程进行耦合，建立了第一代生态动力学模型，并对欧洲北海浮游生物的季节变化进行了数值模拟。随着计算机技术、海洋生物、物理海洋和海洋化学等相关学科的发展和有机结合，从 20 世纪 80 年代初开始，海洋生态系统动力学模型经历了从一维模型到三维模型的发展过程，并逐步深入到可定量描述海洋生态系统内部的物质循环和能量流动过程。1992 年以后随着国家自然科学基金重大项目“中国东南沿海赤潮发生机理研究”的开展，国内关于赤潮模型的研究逐步展开，人们开始关注赤潮发生的动力学机制[33]，尤其重视物理过程和生物过程相互作用对生态系统的影响[34]。

钱宏林等[35]首次提出夜光藻赤潮发生机制的生态模式，研究分析了夜光藻的发生规律。王寿松等[36]结合赤潮现场连续监测资料，依据生物种群生态学和营养动力学的原理，提出了夜光藻-硅藻-营养物质三者相关的动力学模型，并给出夜光藻赤潮发生与否的判别条件。夏综万等[37]将赤潮生物动力学和以海水动力学为主的环境动力学有机地结合，建立了包括水动力、扩散和生物动力学的赤潮发生的仿真模型，较成功地模拟了大鹏湾夜光藻赤潮生消过程。黄伟建等[38]结合大鹏湾现场监测资料，建立了夜光藻种群生长动力学模型，为夜光藻赤潮预测提供重要依据。乔方利等[39]首次建立了长江口海域的六分量赤潮生态动力学模型，对长江口海域赤潮生态动力学模型和控制因子进行了研究，并模拟了该次赤潮生消全过程。许卫忆等[40-41]为研究香港沿岸赤潮的生消过程和发生、蔓延机制，建立了赤潮水动力-营养盐-赤潮藻间的耦合数值模式。王洪礼等[42]建立了赤潮藻类营养盐限制方程，并研究了方程的非线性动力学行为。田峰等[43]针对近岸海域赤潮藻类生长及分布的特点，将简化了的赤潮藻类模型与水动力学中的对流扩散方程相耦合，建立了一个水动力与生态耦合的赤潮藻类生长的深度模型。李雁宾[44]通过 MASNUM 浪-潮-流和黄海环流、混合过程分别与三维水动力学模型耦合，建立三维生态动力学模型，对东海、黄海赤潮过程进行了研究。李大鸣等[45]建立了水动力学和生物动力学相结合的二维赤潮生态数学模型，较好地模拟了渤海海域棕囊藻赤潮的生消过程。

10.2 赤潮发生规律分析

近几年来，我国沿海赤潮频发，给沿海地区的养殖业带来了巨大的经济损失，同时赤潮的发生对水体生态环境和滨海旅游业等构成了严重的影响。随着我国沿海地区工农业经济的迅速发展，大量的工农业废水和生活污水排入大海，氮磷元素浓度的升高导致局部海域水体富营养化[46]。水体富营养化是赤潮发生的重要基础，为赤潮生物的繁殖提供了优良的环境。赤潮的发生是生物、化学、水文、气象等因子综合影响的结果[47-49]。

10.2.1 我国近海赤潮发生规律分析

1. 总体特征

根据收集到的数据，分别统计我国四大海区赤潮发现次数、面积和造成的直接经济损失。东海海域为赤潮最高发区，其发现次数、发生面积和直接经济损失分别占赤潮总量的55%、69%和 91%。其次为渤海和南海，渤海虽然赤潮发现次数低于南海，但是累积发生面积和直接经济损失都超过南海。渤海赤潮发现次数、发生面积和直接经济损失分别占赤潮总量的 14%、18%和 9%；南海赤潮发现次数、发生面积和直接经济损失分别占赤潮总量的 23%、5%和 0%；黄海赤潮发现次数、发生面积和损失均最少。

2. 各海区赤潮发现主要区域

渤海赤潮主要发生在秦皇岛和天津近岸海域。黄海赤潮主要发生在大连和连云港近岸海域。东海近岸海域赤潮发现均很多。南海赤潮主要发生在汕头至珠海近岸海域、湛江近岸海域等。

3. 各海区年际特征

四大海区进行比较，东海赤潮无论在数量、范围和损失方面都远高于其他三个海区，年平均发现 25 次、年均发生面积 7331 km^2。2001～2010 年赤潮发现次数和发生面积明显高于 2011～2017 年；2003 年、2004 年和 2006 年为赤潮高发期，年均发现赤潮 40 次以上；2004～2006 年、2008～2009 年赤潮发生面积都在 11 000 km^2 以上。其他海区年际变化相对平稳。

4. 各海区季节和月特征

从季节来看，渤海、黄海、东海赤潮高发期分别集中在 5～8 月、5～9 月、4～6 月，南海赤潮高发期集中在 1～4 月和 11 月。南海赤潮高发期集中在秋冬季，东海、黄海集中在春夏季，渤海集中在夏季；赤潮高发期根据纬度差异，有较明显的季节特征。

5. 各海区引发赤潮生物特征分析

1）主要赤潮生物门类

从整体来看，渤海、东海和南海海域赤潮都由 5 大类生物引发，黄海海域赤潮由 4 大类生物引发。

从引发次数来看，四大海区引发赤潮的主要生物门类都是甲藻。渤海、黄海、东海、南海甲藻引发赤潮次数占各海区总赤潮次数的比例分别是 47%、49%、63%和 49%。除南海外，其他三个海区引发赤潮的第二大门类均是硅藻，南海的第二大门类是着色鞭毛藻。从发生面积来看，除南海外，其他海区引发赤潮面积最大的门类都是甲藻，南海是着色鞭毛藻。渤海、黄海和东海甲藻引发赤潮面积占各海区总赤潮面积的比例分别是 26%、65%、65%。南海着色鞭毛藻引发赤潮面积占总面积的比例为 48%。

2）主要赤潮种

渤海发现的赤潮主要由 32 种生物引发；黄海发现的赤潮由 23 种生物引发；东海发现的赤潮由 40 种生物引发；南海发现的赤潮由 31 种生物引发。各海区引发赤潮主要生物种类见表 10.2。

表 10.2 各海区主要赤潮生物种引发赤潮情况

海区	各生物引发赤潮次数		各生物引发赤潮面积	
	赤潮生物中文名	次数/次	赤潮生物中文名	面积/km^2
渤海	夜光藻	39	抑食金球藻	7871
	中肋骨条藻	10	夜光藻	4180.1
	球形棕囊藻	6	球形棕囊藻	3840
	抑食金球藻	6	米氏凯伦藻	3208
	红色中缢虫	4	微型鞭毛藻	1000
黄海	夜光藻	20	夜光藻	8649.75
	中肋骨条藻	6	中肋骨条藻	1915
	赤潮异弯藻	3	赤潮异弯藻	485
	红色中缢虫	3	短角弯角藻	400
	海洋卡盾藻	2	海链藻属	400
东海	东海原甲藻	161	东海原甲藻	58 511.5
	中肋骨条藻	64	米氏凯伦藻	20 489.2
	夜光藻	48	中肋骨条藻	15 994.5
	米氏凯伦藻	45	尖叶原甲藻	2410
	旋链角毛藻	9	旋链角毛藻	1694.5
南海	球形棕囊藻	42	球形棕囊藻	4794
	夜光藻	31	中肋骨条藻	1890.5
	血红哈卡藻	23	血红哈卡藻	1030.5
	中肋骨条藻	20	夜光藻	589.699
	锥状斯克里普藻	14	脆根管藻	535

6. 各海区赤潮等级

从四大海区赤潮等级比较来看，均是小型赤潮为主，其次是大型赤潮。东海和渤海特大型赤潮和重大赤潮占比相对其他海区较高。南海未发生特大赤潮，重大赤潮占比为 2%。四大海区不同等级赤潮发生次数如图 10.4 所示。

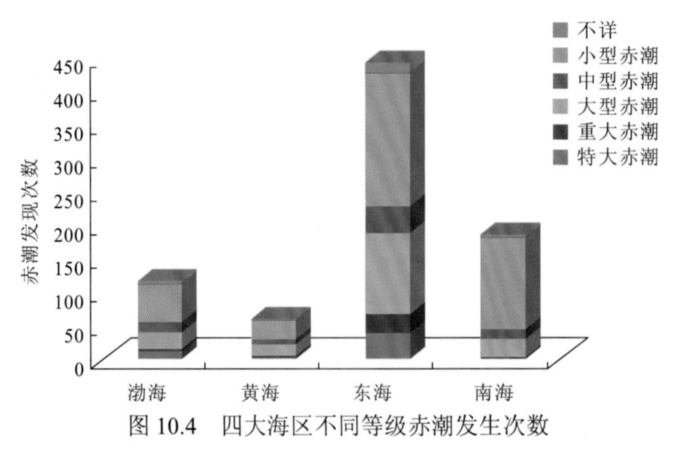

图 10.4 四大海区不同等级赤潮发生次数

10.2.2 福建沿海赤潮特征

2001～2019 年福建沿海共发生赤潮 231 次，赤潮发生总的持续时间为 1281 天，总的发生面积为 12 727.95 km^2，总的直接经济损失为 217 178.8 万元，其中造成 500 万元及以上直接经济损失的灾害性赤潮事件 14 次。

近 20 年福建沿海赤潮平均每年发生 12.2 次，其中 2003 年赤潮发生次数最多，为 29 次。赤潮平均每年持续时间和发生面积分别为 67.4 天和 669.9 km^2，赤潮发生次数和发生面积的年变化规律基本一致。赤潮造成的直接经济损失主要发生在 2002 年、2003 年、2009 年、2012 年、2019 年，占总直接经济损失的 99.6%。

从年际变化来看，赤潮历年的发生次数、持续时间和发生面积近年来均呈明显下降趋势，2001～2010 年赤潮的发生次数、持续时间和发生面积平均值分别为 16.1 次、83.9 天和 1059.8 km^2，而 2011～2019 年赤潮的发生次数、持续时间和发生面积平均值分别为 7.8 次、49.1 天和 236.6 km^2，分别下降了 51.6%、41.5%、77.7%。赤潮所造成的直接经济损失没有明显的年际变化规律。

福建沿海发生的赤潮在季节上差异显著，赤潮主要发生在 4～7 月，发生次数占全年总次数的 90.5%。赤潮高发期在 5～6 月，其发生次数、持续时间、发生面积分别占全年赤潮总数的 72.7%、84.5%、99.7%。5～6 月正是福建沿海受西南暖湿气流影响最为强盛时期，沿海湿度大，水温快速上升，非常有利于赤潮发生[50-51]。与 2001～2010 年相比，2011～2019 年的 4～5 月赤潮发生次数占总次数的比例上升，特别是 5 月由 46.3%上升到 62.9%，而其余月占比均下降。同时，2001～2010 年只有 12 月没有发生赤潮，而 2011～2019 年的 1～3 月、8 月、10～12 月这 7 个月均没有发生赤潮，仅有 5 个月发生赤潮，表明近年来赤潮暴发时间在季节上更为集中。

近 20 年在福建沿海由硅藻门引发的赤潮共 96 次，由甲藻门引发的赤潮共 166 次，由着色鞭毛藻门引发的赤潮共 2 次，由原生动物门引发的赤潮共 2 次。在同一起赤潮事件中可能有多种藻种的生物密度同时达到或超过发生赤潮的基准密度，本小节在统计时分开计算，因此以上赤潮的累计次数大于实际赤潮发生的总次数。引发赤潮的生物共有 30 种，其具体的生物名称及其引发的赤潮次数见表 10.3，其中硅藻门引发赤潮的藻种有 17 种，甲藻门引发赤潮的藻种有 11 种，着色鞭毛藻门和原生动物门引发赤潮的生物各有 1 种，角毛藻和裸甲藻均为光镜下未定种，分属于角毛藻属和裸甲藻属。与 2001～2010 年相比，2011～2019 年在福建沿海没有出现 13 种引发赤潮的藻种，分别为硅藻门的布氏双尾藻、地中海指管藻、尖刺菱形藻、日本星杆藻、新月菱形藻、柔弱角毛藻、柔弱菱形藻、诺氏海链藻、塔玛亚历山大藻、短裸甲藻、多纹膝沟藻、微小原甲藻，以及原生动物门的红色中缢虫；新出现 7 种引发赤潮的藻种，分别为硅藻门的丹麦细柱藻、短角弯角藻、扭链角毛藻、刚毛根管藻、尖刺拟菱形藻，甲藻门的链状裸甲藻，以及着色鞭毛藻门的球形棕囊藻。这表明福建沿海引发赤潮的生物种类具有年际演变规律，不断有新的生物种类引发赤潮。

由表 10.3 可知，福建沿海赤潮优势藻种主要为硅藻门的中肋骨条藻、角毛藻和甲藻门的东海原甲藻、夜光藻和米氏凯伦藻，分别引发赤潮 45 次、31 次、66 次、51 次、26 次，东海原甲藻引发赤潮的次数占据第一位。

表 10.3　近 20 年福建沿海引发赤潮的生物及引发的赤潮次数

赤潮生物	赤潮次数	赤潮生物	赤潮次数	赤潮生物	赤潮次数
布氏双尾藻	1	微小原甲藻	2	链状裸甲藻	3
地中海指管藻	4	塔玛亚历山大藻	5	诺氏海链藻	6
尖刺菱形藻	7	圆海链藻	8	血红哈卡藻	9
日本星杆藻	10	短角弯角藻	13	裸甲藻	16
新月菱形藻	11	尖刺拟菱形藻	14	旋链角毛藻	17
柔弱角毛藻	12	多纹膝沟藻	15	角毛藻	31
丹麦细柱藻	19	红色中缢虫	20	米氏凯伦藻	26
扭链角毛藻	22	球形棕囊藻	23	中肋骨条藻	45
刚毛根管藻	25	锥状斯克里普藻	27	夜光藻	51
短裸甲藻	26	柔弱菱形藻	28	东海原甲藻	66

2001～2019 年由硅藻引发赤潮的次数明显呈逐年下降趋势，由甲藻引发赤潮的次数也呈逐年下降趋势，但幅度不大，2001～2010 年由硅藻和甲藻引发的赤潮年平均次数分别为 7.7 次和 10.2 次，而 2011～2019 年由硅藻和甲藻引发的赤潮年平均次数分别为 2.1 次和 7.1 次，下降幅度分别达 72.7%和 30.4%。福建沿海由甲藻类引发赤潮的高发期在 4～6 月，处于春季向夏季转换时期，时间段非常集中，占总数的 97.0%，其他月几乎很少发生；由硅藻类引发赤潮的高发期时间跨度较长，4～9 月均有发生，高峰期在夏季（5～7 月），占总数的 74.0%。

10.2.3　赤潮发生前后环境状况特征

赤潮发生事件是赤潮生物异常增殖的结果，需要水文、气象等多个方面同时达到适宜的条件才会发生。根据吴瑞贞[52]的研究：在适宜的温压范围内，有较长时间的稳定天气形势能提供有利的环境条件，有利于赤潮发生和发展；海温、气温连续逐日升高，气压连续逐日下降，海温和气温的平均值无较大差别也有利于赤潮的发生和持续。

而赤潮的消亡过程是与发生发展相反的过程。出现激烈的温压变化会使赤潮的生存环境变得恶劣。张玉宇等[53]的研究表明，受特殊天气系统影响，出现降雨、降温、升压和风向转换会造成赤潮消亡。

1. 气象条件

马毅等[54]研究表明，日平均气温连续下降 2℃导致的赤潮消亡事件占总数的 36.6%，由降雨现象导致的赤潮消亡占 42.7%，并且当气温高达 28℃以上，赤潮的消亡也会加快。

张春桂等[55]在研究赤潮灾害与气象要素的关系时发现，对于福建中、北部沿海地区，气温适宜、风力较小、持续的降雨或者阴天时有利于赤潮的发生，而对于南部沿海地区，天气晴热、湿度大、气压较低时有利于赤潮的发生。

李星[56]发现在赤潮发生前夕，气压持续下降，气温持续升高，日平均气温达到最适宜赤潮发生发展的温度时易爆发赤潮；此后日平均气温维持，且昼夜温差不大，则有利于赤潮维持。根据赤潮消亡判断条件，气温过高，且出现较大的昼夜温差，日平均气温继续升高，气温状况不适宜赤潮继续维持，赤潮进入消亡阶段。

从相对湿度的情况来看，在赤潮发生前后，湿度较高，为藻类繁殖提供了潮湿的环境。在赤潮发生前，受日照影响，中午前后相对湿度较小，而夜晚湿度则迅速升高，湿度基本维持较高水平，赤潮爆发性繁殖，进入旺盛期。随着天气转好，白天降水减少，气温升高，湿度降低，不利于赤潮维持，赤潮进入消亡期。

赤潮易发时期，偏南风盛行，过大的风力可能会对赤潮发展不利，使赤潮进一步发展受到抑制，但偏南风带来的暖湿空气又有利于赤潮发展，强劲西南风也有可能带动孢子随风飘散。由此可见，风向和风力对赤潮的影响较明显。

2. 水文条件

赤潮多发生在春末夏初，近岸水温有所回升，等温线大致与岸线平行，但依旧北低南高。据 40 年实测海流资料统计[57]，台湾海峡在 5 月的表层水均一致地由西南向东北流，流速在 0.3～1.5 nmile/h（1 nmile≈1852 m）。

在赤潮发生前，表层水温稳定波动，在 22～24 ℃时非常适合赤潮藻类的生长繁殖。剧烈的水温变化对藻类生长不利，赤潮进入消亡阶段，说明水温在一定程度上对赤潮的消亡起到推动作用。

盐度往往与海流的流向关系密切，在赤潮发生前，海表流向以北方来的冷水流为主，海流条件对赤潮发展不利。当向南流出现的时次减少，向北流出现的频率增加，海流方向由南转北，此时为暖水流，有利于赤潮的发生发展，温暖潮湿的东北流带来适宜的水温，藻种进入发展旺盛期。当西南流重新恢复时，赤潮进入消亡期。

3. 水质条件

对多次赤潮进行分析，赤潮发生前水温缓慢上升，发生赤潮期间的 pH 比正常值稍大，其间数值变化不大。盐度有略微增大的趋势，溶解氧明显有所增大，可以初步判断赤潮达到旺盛期的时间。

影响赤潮生物细胞总量的关键因子主要有 pH、叶绿素 a、水色、溶解氧、活性磷酸盐、化学需氧量及透明度，其中与活性磷酸盐呈负相关，与其余因子均呈正相关[58]。赤潮发生时往往能在水质监测中发现高叶绿素浓度、pH 升高、高溶解氧现象，这是大量的浮游植物光合作用的结果。因此若检测到 pH 和溶解氧升高，说明浮游植物在迅速生长，有可能发展成为赤潮，这对赤潮的预报有重要意义。

10.3 赤潮发生因子关联分析

赤潮灾害是各发生因子相互作用和自由变化的复杂生态过程，具有高维性、可变性、非线性、随机性和模糊性等特征。赤潮一般会对海洋生态环境造成巨大影响，赤潮发生需要具备许多条件。通过对近岸海域大量赤潮及相关环境数据的分析，找出蕴藏其中的关联关系和关联规则，构建赤潮发生因子的关联模式，研究不同时空尺度下赤潮生物与环境因子的相互之间关系，对摸清近岸海域赤潮发生规律，研发赤潮预报技术方法等都具有十分重要的意义。

10.3.1 基于列联表方法的赤潮发生因子关联分析

1. 赤潮相关数据资源梳理

在研究赤潮现象、探究发生机理的过程中，不仅需要获取赤潮发生发展过程中的水文、气象、生物、化学等环境数据，还需要获取养殖、旅游、排污、生产等社会经济资料。基于海洋大数据分析预报数据资源池，针对赤潮相关的各类因子进行梳理，具体见表 10.4。

表 10.4 赤潮相关因子

类别	数据名称	要素	获取方式
海洋环境数据	海水水质	水温、水色、透明度、盐度、pH、溶解氧、化学需氧量、活性磷酸盐、氨氮、硝酸盐、亚硝酸盐、硅酸盐、总氮、总磷、重金属、石油烃、叶绿素 a 等	定点监测、浮标在线监测、遥感监测
	水文气象	水温、透明度、水色、海况、气温、气压、风速、风向、波高、降水量、潮差、流速、径流量、上升流指数、相对湿度、光照等	定点监测、浮标在线监测、遥感监测
	海洋大气	总悬浮颗粒、硝酸盐、铵盐、铜、铅、锌、镉、砷、汞、亚硝酸盐、磷酸盐、降水量、降水电导率、降水 pH（干沉降、湿沉降）等	定点监测、浮标在线监测
	浮游植物	物种组成、密度	定点监测
	浮游动物	物种组成、密度	定点监测
	底栖生物	物种组成、密度、生物量	定点监测
	游泳生物	物种组成、密度、生物量	走航监测
	赤潮生物	优势种种类、密度	定点监测、浮标在线监测
	生物质量	铜、铅、砷、汞、麻痹性贝毒、腹泻性贝毒、记忆缺失性贝毒、神经性贝毒等	定点监测
	入海污染	入海排污口污染物类型、污染物浓度、污染物排放量等	定点监测
赤潮灾害数据	赤潮发生数据	赤潮发生的时间、空间范围、面积、赤潮生物等信息	定点监测、走航监测
	赤潮灾害数据	海水养殖面积、养殖方式、养殖生物种类、赤潮发生海域用海类型、经济损失、生态损失等	调查

针对赤潮相关因子，对目前已有数据和缺乏数据进行整理，共整理 2000～2019 年我国近岸海洋环境数据约 40.8 万站次，包括海水水质、水文气象、海洋大气、浮游植物、浮游动物、底栖生物和赤潮生物 7 大类 48 项要素，数据均为定点监测数据，监测频次为 1～12 次/年不等，见表 10.5。

表 10.5 监测数据清单

序号	数据名称	学科	时间范围	空间范围	时空分辨率及监测方式	数据量
1	海水水质	海洋化学	2000～2019	我国近岸	2～4 次/年，定点监测	约 15 万站次
2	水文气象	海洋化学	2000～2019	我国近岸	4～12 次/年，定点监测	约 15 万站次
3	海洋大气	海洋大气	2000～2007，2008～2009，2011～2019	我国近岸	5 次/年，定点监测	约 0.6 万站次
4	浮游植物	海洋生物	2002～2019	我国近岸	1～2 次/年，定点监测	约 3 万站次
5	浮游动物	海洋生物	2002～2019	我国近岸	1～2 次/年，定点监测	约 2 万站次
6	底栖生物	海洋生物	2002～2019	我国近岸	1～2 次/年，定点监测	约 2 万站次
7	赤潮生物	海洋生物	2003～2019	我国近岸	2～4 次/年，定点监测	约 2 万站次

2. 赤潮发生因子与关联分析方法梳理

1）赤潮发生因子梳理

赤潮灾害是环境因素与生物因素综合作用的结果。结合国内外文献资料，对赤潮发生预测模型中使用的发生因子进行整理，主要涉及以下因子。

（1）水质类：pH、溶解氧、溶解氧饱和度、化学需氧量、总无机氮、溶解无机氮、硝酸盐、亚硝酸盐、氨氮、磷酸盐、硅酸盐、总磷、总氮、氮磷比、叶绿素 a、粪大肠菌群数。

（2）生物类：浮游植物细胞数量、藻密度、物种数、浮游动物生物量、浮游动物摄食量。

（3）水文类：水温、盐度、透明度、水稳定性、波高、潮差、流速、径流量、上升流指数。

（4）气象类：降水量、风向、风速、气温、气温日较差、气压、太阳辐射、光强、相对湿度、大气环流。

2）关联分析方法梳理

目前，常用的有关赤潮发生因子与赤潮关联模式的数据挖掘分析方法主要有回归分析、主成分分析、聚类分析、正交因子分析、模糊分析和灰色关联分析、斯皮尔曼（Spearman）秩相关系数法等，见表 10.6。

表 10.6 统计学模型方法及应用案例

序号	赤潮分析因子	分析方法	关键因子
1	表层水温、pH、盐度、化学需氧量、溶解氧、溶解氧饱和度、磷酸盐、亚硝酸盐、硝酸盐、氨氮、叶绿素 a、粪大肠菌群数和浮游植物细胞数量	主成分分析	pH、溶解氧、叶绿素 a、溶解氧饱和度、化学需氧量、盐度

续表

序号	赤潮分析因子	分析方法	关键因子
2	化学需氧量、溶解氧、硝酸盐、亚硝酸盐、氨盐、磷酸盐、硅酸盐、盐度、水温、pH、表层藻类细胞浓度、气温、气温日较差、气压、降水量、相对湿度、风速和波高	正交因子分析	水温、pH、降水量
3	透明度、pH、水温、盐度、化学需氧量、溶解氧、溶解氧饱和度、硝酸盐、亚硝酸盐、氨氮、磷酸盐、硅酸盐、叶绿素 a、浮游植物细胞数、气温、风速、风向	回归分析	透明度、溶解氧饱和度、盐度、pH、硅酸盐、风速和风向
4	水温、透明度、盐度、总无机氮、磷酸盐、溶解氧、pH、叶绿素 a、化学需氧量	Spearman 秩相关系数法	水温、磷酸盐、溶解氧、pH、叶绿素 a 和化学需氧量
5	水温、盐度、pH、溶解氧、化学需氧量、生化需氧量、硝酸盐、亚硝酸盐、氨氮、磷酸盐、硅酸盐、铁、锰	Spearman 秩相关系数法、主成分分析	盐度、水温、硅酸盐、磷酸盐
6	气温、气压、风速、水温、盐度、pH、溶解氧、化学需氧量、总无机氮、磷酸盐	主成分分析、聚类分析	pH、溶解氧、化学需氧量和水温
7	水温、盐度、透明度、弧菌总数、总无机氮、pH、化学需氧量、溶解氧、溶解氧饱和度、磷酸盐、叶绿素 a、氮磷比	回归分析	pH、化学需氧量、溶解氧、溶解氧饱和度、叶绿素 a
9	气温、气压、盐度、水温、pH、溶解氧、化学需氧量、氨氮、硝酸盐、亚硝酸盐、总无机氮、活性磷酸盐、叶绿素 a	回归分析	活性磷酸盐、化学需氧量
10	硝酸盐、盐度、亚硝酸盐、溶解有机氮、溶解有机磷、水温、盐度、磷酸盐、溶解氧、pH、硅酸盐和氨氮	主成分分析	硅酸盐、硝酸盐、水温、盐度
11	水温、pH、盐度、溶解氧、化学需氧量、叶绿素 a、磷酸盐、总无机氮、硅酸盐	模糊分析	水温
12	溶解无机氮、亚硝酸盐、硝酸盐、氨氮、磷酸盐、硅酸盐、叶绿素 a、化学需氧量、生化需氧量、石油烃、透明度、水温、盐度、pH	灰色关联分析	水温、化学需氧量
13	化学需氧量、总无机氮、无机磷、硅酸盐、水温、盐度、溶解氧、pH、氮磷比	灰色关联分析	氮磷比、无机氮、无机磷、硅酸盐

3. 东海近岸海域赤潮生物与环境因子关联分析

1）分析因子选取

纳入分析的因子共 14 个，包括赤潮生物密度、透明度、水温、盐度、pH、溶解氧、化学需氧量、活性磷酸盐、氨氮、硝酸盐、亚硝酸盐、叶绿素 a、气温和风速。2003～2019

年共 13 746 条记录，约 23.3 万个数据。应用 Excel、SPSS 和 Matlab 软件进行相关性分析。

2）相关性分析

采用 Spearman 秩相关系数法进行各因子的两两相关性分析。Spearman 秩相关系数法计算公式为

$$r_s = 1 - \frac{6\sum_{i=1}^{n} d_i^2}{N^3 - N} \tag{10.1}$$

式中：r_s 为秩相关系数；d_i 为 X_i 和 Y_i 的差值，X_i 为周期 i 到 n 按浓度值从小至大排列的序号，Y_i 为按时间排列的序号；N 为时间周期。

赤潮生物密度、叶绿素 a 与环境因子的相关系数见表 10.7。可以看出，与赤潮生物密度、叶绿素 a 呈显著正相关的主要环境因子包括水温、pH、溶解氧、气温和风速，与二者呈显著负相关的环境因子主要是活性磷酸盐、硝酸盐等无机营养盐，透明度、盐度、化学需氧量与二者的相关性不十分显著。

表 10.7　赤潮生物密度、叶绿素 a 与环境因子的相关系数

相关系数	赤潮生物密度	叶绿素 a
水温	0.290**	0.089**
透明度	−0.070	0.050
盐度	0.006	−0.009
pH	0.025*	0.190**
溶解氧	0.320**	0.213**
化学需氧量	0.012	0.361
活性磷酸盐	−0.270**	−0.111**
氨氮	−0.100**	−0.040**
硝酸盐	−0.150**	−0.060**
亚硝酸盐	−0.110**	−0.023*
风速	0.081**	0.014**
气温	0.043**	0.224**

*表示在 0.05 水平（双侧）上显著相关，**表示在 0.01 水平（双侧）上显著相关

3）主成分分析

主成分分析时，应尽可能包含较多的环境信息。因此，纳入分析的因子包括水温、透明度、盐度、pH、溶解氧、化学需氧量、活性磷酸盐、氨氮、硝酸盐、亚硝酸盐、气温和风速。分析结果共提取三个主成分，累积贡献率达 82.121%（表 10.8）。每种环境因子在各主成分上载荷值见表 10.9。对第一主成分贡献较大的主要是盐度、活性磷酸盐、硝酸盐和亚硝酸盐，反映了海水的营养状况；对第二主成分贡献较大的主要是水温、pH、溶解氧、

风速和气温，反映海水的物理状况；对第三主成分贡献较大的是化学需氧量和氨氮。

表 10.8 特征值和主成分的累积贡献率

特征值	累积贡献率%
2.520	25.2
1.965	44.85
1.421	82.121

表 10.9 各主成分因子载荷

环境因子	成分		
	第一主成分	第二主成分	第三主成分
水温	0.273	**0.704**	0.040
透明度	−0.331	0.170	0.187
盐度	**−0.550**	0.399	0.020
pH	−0.216	**−0.702**	0.261
溶解氧	−0.465	**−0.686**	0.282
化学需氧量	0.084	−0.207	**0.738**
活性磷酸盐	**0.757**	−0.152	0.043
氨氮	0.406	0.204	**0.535**
硝酸盐	**0.548**	−0.335	−0.229
亚硝酸盐	**0.527**	0.230	0.362
气温	0.113	**0.748**	−0.012
风速	−0.017	**0.524**	0.010

10.3.2 赤潮发生因子阈值范围

1. 一般性统计

2003～2019 年，东海近岸海域赤潮监控区的赤潮生物密度及其他因子的数值范围见表 10.10。

表 10.10 各因子数值范围

因子	最小值	最大值	平均值
赤潮生物密度/(10^6 个/L)	0.05×10^3	1.53×10^{10}	42.5×10^6
水温/℃	8.03	33.00	23.94
透明度/m	0.1	26.1	1.06
盐度	1.83	36.43	27.76

续表

因子	最小值	最大值	平均值
pH	6.01	10.05	8.06
溶解氧/（mg/L）	0.49	19.66	7.18
化学需氧量/（mg/L）	0.01	33.00	0.88
活性磷酸盐/（mg/L）	0.000 01	0.6047	0.03
氨氮/（mg/L）	0.000 01	3.69	0.059
硝酸盐/（mg/L）	0.000 01	3.07	0.416
亚硝酸盐/（mg/L）	0.000 01	1.003	0.02
叶绿素 a/（mg/L）	0.001	232.24	3.84
气温/℃	12.2	34.5	25.3
风速/（m/s）	0.2	18.4	3.7

2. 阈值范围

将赤潮生物密度≥10^6个/L 时（可认为发生赤潮）的数据纳入分析，共 1978 条记录。由相关性分析（表 10.7）可知，赤潮生物密度与水温、pH、溶解氧、气温、风速呈显著正相关；与活性磷酸盐、氨氮、硝酸盐和亚硝酸盐呈显著负相关。因此，统计得到关联因子在赤潮发生时的阈值范围，见表 10.11。

表 10.11　赤潮发生时关联因子的阈值范围

项目	阈值范围
水温/℃	25～33
pH	8～9
溶解氧/（mg/L）	5～10
活性磷酸盐/（mg/L）	0.000 02～0.1
氨氮/（mg/L）	0.0009～0.25
硝酸盐/（mg/L）	0.0006～0.48
亚硝酸盐/（mg/L）	0.0001～0.05
气温/℃	25～35
风速/（m/s）	1～5

进一步筛选阈值的主要分布区间（≥90%），得到赤潮发生时精细化的阈值范围，见表 10.12。

表 10.12　赤潮发生时关联因子的精细化阈值范围

项目	精细化阈值范围
水温/℃	25.2～30.1
pH	8.0～8.5

续表

项目	精细化阈值范围
溶解氧/（mg/L）	6.2～8.3
活性磷酸盐/（mg/L）	0.000 02～0.05
氨氮/（mg/L）	0.0009～0.1
硝酸盐/（mg/L）	0.0006～0.3
亚硝酸盐/（mg/L）	0.0001～0.02
气温/℃	26.1～30.3
风速/（m/s）	1.1～4.2

3. 关联模式

赤潮生物密度≥10^6个/L 时，赤潮生物密度与水温的关联关系如图 10.5 所示。可以看出，当水温大于 25℃时，赤潮生物密度急剧升高，并于 33℃左右达到最高值。

赤潮生物密度（≥10^6个/L）与 pH 的关联关系如图 10.6 所示。可以看出，pH 为 8～9 时，赤潮生物密度最高。

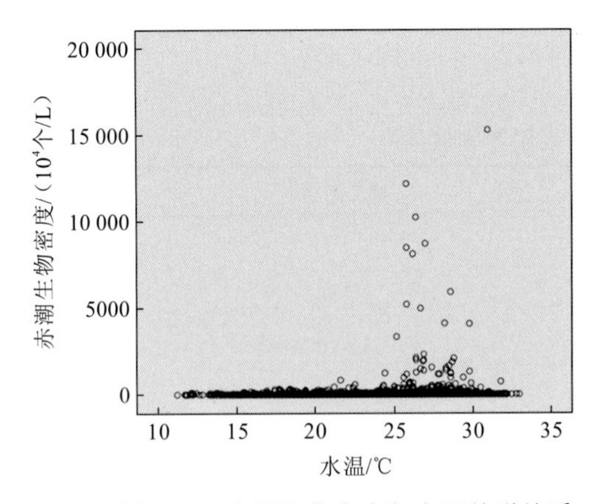

图 10.5　赤潮生物密度与水温关联关系

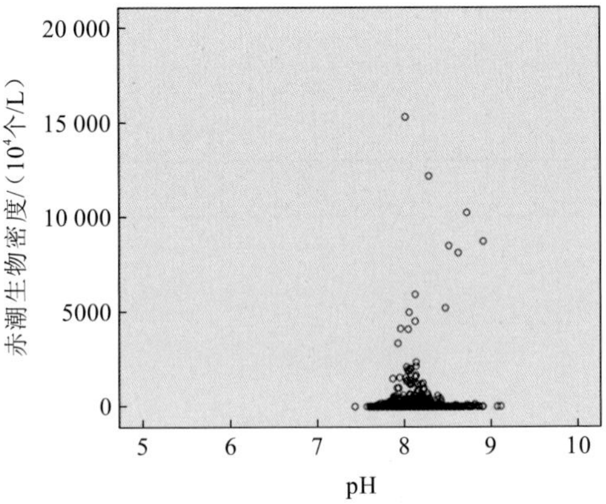

图 10.6　赤潮生物密度与 pH 关联关系

赤潮生物密度（≥10^6个/L）与溶解氧的关联关系如图 10.7 所示。可以看出，溶解氧在 5～10 mg/L 时，赤潮生物密度最高。

赤潮生物密度（≥10^6个/L）与叶绿素 a 的关联关系如图 10.8 所示。叶绿素存在于一切海洋浮游植物中，并且是浮游植物光合作用最主要的色素，近年来常用于表征浮游植物生物量。赤潮生物密度与叶绿素 a 存在显著正相关关系。

赤潮生物密度（≥10^6个/L）与活性磷酸盐的关联关系如图 10.9 所示。可以看出，活性磷酸盐接近 0 时，赤潮生物密度最高，表征了赤潮发生与活性磷酸盐的负相关性。

赤潮生物密度（≥10^6个/L）与氨氮的关联关系如图 10.10 所示。与活性磷酸盐类似，氨氮接近 0 时，赤潮生物密度最高，表征了赤潮发生与氨氮的负相关性。

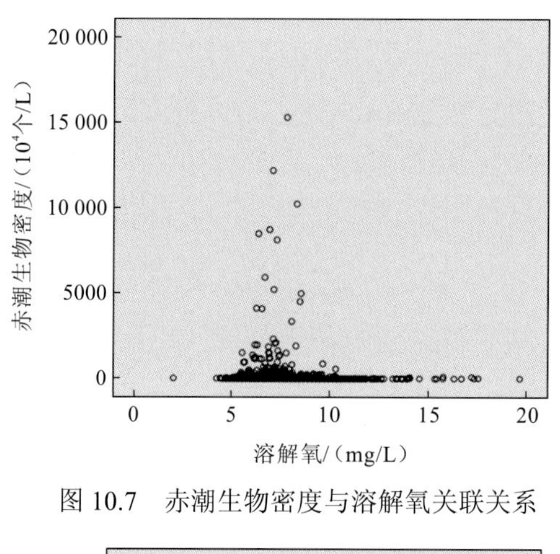

图 10.7　赤潮生物密度与溶解氧关联关系

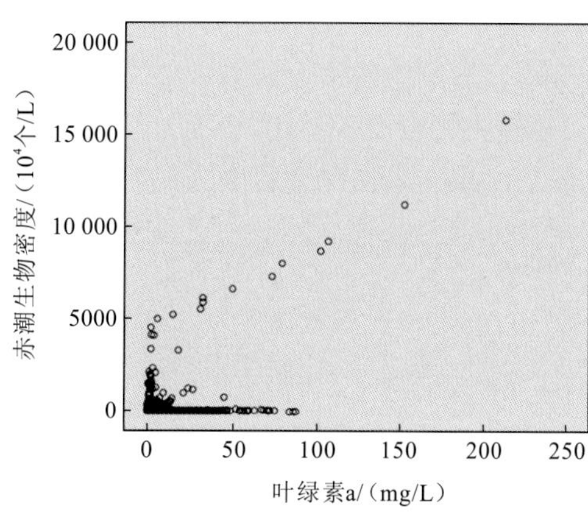

图 10.8　赤潮生物密度与叶绿素 a 关联关系

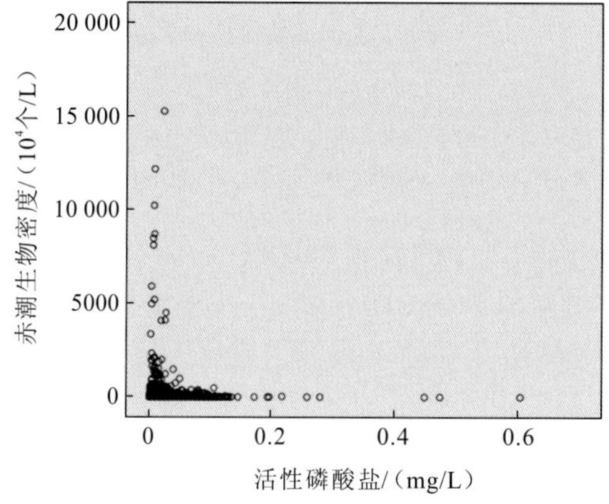

图 10.9　赤潮生物密度与活性磷酸盐关联关系

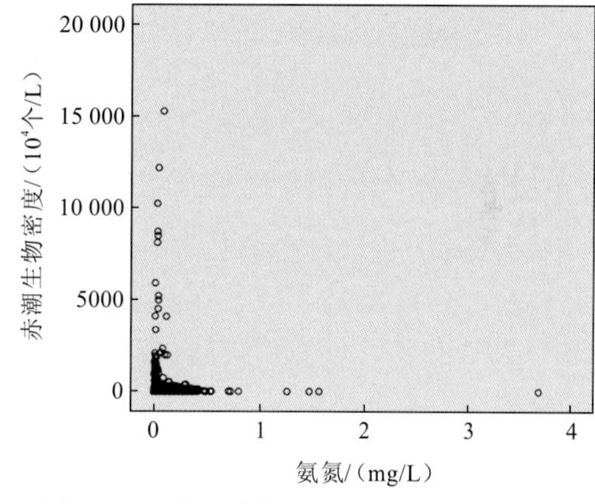

图 10.10　赤潮生物密度与氨氮关联关系

赤潮生物密度（≥10^6个/L）与硝酸盐的关联关系如图 10.11 所示。可以看出，硝酸盐在 0～0.5 mg/L 时，赤潮生物密度最高。

赤潮生物密度（≥10^6个/L）与亚硝酸盐的关联关系如图 10.12 所示。可以看出，亚硝酸盐在接近 0 时，赤潮生物密度最高。

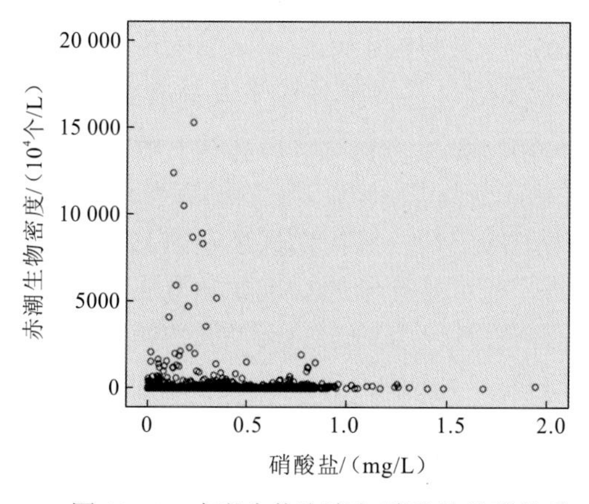

图 10.11　赤潮生物密度与硝酸盐关联关系

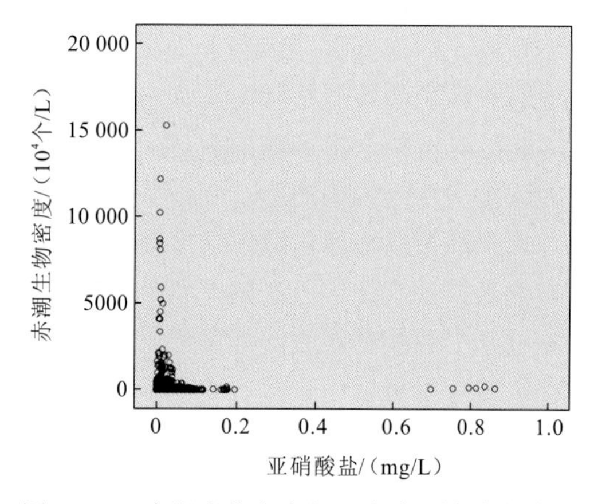

图 10.12　赤潮生物密度与亚硝酸盐关联关系

赤潮生物密度（≥10^6个/L）与风速的关联关系如图 10.13 所示。可以看出，风速在 1～5 m/s 时，赤潮生物密度最高。

赤潮生物密度（≥10^6个/L）与气温的关联关系如图 10.14 所示。可以看出，当气温大于 25 ℃，赤潮生物密度急剧升高，并于 35 ℃左右达到最高值。

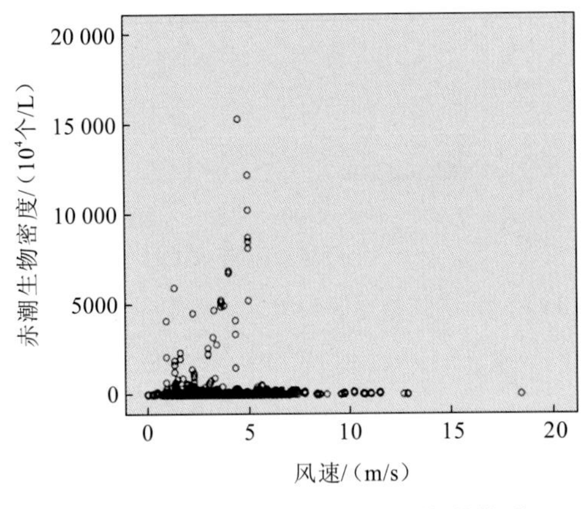

图 10.13　赤潮生物与风速关联关系

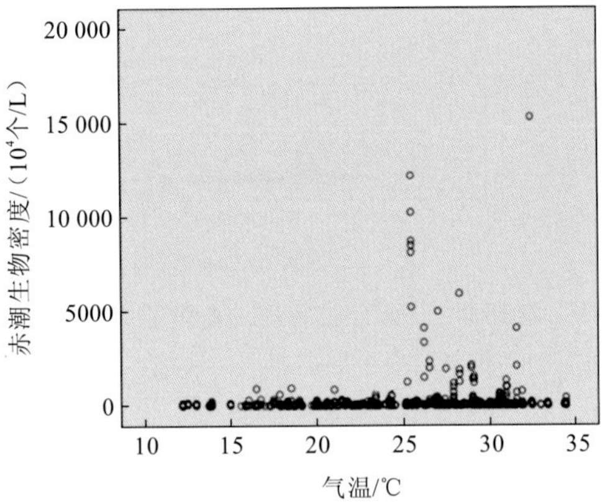

图 10.14　赤潮生物密度与气温关联关系

综上所述，通过对赤潮发生时赤潮生物密度与关联因子的分析可以得出，发生赤潮时：水温较高，一般为 25～33 ℃；最适 pH 为 8～9；溶解氧为 5～10 mg/L；风速为 0～5 m/s；气温为 25～35 ℃；活性磷酸盐、氨氮、硝酸盐与亚硝酸盐都处于极低值水平，说明赤潮发生时营养盐被大量消耗。

10.4　赤潮发生概率大数据预报应用

人工神经网络是一种模仿动物神经网络行为特征，进行分布式并行信息处理的算法数学模型。这种网络依靠系统的复杂程度，通过调整内部大量节点之间相互连接的关系，从而达到处理信息的目的，并具有自我学习和自适应的能力。人工神经网络中每个节点代表一种特定的输出函数，称为激励函数；每两个节点间的连接都代表一个对通过该连接信号的加权值，称为权重，相当于人工神经网络的记忆，网络的输出则根据网络的连接方式、权重值和激励函数的不同而不同;而网络自身通常都是对自然界某种算法或者函数的逼近，也可能是对一种逻辑策略的表达。人工神经网络是受到生物（人或其他动物）神经网络功能的运作启发而构筑的。

人工神经网络通常通过一个基于数学统计学类型的学习方法得以优化，因此人工神经网络也是数学统计学方法的一种实际应用。一方面，通过统计学的标准数学方法能够得到大量可以用函数来表达的局部结构空间；另一方面，在人工智能学的人工感知领域，数学统计学的应用可以用来解决人工感知方面的决定问题，也就是说通过统计学的方法，人工神经网络能够类似人一样具有简单的决定能力和判断能力，这种方法比起正式的逻辑学推理演算更具有优势。

10.4.1 基于 BP-RBF 的赤潮发生概率大数据分析预报模型

人工神经网络根据其性能、结构、学习方式等的差异可以分为很多种，不同种类的神经网络具有不同特点，对不同的研究问题具有不同的优势。BP 神经网络、RBF 神经网络和自组织特征映射（SOM）神经网络是三种常用的人工神经网络，已被广泛应用于赤潮的分析预报研究。本小节分别对这三种常用的神经网络做简单的介绍，并分析它们的特点、优势及局限性，为后续应用提供参考。

1. 人工神经网络模型构建

赤潮发生概率大数据预报模型主要基于 BP 和 RBF 两种人工神经网络构建而成，两种神经网络基于筛选的赤潮样本和构建的预报因子进行训练和预报，再基于预报结果，通过统计分析获得每个赤潮监测区域赤潮发生概率等级预报结果。BP 和 RBF 神经网络部分参数配置如下。

1）BP 神经网络

由于业务化运行过程中，浮标监测参量可能存在缺失，输入层和隐含层节点数不固定；隐含层节点数为 $0.75n$，n 为输入层节点数；隐含层层数为 1；隐含层节点传递函数（激活函数）为正切 S 型传递函数 tansig；输出层节点传递函数为线性传递函数 purelin；训练函数为 Levenberg_Marquardt 的 BP 算法训练函数 trainlm；迭代次数为 4000；学习率为 0.002；目标误差为 0.001。

2）RBF 神经网络

径向基函数为高斯函数；径向基函数中心选取方法为自组织选取法；中心选取学习算法为 k-means 算法；隐含层至输出层神经元连接权值算法为最小二乘法；目标误差为 0.05；径向基函数扩散速度为 1。

2. 赤潮发生概率大数据模型结果的判断

1）发生判断

每个样本在输入赤潮短期预报模型的过程中，会被构建成 5 个预报因子，分别进行 BP 神经网络预报和 RBF 神经网络预报，因此每个样本会有 10 个预报结果，每个结果都有具体的数值。数值越接近 1，则表示结果越倾向于赤潮发生；数值越接近 0，则表示结果越倾向于赤潮不发生。浮标的采样频率是 0.5 h 或 1 h，在当天浮标数据未发现异常的情况下，每天会有 12 或 24 个样本。因为要求进行天的预报，所以每一天的预报会有 120 或 240 个预报结果。基于这些结果来判断当天赤潮是否发生，可以采用以下两种判断方法，其中 R 表示预报的具体结果，n 表示这一天预报结果的总个数。

T1：

$$\left(\sum_{i=1}^{n} R_i\right) / n \geqslant 0.5$$ 表示赤潮发生，否则赤潮不发生。

T2：

n_1：$R_i \geqslant 0.5$ 的结果的个数，n_2：$R_i < 0.5$ 的结果的个数。

$n_1/(n_1+n_2) > 0.3$ 表示赤潮发生，否则赤潮不发生。

2）概率判断

模型最终需要提供赤潮发生的概率，共分为 4 个等级：等级 1 表示赤潮不会发生，等级 2 表示赤潮有可能发生，等级 3 表示赤潮很可能发生，等级 4 表示赤潮已经发生，等级 4 是需要现场确认才能认定的。模型需要判断前三个等级，判断方式有以下两种。

第一种：

n_1：$R_i \geqslant 0.5$ 的结果的个数，n_2：$R_i < 0.5$ 的结果的个数。

$n_1/(n_1+n_2) > 0.7$，表示赤潮很可能发生，即等级 3；

$0.3 < n_1/(n_1+n_2) \leqslant 0.7$，表示赤潮有可能发生，即等级 2；

$n_1/(n_1+n_2) \leqslant 0.3$，表示赤潮不会发生，即等级 1。

第二种，基于赤潮是否发生的判断结果 T1 和 T2 来判断发生的概率，见表 10.13。

表 10.13　赤潮发生可能性等级判断

	T1：发生	T1：不发生
T2：发生	等级 3：很可能发生	等级 2：有可能发生
T2：不发生	等级 2：有可能发生	等级 1：不会发生

3）辅助判断

赤潮发生过程中，通常叶绿素浓度和溶解氧饱和度会明显升高。因此，可基于浮标观测的叶绿素浓度（Chl）和溶解氧饱和度（DOS）来辅助判断赤潮发生的概率，具体如下。

n_1：$Chl_i \geqslant 8$ 的样本的个数，n_2：$Chl_i < 8$ 的样本的个数。

m_1：$DOS_i \geqslant 100$ 的样本的个数，m_2：$DOS_i < 100$ 的样本的个数。

当 $n_1/(n_1+n_2) > 0.3$，$m_1/(m_1+m_2) > 0.3$，赤潮有可能发生，即等级 2；

否则，赤潮不会发生，即等级 1。

10.4.2　基于 GRU 的赤潮发生概率大数据分析预报模型

在深度神经网络领域，时间序列通常使用递归神经网络（RNN）进行处理。RNN 对具有序列特性的数据非常有效，它能挖掘数据中所包含的时序信息并做出推断，适合对赤潮进行预报。原始的 RNN 在反向传播时会发生梯度爆炸和梯度消失的情况，为了解决这些问题，人们提出了基于门的循环单元，其中最流行的是门控循环单元（gated recurrent unit，GRU）。本小节对 GRU 神经网络进行简单介绍，并研究模型的特点、优势及在赤潮预报中的应用。

1. 赤潮预测模型

为了增强模型的鲁棒性，在模型中引入 Dropout 机制。Dropout 机制通过在正向传播中屏蔽部分神经元，阻止神经元的共同作用，从而防止深度神经网络发生过拟合。模型的隐含层由三层 GRU 堆叠而成，最后一层 GRU 使用 Dropout 机制后，通过全连接层与输出层相连，输出层采用 Sigmoid 激活函数。整个赤潮预测模型的结构如图 10.15 所示。

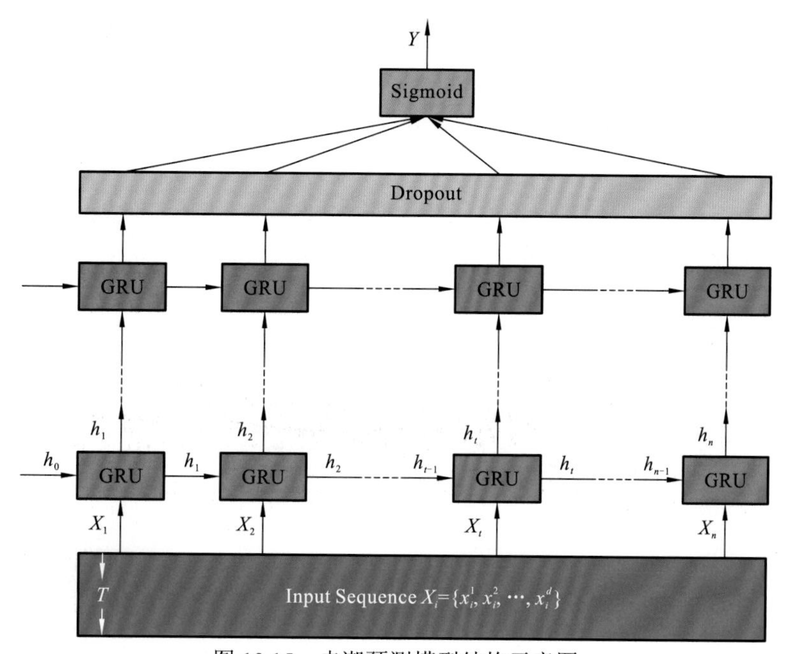

图 10.15　赤潮预测模型结构示意图

赤潮作为一种灾害性自然现象，通常发生于 4～10 月，并且对于同一海域，赤潮存在的时间总是远远小于赤潮不存在的时间。因此，赤潮数据集存在正负样本严重失衡的情况（一般将赤潮发生时的观测记录作为正样本，未发生赤潮时的观测记录作为负样本），从而导致深度神经网络学习时倾向于将样本判断成负样本。为了解决这个问题，模型使用焦点损失（focal loss）函数代替常用的交叉熵损失函数。

在赤潮预测问题中存在大量的简单样本，即正常情况下不发生赤潮的负样本，这些简单样本在赤潮预报的实际应用中意义不大。在真实场景下，人们通常关注赤潮何时发生及赤潮将会持续多久等问题，这些样本属于难以预测的正样本，并且数据集中占比较少。焦点损失函数在交叉熵损失函数的基础上进行了修改，能有效降低大量简单的负样本在训练中所占的权重，并提升困难样本挖掘效率。

焦点损失函数可表示为

$$\text{focal loss} = \begin{cases} -\alpha(1-\hat{y})^{\gamma} \lg \hat{y}, & y=1 \\ -\hat{y}^{\gamma} \lg(1-\hat{y}), & y=0 \end{cases} \tag{10.2}$$

式中：y 为样本的真实标签；$\hat{y}$ 为模型计算结果；α 为平衡因子；γ 为焦点因子。平衡因子 α 用于纠正正负样本比例本身不均衡的情况，通常会根据数据集中正负样本比例进行设置。α 可以简单调节正负样本的权重，但难以解决简单和困难样本的问题。当一个简单负样本被正确分类时，$\hat{y}^{\gamma}$ 接近于 0，该样本对总体损失的贡献减小，受到惩罚。当一个正样本被错误分类时，$(1-\hat{y})^{\gamma}$ 接近于 1，损失不受惩罚。这样焦点损失函数能促使模型更关注困难正样本（同时也是实际应用中更关心的）。

2. 赤潮发生概率大数据模型结果预测

本小节介绍的赤潮预测模型，用于预测 4 天后是否会发生赤潮。该模型的输入是一个多变量时间序列，序列的时间长度为 7 天，即连续的 336 条监测记录；模型输出为一个布尔值，表示 4 天后是否发生赤潮。经过插值和类别平衡后，该模型的数据集包括 2805 个连续的时间序列样本，训练集包含 1683 个时间序列样本，验证集包含 561 个时间序列样本，测试集包含 561 个时间序列样本。

实验中，赤潮预测模型在训练集上的准确率达到 92%，由于这是一个二分类模型，本小节使用曲线下面积来衡量模型性能，如图 10.16 所示。可以发现模型能在较低的假阳性率的情况下，得到较高的真阳性率，而且曲线前部分上升趋势十分陡峭，对于大部分正样本，模型都给出了相当高的发生概率，说明模型具有较好的性能，能准确地预报赤潮。

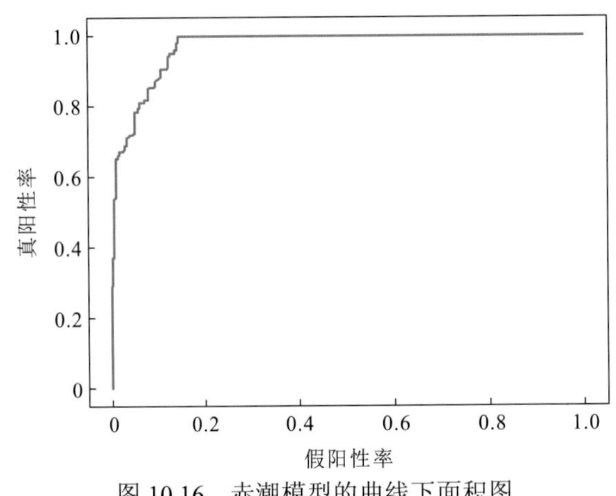

图 10.16　赤潮模型的曲线下面积图

该赤潮预报模型已经被实际部署于福建海洋预报中心，并获得了最新的真实环境下的预报数据，如图 10.17 所示，图中蓝线是真实赤潮发生情况，橙线是赤潮预测模型的输出概率，红色虚线是阈值。可以发现在赤潮情况较为稳定的情况（持续发生或持续不发生）下，赤潮预报模型都给出了极高或极低的赤潮发生概率。图中存在两次较为接近的赤潮过程，模型精确地预报了第二次赤潮的发生，并且在发生前模型预测概率已有显著上升。

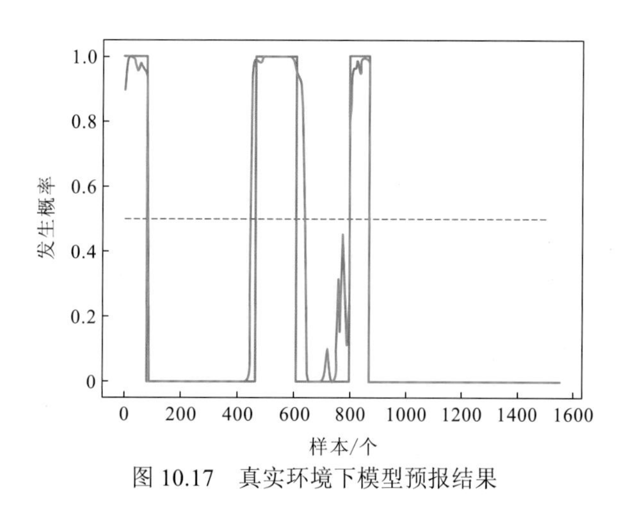

图 10.17　真实环境下模型预报结果

10.4.3　赤潮发生概率大数据预报示范应用

1. 生态浮标预报结果

赤潮短期预报模型会针对所有正常运行的生态浮标给出预报结果，并在生成的浮标预报结果的表格中显示预报的所有信息，包括时间、序列号、监测区域、不同时效的基于 BP 和 RBF 两种判断方法的 T1 和 T2、两种赤潮发生概率的统计结果 G1 和 G2、基于叶绿素和溶解氧辅助判断结果 G3、参与预报的样本个数和参与预报的监测参量个数，结果以 Excel 表格文件保存，具体表格形式见表 10.14。

表 10.14　2019 年 8 月 27 日东山某浮标预报结果

时间			2019-8-27 7：00			
序列号			6200			
监测区域			—			
时效/h			24	48	72	96
T1	BP	因子 1	0	0	0	0
		因子 2	0	0	0	0
		因子 3	0	0	0	0
		因子 4	0	0	0	0
		因子 5	0	0	0	0
	RBF	因子 1	0	0	0	0
		因子 2	0	0	0	0
		因子 3	0	0	0	0
		因子 4	0	0	0	0
		因子 5	0	0	0	0

续表

T2	BP	因子 1	0	0	0	0
		因子 2	0	0	0	0
		因子 3	0	0	0	0
		因子 4	0	0	0	0
		因子 5	0	0	0	0
	RBF	因子 1	0	0	0	0
		因子 2	0	0	0	0
		因子 3	0	0	0	0
		因子 4	0	0	0	0
		因子 5	0	0	0	0
G1			1	1	1	1
G2			1	1	1	1
G3			1			
预报样本			720			
预报参量			8			

2. 监测区域赤潮发生概率判断结果

福建沿海赤潮短期预报模型每天给出福建沿海 10 个赤潮监测区域赤潮发生可能性预报结果。结果包括预报时间、不同时效 10 个监测区域赤潮发生概率预报结果、缺少小浮标数据区域和同时缺少小浮标和大浮标数据区域，结果以 Excel 表格文件保存，具体表格形式见表 10.15。

表 10.15　2019 年 8 月 27 日福建沿海赤潮短期预报结果

时间	2019-08-27 7：00									
监测区域	I	II	III	IV	V	VI	VII	VIII	IX	X
24 h	1	2	2	1	1	2	1	1	1	1
48 h	1	1	1	1	1	1	1	1	1	1
72 h	1	1	1	1	1	1	1	1	1	1
96 h	1	1	1	1	1	1	1	1	1	1
缺少小浮标数据区域	IV　VII　VIII　IX									
同时缺少小浮标和大浮标数据区域	无									

3. 稳定性检验

赤潮短期预报模型在构建过程中，经过反复测试，调节模型参数。参数调节过程中，模型极少出现不收敛或过拟合现象。模型构建完成后，随机选取 80%数据训练、20%数据测试，过程重复几百次，模型全部运行正常。模型从 2019 年 4 月至今在福建省海洋预报台试运行，由于对业务化运行过程中输入数据的格式多样性考虑不全，运行过程中出现过几次读取输入参量时出错的情况，但修复后一切运行正常。后续几次对模型的调整是通过对测试结果的分析，调整部分系数，对模型进一步优化。综上所述，无论是自行检验还是业务化运行检验，模型的稳定性都表现良好。

4. 准确性检验

1）嵛山浮标后报结果

以嵛山浮标数据为例，对福建沿岸赤潮短期预报模型进行后报准确性检验。基于嵛山浮标数据预报第 I 赤潮监测区 2017 年 5 月 1～28 日赤潮发生情况，共计 28 天，表 10.16 为使 HSS 达到最大值时的阈值和对应的海德克技能评分（Heidke skill score，HSS）、检测概率（probability of detection，POD）、错误预警率（false alarm rate，FAR）和正确拒绝率（percentage of correct rejections，POCR）。表 10.16 的结果显示，预报时效越短，预报效果越好，BP 和 RBF 的 24 h 时效赤潮检测概率（POD）达到 87.5%，正确预报率超过 92%。

表 10.16　嵛山浮标后报 T1 和 T2 统计结果

神经网络	项目	24 h		48 h		72 h		96 h	
		T1	T2	T1	T2	T1	T2	T1	T2
BF	阈值	0.346	0.153	0.408	0.474	0.568	0.216	0.510	0.238
	HSS	0.909	0.825	0.650	0.650	0.432	0.578	0.507	0.410
	POD/%	87.5	87.5	75.0	75.0	50.0	75.0	50.0	62.5
	FAR/%	0.0	11.1	20.0	20.0	20.0	27.3	11.1	33.3
	POCR/%	96.4	92.9	85.7	85.7	78.6	82.1	82.1	75.0
RBF	阈值	0.408	0.224	0.571	0.020	0.776	0.020	0.673	0.020
	HSS	0.909	0.825	0.650	0.578	0.432	0.578	0.432	0.410
	POD/%	87.5	87.5	75.0	75.0	50.0	75.0	50.0	62.5
	FAR/%	0.0	11.1	20.0	27.3	20.0	27.3	20.0	33.3
	POCR/%	96.4	92.9	85.7	82.1	78.6	82.1	78.6	75.0

2）厦门 1 号浮标后报结果

以厦门 1 号浮标数据为例，对福建沿岸赤潮短期预报模型进行后报准确性检验。基于厦门 1 号浮标数据预报厦门湾 2017 年 6 月 17 日～7 月 23 日赤潮发生情况，共计 37 天，表 10.17 的结果显示，预报时效越短，预报效果越好，BP 和 RBF 的 24 h 时效赤潮检测概率（POD）基本能达到 90%。

表 10.17 厦门 1 号浮标后报 T1 和 T2 统计结果

神经网络	项目	24 h		48 h		72 h		96 h	
		T1	T2	T1	T2	T1	T2	T1	T2
BF	阈值	0.432	0.460	0.213	0.306	0.607	0.531	0.658	0.689
	HSS	0.863	0.402	0.343	0.306	0.136	0.112	0.105	0.209
	POD/%	90.0	60.0	80.0	80.0	40.0	50.0	20.0	20.0
	FAR/%	9.1	33.3	50.0	52.4	41.2	50.0	23.1	9.1
	POCR/%	94.6	75.7	67.6	64.9	64.9	59.5	70.3	75.7
RBF	阈值	0.525	0.367	0.119	0.020	0.162	0.122	0.037	0.000
	HSS	0.929	0.863	0.668	0.668	0.484	0.646	0.000	0.000
	POD/%	90.0	90.0	80.0	80.0	70.0	70.0	100.0	100.0
	FAR/%	0.0	9.1	23.1	23.1	33.3	16.7	73.0	73.0
	POCR/%	97.3	94.6	86.5	86.5	78.4	86.5	27.0	27.0

3）2019 年业务化预报检验

福建近岸赤潮短期预报模型从 2019 年 4 月 25 日至今在福建省海洋预报台试运行。中途由于输入数据格式变更、预报结果输出方式更改、增加模型输入参量、增加同心弯和大浮标数据参与预报等原因，对模型进行了多次修改和调整。在模型试运行的 2019 年 4～5 月，福建省海洋与渔业局共报道了 8 次赤潮事件，具体见表 10.18。

表 10.18 2019 年 4～5 月福建沿海发生的赤潮事件

时间	监测区域	附近监测浮标	位置	优势种	备注
4 月 26 日～5 月 13 日	III	黄岐	罗源际头村至华东船厂	血红哈卡藻	
5 月 13～17 日	III	黄岐	连江黄岐半岛北部至北茭附近海域	夜光藻	
5 月 13～16 日	VI	湄洲岛、斗尾港、湄洲	湄洲岛以东海域	夜光藻	
5 月 14～15 日	VII	大港湾	泉州惠安大港湾海域	夜光藻	
5 月 23 日～6 月 5 日	III、II	黄岐、北礵	连江黄岐半岛北部附近海域	5 月 26 日前为东海原甲藻、夜光藻；5 月 26 日后为东海原甲藻、米氏凯伦藻，并伴生短凯伦藻	5 月 25 日真鲷、包公鱼等养殖鱼类出现异常死亡现象
5 月 23～29 日	II、I	北礵、黄岐	宁德三沙湾海域 嵛山岛、渔井、古镇、三沙、长表及高罗海域	东海原甲藻、锥状斯克里普藻	

续表

时间	监测区域	附近监测浮标	位置	优势种	备注
5月25～29日	IV、V	大屿岛、平潭、牛山岛	平潭苏澳附近海域	东海原甲藻、米氏凯伦藻、夜光藻，并伴生短凯伦藻	真鲷、美国红鱼、黑鲷、包公鱼等养殖鱼类及牡蛎和厚壳贻贝出现异常死亡现象
5月26日	VI	湄洲、斗尾港、湄洲	莆田湄洲岛以东海域	夜光藻	

将预报结果与实际情况对比方式修改成3级为赤潮发生、1级和2级为赤潮不发生，模型的评估结果见表10.19。

表10.19　2019年5～8月模型预报结果评估

时效/h	POCR/%	POD/%	FAR/%
24	95	60	6
48	94	53	22
72	92	43	35
96	91	36	48

与将3级和2级定为赤潮发生、1级定为赤潮不发生的情况相比，赤潮识别率降低，错误预警率降低，即错误预警主要是2级，但也有把赤潮发生时预报结果定为2级、预报等级偏低的情况发生。评估时仅将3级判定为赤潮发生，则判定为赤潮发生的预报结果减少，少统计了赤潮发生时预报为2级的正确预报结果，对应的赤潮识别率会降低，而同时也少统计了未发生赤潮时预报结果为2级的错误预报结果，对应的错误预警率降低。本小节认为预报等级为2级、但实际赤潮未发生的情况是可以存在的，漏报造成的影响和损失可能比2级的错误预警要大得多。在后续统计中，将预报等级为2级但赤潮未发生的情况不计入错误预报次数。

4）2020年业务化预报检验

2020年3～7月在福建沿岸共报道了7起赤潮事件，其中3月和4月福建中部发生4起，均为细弱海链藻赤潮，属于硅藻赤潮；5月和6月福建北部发生3起无毒的甲藻赤潮。赤潮短期预报模型在其中4起赤潮发生期间给出了2级或3级赤潮发生概率等级的预报结果。7起赤潮事件中，3起赤潮发生过程中监测区域无正常运行的小浮标数据，该时间段监测区域预报结果是基于外海大浮标气象数据预报获得的。具体赤潮发生情况见表10.20。

表 10.20　2020 年 3～7 月福建沿海发生的赤潮事件

时间	地点	监测区域	附近监测浮标	优势种	模型预报情况
3 月 23～26 日	石狮市永宁镇红塔湾附近海域	VII	泉州湾	细弱海链藻	赤潮发生期间，区域内无正常运行生态浮标，模型是基于大浮标的 2 号浮标数据获得预报结果
4 月 18～19 日	莆田南日岛东岱附近海域	VI	乌屿	细弱海链藻	模型 4 月 18 日早上给出的预报结果是 24 h、48 h、72 h 和 96 h 赤潮发生概率等级为 2、3、3、1
4 月 20～24 日	泉州市惠安县大港湾附近海域	VII	大港湾	细弱海链藻	赤潮发生期间，区域内无正常运行生态浮标，模型是基于大浮标的 2 号浮标数据获得预报结果
4 月 23～27 日	福清沙埔、东瀚附近海域	IV	榕海 1 号	细弱海链藻	赤潮发生期间，区域内无正常运行生态浮标，模型是基于大浮标的 2 号浮标数据获得预报结果
5 月 16～24 日	福鼎沙埕虎头鼻、南镇村附近海域	I	嵛山	东海原甲藻	模型 5 月 1～14 日都给出了 72 h 或 96 h 赤潮高概率发生概率等级
6 月 1～4 日	福鼎硖门乡渔井村附近海域	I	嵛山	血红哈卡藻	模型滞后 2 天给出高概率赤潮发生概率等级
6 月 18～20 日	三沙湾三都黄湾附近海域	II	北礵	中肋骨条藻	北礵浮标距离赤潮发生区域较远，数据未表现出明显的赤潮信息

基于赤潮短期预报模型预报结果，分别统计了 2020 年 3～7 月共 113 天的赤潮检测概率（POD）、错误预警率（FAR）和正确拒绝率（POCR），结果见表 10.21。从表 10.20 中可以看出，时效越短，预报效果越好，24 h 时效的 POD、FAR 和 POCR 分别达到 55%、12%和 99%，且所有时效的 POCR 均超过 90%。

表 10.21　2020 年 3～7 月模型预报结果评估

时效/h	POCR/%	POD/%	FAR/%
24	99	55	12
48	97	50	42
72	94	31	58
96	94	35	62

参 考 文 献

[1] 齐雨藻, 等. 中国沿海赤潮[M]. 北京: 科学出版社, 2004.

[2] 吕颂辉, 岑竞仪, 王建艳, 等. 我国近海米氏凯伦藻(*Karenia mikimotoi*)藻华发生概况、危害及其生态学机制[J]. 海洋与湖沼, 2019, 50(3): 487-494.

[3] 洛昊, 马明辉, 梁斌, 等. 中国近海赤潮基本特征与减灾对策[J]. 海洋通报, 2013, 32(5): 595-600.

[4] 郭皓，丁德文，林凤翱，等. 近 20a 我国近海赤潮特点与发生规律[J]. 海洋科学进展，2015，33(4): 547-558.

[5] 谢宏英，王金辉，马祖友，等. 赤潮灾害的研究进展[J]. 海洋环境科学, 2019, 38(3): 482-488.

[6] 俞志明，陈楠生. 国内外赤潮的发展趋势与研究热点[J]. 海洋与湖沼, 2019, 50(3): 474-486.

[7] YU Z M, SONG X X, CAO X H, et al. 2017. Mitigation of harmful algal blooms using modified clays: Theory, mechanisms, and applications[J]. Harmful Algae, 69: 48-64.

[8] 左书华，李蓓. 近 20 年中国海洋灾害特征、危害及防治对策[J]. 气象与减灾研究, 2008, 31(4): 28-33.

[9] HALLEGRAEFF G M. A review of harmful algal blooms and their apparent global increase[J]. Phycologia, 1993, 3(2): 79-99.

[10] RHODORA A C, MACLEAN J L. Impact of harmful algae on sea farming in the Asia-Pacific areas[J]. Journal of Applied Phycology, 1995, 7: 151-162.

[11] ANDERSON D M. Turning back the harmful red tide[J]. Nature, 1997, 388: 513-514.

[12] PARK T G, LIM W A, PARK Y T, et al. Economic impact, management and mitigation of red tides in Korea[J]. Harmful Algae, 2013, 30(Suppl 1): S131-S143.

[13] 蔡清海，陈于望，陈水土，等. 福建主要港湾的环境质量[M]. 北京：海洋出版社, 2007.

[14] 陈宝红，谢尔艺，高亚辉，等. 米氏凯伦藻对海洋生物致毒作用的研究进展[J]. 福建水产，2015，37(3): 241-249.

[15] 福建省海洋与渔业局. 2019 年福建省海洋灾害公报[R/OL]. [2022-08-15]. http: //www. mnr. gov. cn/ dt/ hy/ 202007/t20200722_2534088. html.

[16] 林佳宁，颜天，张清春，等. 福建沿海米氏凯伦藻赤潮对皱纹盘鲍的危害原因[J]. 海洋环境科学, 2016, 35(1): 27-34.

[17] 赵玲，赵冬至，张昕阳，等. 我国有害赤潮的灾害分级与时空分布[J]. 海洋环境科学，2003，22(2): 15-19.

[18] 安达六郎. 赤潮生物和赤潮实态[J]. 水产土木, 1973, 9(1): 31-36.

[19] 陆斗定，GOBEL J，王春生，等. 浙江海区赤潮生物监测与赤潮实时预测[J]. 海洋学研究，2000，18(2): 34-44.

[20] 矫晓阳. 叶绿素 a 预报赤潮原理探索[J]. 海洋预报, 2004, 21(2): 56-63.

[21] 林昱，林荣澄. 厦门西港引发有害硅藻水华磷的阈值研究[J]. 海洋与湖沼, 1999, 30(4): 391-396.

[22] 王正方，张庆，吕海燕，等. 长江口溶解氧赤潮预报简易模式[J]. 海洋学报, 2000, 22(4): 125-129.

[23] 矫晓阳. 透明度作为赤潮预警监测参数的初步研究[J]. 海洋环境科学, 2001, 20(1): 27-31.

[24] 王修林，孙培艳，高振会，等. 中国有害赤潮预测方法研究现状和进展[J]. 海洋科学进展，2003，21(1): 93-98.

[25] 王娟. 赤潮的预测预报模型[J]. 生物学通报, 2005(2): 20-22.

[26] 王丹，刘桂梅，何恩业，等. 有害藻华的预测技术和防灾减灾对策研究进展[J]. 地球科学进展，2013，28(2): 233-242.

[27] PAPATHEODOROU G, DEMOPOULOU G, LAMBRAKIS N. A long-term study of temporal hydrochemical data in a shallow lake using multivariate statistical techniques[J]. Ecological Modelling, 2006, 193(3-4): 759-776.

[28] CHAU K W, MUTTIL N. Data mining and multivariate statistical analysis for ecological system in coastal

waters[J]. Journal of Hydroinformatics, 2007, 9(4): 305-317.
[29] 江兴龙，宋立荣．泉州湾赤潮藻类优势种细胞密度回归方程研究[J]．海洋与湖沼，2010，41(3): 341-347.
[30] 吴玉芳．赤潮高发期间厦门海域叶绿素值预报方程建立及应用于灾害性赤潮预报模式的研究[J]．海洋预报, 2012, 29(2): 39-44.
[31] 黄秀清，蒋晓山，陶然，等．长江口海区一次骨条藻赤潮发生过程的多元分析[J]．海洋环境科学，2000, 19(4): 2-6.
[32] RILEY G A, STOMMEL H M, BUMPUS D F. Quantitative ecology of the plankton of the western North Atlantic[M]. New Haven: Bingham Oceanographic Laboratory, 1949, 12: 1-169.
[33] CHRISTENSEN N L, BARTUSKA B A, BROWN J H. The report of the ecological society of American committee on the scientific basis for ecosystem management[J]. Ecological Applications, 1996, 6(3): 665-691.
[34] 林国旺．大亚湾典型海区生态过程观测与模拟研究[D]．北京：中国环境科学研究院, 2011.
[35] 钱宏林，梁松，齐雨藻，等．南海北部沿海夜光藻赤潮的生态模式研究[J]．生态科学, 1994, 1: 39-46.
[36] 王寿松，冯国灿，段美元，等．大鹏湾夜光藻赤潮的营养动力学模型[J]．热带海洋, 1997, 16(1): 1-6.
[37] 夏综万，于斌，史键辉，等．大鹏湾的赤潮生态仿真模型[J]．海洋与湖沼, 1997, 28(5): 468-474.
[38] 黄伟建，齐雨藻，朱从举，等．大鹏湾夜光藻种群密度变化率动态模型研究[J]．海洋与湖沼，1996, 27(1): 29-34.
[39] 乔方利，袁业立，朱明远，等．长江口海域赤潮生态动力学模型及赤潮控制因子研究[J]．海洋与湖沼, 2000, 31(1): 93-100.
[40] 许卫忆，朱德弟，卜献卫，等．赤潮发生和蔓延的动力机制数值模拟[J]．海洋学报, 2002, 24(5): 91-97.
[41] 许卫忆，朱德弟，张经，等．实际海域的赤潮生消过程数值模拟[J]．海洋与湖沼, 2001, 32(6): 598-604.
[42] 王洪礼，冯剑丰，沈菲．渤海赤潮藻类生态动力学模型的非线性动力学研究[J]．海洋技术，2002, 21(3): 8-12.
[43] 田峰，葛根，杨晨．水动力与生态耦合的赤潮藻类生长模型研究[J]．海洋技术, 2007, 26(2): 34-37.
[44] 李雁宾．长江口及邻近海域季节性赤潮生消过程控制机理研究[D]．青岛：中国海洋大学, 2008.
[45] 李大鸣，林毅，宋双霞，等．二维赤潮生态数学模型及其在渤海的应用[J]．海洋科学，2010，34(9): 87-93.
[46] HUANG X, HUANG L, YUE W. The characteristics of nutrients and eutrophication in the Pearl River estuary, South China[J]. Marine Pollut Bull, 2003, 47(1-6): 30-36.
[47] 吴瑞贞，马毅，宋萍萍，等．我国华南近海赤潮发生发展的温、压演变模式[J]．海洋预报, 2010, 27(1): 24-33.
[48] 赵雪，杨凡，郭娜，等．2007 年 2 月汕头赤潮事件水文气象及海水理化因子影响分析[J]．海洋预报, 2009, 26(1): 43-51.
[49] 张俊峰，俞建良，庞海龙，等．利用水文气象要素因子的变化趋势预测南海区赤潮的发生[J]．海洋预报, 2006, 23(1): 9-19.
[50] HELLERMAN S, ROSENSTEIN M. Normal monthly wind stress over the world ocean with error estimates [J]. Journal of Physical Oceanography, 1983, 13(7): 1093-1104.
[51] 张春桂，任汉龙，吴幸毓，等．福建沿海赤潮灾害气象预报[J]．气象科技, 2010, 38(2): 253-258.

[52] 吴瑞贞. 南海赤潮发生前后阶段水文气象要素演变特征研究[D]. 青岛: 中国海洋大学, 2006.
[53] 张玉宇, 吕颂辉. 大亚湾澳头水域一次锥状斯氏藻和海洋卡盾藻赤潮的初步探讨[C]// 中国海洋学会赤潮研究与防治专业委员会. 中国赤潮研究与防治(一). 北京: 海洋出版社, 2005: 16-20.
[54] 马毅, 吴瑞贞, 李华建, 等. 有利于赤潮消亡的水文气象条件[J]. 海洋预报, 2008, 25(3): 1-6.
[55] 张春桂, 任汉龙, 吴幸毓, 等. 福建沿海赤潮灾害气象预报[J]. 气象科技, 2010, 38(2): 253-258.
[56] 李星. 2013 年小岞杜厝海域赤潮发生过程分析[J]. 海洋预报, 2014, 31(4): 68-76.
[57] 肖辉, 郭小钢, 吴日升. 台湾海峡水文特征研究概述[J]. 台湾海峡, 2002, 21(1): 126-138.
[58] 王年斌, 周遵春, 马志强, 等. 大连湾丹麦细柱藻赤潮的主成分分析[J]. 水产科学, 2004, 23(7): 9-11.